U0236215

梁又铭 著

# 航空劳作教材

## 上

手稿影印本

孙木槿 梁政均 张素真 整理

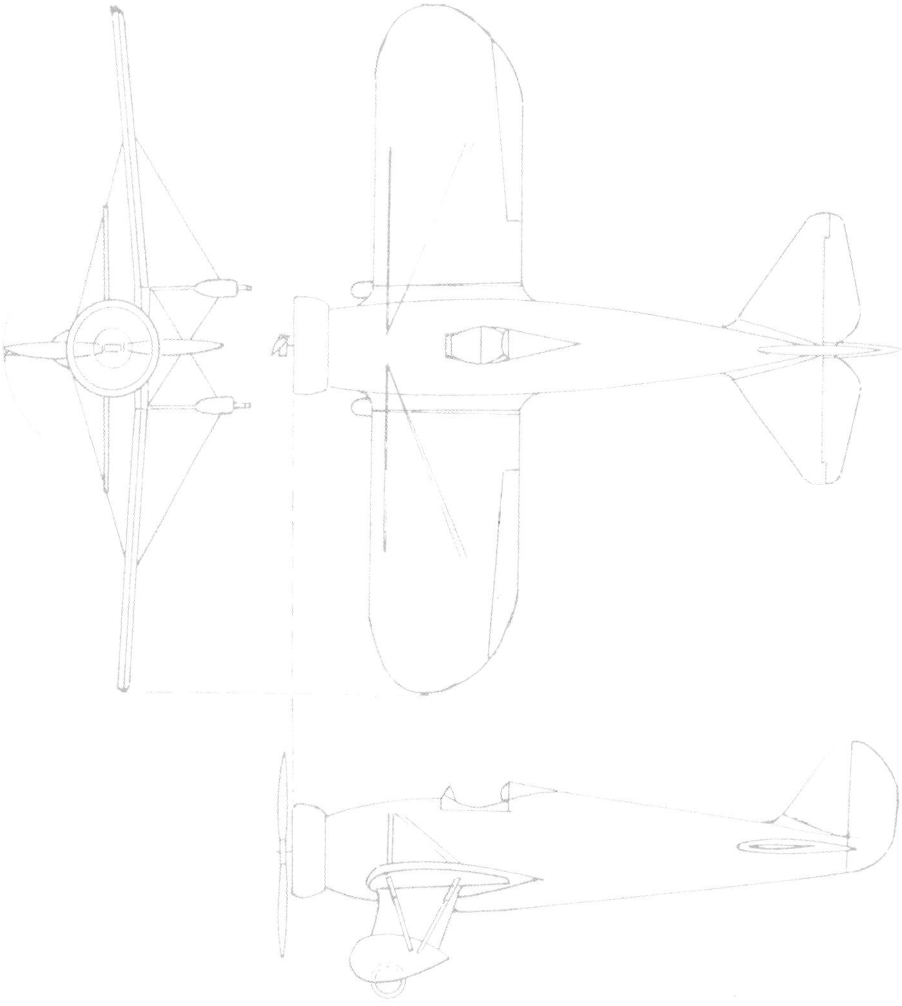

文物出版社

封面设计 程星涛
责任编辑 孙霞
责任印制 张道奇
摄影 王伟

**图书在版编目（CIP）数据**

航空劳作教材 / 梁又铭著；孙木槿，梁政均，张素真整理. —北京：文物出版社，2015.8

ISBN 978-7-5010-4345-3

Ⅰ. ①航… Ⅱ. ①梁… ②孙… ③张… Ⅲ. ①航模—教材 Ⅳ. ①V278

中国版本图书馆CIP数据核字（2015）第173915号

# 航空劳作教材（手稿影印本）

梁又铭 著 孙木槿 梁政均 张素真 整理

出版发行 文物出版社
地址 （北京市东直门内北小街二号楼）
邮编 100007
网址 http://www.wenwu.com
电子邮箱 web@wenwu.com
制版 北京宝蕾元科技发展有限责任公司
印刷 北京京都六环印刷厂
经销 新华书店
二〇一五年八月第一版
二〇一五年八月第一次印刷
定价 一六〇元（全二册）



782×1092 1/16 印张：40.25 ISBN 978-7-5010-4345-3

# 出版前言

一九四〇年，梁又铭先生担任教育部美术委员会委员之职，由于他早先在创作关于中国空军抗战的绘画作品的过程中，为了再现真实的场景，制作了许多飞机模型，模拟战况。当时的教育部及航空委员会知悉他既有这些航空专业知识，又有专业的绘画技巧，委托他编撰面向空军飞行员、中小学生的《航空劳作教材》，同时委以他航空委员会政治部设计专员职衔，以便他专心编撰航空劳作与航空美术的教材。一九四一年，梁又铭先生完成了《航空劳作教材》的编写工作，但是由于时局原因，最终未能正式出版。

本书据梁又铭先生哲嗣梁政均、张素真夫妇收藏了七十余年的手稿本影印。本书手稿有目录，但目录较粗，与正文中的实际标目有异同，而且有些正文内容没有体现在目录中。此外，由于保存年代久，部分手稿散失，比如手稿目录中有《水上飞机及弹射器模型》《航空母舰模型》《滑翔机》《橡筋飞机》《空军兵器模型》《剪贴图案》等章，但正文中的具体内容已经散佚，无法补全。

因此，在整理手稿的过程中，遵循既要保存原书稿面貌又要方便读者查阅的原则，此次影印，我们做了五方面的整理工作：第一，正文新编了序码；第二，根据手稿原文编制了简体竖排的目录且标注了影印本页码；第三，在手稿原文提到插图之处，加以简体竖排的图注；第四，简体竖排的目录中不再出现原稿中散佚的章节目录；第五，手稿原目录作为附录移至本书末。除此之外，其余部分均未作修改。

此次，我们将这套航空劳作教材影印出版，除了为中国空军史的研究者提供一部具有文献价值的参考资料之外，还希望广大读者通过这本书能够了解中国空军之养成，也希望让今人了解前人对事业之用心。

# 目录

## 十 实体模型

## 十三 实体飞机模型

## 十四　各种航空模型

# (一)航空史

世界航空發展年表

1. 首次對航空作科学化的研究，發明飛行機原理，保险伞，直昇机，一四五二年至一五一九年。意大利畫家達文西(Leonardo da Vince)

2. 首倡用輕航空器昇空引起氣球與氣艇，發明與研究者，一六五九年至一六六〇年賀祺氏(Robert Hook)，一六七〇年拉那(Francisco. Lana-Terzi)及波瑞利(Boreli)。

3. 發明熱氣球昇空，一七八二年。公開表演，一七八三年九月五日法人蒙脱哥懷(Joseph Michael Montgolfire & Jacques Etienne Montgolfire)兄弟在安諾内境(Annonay)公開表演。

4. 發明輕氣球昇空，一七八三年八月廿七日物理学家查禮氏

(J.A.C.Charles)，在法国巴黎时在一七八三年八月二十七日。

5、首次生物升空为一七八三年九月十九日，当时由一鸡、一鸭、一羊，乘蒙脱哥怀热气球，升空地点在法国凡尔赛上空。

6、首次人类升空为一七八三年十月十五日，由亚兰侯爵(Marquisd'Arlandes)及法国博物学家罗齐西尔(Pilatre de Rozier)同乘蒙氏热气球，地点在法国巴黎。

7、首次夜中飞行为一七八三年十二月一日，由查理士氏及劳勃脱(Robert)在法国巴黎举行。

8、首次妇女升空为一七八四年，由蒂布尔夫人(Madame Thible)在法国里昂(Leon)乘蒙氏兄弟发明之气球。

9. 首次横渡海峡一七八五年七月七日。由美國科学家哲夫利斯(Dr. Jeffries)及法國氣球家布隆沙(Jean P. Blanchard)二人自英國渡海飛至法國。

10 首次航空失事在一七八五年。羅西爾與其同伴羅曼(Romain)於法國布倫(Boulogne)因所乘氣球爆裂死難。

11. 首創航空学校在一七九四年。法國政府創办氣球学校以陸軍大佐柯泰氏(Coutelle)為校長名化学家慕泰文(Guylonde Morren)為教師製成軍用氣球四個。

12. 首次使用軍用航空器為一七九四年六月廿三日奧法戰爭時法國柯泰大佐乘氣球偵得奧軍陣地。法軍根據報告大勝奧軍。

13、第一架滑翔機一八〇九年英國約克州 Yorkshire 試驗

家凱萊 Sir George Cayley 建造由其馬車夫坐在其中

於小坡飄下安然。

14、首次空中轟炸一八一二年。俄法戰爭，俄軍將氣球懸掛爆

烈物，使其飛到法軍陣地但未命中。

15、首次婦女界空死難者一八一九年。布隆莎夫人 Madame Blanchard

七月六日在巴黎上空氣球着火失事燒死。

16、首次操縱飛行一八五一年法國蒸氣機設計師亨利基發特

Henri Giffard 駕蒸氣推動之氣艇在巴黎上空飛行。

17、世界第一架直昇成功一八七二年為法國人亞德氏 Clement Ader

18. 第一架模型飛機成功於一八九一年由美國天文學教授蘭萊 Samuel Pierpont Langley 所製。

19. 由中國首次創造飛船成於一八九四年（民國紀元前十七年、光緒二十年）謝贊泰造「中國」號飛船。

20. 動力飛機首次試驗成功一九〇三年十二月十七日由威爾勃賴特 Wildur Wright 與維爾賴特 Orville Wright 兄弟在美國提克霍克（Kitty Hawk）公開表演。

20. 動力飛機首次失事及死難者一九〇八年九月十七日在美國佛傑尼亞州 Virginia 邁爾堡 Fort Myer。駕駛者與維爾賴特受傷、乘客塞尔佛立基（Thomas E. Selfridge）中尉喪命。

22、婦女首次乘飛機的一九〇八年十月七日。伯爾格夫人在法國里曼上空乘韋特飛機。

23、中國開始有航空一九〇八年（清光緒卅四年）湖北、江蘇、河北陸軍各備日本式氣球一具。

24、動力飛機首次渡海一九〇九年七月九日。法國布勒利奧 Louis BLeriot 駕自造單翼機由法國卡力斯（Calais）海口起飛橫渡英法海峽到英國多佛爾

25、第一所飛機製造廠 法國斯巴特（SPAD）飛機廠是布勒利奧渡海歸來後創办。

26、飛機在我國第一次出現及失事：上海一九〇九年（宣統元年）飛法機師環龍（Vollan）。

27、首次軍用飛機一九一一年。美墨戰爭及意土戰爭。

28、中國第一次有飛機一九一一年（宣統三年）。訂購奧國埃脫立赫（Etrich）二架至一九一二年（民國元年）抵達上海飛行。

29、一九一三年（民國二年）中國首創航空學校為參謀部創辦南苑航校教練機為高德隆式。

30、首次轟炸城市一九一四年七月廿三日法國偵察機在萊茵河睦爾威城投下小炸彈。

31、首次遠程空襲一九一五年一月十九日齊柏林飛至英國投彈

32、首次飛機防空一九一五年五月卅一日當齊柏林飛艇空襲倫敦時，英國飛機從七個機場起飛驅逐，有一架失事，其餘均無功而返。

33、發明飛機機槍發射聯動器一九一五年二月至三月由安東尼福克發明協調裝置，使机槍可通過旋動之螺旋槳。

34、世界上第一架水陸飛機一九一三年英國維克斯廠出品，名維克斯泛背 Vickers—Viking。

35、世界第一次全盲目飛行一九四〇年三月六日由美國卡尔皮麥克丹氏尔少校駕駛波菌B17飛行三百英里。

36、第一次使用空中列車一九四〇年五月十九日當克里特島戰役時，

德國六架滑翔机一架由容克斯型机組成之空中列車，先後

輸送七千名特別編練的部隊，降落佔領該島，加以人。

37 中國國內第一次模型飛机公開展覽表演，為一九四一年（民國

三十年）八月十四日。在四川成都少城公園舉行，表演之模型飛

機均為國產材料製成。

## 飛機鼻祖 達文西著名的試驗

達文西於一四五二年誕生於義大利，他是個大畫家，在藝術方面被人稱為歐洲文藝復興三傑之一，他的得意創作：「最後的晚餐」至今成為世界上不朽的名作，他除了繪畫之外，又是大雕刻家、音樂家、建築師、和科學家，所以也有稱他①為「多方面的天才」，他的體力也大得驚人，能夠赤手將鐵條彎曲，但生性卻十分仁慈，最喜購買禽獸開籠放生。

這是無疑的，他對於禽獸鳥與科學的偏愛使他深感飛行問題的興趣，這青年藝術家曾費許多時間去研究空中翱翔，他除觀察它們飛行之外，又解剖死鳥，而研究其各個部分，他對於翼尾的構造與操縱這兩部份的肌肉，更特別留心，他利用數學上的知識去仔細計算之後，估量鳥體各部份的強度，然後再拿它們和人體相當部份作比較，這番功夫使他在以後的著作中主張航空器構造要用流線型原理——這原理對於現代飛行的進步關係極大。

一四八九年達文西計畫了一個飛行機器，而以其特有的充份精力去製造，這機器完工之後，體積頗大，其構造是採取置羅澤培根的建議，但沒有發動機與螺旋槳，因為當時無法造出這種動力，去試作飛行的時候，達文西立刻落到地面，他的手與腳的力量不夠撲動翼子，得足以保持他留於空中。

達文西並不灰心，隨即做出第二架機器，翼子更大了些，形乃蝙蝠的翅膀，腿的動作使翼子昇上，手的動作使翼子撲下，達文西在他的助手紫洛斯忒洛(Zoroastro)為這機器工作時，自己再用紙筆進一步的計算，結果使他明白機器難於飛行起來，他立刻將那機器拋棄，然而達文西發覺自己丢不開飛行的念頭，不久他又在設計第三架飛行機器，仍舊是撲翼式，他自己看了很不樂意，這時比以前更甚，但別無他法，因為機器的動力，當時是難於覓得的，於是他叫紫洛斯仙洛開工製作，當紫洛斯仙洛使用鋸子、鑷子、剪刀、布木與膠水做的時候，他的主人則去嘗試設計一個適宜的尾巴，許多々時許多々日子，達文西苦々思索，想創造出一個合於自己心意的尾巴，但這位世界不朽名畫的創造者，卻發覺自己遇到難關，這討厭的小尾巴老是做不出來。

最後達文西決心拋這工作，命令他的助手紫洛斯仙洛停工。紫洛斯仙洛自己也熱心飛行，又不願眼見自己的工作完全虛擲，就力勸達文西繼續下去，但達文西卻很堅決，說々：「全部的構造是錯的」，又怒道々：「它和我所能設計的任何尾巴配合不來，」

真不值得造成它，我命令立刻停手，我就去拿一把斧頭去劈碎這種廢物。」

然而紫洛斯忒洛等他的主人一走開，就自己設計造了一個粗拙的尾巴，他用這機器從一穀倉頂上跳入空中，心裡想如果不能證明這機器是一個成功，便快些將它變作燒火的柴薪，不再等他的主人用斧頭來劈。

可憐的紫洛斯忒洛！他在急於一試的匆忙中，忽略了這機器的構造方面的事，它在空中瓦解，這木工的跌落使他終身成為跛足，達文西得知後心裡非常難過，甚於紫洛斯忒洛的一生，達文西都好好照料他，從未責備他的違背命令。

左達文西逝世以後，别人發見他的関於飛行的草稿十餘種，裡面包含飛行機器的許多極有趣味的設計，其中有一個很合用的螺旋槳設計，一個思想奇巧的降落傘，一種直昇機，圖旁附有說明，詳述這東西的操縱理論，據一個美國工程師東白(Cohn William Lieb)在研究這些東西之後，說達文西祇缺一個實用的發動機，假如他有了那個的話，飛機早就在世紀已經發明，無需等到第二十世紀了。

圖1. 達文西理想的飛机，以堅韌的皮為肋，以結實生絲為腱，飛行者須仆臥着，用繩子轆轤扯動，使機翼擺動。

圖2. 他理想的直昇机，是用一個圓的平臺，中間豎一根支軸

上面裝着一架螺旋機，他說：「若是把這螺旋機旋動，整個機件便可以飛昇，祇可惜祇有水力發動機，還沒有蒸汽及汽油機，所以它不知道用什麼去旋轉它。」

圖了達文西理想的降落傘是用四十八尺寬、十八尺長有膠麻所做的拱形圓蓋。他說：「一個人可以從高處跳下不會有什麼危險。」

## 達文西DA.VINCIS及其設計圖稿

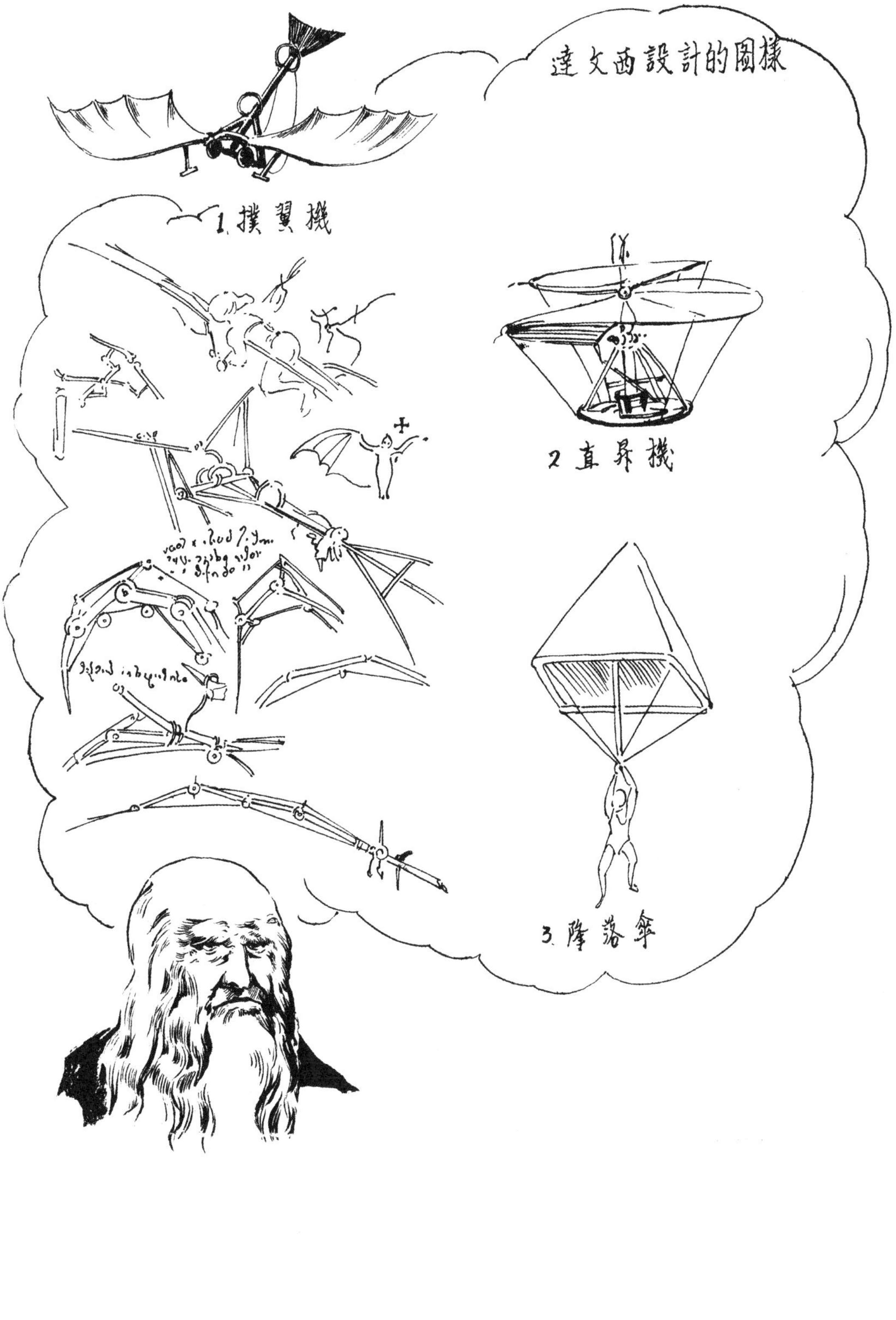

# 我國古時航空史話

関於我國航空史實，古書上常有紀載，祇可惜當時一般閉门讀死書，自命為真知卓識，不懂科學的文人，隨便揣測物理，以為飛行是絕不可能的神話，把它輕視，大半湮沒無聞，間或有些紀載，也畧而不詳，茲將所知者節錄如下：

(一)「朝野僉載」書載：

「魯般者肅州燉煌人，莫詳年代，巧侔造化，嘗作木鳶乘之而飛。六國公輸般亦為木鳶以窺宋城」

按：公輸般這個人書上傳說不一，有說是春秋魯國

「巧人」名公輸般，亦称公輸班或公輸盤，更有傳為魯昭公的兒子，多數称為魯班，至今土木工匠尊奉為祖師。書上雖似將魯般和公輸般說成兩人，姑不論其究竟是否，但能做木鳶卻是一樣。這本書是唐人所撰，雖未必可以盡信，但宋司馬光作通鑑也曾引用它，則此書之價值可知。

（二）「韓非子外儲篇」書中所載：

「墨子為木鳶，三年而成，蜚一日而敗」。

按：墨子名翟，是宋國人。著者韓非是韓國人。兩人都有不少的著述，皆為我國時有名人物。

(三)「莊子」書中載

「列子御風而行，泠然善也」。

按：列子名列御寇，鄭國人，與莊子同時，都是戰國時有名的人物。

(四)「漢書王莽傳」中有載：

「莽因匈奴侵邊甚，天鳳六年（公曆十九年）募能奔征之，又募有奇術可以攻匈奴者，待以不次之位，或言能飛，一日千里，可窺匈奴，莽輒試之，取大鳥翮為兩翼，頭與身皆著毛，通行環紐，飛行數百步而墜，苟欲獲其名，皆拜為理軍，賜以車馬待發」。

按：漢書為東漢明帝時班固所撰，距王莽前後不过四五十年，這紀載相當可靠。

以上幾節紀載中，除了第三節列子御風一說沒有說明御風的方法，殊近神話外，其他各節都說得很明白是木鳶或木鳥，而且能乘坐以窺宋城或可窺匈奴。这是不是飛去機呢？至於墨子的木鳶要經三年的設計才能製成，更是合乎情理，並不是無稽的神話，可惜語焉不詳，又沒有有關製作方法和紀錄，以供後人作科學的根據，因之無從證實。

此外由外國的書籍見到關於中國航空的紀載，據所知的有下面兩節：

一）德國容克發動机廠出版之《Ju-mo Handbuch》載有一三○六年Fo-Kien皇慶皇帝登位典禮時，有跳傘表演。

二）美國《A Narrative History of Aviation》一書中也有相似的紀載：該書現有于熙儉譯的中文本，名《西洋航空發達史》，說是根據從前在廣州傳教的神父繼莎於一六九四年九月發出的信裡所說，不過說的是氣球表演。

這兩本書中所述的皇慶皇帝，均在一三○六年于元旦之並無其人。祇有元仁宗登極的年号才是皇慶，應該是在一三一二年，這也許是外人把年份紀錯吧。姑勿論是一三〇六年抑一三一二年，是降落傘或氣球，然而它的歷史都比歐洲第一个發明氣球的法國蒙氏兄弟早四百七十多年，比第一个降落傘設計者達文西早一百五十多年，比第一个試驗跳傘者范屋斯早三百年。不過最可惜的是，歐洲有設計和試驗的正式紀錄，而我國則僅憑傳說，無從証實，而得不到確認，由美國科技發達起來，豈不可嘆矣！

至於尚有散見於其他書籍的、關於我國航史紀載的，想亦不在少数，倘能把它整理起来，并寻出具有科学根據的资料，编辑成书，那真是我国古时航空的光荣史了。

# 我國空軍光榮戰史

## 筧橋「八·一四」勝利第一幕

我軍用機 霍克Ⅲ戰鬥機
敵軍用机 九六式轟炸机

廿六年「八·一四」——敵人向上海開始侵略後的第二天，日本海軍當局為實現他年來醉心的「杜黑主義」的美夢，以其最精銳的木更津隊，大舉進侵，妄想一舉毀滅我空軍搖籃地——筧橋，奪取整個制空權。殊不知我空軍，建軍歷史雖短，飛機數量及設備雖較遜於人，但平時每個空軍同志，早存着保衛祖國的決心，無論精神及技術方面，均遠優於敵，故一聞敵機來襲，人人爭先，嚴陣以待，敵機一至，奮勇截殺，大隊長高志航首開記錄，當時共擊落敵機六架，創造了勝利的第一幕。於是日本紙製的「荒鷲」乃被戳穿，而大中國的空軍，從此便葳震寰宇，爲世界人士所景仰。

# 首都「八·一五」空戰

我軍用机：霍克Ⅲ式及波因P二六式驅逐机
敵軍用机：九六式重轟炸机

廿六年「八·一五」——大戰開始後第三天，敵海軍航空隊號稱最精銳的木更津隊，雖然頭一天在杭州上空損机折將，但他們仍不相信中國空軍真能勝过他們，以為这不过是昨天自己疏忽罷了。所以在这一天，他們再整殘兵，湊成二十七架的編隊群，懷着雪恥報仇的念頭，來臨我首都，对我無辜民眾大肆屠殺，一洩慘敗之恨。豈知我空軍乘戰勝餘威，早翱翔上空，以最敏捷的彈火來迎擊敵人，俄頃之間，木更津隊已有四架連人帶机，被擊落於首都城外曠野中，做了我們抗戰光榮的展覽品。

閻海文殉國　我軍用机：霍克Ⅲ式驅逐機

廿六年八月十七日清晨，江南天空，翱翔着一隻祖國的孤鷹，不幸被敵軍高射砲彈击中，尾旋而下。敵寇到處搜尋，想活擒中國飛行員。他「閻海文」發現自己誤墮敵陣後，默默想到空軍「生而辱不如死而榮」的信條，便緊握左輪，向包圍过來的敵寇射殺數人，然後以最後的一粒子彈，眼望着微笑的青天，舉於自击其太陽穴，於是那偉壯的軀体，應声而倒，坦臥在祖國芬芳的大地上。後來敵人因為欽敬他的壯烈，特地給他造了一座墳，上書「支那空軍勇士之墓」。

# 同歸於盡

我軍用機之諾斯羅浦轟炸機

二十六年八月十九日的清晨，二十七機構成的嚴整隊形，怒吼着向敵艦雲集的東海上空撲去，飛過南匯時，分隊長沈崇海的九0四号机突然发生故障，尾巴冒出青烟，漸漸脫離了隊形，眼睜睜望着其餘六架整隊前進，真是心急如火。趕忙調整机件，開大油门，不顧危險的向前追去。當他到達目的地白龍港時，他的戰友已經把全部炸彈造成無數水柱和火山，勝利凱旋了，他用盡種種方法向戰友投遞信号，企圖歸隊，可是高度距離二千餘尺，不能引起他們注意。在萬分焦急中，他又发見机身給敵人的高射砲彈數中了，搖搖欲墜，再也不能支持。獨自返防麼，防地在數千里外，強迫降落麼，下面是白浪滔天，唔！同歸於盡這四个字，像火箭似的直射進了他的腦海，沒有第二个念頭。他開足油门，帶着未投的炸彈向着敵艦直衝下去，咚！白光，黑烟，水柱，突出海面數百尺，敵艦尾沒頭翹，敵兵像青蛙般的亂跳入水中，接着轟然一響，火藥庫炸裂，一切爆滅了，我們的空中英雄沈分隊長便也永不再見了。

## 崇明殲敵

我軍用機：亨格爾轟炸机
敵軍用機：九六式驅逐機

二十六年秋，京沪线抗戰正烈，敵人集合無数的兵艦，在崇明島附近待机蠢動。有一次，我空軍轟炸机隊奉令前往轟炸，到達崇明上空，遇着許多新式的敵驅逐机來糾纏。以物質和數量比，敵人佔絕對優勢，可是在精神和技術上，敵則遠不如我。果然，在沉着應付之下，一架敵机尾旋入海了，其餘的敵机，只有逃到遥遠的天空，無目的地放射着机枪，好像是燃放歡送我們凱旋的鞭炮一般。

# 隻翼榮歸

我軍用機：霍克Ⅲ式驅逐機

抗戰初期的某一天，我空軍勇士袁葆康，率机轟炸上海田呆、忽遇多架敵机追击。他雖感眾寡懸殊，但沒有絲毫畏怯之意，沉着應付，格鬥了數分鐘，敵机愈逼愈緊，忽然一个念頭湧上腦际，「拼罷」，於是对正机頭，向着敵机猛力撞去，敵机被撞，立刻起火下墜。但他自己的坐机也撞斷左下翼及左升降舵全隻，和三分之一的左上翼，可是他仍能鎮靜地操縱這半隻翼的坐机返回防地，安全榮歸。

# 夜襲上海

我軍用機：諾斯羅浦及達格拉斯双座轟炸机

上海楊樹浦，敵軍的登陸處，也就是敵軍的軍事根據地。島國大兵工廠三井、三菱等，榨取平民的血汗，日夜趕造大砲飛机，用艦隊運到楊樹浦，分發前線作戰的寇兵，來屠殺我無辜同胞。因此沪戰初起時，我國的空軍常常去轟炸它，當我飛機到達目的地時，敵軍區域便黑暗如死城一般，可是蘇州河以南的租界，却依然灯火輝煌，明暗对照，目標顯然，因此敵人每次遭受的損失便不可計了。

# 击落三轮宽

我军用机：霍克驱逐机
敌军用机：九五式双翼驱逐机

自全面抗战揭开后，太原就成了敌人在华北用兵的大目标，常常派轰炸机来肆虐。二十九年九月廿日那天，敌人终于遇到了我们英勇的空中战士，遭受了出其不意的最严重的一击。这一天敌人的飞机廿架，由敌陆军航空八先进的攻击名手，三轮宽少佐率领，向太原进袭。我方闻警，立派四机升空截击，苦战十余分钟，我机众寡不敌，一架被击下坠，我勇士陈其光眼见战友阵亡，抱着誓死复仇，擒贼先擒王的决心，勇气百倍，与数架敌机缠斗，结果竟将三轮宽生机击落。其余敌机见主将阵亡，纷纷逃窜，从此太原安静了许多时候。

# 决鬥雁门関

我軍用机二 可塞偵察机
敵軍用机二 九六式

二十六年秋，我空軍一部開赴山西担任協同防禦的责任。有一次我机三架奉命出發大同以北，偵察敵情，並順便帶了少量的炸弾前往示威。経过雁门関時，遇着敵机六架，當時我机知道自己佔着劣勢，立即降低高度，集中火力抵抗，不讓敵人有從机底衝攻的机会。但是敵人攻击精神極劣，總是在射程外就衝射開枪，及到了有效射程，反倒拉頭逃開。糾纏了半小時，最後有一架敵机中弾，冒着烟，直向山峯間下衝。其餘的見勢不妙，便各自作鳥獸散了。

# 東海炸龍驤

我軍用機：諾斯羅浦轟炸机

二十六年十一月十一日晨六時，「鐵鳥大隊」由隊長徐卓元率領諾斯羅浦轟炸机羣，去東海襲擊敵「龍驤」號航空母艦。轟！巨大的響声，震破了沉寂的海面。看！海水濺起千萬尺的浪花，艦上的飛机，除一部飛起外，其餘不是焚燬，便是震落海中。這艘龐大的怪物，搖搖欲墜，在死亡线上作最後的掙扎，雖幸免被埋葬海底，但敵人的損失，已夠可觀了。

# 武漢「二·一八」空戰

我軍用機：伊一五式及伊一六式
敵軍用機：九六式驅逐機及轟炸機

二十七年「二·一八」，日本以新銳的九六式轟炸機配合靈敏的「九六」戰鬥機，共三十八架侵入我大武漢上空。當時敵人原想用戰鬥機來纏住我們的驅逐機，好讓轟炸機容易達成任務。但是這奸計早為我指揮部所洞悉，除分派一部份戰士應付敵戰鬥機外，並指定另部份專員搜索截擊敵轟炸機的責任。在十二分鐘的血戰中，當場擊落敵機十二架，不但造成「八·一四」空戰以來之空前紀錄，就是全部歐戰史中也無此空戰偉蹟。

# 魯南掃敵

我軍用機：伊十五式

二十七年的三月，在山東南部臨城棗莊之間，有一個震驚世界的殲滅戰，我軍三路大捷，俘斬二萬人。日本所謂皇軍的精銳部隊磯谷廉介師團，全軍覆沒。在這殲滅戰中，我空軍亦奉命出動助戰，担任了垂直包圍的任務，阻止敵軍後方接濟，並在嶧縣等地轟炸掃射殘敗敵軍，厥功奇偉。

## 歸途上空——敵人無恥獸行

我軍用機：伊十五式
敵軍用機：九五式

二十七年三月二十五日，正當魯南大會戰的時候，我空軍「鐵鳥大隊」奉命飛往魯南協助前綫陸軍，襲擊敵人陣地。任務完成飛回歸途時，狡猾的敵空軍，乘我機戰罷歸來，戰士疲乏，飛機油盡的機會，飛抵上空，企圖一舉將我們全部消滅。但我戰士決死奮鬥，當場將敵機擊落六架，我機亦犧牲四架。我戰士韋昌時因飛機着火受傷，從機中躍出，在半空中仍遭敵機二架包圍射擊了許久，幸而都未命中，降落於馬牧集鄉間。敵空軍的殘暴無恥，違反國際公法，令人髮指。

## 武漢「四、二九」

我軍用機：伊十五及伊十六式
敵軍用機：九六式驅逐机與轟炸机

「四、二九」是敵國的天長節，也就是國慶節。二十七年的那天，敵人的佐世保第二航空隊由根據地起飛，襲去武漢。恰巧正遭遇我百戰百勝的志航大隊，血戰半小時，敵机被击落的共计二十一架。我英勇的戰士陳懷民在這一戰中，击落一架敵机之後，被陷入五架敵机的重圍之中，戰了許久，飛机受傷，操縱失靈，他就開足馬力，向着一架敵机衝去，「崩！」一声響時，我們的「肉彈」陳懷民遂與敵机同歸於盡了。

# 南海鹰扬

我軍用機：霍克Ⅲ式兼帶炸彈於腹部

我國海岸线绵延，海軍力量薄弱，這是誰也不能否認的。自抗戰開始，敵人就看到這个弱点，派了大批的艦隊，從東海到南海，專擾亂我們沿海各地，因此我空軍時常去轟炸它。二十七年五月十日，我空軍趁着武漢「四、二九」、粵東「四、二三」戰勝的餘威，派出大隊到南海去轟炸。到達目的地時，敵艦便如「熱鍋螞蟻」，四處奔竄。當如我空中勇士，居高臨下，以五百公里的特速，垂直俯衝，炸彈沒有脫离飛机以前，飛机就是炸彈，脫离飛机以後，炸彈就代替了飛机，因此敵艦在這天，受了重大的損失。

# 人道的遠征

我軍用機：馬丁式轟炸机

倭寇的空軍，自從「八、一四」在筧橋上空，和我空軍接戰後，接二連三的被我空軍打得落花流水，成了「落荒之鷲」，遂不敢正面作戰，只有瘋狂轟炸我不設防的城市，和無抵抗的民眾，以圖一洩我全國軍民，莫不悲憤填膺，都懷着一顆復仇的決心。二十七年的「五、二〇」，大中華民國的空軍遠征隊，第一次浩浩蕩蕩越過那無邊際的東海，飛翔於敵國的上空。這時全日本的人民，正夢方酣，驟然驚醒。大中華民國的空軍帶去的雖不是炸彈，沒有叫日本人民血肉橫飛，可是那些「道德的忠告」傳單直打入每個日本人民的心坎，博得全世界的同情與欽敬。

# 南雄之戰

我軍用機：格勒地脫式
敵軍用機：九六式轟炸机

二十七年六月十六日，木更津航空第二隊重轟炸机六架，由台北起航，掛滿炸彈，直向我大陸進犯，以樂昌車站為目標。我方當即由黃泮揚大隊長率机前往攔擊，在仁化上空發生猛烈遭遇戰，黃大隊長一彈射去，正命中該机所配的炸彈，一聲爆炸，火花飛舞，敵机連人一齊粉碎在空中。最堪注意的是這次竟打得敵人無一生還。

# 奮戰在長江

我軍用機：中型轟炸机
敵軍用機：九六驅逐机

二十七年的夏天，敵人水陸會攻武漢的軍事發動了，敵艦約二百艘，溯江而上，集中火力，來轟擊我長江沿岸要塞，且虎視眈眈地趁着江水高漲，準備直衝到武漢腹地。那時我們空軍轟炸隊，肩起他們的神聖任務，在東流、香口、馬當、湖口一帶，奮戰了數月，幾萬公斤的炸彈，無數次的出擊，惹碎了敵人中型戰艦和砲艦數十艘。雖然武漢終於在秋間撤退，但敵人始終未敢從長江的捷徑冒然進取，這是應該歸功於我們的空軍的。

# 武漢「八·三」空戰

我軍用機：格勒地脱（陳）伊十五式（劉）
敵軍用機：九六式驅逐机與轟炸机

二十七年六七月間我空軍英勇的在長江上空屢戰，給予敵陸海軍以不斷打擊，使所謂「武漢攻略」無從施展，故屢遣机隊襲擾武漢空軍根據地。於是「流星群」大隊特自前線回師武漢，「八·三」一役，給予暴敵以嚴重打擊，我戰士「陳瑞鈿」以子彈告罄，乃奮其神勇，開大油门與敵相撞，敵机焚人死，我戰士則巧妙跳傘，安全降落。另一戰士「劉領賜」奮勇擊落一敵机後，為其他敵机所襲，坐机受傷，墜入江中，但劉原為歸國僑胞，素擅游泳，卒能無恙歸來。

衡陽"八、一八"空戰—甩、我軍用機：霍克七五式　敵軍用機：九六式轟炸机

二十七年"八、一八"敵机二十七架來襲衡陽，當時我方只有三机，由湯卜生隊長率領起飛迎戰，英勇地攻击五次。當第二次戰鬥進行時，他以極少彈丸命中敵机一架，接着第三次攻击展開，湯隊長決心击下敵之領隊机，衝入敵机之火網中，和九机肉搏，以致在数十條火流的焦點上悲壯殉國。

# 蘭州「二、二〇」空戰

我軍用機：伊十五式
敵軍用機：費阿脫BR二〇轟炸机（即與天皇號同式）

二十八年二月二十日，敵机卅架，進窺我大西北之皋蘭，被我「正義之劍」「流星群」二個編隊群，分進合击，創造了击落敵机九架的紀錄；而且都是意大利造的費阿脫BR 20，双發動机重轟炸机，落在蘭州近東一带。

## 重慶「五、三」迎頭痛击

我軍用機：伊十五式
敵軍用機：九六式轰炸机

二十八年敵國天長節，暴倭想报復去歲大武漢上空丧失二十一架精鋭机之深仇，在漢口结集了大隊飛机，擬远襲我行都—重慶。可是因為那天長江沿岸氣候不佳，祇好忍气吞声地作罢。到了「五、三」那天，天朗氣清，敵以四十五架新鋭轰炸机於午後背着太陽利用反光掩護進入重慶。我駐防空軍部隊，知敵人此来，必將我同胞大施其慘無人道之轰炸，立即升空，迎着刺目的陽光，奮勇给敵人一個迎頭痛击。敵人雖於驚慌之下，亂投炸弹，慘殺我不少同胞，但敵人的飛机，此次却又被我击落達十架之多！

成都「一一·四」—奧田之死、

我軍用机：伊十五、伊十六、

敵軍用机：九六式轟炸机

二十八年十一月四日，敵重轟炸机四十五架之大編隊群攜帶了龐大的炸弾，扫射來屠殺我成都的同胞。我空軍「流星群」大隊適駐防此間，立即起飛截击於郊外。勇士鄧從凱奮死衝入敵火網裏，击中敵領隊机，而鄧勇士亦因此犧牲。敵机於驚慌中投弾盡落於荒郊，成都市民遂得免遭毒手。是役敵机損失敵方自認為達十二架，聞名於世的重轟炸之王「奧田大佐」，並於此役中被击斃殞命，至今敵人是追痛心不已、

# 奮戰桂南

我軍用機：伊十五式及格勒地脫式輝煌戰功

敵人聯合陸空之力於欽防登陸之後，崑崙關便成了兩軍血戰的據點，在去年十二月二十五六兩日，正當戰爭最劇烈的時候，我英勇空軍奉命出動前線，展開了桂南立體戰。敵方的堅固工事、機械化兵器、精銳的部隊、都被我空軍所毀滅。於是我陸軍就在這時候，在戰車與大砲掩護中，克復了崑崙關。

(二) 飛行原理

## 飛行原理淺説

要研究製作模型飛機，首先要明白飛行原理，人類能夠翱翔天空，不論使用的是輕氣球，或是動力飛機、和滑翔機，根本就是利用空氣的力量。

空氣雖然是一種看不見的東西，但它有重量，有密度，據準確的計算，每一立方呎重量一磅。它也和水一樣可以把自己輕的東西托昇起來，

在航空器中的輕航空器—氣球和氣艇，是因它本身所儲的輕氣體，密度小於空氣，重量要輕於空氣，故能上昇。這完全是利用靜力學上「物輕上浮」的原理。

飞机的本身重量比空氣大得多，為什麼也能高飞呢？這就是利用空氣的動力了。我們要明白空氣的動力可以舉幾個例子來說：

(一) 用急駛的車來证明，

當我們乘坐急駛的火車或汽車时候，試將手伸出窗外，一定覺得空氣衝激手掌。如果拿一塊硬紙板横置窗外便会受到很大的衝激，能將紙板吹掉（看圖二）如將紙板放平，便不感覺到空氣对它有多大的衝激力了（圖三）如將紙板的前边向上仰成四五度角，當它被空氣衝激時我們便会感覺手中的紙板有一種向上舉的力量和向後推的力量（圖三）這个上舉的力量叫做昇力，也有称做浮力或揚力向後推的力量,叫做阻力(亦称抵抗力或壓力)這兩種力的產生、是由於車子前進時發生的拉力(亦称推力)車停止時,這些力都消失了。

二、其次用風箏來証明,要想把風箏放到天空去,必先要牽着風箏迎着風急跑,跑了一段路程,使風箏受到風的阻力和昇力後,風箏纔会扶搖直上,愈是大而重的風箏,它需要的風力愈大,因此更要跑得遠和跑得快。等到風箏飛到天空,得到了量流動不停的風力後,祇要拉住繩子而不需要再跑。有時風箏在天空現出欲墜的情形,這是因為空氣的阻力不夠用,立將繩子向前

或向下拉動，風箏便立刻又向上昇。(圖四)

(三) 前面兩个例子已是证明拉力，阻力，重力的作用，可是還没有很明白表現出昇力的力量。現在再舉兩个更容易证明昇力產生的方法，這个方法非常簡單，可將一本很软底的書照(圖五)的方法斜放在唇邊猛力吹去，書上面的一頁立刻会隨着強烈的吹氣而昇起，這就是证明，从上面強烈吹來的空氣衝击到書上斜面時形成一種半真空的狀態，可以發生很大吸力將書頁昇起。(圖[illegible]) 其次是我們常看見的如到湯衣服時所用的噴水壺和科學家藝術家所用的噴霧氣，它能將壺裡或杯中的水噴出也不

外是這个道理（图六）

上面所举三个例子已是証明空氣動力的作用，飞机的升空，也就是這个道理。當飞机起飞時，先把发動机螺旋桨轉動，撥動空氣，發生一種拉力將飞机牽引向前滑走，走到相當速度時，飞机的兩翼，就会像手中的紙板、所放的風筝、和唇边的書頁一樣得到升力。飞机前進更速，升力也更大，等到升力超过飞机本身重量時，飞机便完全離地上升了。

# 空氣動力圖解

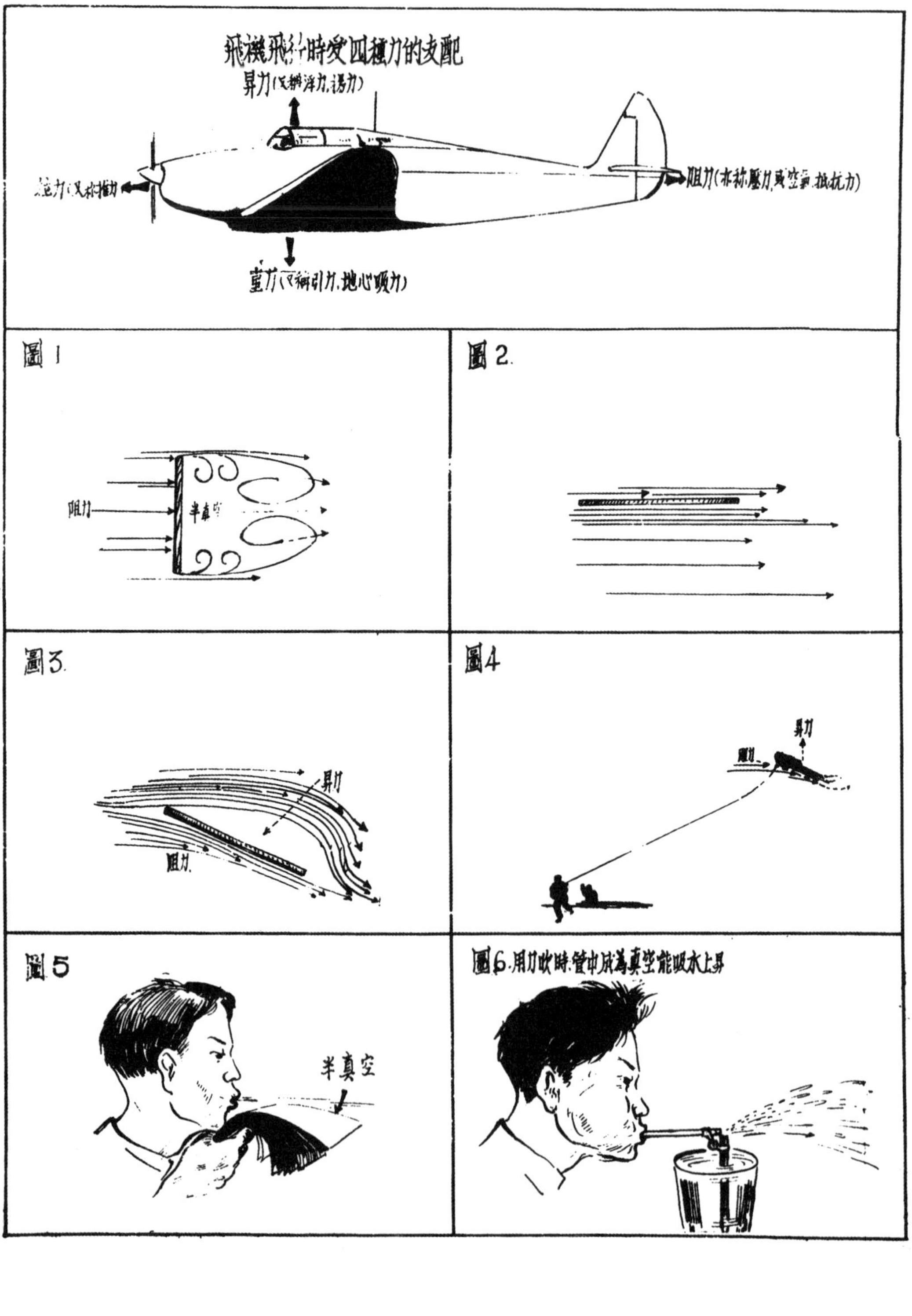
飛機飛行時受四種力的支配
昇力(又稱浮力、揚力)
阻力(亦稱壓力或空氣抵抗力)
重力(又稱引力、地心吸力)
圖1
阻力
半真空
圖2.
圖3.
昇力
阻力
圖4
昇力
阻力
圖5
半真空
圖6.用力吹時,管中成為真空能吸水上昇

见本章插图飞机各部名称图解

# 飞机各部的構造說明

## 甲 发動机

(一) 功用：

发動机是飞机的原動力，好像一个人的心臟一樣，英國航空机械家常称它做飞机的心（The heart of the aeroplane）它唯一的任務就是推動螺旋槳。

(二) 種類：

1. 依散热方法分類，有氣涼式、水涼式、液体式等分别。
2. 依汽缸数目分類，有双汽缸至二十四汽缸之分别。
3. 依汽缸排列形式分類，有一字形、V形、X形、⊥形、星形之分别。

(三) 附註：我國过去所用的飞机以星形为最多，V形次之、如馬丁、霍克、諾斯罗浦等飛机都是屬於星形的。

德瓦亭驅逐机是屬於V形的。

## (乙) 螺旋槳

(一) 功用：螺旋槳亦称为推進器，它的旋動，完全靠發動机的力量。當它旋轉的時候，槳葉的傾斜面衝激空氣，將空氣排擠向後流動，與飛机前進方向成一直線，供給飛机必需的速度和供給机翼、机尾、多量的空氣壓力。

(二) 種類：

1. 普通以槳葉數目分類，如兩个槳葉的称為兩葉螺旋槳，三个槳葉或四个槳葉的称為三葉螺旋槳或四葉螺旋槳。

2、有以螺旋桨的位置分類：如装在发動机前面的称为牵引螺旋桨，装在发動机後面的称为推進螺旋桨。

3、有以桨叶旋轉方向分類：如在坐駕駛艙看見旋轉方向和時針相同的，称为右距螺旋桨，反之則为左距螺旋桨。

4、有以装置的方法分類、如桨叶固定装在桨轂、桨叶的前衝角度不可变動的、称为定距螺旋桨。桨叶装在桨轂，可以活動变更前衝角的、称为活距螺旋桨。

又有以製造材料分類，如用輕質硬鋁製成的稱為金屬螺旋槳。用堅硬的木材，如樺、楠、桃花心木等製成的、稱為木質螺旋槳。用電木(Bakelite)造成的、稱為化學質螺旋槳。

## 丙 机身

机身「亦称胴体」是发挥飞机功用的最主要部份。

### 一、机身的功用

1.在結構上没有它就不能裝置机翼、机尾和起落架。

2.在用途上没有它就不能裝置載物品、軍械和乘坐人員。

3.在飞行上没有它就不能裝備各種操縱器和各種儀器。

一个理想的机身是要有順流線形的外形、廣大的容積、輕小坚固的結構，这些条件常使专家感到困难的。

机身的形状、縱長多像魚的形状、横剖切面有蛋形、圓形、和長方形數種。

机身構造的式别大概分为兩種：

(一)構架式机身：(Truss type fuselage)是用四条主要机樑、和許多横直支柱(亦稱横骨)構成一个骨架，並用張線張緊，外面包着蒙布(附圖)骨架的材料有用方形木条，有用鋁管和鋼管。

(二)硬殼式机身：(Monocoque fuselage)，内部没有主要机樑，而以多數適宜的搭環(隔艙板)用長条接連成為一体外面用薄片構成薄殼(附圖)所用的材料，有金屬和木材兩種。

丁、機翼、

機翼或稱為主要昇力面，它的作用和鳥類的翼一樣，如果飛機沒有它，即使有發動機也不能昇騰及在空中繼續航行。因此模型飛機的製作者，應該於機翼的設計和構造要很充分的明白才可以。

機翼的設計，大概可以分為翼面的形狀、傾角、上反角、後退角、和副翼等幾種設計。

(一)翼面的形狀和功用

翼面的形狀設計，關係昇力和速力的大小非常重大，因飛機在飛行的時候，空氣總是和翼面接觸的，如果翼面形狀和一

见本章插图翼的常识图四

见本章插图翼的常识图一

塊平板一樣，未加修製成為有利的翼型，在空氣中運動時，後緣常發生渦流使阻力增大，同時發生浮力也很少，所以一般機翼都是順流線形的設計，使空氣在翼面上經過，浮力祇是增加而阻力減少，就等是增加飛行速度了。（附圖）

(二)傾角的功用

通常機翼裝接於機身上，翼的前緣，都稍向上仰的，這個道理，是和前面飛行原理所說的第一個舉例「手中的紙板」一樣，這個上仰的角度就叫做傾角。(Angle of Incidence)

（附圖）

(三)上反角的功用

见本章插图翼的常识图二

见本章插图翼的常识图三

飛機飛到天空，遇著複雜的氣流时，左右兩翼感受的風力不平均，因而發生左右搖擺不定，駕駛人常常要去改正，有許多飛機為保持飛機傾側的安定的作用，機翼兩邊的翼尖，稍向上仰，這個上仰的角度，叫做上反角。(Dihedral angle)(附圖)

（四）後退角的功用

飛機前進时經、遇著擾亂的氣流的影響，轉變方向，逸出原來航路，除了借機尾的方向舵將它改正外，有些飛機為增加方向的安定，設計將機翼兩端向後掠退，當飛機航路變動时，機翼的一邊與相對的氣流成直角，因此所受的阻力增加，另一邊，則阻力減少，於是飛機立即恢復原來航路，這個改

樣的角度，叫做後退角。(Sweep back angle)

（五）副翼的功用

副翼（或稱偏斜翼）是裝在机翼兩端的後緣，可以活動的小翼，它是飛機傾側和改變昇力的機件。當飛機轉彎時，飛機必須向內傾側，這同我們乘腳踏車轉彎時身體必須向內傾側，以抵抗外向的離心力，否則向外翻倒，完全是一個道理。

见本章插图翼的常识图五

飛機的傾側，就要全靠副翼，因為左右兩邊副翼的動作是相連的，上下恰相反的，副翼翹起，則翼面變成一種攻角，遇到大氣的阻力，將機翼壓低，反過來副機翼向上昇，所以又有稱它為活翼。（AILERON）（附圖）

见本章插图翼的常识图六

戊、机尾、

飞机在天空飞行、如果单单祇有机翼、那末它便要随风翻转、无法前进、像一张纸片从高处墮下时不断翻转一样、因此飞机便要配上平稳安定的设备、这种设备就是机尾。机尾包括：

(一)横平尾翅、这付尾翅前半部是固定的叫做安定面、后半部是可以上下活动的叫做昇降舵。昇降舵不动时与安定面平行、用以维持飞机的水平飞行。昇降舵向上翹起、空气的阻力压迫机尾向下、飞机便向上昇仰、反过来就是机尾向上、飞机向下降俯。

二、(二)直立尾翅、这付尾翅前半部也是固定的叫做直尾翅、後半部可以左右活動的叫做方向舵。方向舵不動時與直尾翅垂直平行，用以維持飞机的直線飞行，方向舵向左活動時，机尾左面受空氣阻力壓迫向右，飞机便向左轉，反之則向右轉。

此外尚有許多飞机，有兩個直立尾翅分立於安定面的兩邊，或分立於安定面上面的，普通称为双尾舵。通常尾翅的形狀多數是和主翼的形狀一致，構造材料也相同。

## 乙、起落架及尾撑

飞机起飞和降落的时候，必要滑走一个相当的距離，當它滑走时就要有一種支持机身向前滑走，不使机身直接磨擦地面和減小震動，以免受傷的装置，名為起落架和尾撑。

(一)起落架的種類：

1.車輪式、陸上飞机用與地面接觸的部份是一对橡皮車輪。

2.滑橇式、飞机在雪地上用的特種装置，接觸地面的部份是一对雪橇。

3.浮筒式、水上飞机接觸水面部份是一对浮筒，

4. 船式：水上飞机，机身底部形如海船，直接与水面接觸，

（水陸两棲飞机，兼有車輪或浮筒的起降装置。）

（二）起落架的構造，

飞机的起落架，除了船式一種是利用机身下部直接落水，其餘的車輪、浮筒、滑橇各式都要用腿柱和軸来支持，並且有減少震動装置。在構造的形式上，我們可以看到的，大概有下面五種：

1. 横軸式（亦称直軸式）（如附图）此種是舊式的，現時已少採用，因遇着高低不平的降落場地，容易觸地

使飞机翻身，又会妨碍投弹。

2. 叉軸式，此種起落架，祇適用於小型飞机（我國初級教練机（第列脱）就是這類。

3. 分軸式，形式和叉軸式相近，但兩軸分接於机身樑上，大小飞机都適用，可塞式飞机就是這類。

4. 双組式，（亦称單独式）兩腿独立各不相連，有些飞机在兩腿外面常包着一对順流線形的整流罩（輪），如諾斯羅浦和雪莱克飞机，都是這類。

5. 伸縮式（亦称收藏式），起落架收到了天空，便毫無作用，而且有碍前進速率，因此現將高速度飞机多用伸缩式的起落架，在天空时可以把它收藏在机身两边或收藏在翼的下面，如霍克Ⅲ、和马丁轰炸机就是这一类。

（三）尾撑的种类、

1. 尾撑条、大都作弯形，颇像靴样，接触地面制动部份镶有铁鞋。

2. 尾轮、接触地面部份是一个小轮，可以四面转动大型飞机多采用它。

（四）尾撑的构造、

尾撑的各部份构造、极为简单，其中比较复杂的要称弹性部似的減震器，因为尾撑惟一的功用是減少飞机後部的震動。这種減震器，有用橡皮繩或橡皮塊構成的，也有用彈簧構成的，比較新式的飞机，多用油壓減震器。

# 飛機各部名稱圖解

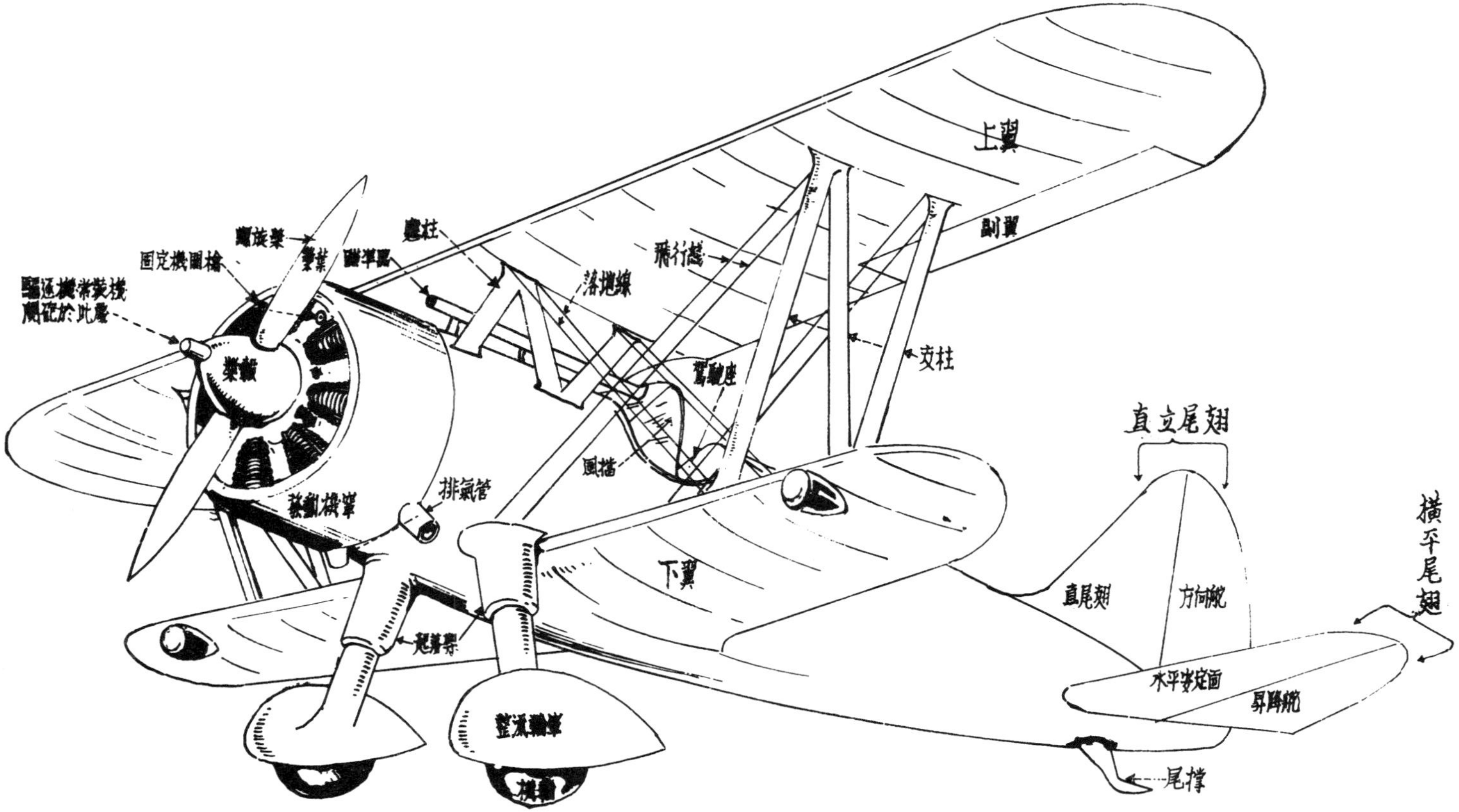
驅逐機常裝機關砲於此處
固定機關槍
螺旋槳
槳葉
瞄準器
翼柱
槳轂
發動機罩
排氣管
落地線
飛行線
駕駛座
風擋
支柱
上翼
副翼
下翼
起落架
整流輪罩
機輪
直立尾翅
直尾翅
方向舵
橫平尾翅
水平安定面
昇降舵
尾撐

# 翼的常識

图一

图二

图三

图四

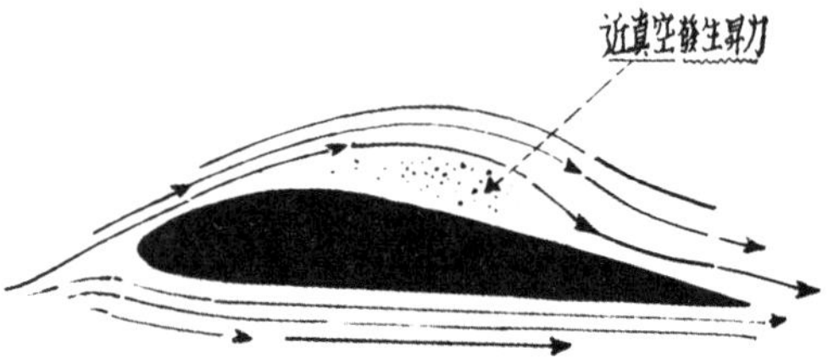


图五

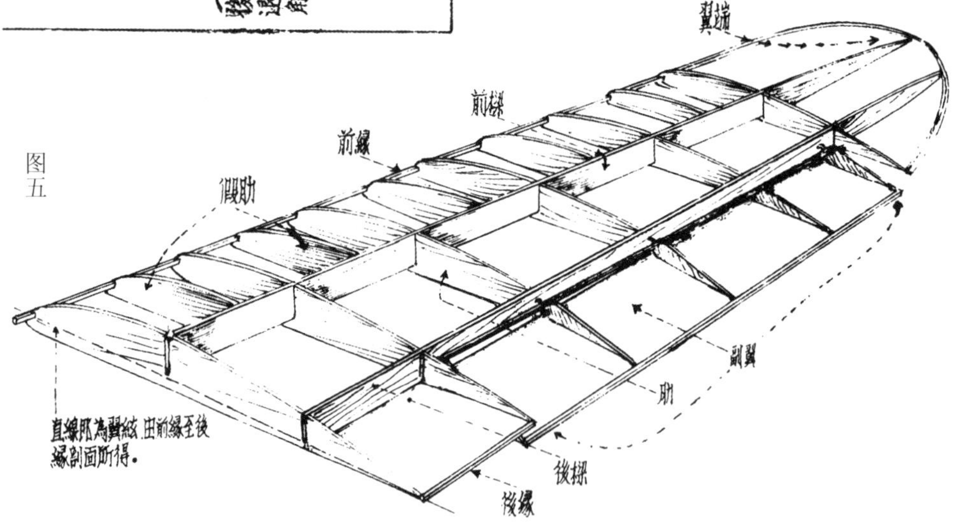


图六

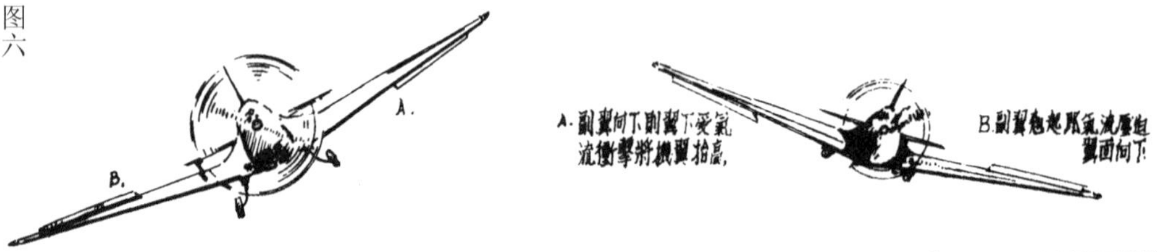

见本章插图飞机操纵系详图

## 飞机的操縱部份淺說

一架飞机在空中飛行時，常有六个不同的動作，1、上昇，2、下降，3、左转湾，4、右转湾，5、左傾，6、右傾，其实歸納起来，不过是三个假想軸的運動吧了，什麽是假想軸呢？當飞机俯仰活動時，彷彿机身有一条軸，横亘着一樣，這条軸称为假想的横軸，當飞机傾側動作時，彷彿有一条軸由机頭直贯到机尾一樣，這条軸称为假想的縱軸，當飞机向左右转湾時，彷彿机背有一根長軸贯穿机腹一樣，這条軸就称为假想的垂直軸，雖然飞机上並不是真有這三条軸，但它的動作却總不出這三个假想軸的運動，要使一架飛机完全依照駕駛人的意思作各項的動作，就得要有活動的操縱裝置，這些裝置，就是昇降舵、方向舵、副翼、通稱為操縱面，管理操縱面動作的机件就是駕駛桿（或駕駛輪）、脚蹬、及联桿（或操縱綫）、通称為操縱系、如駕駛桿和踏蹬，通常装於駕駛座艙裡面，用联桿（或操縱綫）分別接連昇降舵、方向舵、和副翼、祇要駕駛員把操縱桿向前後扳動，昇降舵就会上下，飛机可以俯仰，把駕駛桿向左右搖動，兩邊副翼就会此上彼下，飛机可以左右傾側，把脚蹬一前一後踏動，方向舵就会向左

（参看飛机操縱原理表解）

右擺，飛机可以左右轉灣，總之這些操縱机件的使用，是
每个飛行人員都要熟習的，倘若飛机在空中行進時遇着
不安定的氣流來擾亂，則駕駛員更需要運用操縱系
去克服它，使飛机恢復正常，至於軍用的戰鬥飛机，在
空中上下翻騰，和作特技飛行時，更是要靠操縱系的功力
了。

飛機操縱系詳圖

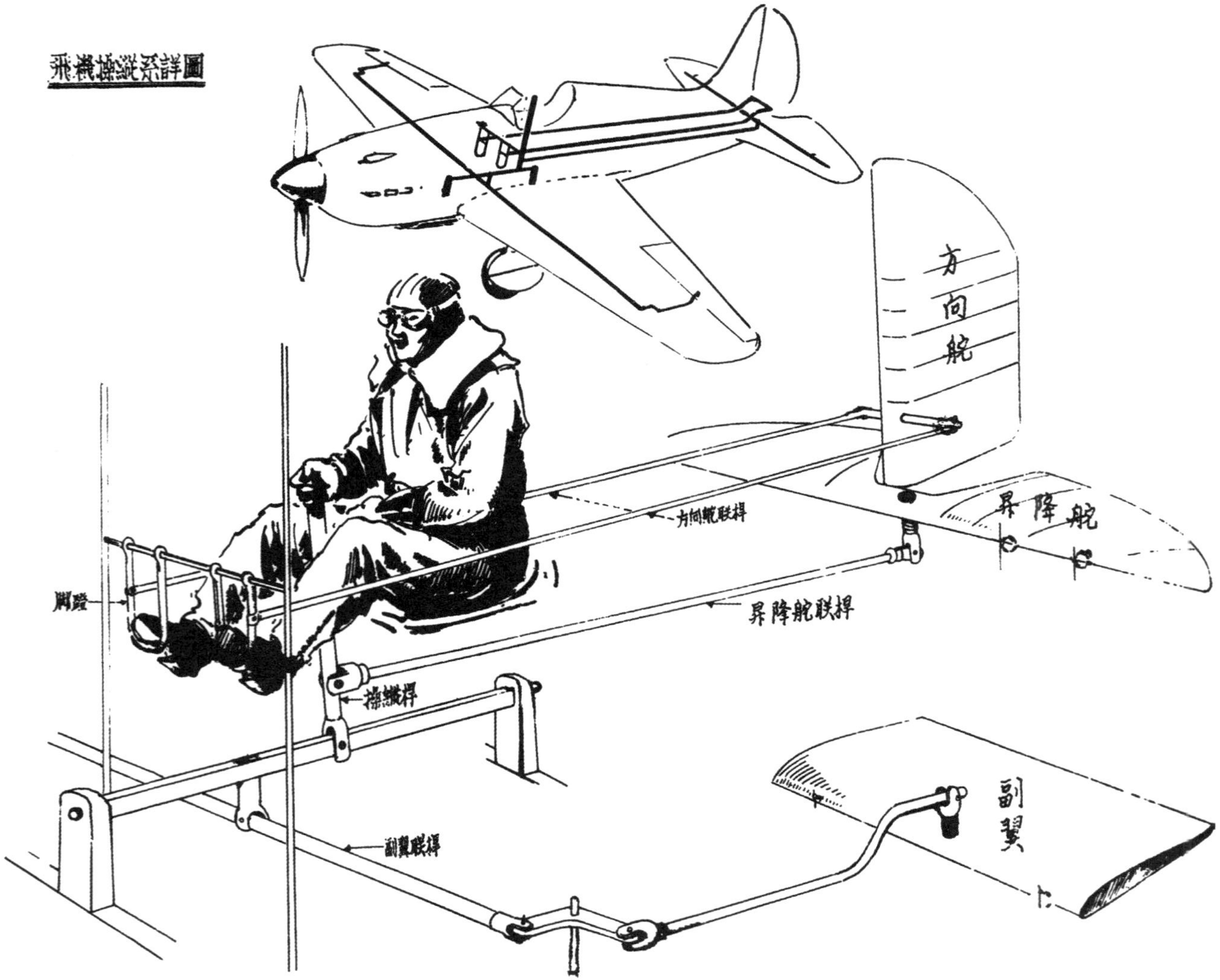

# 飛機操縱原理表解

| 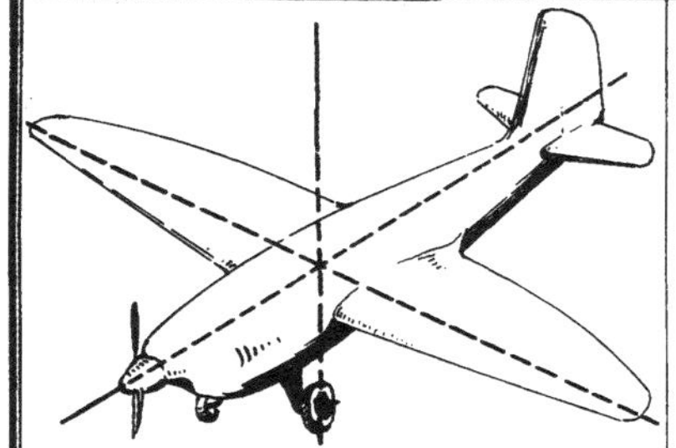 三個飛行的假想軸 | 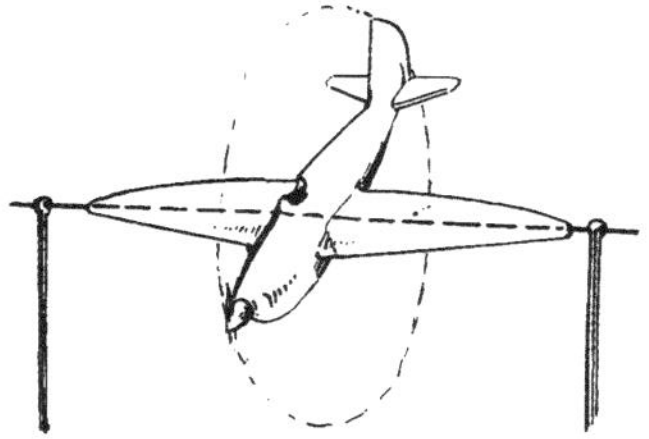 橫軸運動 | | 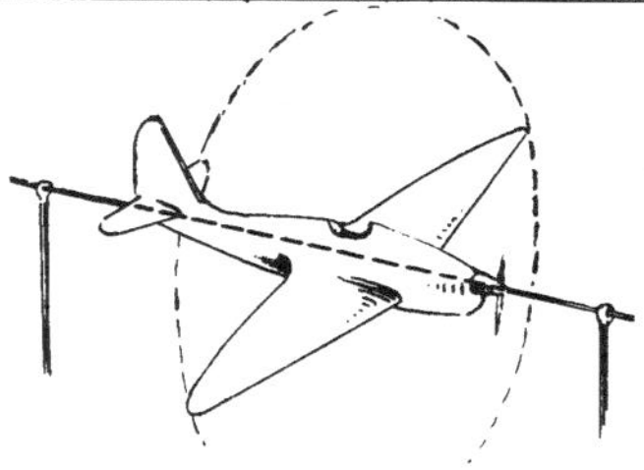 縱軸運動 | | 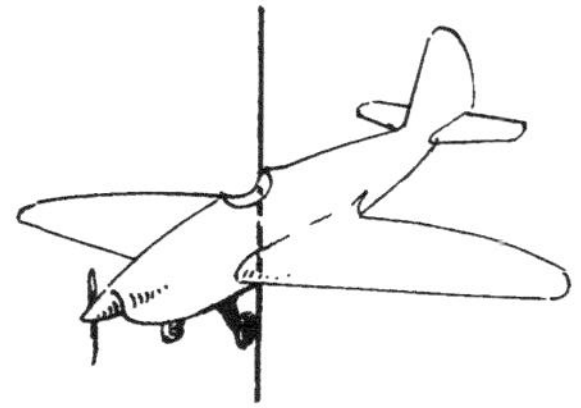 垂直軸運動 | |
|---|---|---|---|---|---|---|
| 不安定的自然活動 ⇨ | 上下俯仰 | | 兩邊搖擺 | | 左右盤旋 | |
| 維持安定的固定裝置 | 水平安定面 | | 機翼的傾角及上反角 | | 垂直安定面（直尾翅） | |
| 維持安定的活動裝置（操縱面） | 昇降舵 | | 副翼 | | 方向舵 | |
| 操縱的機件（操縱系） | 操縱桿 | | 操縱桿 | | 脚蹬 | |
| 操縱系的動作 | 向前推 | 向後拉 | 偏左 | 偏右 | 左脚向前 | 右脚向前 |
| 操縱面的動向 | 昇降舵向下 | 昇降舵向上 | 左邊副翼向上<br>右邊副翼向下 | 右邊副翼向上<br>左邊副翼向下 | 方向舵向左 | 方向舵向右 |
| 發生阻力的作用 | 氣流壓迫機尾向上 | 氣流壓迫機尾向下 | 氣流將左翼壓迫下沉將右翼抬起 | 氣流將右翼壓迫下沉將左翼抬起 | 氣流壓迫機尾向右 | 氣流壓迫機尾向左 |
| 飛機的動向 | 俯衝 | 上昇 | 左傾 | 右傾 | 左轉灣 | 右轉灣 |

# 三、飛机的種類

## 飛機種類表解

滑翔機—不用發動機，利用自然力昇空的飛機

依形式分類
- 無翼機—[illegible]（飛行利用壓縮空气而）
- 無尾機—僅有機身和机翼，安定裝置在主翼上
- 撲翼機—機翼與鳥翼一樣上下搧動
- 旋翼機—除前進用螺旋槳外，機頂加裝有旋轉翼可以直昇
- 靜翼機—即普通的飛機，主翼是固定的
- 串翼機—亦稱並翼机，前後均為主翼，職司相同

依翼數分類
- 單翼機—一層机翼—下單翼机—單翼在机身下部；中單翼机—單翼在机身中部；上單翼机—單翼在机身上部
- 双翼機—二層机翼
- 翼半機—上翼長而下翼甚短
- 多翼機—二層以上機翼

依昇降
- 直昇機—即「旋翼機」

- 旅客機—搭載人民往來各地旅行之用
- 民教機—實施民众教育及宣傳之用
- 農用機—農業上播種殺虫救荒之用
- 郵政機—為郵政機關運送郵件之用

飛機

- 動力飛機（藉機械力量飛行空中的飛機）
  - 依用途分類
    - 軍用機
      - 作戰用
        - 偵察機、偵察敵情搜索敵軍的
        - 轟炸機、携带炸彈轟炸敵方的
        - 魚雷機、携带魚雷轟炸敵艦為目的
        - 驅逐機、消滅敵軍飛行中之航空器為目的
        - 戰鬥機、兼有驅逐機及攻擊机的性能
        - 攻擊機、攻擊敵軍地面部隊為目的
        - 運輸機、運送軍需上各種補給為目的
        - 救護機、有醫藥設備任空中運送傷病人員為目的
        - 測量機、為空中攝影測量地形製造地圖為目的
  - 依發動機分類
    - 單發動機
    - 双發動機
    - 多發動機
    - 水凉式機：發動机用水冷却
    - 氣凉式機：發動机藉空氣冷却
    - 液體式機：發動機用化合液体冷却
  - 依推進方法分類
    - 拉進式機：螺旋槳在機翼前面
    - 推進式機：螺旋槳在機翼後面
    - 推拉並用機：機翼前後均有螺旋槳
  - 依場面分類
    - 水上機：裝有浮筒祇可在水面起落
    - 陸上機：裝着車輪式滑撬可以在地面起落
    - 水陸兩用機：有浮筒及輪撬的裝置可以在陸地及水面起落
    - 艦上機：陸地飛機可在兵艦甲板上降落
    - 飛船：不用浮筒及輪撬以飛本身為船殼在水中起落
  - 依座位分類
    - 單座機：祇能乘坐一個人，戰鬥機、驅逐機及比賽機多屬單座
    - 雙座機：可容二人乘坐，教練、偵察、攻擊、遊覽機多數双座
    - 多座機：可容三人以上乘坐，運輸機、交通機、轟炸機、多屬多座

# 軍用的飞机

飞机的发明，原非为战争着想，但是飞机的实用却由战争开始，飞机的性能也是随着战争进步，這是发明飞机的人所意想不到的。

在欧洲第一次大战以前，飞机雖然时常在研究进步，但在人们的心目中总觉得是一件新奇而危险的玩意，始终没有怎样发展到实用，更谈不到作战，故在一八九九和一九〇七年海牙和平会议，讨论國际公法时，雖曾有禁止飞机用於軍事之提议，但始终没有决议禁止，及至一九一四年欧战发生，各國均用飞机参战，這才觉得

## 飞机軍用之需要。

在欧战初年，飞机祇用来偵察，有時與敵机遭遇，亦过互相舉手招呼，或揮拳作势过去。後来漸備武器，机於炸弹的装置改良，各國空軍的組織和數量也逐漸擴充，於是飞机便成戰爭中最銳利的兵器，空軍也成為主要的兵種，到欧战告終，各國受到空戰的教訓，都積極提倡航空訓練飞行人材，直到現在，每个國家均以空軍強弱来决定它的戰爭成敗了。

軍用飞机的分類：

通常有轟炸、驅逐、偵察、攻击、運輸、教練、救護等多種，但其中以驅逐机、轟炸机、

攻击机、偵察机四種为最主要、

甲、驅逐机：

驅逐机或称为战鬥机、有许多人常將驅逐机和战鬥机分作两種机種来談、其实战鬥机和驅逐机一樣、都是以空中战鬥为主、不过因为各國的空軍組織和使用不同、把它分为两種名称吧了。如美國海軍航空隊称它为战鬥机、陸軍航空隊則称它为驅逐机、德國通称驅逐机、英國則不問陸上或海上通称为战鬥机、這是上面冠以任務的名称、所謂防空战鬥机、阻击战鬥机等而已、我國空軍过去也是祇有驅逐机

的名称，使用這種机的空軍部隊称为驅逐隊，

(一)驅逐机的任務：大概分为兩種：

1.为防空驅逐机：當敵轟炸机或戰鬥机到達我後方城市上空，想施行空襲時，這種驅逐机立即利用優良的上昇速度，在最迅速的時间内，昇到高空，迎敵或者飛到市空以外攔截，將其击潰殲滅，這種机，不需要遠距離飛行，所以油量不夠，通常耐航二三小時左右。

2.護航戰鬥机：它的任務是掩護友軍轟炸机、对敵施行攻襲(擊)，因此它的油量可以維持到六

小時至小小時之久。也有用前一種戰机加裝補助油箱負這種任務，到達目的地或與敵接近時將補助油箱丟掉，用它原来的油箱依然輕便靈敏，與敵接戰。

此外尚有巡邏、追击、攔截、晝夜用等之名称，区别很多，其实上面兩種亦可以包括，兹不多述。

(二)驅逐机的性能：為戰術上需要，驅逐机有幾个特点

1、小巧靈敏、不論攻击敵轟炸机或與敵戰鬥机接戰，它都需要敏捷的動作，争取優勢的位置，向敵机襲击，故机体要小巧靈敏。

2、速度強大：不論平飛和上昇，其速度都要超過它種飛机，才能追击敵机和迅速佔取高度。

3、安全率高：這種机，在空中戰鬥、常作劇烈的動作，因此它的安全率需要十至十二，而在設計製造時，飛机各部的抵抗力超過平常負荷十倍至十二倍，（普通飛机約為六至八）否則飛机經不起空氣壓力，有發生解体的危險。

(三) 驅逐机的種類：現時約有單翼及双翼，單座双座及多座，單發動机及双發動机等數種，其中以單翼、單座、單發動机的為最通用，双翼單座、單

发動机的，利于上下翻騰作纏鬥（亦称狗鬥）但現時
已被高速度的单翼机壓倒。双座单发動机、或
双发動单座机，現時英德兩國已分別使用，據說
双座机的優点，後面有數挺机枪，射界和視線寬
濶，可以減少单座机後面死角所受的威脅，双发動
机的搭載量大，可以裝大口径遠射程的机関砲、或更
量的火器。

四 現時世界新銳驅逐机性能一斑：

1.速度：德國輕捷驅逐机，密塞斯米一〇九（单座单
发動）在一九三九年四月造成每小時七五五、二一公里世

甲、速度纪録、

美國单座双发動机「洛克赫特」P-38式，试飛時每小時超出八〇〇公里速度，據美國宣称，此机速度可達八六〇公里。

乙、火力：美國「貝尔」XFM-一式双座双发動戰鬥机装三十七公厘机関砲二门机枪三挺。

貝尔P-39单座单发動戰鬥机，尔能装三十七公厘砲一门，机枪四挺，至於装置八挺或十挺小口径机枪的，現在已不是困难的事了。

丙、座位：德國密塞斯米一一二式为四座戰鬥机、

美國「貝爾」廠亦有五座戰鬥机的製造、

## 乙、轰炸机

今日的空軍必須兼有防禦和攻击的力量，不足以言空戰、優秀的驅逐机原則上是攻击的防禦武器，仍不免近於消極的办法，我們要对敵人作全面攻击，這就非得有優秀的轰炸机，实行工作不可。前次欧戰，同盟國和德國都儘量運用轰炸机来助戰，双方收到不少的戰果，因此現時有多數的軍事专家認定為空軍中最主要的攻击武器，使用這種机的空軍部隊，通常称為轰炸隊。

(一)轰炸机的任務：

轰炸机首要任務為延長砲火的功效，補助砲火的不足，故此也有人比它為超机動性砲兵因为它航程远、携带炸弹威力大、并且很机動，实非砲兵所能及的，它的任務在远程轰炸，目的是粉碎敵人後方的都市、軍事根據地，和消滅作戰資源；近程轰炸，目的是破坏敵人前方陣地工事及武器，軍需兵員補給的交通線、殺傷敵軍戰鬥人員。

(二)轰炸机的種類：

1. 軽轰炸机、通常装載炸弹，由三百至五百公斤左右，現時最新的軽轰炸机，也有載一千公斤的。裝置发動机由一个至两个，座位由两人或三四人，形式上看来，双发動的軽轰炸机，和重轰炸机不大分别，单发動机双座的輕轰炸机，和双座戰鬥机也很相彷，它的儲油量不很大，祇可作短距離轰炸，或半活動在前线陣地左右，轰炸敵人前線的預備隊，與運輸品及指揮部等、

2、重轰炸机：它的机体很大，速度快，儲油量多，航程遠、裝置兩个或三四个发動机，座位由五人至九人，他們分別担任駕駛，投彈，射击，照相，電报通訊等工作，因此飛机內部設備的仪器比它種飛机格外複雜繁多。究竟重轰炸机的載重量和航行距離是應該多少，這可很難確定。因為飛机一天天的

见本章插图康多BT-32

進步，從前所謂舉世譁然的重轟炸机，航程是由二〇〇〇至三〇〇〇公里，装載炸弹一〇〇〇至二〇〇〇公斤的，現時有些國家的中型机已可以和它相等了。不久以前認為超重的巨型机波因B17「空中堡壘」，及波因B29，统一XB24，和法國的勃羅吉或則以航程四八〇〇公里見称，或則以装載五噸（五千公斤）炸弹驚人，可是自從有了七十噸重的達格拉斯B19，和八十噸重的馬丁机，及達格拉斯重轟炸机出現後，它們装載炸弹二十噸（二萬公斤），乘坐人員十至十九名，航行達九千至一萬二千公里的數字，將超重轟炸机的首座奪去。如此層出不窮的進步，將來空中堡壘這一類的飛机，究竟是否仍可稱巨型或超重轟炸机：這確是一个有趣的问題。

3、俯衝轟炸机：　這種飛机，型体和單發動机或双發動机的輕轟炸机相彷，油量又差不多，它的特異，就是可以將五百公斤左右的炸彈用垂直的姿式俯衝投下，增加炸彈的命中效率。在前次歐戰時，各國都沒有特製的俯衝机，多用驅逐机或輕轟炸炸机去代替，但是垂直俯衝時，人員身体發生變化，成為窒息現象，不知拉起机頭，以致飛机墮地。又因飛機急速俯衝時，不容易恢復水平姿態，对地面直衝，發生了許多慘劇，因此欧戰後，這種机，曾一度給人家忘掉了，直到近年，發明了減速的設備，各國对於俯衝轟炸机，继續恢復使用，並努力研究，進步甚速，如德國最近新造這種名普拉朱特普連，能搭載一千公斤炸彈，從五千公尺高空，以每小時速度九六〇公里的超速度，作俯衝下降，至距离二百公尺處投彈，炸彈投完後，該机又能自動以最高速度上昇，雖然飛行員一時昏迷，亦不至直衝地面，由此可見外國科學家，殫盡心竭慮，力、從事研究和創造發明的精神，之人可佩。

4、鱼雷轰炸机：　通常轰炸机专用於陸地上轰炸，即使用於轰炸軍艦，不论水平投弹或俯衝投弹，也不过投擲破甲炸弹於軍艦甲板上，或投深水炸弹於軍艦旁边，利用炸弹的爆炸，破坏力，和風靡力，達到目的，但自有鱼雷轰炸机出世，威力就更大了，這種机有单发動和双发動机兩種，可以攜帶鱼雷弹一枚丟到目的地附近斜掠水面，到適當距离，之將鱼雷斜射入水，直向軍艦的側舷底部衝去，使軍艦洞穿沉沒，因此現時

這種机成为攻击軍艦最主要的兵種、

乙 此外轰炸机尚有许多不同的名称，如水上、陸上及艦上轰炸机，日间或夜间轰炸机，远距离或近距离轰炸机等，都是依其任務分別，冠以名目，其实都不外上述的几種吧了。

三）轰炸机的投弹法：由飞机上投下炸弹大概有两種方法：

1、水平投弹：是用多架较大的中型或重轰炸机、整隊在目的物上空，水平通过，利用轰炸瞄準仪器，计算風向目標，飞行高度與速度，及炸弹落下速度等，可能的偏差，加以修正後，隨同時投弹，這種投弹方法，雖然是命中率未必很滿意，但整隊轟炸，弹如雨下，破坏範圍很廣，在較大的目標，如城市，軍需工業区等地帶，施用之威力至為可怕。

2、俯衝投弹：对一个範圍小，或流動的目標，如汽車、戰車、軍艦等轟炸，俯衝投弹方法最好不过了，俯衝投弹的方法，簡單的解释，就是和驱逐机使用固定机関枪一般，不必用許多仪器来考慮投弹点，祇須机頭对着目的物，衝到相當

距離將搭裝載的炸彈投下，不但命中率極高，而且單
机動作亦可以減少地面防空火力給它的損害，所
以現在各國，使用於前方的，多是這个方法。綫
另有一種，是由盲目[redacted]飛行[redacted]成功後，才出
現的盲目投彈法，不論單机或小編隊机，它們
利用盲目[redacted]雲行在雲中或夜間，[redacted]，不為敵人發
現，到達目[redacted]的地，雖看不見目標，也可從雲裡投
彈，這可說是最進步的了。
(四)轟炸机的投彈裝置：　式樣頗多，如中型炸彈因
祇有一處掛住，掛鈎所受力量較大，前次歐戰期間

见本章插图炸弹机载法

曾用一種绳索裝置、投弹時須拉動掛鉤、此種方法頭已陳舊、因投弹拉動绳索、会妨碍投弹的準確性、現在新的方法、均用電動方法、祗須一按机鈕、炸弹立即投下、（炸弹積載方法可附圖）

（五）轟炸机於砲的用途：轟炸机在戰略上雖然是攻击的兵器、可是在空戰時它却正和驅逐机相反它雖然配備多量的机槍和大口径的机關砲、火力很強大、可是僅用來作防禦的武器、即使在空中遭遇敵机、它也不去惹人家、甚至有時要設法逃避、至不可避免時、纔利用它前後座密集的机槍組

成失網抵抗敵人，這並不是畏懼，實在是它的任務

和侍重所限，不~~需要~~使去挑戰。

## 丙、攻击机

攻击机有人称他为戰鬥机的一種，也有人称它为轰炸机的一種，这实在是因为它的性能與任務介於驅逐和轰炸机之间，可以像轰炸机一樣，攜帶輕磅炸弹投擲，也可以像戰鬥机一樣，以俯衝掃射，它的任務在協助陸軍作戰時，攻击敵人前後方預備隊，砲隊，輜重隊，阻止敵軍的前後方联络，殺傷敵軍人馬，毀坏敵方陣地工事和掩護我軍進退。在協助其它空軍作戰時，破坏敵人的防空工事，防空武器，敵軍机場及地面設備，未起飞的飞机及航空軍用品等。

攻击机的武裝配備：　所帶的炸弹多数是殺傷弹和燃

燒彈、携带的机枪、装置方法和战鬥机一樣，攻击主力集中在正面外，並在後面装置防禦机枪，雖然灵敏不及战鬥机，但火力的威猛，不是战鬥机可及的。

攻击机的特性：攻击机和其它机種一樣需要高速度，可是在低空飛行，它有一種超越的性能，有時可在十公尺以下的超低空飛行，速度極大，離地極近，使敵方高射武器很難作有效射击，又因飛行太低，因声音複雜，使測音器也失其效用，甚且利用地面樹木山林的間阻，使监視哨也沒法瞭及，出其不意的出現於敵人頭上。至於偽装的工事，更不能逃出攻击机的敏銳觀察。總之越是低空，越能發揮它的功用。

在前次欧戰初期，並沒有這種飞机，欧戰末期，英國曾利用戰鬥机掃射地面敵軍，一九一八年三月间，德國大舉進攻时，英國的戰鬥机曾用低飞掃射地面的德軍，遭到很大的損失，那时另有一種，专作掃射地面戰壕用的飞机，駕駛艙装有甲板，並以抵抗地面射击，然而机於掃射並不滿意，於是乃改用小型炸彈，攻击地面軍隊，殺傷力雖較机於大，不过所用的飞机仍以戰鬥机為限，对於有堅強掩護物的軍隊依然不見大效，其後美國纔特製一種飞机，专作此種用途，称为攻击机。

可是在此次大戰中，用於協助陸軍前線作戰，发揮很大威力的飛机、差不多都是俯衝轟炸机、如德國用以击潰波蘭、挪威、法比及希臘等國、就是得力於俯衝轟炸机。英國軍隊從法國撤退時、向空軍當局要求的也是要大量俯衝轟炸机、向美國定購的一種協助陸軍用的、也是俯衝轟炸机、他們配合了戰鬥机一同使用、都很少離到攻击机發揮它的威力、將來是否仍有攻击專用机的存在、這就要看它的進步是否可以兼有新式俯衝轟炸机和戰鬥机的性能而定了。

## 丁、偵察机

偵察机、比較前述的各種机、似乎沒有像它們這麼受人重視、的確、它不像轟炸机和攻击机去粉碎敵人的城市陣地、殺傷敵軍，也不像驅逐机能夠打落敵机、造成輝煌的戰績、可是它所負的任務、是異常重大而艱困、實在是空軍用机中的無名英雄、這是我們要認識的。

（一）偵察机的任務：

從前平面戰爭時代、專司偵察搜索及遊击都是騎兵的任務，現在是由偵察机來担負了。它可以由天空直飛到敵人後方居高臨下搜索敵情、知道敵人部隊集中地点、及敵陣的佈置、使我軍爭當局知已知彼，然後可以百戰百勝，其次是傳達命令，因為作戰之際，軍隊散處範圍甚廣，作戰指揮很多不便，偵察機奉高級指揮官命令，於偵察敵情後，跟着奉命通訊或作標記指揮隊伍的連絡及與砲兵合作，修正砲火，而收戰鬥的效果，偵察機這種任務實在是關係全軍勝負的，因此負責的空軍人員，必具有很豐富的軍事學識，敏銳的觀察與堅決的判斷力，才能勝任愉快，因此在各國的空軍中，對於空軍偵察機和偵察人員都比較其它空軍人員來得重視，這是不可否認的。

(二)偵察机的種類：也像轟炸机一樣，有許多名称，如水上、陸上及水陸兩用偵察机，近距离及遠距离偵察机，日间及夜间偵察机等。

(三)偵察机的性能：較大的長距离偵察机形態和輕轟炸机相仿，它的速度高而灵敏，以不規則的行動，才可以出其不意出現目標上空，工作完畢，又可迂迴繞道回去，使敵人無法攔截追击，現時偵察机特別趋向於採用短距离的輕型飛机，原因是長途偵察的任務，大可以由帶有照相的儀器的轟炸机代替，又因大的偵察机於執行修正砲火及步兵連絡通訊任務特不能在樹頂慢飛，不能起降於前線司令部附近的牧場和泥濘的机場上，因此輕型偵察机，就成為目前最適用於前線的飛机。它的特長是馬力小，有安全的低速度，雖然飛行慢到六十公里也不会[redacted]失速，容易操縱，降落於不平的小廣場，常常和司令部取得密切聯絡。

四）偵察机偵察的方法： 通常机上裝有照相机，有特在兩个不同的位置對攝同一的目標，而采用立体鏡看出山川形勢及地面物体的高度，這是比較進步的一種。但也有用目力視察再加以判斷的，現時美國有一種新發明的照相設備可以夜間照相，效力超過從前利用照明

彈的夜間照相很多、這更使偵察机發揮它的能力、

(五)偵察机的武裝：　偵察机的任務不在戰鬥，但在實施任務時、為防禦敵人、常有不可避免的戰鬥發生，故此机上裝有相當的武裝。有時偵察机於施行偵察任務時、在可能範圍內、也攜載輕磅炸彈，選擇適當的目標投下、或施行低空掃射、從前我國空軍的可塞机、就常常兼負偵察與轟炸的任務、由此可見偵察机在空軍中的重要了。

康多BT-32（一）

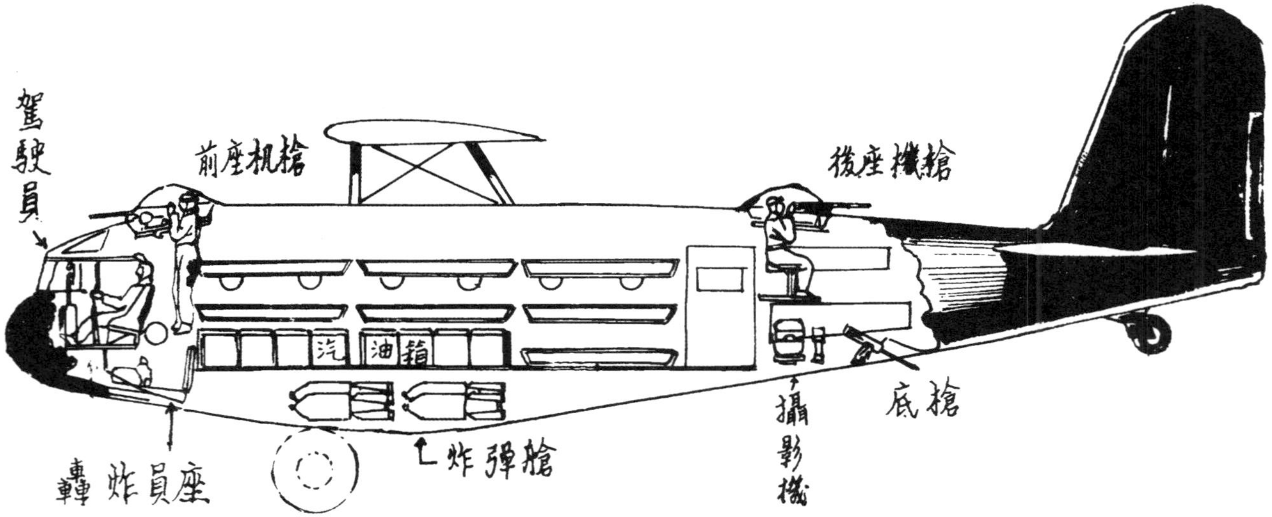

康多BT-32（二）

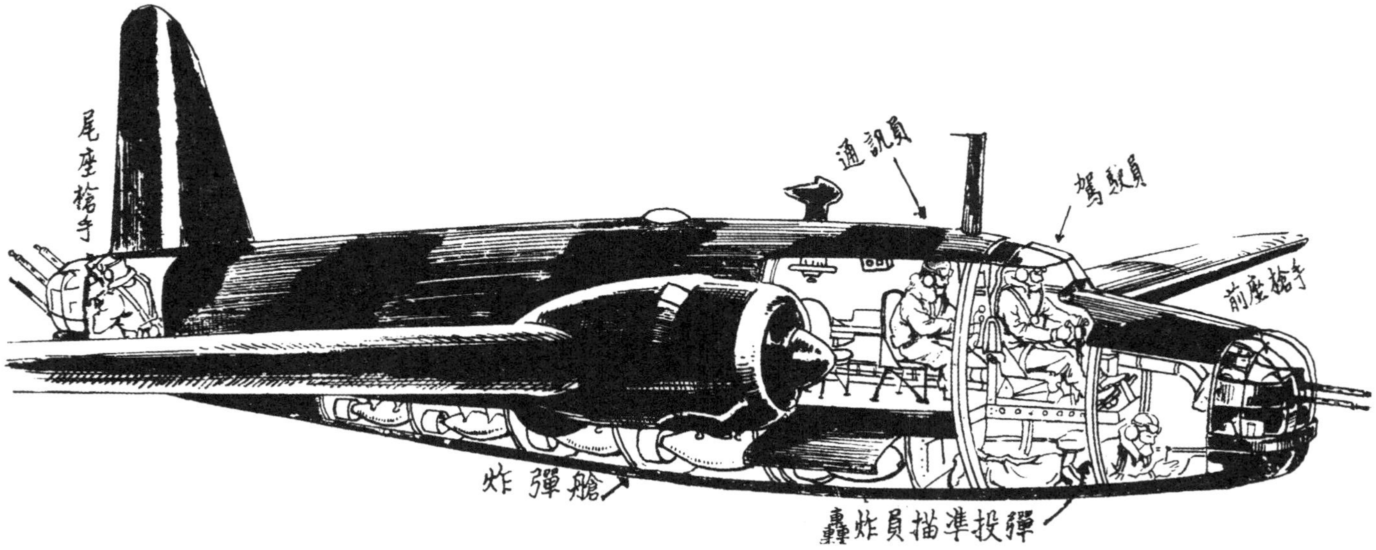

## 炸弹机载法

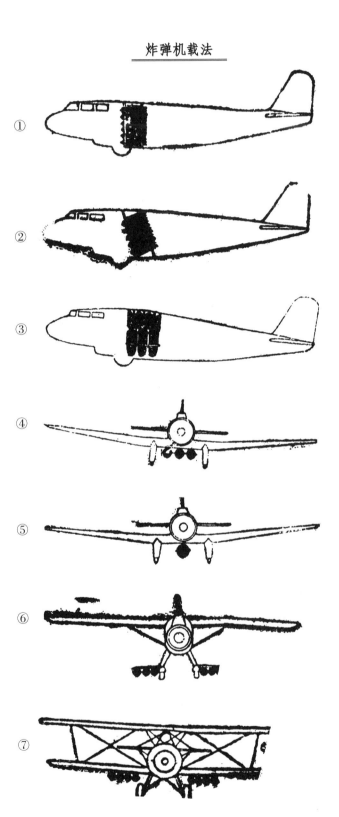

①

②
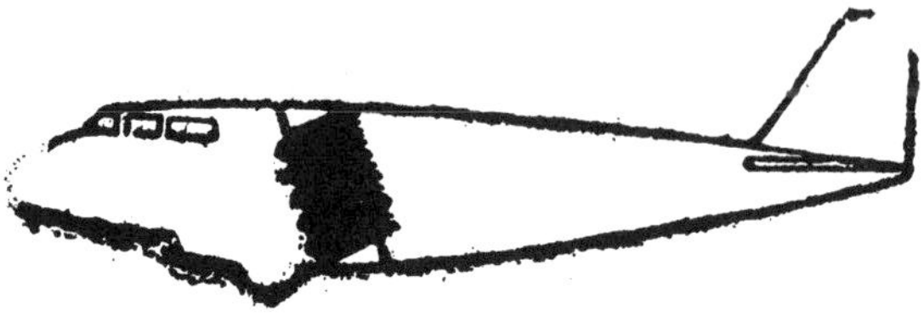

③
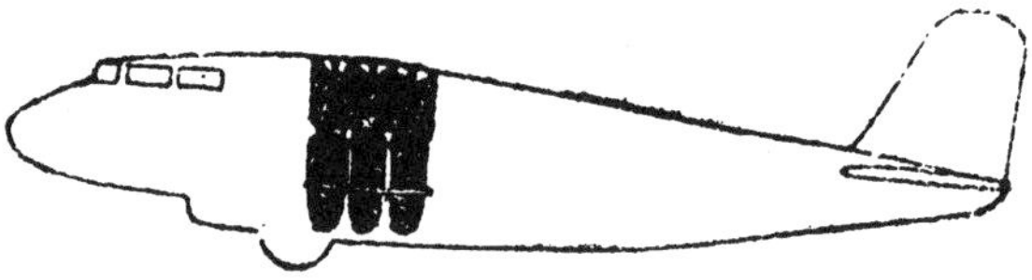

④
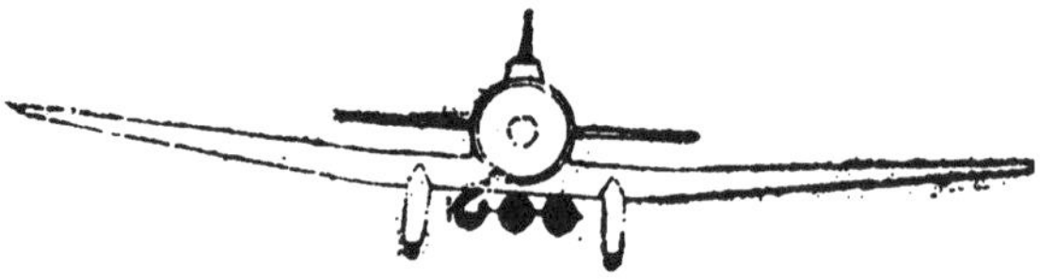

⑤
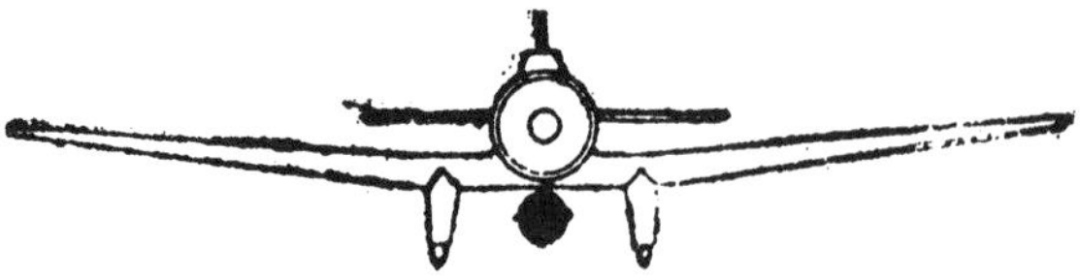

⑥
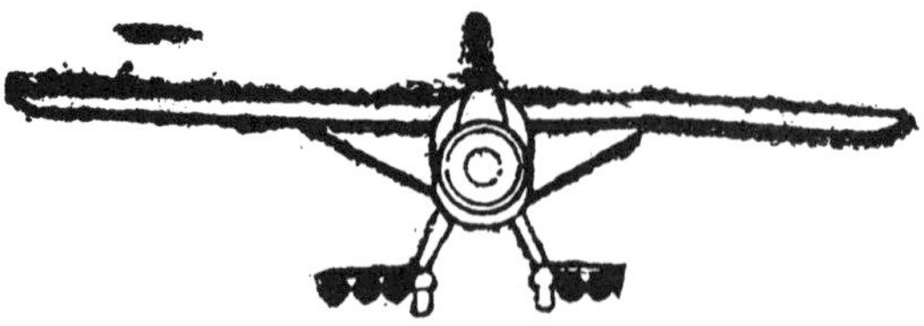

⑦
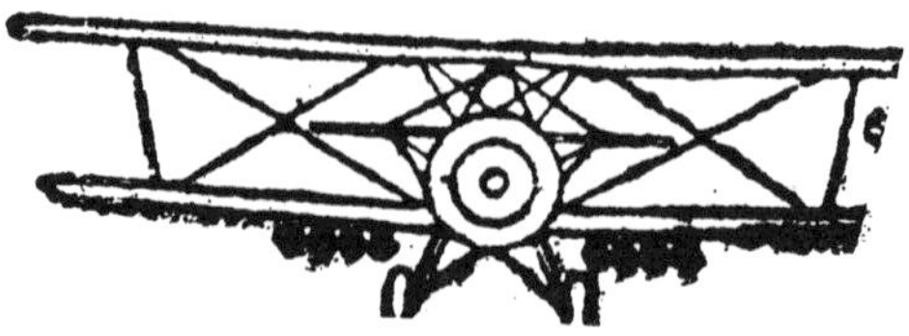

附錄幾個航空常用的名詞、

航空常用的專门名詞很多，不过平常人在报章上常見得到的却有限，現在列舉幾个比較重要的分別解說如下：

(一)所謂死角：凡飛机々於設法射击和飛行員視線不可及的[redacted]位置叫做死角，例如設有後座枪的單座驅逐机，後面設有抵抗能力，加駕駛员也不容易望及，那末飛机的後面就是他自己的死角，隨時有給敵人射击的危险，我們常聽到驅逐隊談到空戰，往々喜欢說咬住敵人尾巴，這就是射敵机的死角，高射砲自己的

頂上有一个圓錐形的空間，設法用砲擋準射去的，叫做圓錐形死角，匍匐在防空壕裡，敵人枪彈射不到的，這叫做敵人的射死角，

(二)所謂火網：不論空中或地面，凡許多枪砲的火力密集使用，射出的子彈在空中像撒沙一樣，敵人到它的範圍裡，就有中彈的可能，這个子彈所及的範圍叫火網。有後座和腹部裝有机枪的东西炸机密集編隊作戰，它的後面上下方都可以構成火網，驅逐机編隊作戰，它們的前面，亦可構成火網，

(三)所謂活動半徑：飛机的活動範圍，通常以活動

半径计标、活動半径是根據飞机的續航力而定的、假定一个飞机、油量一百斤，每小時耗油二十斤，它的油量足夠五小時，每小時速度能飛行二百公里，它的續航力就為一千公里（亦有称耐航五小時的），那末，以来回路程计标，它至多可以飞到五百公里的地方为止，否則回程不夠油量，這就是所謂活動半径，現時一般活動半径的计标，要数以航續力百分之四十五为標準，這是非常合理的。

故活動半径只能用到續航力的一半

也叫做

# 四 飞机场

## 飛機場分類表解

- 飛機場
  - 依機能分類
    - 滑行機場——即普通的飞机場有廣大面積可供飞机滑行昇降的
    - 直上機場——直昇機之用占地甚少高楼大廈的屋頂平台都可利用
    - 滑翔機場——供滑翔机起落用者設於高峻平原山坡上環境易上昇氣流的地方
  - 依使用分類
    - 軍用機場——有軍事設備供空軍使用者
      - 空軍總站——設備完全能修理補給等并駐紮空軍部隊之空軍根據地
      - 空軍航空站——範圍小於總站
      - 根據飛行場——航空隊勤務之基地設備完全之機場
      - 前進飛行場——為便於空中勤務直接指揮在根據飛行場前方另設之機場
      - 待避飛行場——前机場可供飛机掩蔽待命出擊者
    - 郵航機場——供郵政机用一般附設民用機場

民用機場、設備完善安適以便旅客机起落停留之用

教練機場、多數附於航空學校內

試驗機場、附設於飛机製造廠內供新机及修理完竣之舊機試飛

娛樂機場、為民眾團体所設立供競賽表演之用

依場所分類

陸上機場、專供陸上機起落停留之用為普通機場屋頂机場航空母艦之甲板都是

水上機場、設於海港江河湖泊等處供水上機之用

流

遊動機場、航空母艦、水上機母艦及裝有彈射器的各種軍艦、

# 飞机場淺說

(一)飞机場的功用：　通常的人谈到航空建设，都知道要有多量優良飞机，和駕駛人才，往々忽略了飞机場的重要，其实飞机場是飞机起落棲息的地方，有飞机没有飞机場，飞机就無棲息之所，如何起飛及降落？有飞机場，如果数量少，在平時不能發揮飞机的功用，在戰時更易受敵人的集中破坏，使飞机無法起飞，消失了戰鬥的作用，所以我们谈到建设航空，就应该明瞭飞机場的重要性。

(二)飞机場之類别：各機場，或依机能分類，或依用途分類，或依場面分類。（可參看附表）。

(三)飛机場的形式：通常為方形，或長方形，但也有因环境所限，成為不整齐的形状，大小則視机種和用途而定。

(四)机場的設備：它的設備本應以民用和軍用分別，但是一到非常時期，机場的用途，多數完全混合使用，故應以平時和戰時分別。

1.平時設備：

站務人員办事的站部房屋：站部多數建築在交通便利和可以目覧全場的地点。

和供給飛機休息修理的棚廠：　棚廠多設在站部附近，它的構造有鋼骨水泥的永久棚廠，有用竹木材料的臨時棚廠、

儲藏飛機燃料的汽油庫：　汽油是飛機的食糧，沒有汽油，飛機便不能活動，所以每个飛行場，無論怎樣簡陋，都有汽油庫，它多數築於較為疏散的地点，尤其是在作戰的時候，汽油庫是敵人破壞的目標，更應該掩護疏散、

指示風向的風向袋：　是用布縫成像喇叭形狀，裝在一根很高的木杆頂，離站部很近，

指示机場中心的中心圈：土質坚实，設有跑道的机場，多在場中心，給白色中心圈，給飞机做目標，給重飞机起飞降落滑走的跑道：跑道多用水泥或石子造成的，方向以恒風方向為主，臨時指示飞机起落地点和方向丁字布：夜间起降的夜航設備，有照明炬，灯車，最低限度有馬灯。

乙、戰時設備：除了以上應有設備外，更加下面各種設備。

儲藏炸弹軍械火药的械弹庫：械弹庫是敞

人破坏的目标、应築在机場外面地势乾燥有掩蔽的地方、

有通知全場警備的警报球；和普通城市防空用的一樣、

对空防禦掩護机場的工事：一種是堡壘用水泥鋼骨造成、散築在場地四週、以資防禦、一種是高射砲陣地、在机場附近或有掩蔽的地方、構成深塹对空射击、

供给飞机疏散的疏散道、和疏散棚廠；設有起飞和不能起飞的飞机、都要疏散、故凡是戦時机

場多數有這種設備，築於能夠隱蔽的地方，此外還有加油車、發動車、壓道車、運輸車，更是理想的新式机場，所應有的設備，否則祇有完全用人力加油、發動、人拉石滾、挑石土、挪木，机械士和養場夫更是辛苦了。

(五)机場的人員：每個飛机場，除了全場的負責人（總站長或站長）外，還有許多的職員和机械士、養場夫、兵士等，他們分別担任航務、信號、氣象、情報、通信、和油彈器材的補給、机場的修造和警衛、飛机的照料和修理。

他们终年累月不论风雪砭骨的寒冬、烈日炙膚的炎夏、不分晝夜工作、尤其是在空袭時候、敵机临頭彈如雨下、冒死执行战務、这種犧牲的精神和任務的重大、都很少人知道注意、這班民族的無名英雄、應該受人们永遠尊敬的、

见本章插图岛型甲板式航空母舰

# 航空母艦

(一)航空母艦的功用：　如果兩个遠隔重洋的國家一旦作戰，無論陸上机場，水上机場，都会受飛行活動半径所限，不能深入敵國发揮威力，航空母艦之出世，就是補这个缺点，它有着一五〇至二七〇公尺長距離，廣大的飛行甲板，它搭載一百數十架飛机隨伴主力艦隊行動，無論何時何地飛机都可以從艦上起飛作戰，

(二)航空母艦的型式：　目前大概分為兩種，

1.島形甲板式(Island deck)艦上的烟囱，砲塔指揮塔桅杆設在甲板上側方，指揮上極其便利，但飛行方面有

见本章插图平面甲板式航空母航

若干的障碍、

2、平面甲板式（Flush deck）艦上的烟囱砲塔桅杆指揮室都设在甲板下層及舷側，甲板成一片寬敞无碍的飞行場，飞行甚为便利，但指揮上頗感不便、

(三)航空母艦上飞机起落：

通常的飞机起落需要滑走一百至一百五十公尺的距離，雖然現時航空母艦的甲板面積比所需的長大，在茫無邊際的海洋起落到底是很不易，可是航空母艦有很多方法来補救，很值得我們注意的

1、逆風航行、 飞机起落時，母艦以全速力載着飞机

见本章插图拘提装置图

向同一方向逆風航進、母艦本身速力每小時二十一至三十三哩、飛机起落最小速度約四十至六十哩、所以母艦逆風全力航行就可減小飛机滑走距離一半、因此我們要知道飛机起飛時由艦尾滑至船頭昇空的落下時先由艦尾降落向前滑走、然後停止、

又、拘投裝置、有許多航空母艦尤其是小型的、在飛机降落時減小飛机滑走的距離除了必定的同飛机向着一个方向逆風前進外、更有一特種的裝置、这種裝置叫做拘投裝置、是在甲板展張着三条鋼繩、飛机落到甲板上、從机身後面放出兩个

鈎子鈎着艦上的鋼绳，鋼绳兩端有特殊的緩衝裝置，以緩和飛机的衝力，使其能在最短距離停止，

3、避免側風：：雖然現時大型航空母艦，在停止進行時，仍可供性能優越的艦上飛机起落，但艦頭或艦尾，須有一面对着風向，以便飛机选择逆風的方向起落，如果風向由母艦的側面吹来，飛机起落時就發生困难，这是应該知道的。

四、艦上的飛机庫：： 航空母艦的甲板面積僅夠飛机起落之用，它所載百數十架飛机，絕不能如一般飛机場，可以用多數棚廠安置，因此它在甲板下面設廣，

大的庫房、以收容全部飛机、這些庫房叫做格納庫、在甲板的前後部至庫房間、都有巨大電机搬運飛机上落、並且尚有修理廠、油彈庫等、以及飛机運用上一切的設備、

此外還有一種叫做水上机母艦、規模不如航空母艦宏偉、它能載水上机數十架、不需廣大的甲板、飛机起飛全憑彈射机發射出、回來時降落水上、用起重机吊返艦上、這種艦在戰時可以用優秀的商船改建的、

附註：本文可參看航空母艦模型圖

岛型甲板式航空母舰图

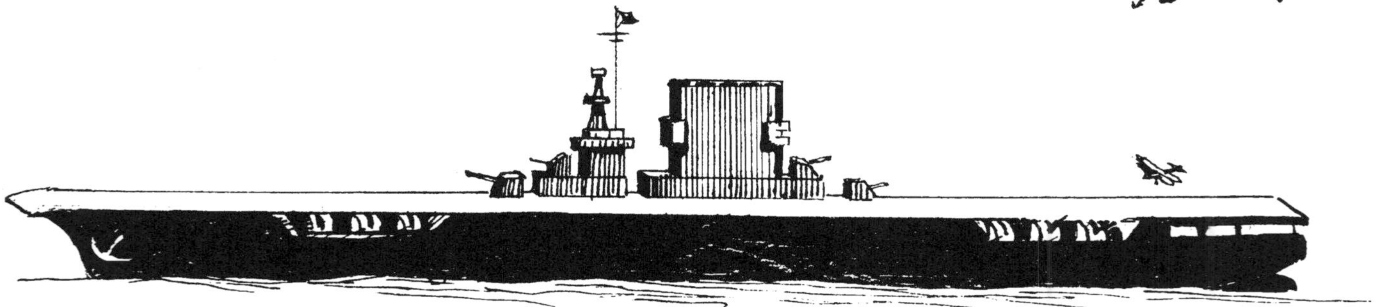

平面甲板式航空母舰图

拘捉装置图

水上飞机与起飞弹射器（[redacted]可

水上飞机，顧名思義，它是在海上活動的，自從有航空母艦出現，一般人都以为它的任務將由陸上飞机取而代之了，实际並不是这樣，陸上飞机，在海上活動必需由航空母艦起飞，而航空母艦，惟一的弱点，是建造数量太小，行動目標太大，易受潛艇攻击，不能毫無限制的使用，而水上飞机則不论任何一種军艦均可搭載使用，現時各國使用水上飞机的军艦除了專負此項任務的水上机母艦可装載数十架外，其它如戰艦巡洋艦，驅逐艦，都可各装两架，以上，甚至小如潛水艇，現在也有装載一架水上机的，至那此商船，在戰時武裝起來，更容易改為水上机母艦，大量的裝載，廣泛的使用，由此可知水上机，絕不會給陸上机可以取而代之的。

水上机起飛的彈射器（CATAPULT）水上机在艦上起落，方法，最簡單的是利用起重机將它吊到水上，讓它自水面滑行起飛，回來時降落於水面，仍用起重机將它吊起，安置艦上。但這種方法在軍艦急速行動或猛烈戰鬥中旋行，頗為困難，自從水上机彈射器試用成功，水上机起飛不論任何時候，任何風向，它可以將彈射器迎風迅速彈出，昇空活動。因此現時各國軍艦多又裝有這種彈射的設備，数目由一个至四个不等，有些是裝於戰艦尾部高砲座的頂上，有些裝在指揮塔後甲板上面，任何軍艦也不会因为裝置彈射器，而犧牲它原有的特性，这更是海軍人員所欢迎的。

彈射器，原是古代的机械，它亦用於飞机上，也是很早就有的，在一九〇三年美國蘭葉教授就是用一種彈射器，使他的飞机升空，不过那時的彈射器構造不良，反使他的飞机試驗一再失敗，後来賴特兄弟在克提霍克也曾用重壓推動的彈射器，使他們的飞机升空，他們並且協助美國海軍在艦上使用彈射器，逐漸改良、到一九一五年美國海軍在北卡羅林那艦上、完成了第一次用彈射器起飛的紀錄後，它便成為水上飛機由軍艦上起飛唯一的工具了、

在戰前美國海軍常時應用的彈射器約一百餘具，飛機每年用彈射器起飛的約六千次、可是從沒有一次因為彈射器本身失去作用而犧牲生命、這可見彈射器的運用是非常安全的、不過水上機的降落方法現時還是照舊降於水面、用起重機吊起、這真是一个最大的憾事、武器是隨着戰爭演進的、說不定不久的將來、有水上機降落器出現吧！

附註：本文可參看水上機及起飛彈射器模型、

## 五、空軍兵器—[redacted]

空軍作戰，雖靠飛機性能的優良，但是飛機上沒有良好兵器配備，也就不能有攻擊和防衛敵方，以及發揮飛機的威力，所以現代的精銳軍用機，都在研究裝配最大威力、最大殺傷的兵器為能事。空軍所用的兵器，就是將陸海軍所用兵器的主要性能，視飛機的能力，帶到空中去施用，就現時的飛機能力言，已能將機關槍、小口徑砲及大量炸彈帶到空中作戰，究的威力和收效之大，遠非海陸軍兵器所能比較了。空軍兵器可分為自衛與攻擊兩種，關於自衛方面，為大小口徑的機關槍砲，關於攻擊方面，除機關槍外，則為各種飛機機炸彈，其種類名稱與功用，和它的裝載於飛機部分上，都有許多的分別。

一、飛機機關槍沿革

機關槍在十九世紀即已發現，當時是用槍管六支，或四支集成一束，附於軸上，旋轉發射，到一八六一年美洲南北戰爭，北美用幾個槍管結成一束，輪迴射擊，到一八六〇年美人格丁克氏用六支槍聯成一圓形，每分鐘可發二三百彈，叫做輪迴機關槍，至一八七〇年法人發明未斐文式機關槍用二十五個槍管結成乙束，外護鋼套，子彈每廿五粒用一個盒裝置，較前進步許多，智利攻秘魯，英國征埃及與俄土之戰，普法之戰，都大收功效，到一八八三年英人馬克沁發明管退式機槍，其後法人哈其開斯又發明氣退式机槍，機關槍價值日增，構造也日更巧妙，第一次歐戰發生後，因為航空器使用於戰場，故機關槍也搬到空中施用，成為空軍的主要兵器。在第一次歐戰初起時，空軍是普通手槍和步槍互相射擊，不久協約國首先採用輕机關槍，德國也跟着用長管自動手槍，自動騎槍來對抗。當時祇限於雙座機，後座使用，並且因為駕駛員與槍手不易合作，未能發揮很大威力。到了單座戰鬥機出現，飛行員身兼駕駛射擊，於是機槍的裝置，成了問題。經過許多不同之設計，最初將机槍裝置於兩翼上，使發射彈道在螺旋漿旋轉範圍之外，不會打壞自己的螺旋漿，但它的缺点是離推進中心線太開，每於發射時易於擾亂自己飛機之飛行，後來法軍將機槍裝到機身上，從螺旋槳旋轉空隙射出，在螺旋槳上加釘一塊小銅片，子彈碰到銅片便撥開了，不致打壞螺旋槳，到一九一五年二月，安東尼福克(ANTHONY FOKKEY)發明了協調裝置(發射聯動器)使機關槍的發射速度(每分鐘八五〇—一八〇〇發)與螺旋槳旋轉速度(每分鐘一六〇〇至二四〇〇轉)取得協調，因此機關槍的自動發射，完全靠螺旋槳的速度，故子彈雖然從槳隙射出，也不會打中槳葉了，後來單座機的機關槍，都是這樣裝置，到了現在飛機的機關槍，更是一天進步一天，成為空軍防禦和攻擊的唯一武器。

## 二 機關槍的一般常識

機關槍怎樣會連續放射？要研究這個道理，固然並不是一件簡單的事，可是它能夠自動連續發射的原理，不外乎利用反動作用，因為槍膛裡火藥爆發時，氣體向四處膨脹，但四週都給槍管拘束，祇能向前後猛撞，向前迫使子彈射出，向後迫使火器後退，這種反動力好像我們從小船上跳出時，船必向後稍退，我們愈跳得重，船愈退得後，理由是一樣的，這在兵器學上叫做後坐力，機關槍就利用機槍內部機件的反坐力、和彈簧的彈力、在相互後退和復進間完成裝彈退殼、大針回縮打火等動作，這樣循環不止，則子彈發射也就連續不停了。

## 三 機關槍的種類

飛机機關槍

- 以机槍反動方式分類
  - 管退式
  - 汽退式
- 以裝置方式分類
  - 旋轉式
  - 固定式

管退式：亦稱「後坐裝填式」是槍管後坐與機槍裡面的彈簧發生相互進退的動作，我軍從前所用的布郎林、和而脫、馬德先等机槍都屬此類。

汽退式：亦稱「氣壓裝填式」氣體從槍管前部進入槍管外的氣筒內直接向後衝裏，槍裡面的機件便發生進退的動作我軍以前用的魯意斯及達而奈机槍都屬此類。

旋轉式：裝於多座單用機的前面背頂腹部和尾部的電動旋轉槍台或活動槍架上，机槍後部裝着手柄由轟炸射擊人員操縱，可向四方隨意瞄射，有些槍上裝着活動準星可以自動修正彈道的偏差更是便利。

固定式：單座戰鬥機均裝這種機槍，在機身裡面發動機兩旁，和螺旋槳轂中心或在兩翼前緣和翼尖，固定裝置不能活動，這種槍的發射機關，通聯到駕駛座前操縱桿端或油門上，裝有電擊，或扣機，飛行員用指一撳立即發射，非常迅速。

四、機関槍的威力

過去的飛機机槍，因受飛机載重所限，愈輕愈好，故以口徑七、七公厘（〇、三吋）的輕機槍為最適用，一二、七公厘（〇、五〇吋）重機槍次之，至於二〇公厘的，是很少用的，近來的飛機製造日精，各種飛機的本身載重量增大，加以轟炸机的裝甲，因此機槍的火力不但要密，機槍的口徑也跟着要加大，一二、七公厘口徑的機槍現在已成為最小口徑的有效機槍了，現時最新的飛機，裝着二〇至三七公厘口徑機関砲的，正開始实用，將來空中戰艦和五百噸的大飛机出陣时，大口徑的機関砲的使用，更不成問題了，聽說美國最近又新發明一種炸彈機槍，每分鐘可發射一磅炸彈五百個，假使有一天使用在空中，其威力的可畏和所造成的結果更是不堪想像，總之今日的空軍兵器，是在日新月異[illegible]地，在射程、速度、破壞力方面進步，這好像個打架的人，手要伸長、拳頭要硬、打出要快一樣。

## 現時機關槍砲威力表

| 口徑（公厘） | 發射速度（每分鐘） | 有效射程（公尺） | 最大射程 | 備註 |
| --- | --- | --- | --- | --- |
| 7.7 | 850－1800發 | 61－200 | | 比利時布郎林1800發，美佛瓦斯1500發。 |
| 12.7 | 400－700發 | 76.3－250 | | 最高速度根據佛瓦斯機槍 |
| 20. | 350－400發 | 125－500 | 900－1000 | 最大射程根據OEYLCKON廠出品。 |
| 37. | 80－120發 | 550－10.000 | | 視型式與砲管長短而異 |

附註：現時的飛機槍砲進步雖然常有許多驚人的記述，但本表所

列的有效射程，係根據德國的估計，其數字比較一般所聽到低得多，所以比較確實可靠。

五、機關槍的子彈

空中作戰，生死決於俄頃，直接打中敵人的，還是機關槍的子彈，所以我們也應該懂得一些空中子彈的常識。

機關槍砲子彈的種類和功用

機槍子彈：

- 破甲彈——鋼製的彈頭可洞穿機上鋼甲，裝備，使飛行員座後的鋼甲防禦失其效用
- 燃燒彈——彈丸內藏着黃燐等燃燒劑，命中敵機可使敵機連人油並火化於空中
- 曳光彈——彈丸內裝鎂鉛粉末等發光劑，子彈射出後即見一道閃灼的有色光線，使射手知道射去是否準確，以便修正彈道
- 爆炸彈——彈丸內裝擴炸藥，命中目標，立即爆炸，使敵機失去機能下墜。

混合彈——是近來發明一種彈丸，有兩種以上的效用

達姆彈——也稱子母彈，一個彈丸內，包含許多小彈丸，和榴散彈相仿，殺傷力較任何子彈為烈，為國際公法所禁，少採用。

機關砲彈

通用砲彈——各種不同的口徑，性質和機槍子彈相同

爆炸砲彈——此種彈有幾種，為爆炸响彈、爆炸燃燒彈、發光爆炸彈、破甲爆炸彈等，法國二〇公厘的砲彈，就是用這些彈，其威力可以補救机關砲速度低的缺憾

槍砲子彈種類雖然不少，但是過去我們所用的要算前三種為最貴，大概每五個子彈裡有一個燃燒彈和一個發光彈，其餘都是破甲彈、和普通彈，至於達姆彈，我們是從不使用的，如果在晚間空戰，我們站郊外，在一個良好的防空壕裡，仰望空戰，可以見到發光

彈的光線縱橫四射，蔚為大觀，殊不知此身在戰場之下咧。

扣而脫式旋轉輕機關槍（參看空軍展品模型）

扣而脫（COLT）機關槍是美國的出品，為美國軍部制定的武器，在飛機相關槍的歷史上，它是比較新的一種，發射速度和聞名的布郎林機槍相同，一切的設計都是依照飛機上的應用條件改良，優點很多，進彈方向可以左右調換，又可由固定改為活動，所以我國空軍過去多採用它，幾年來它給我們立了不少功績，凡是空軍人員都喜歡它，這種槍有一三·七公厘口徑的，我們都稱做「大扣」，有普通口徑稱做「小扣」，我們要是不僅叫飛機機關槍射器，如果一彈叫机槍就可不要忘記「大扣」「小扣」的功績咧。

扣而脫輕機槍的普通常識

一、種類：管退式輕機槍空氣散熱

二、尺寸：槍管長六[illegible]六公分、全長一公尺〇五公分

三、發射速度：每分鐘一〇〇〇至一二〇〇發（大扣機槍僅四〇〇至六五〇發）

四、子彈：用金屬彈鏈相連或於長方形彈盒內

五、槍管上四週的長孔是散熱作用的，這部叫做槍管套，管退式機槍的後退部份，並不是外面的槍套，而是裡面的槍管，

這是我們不可弄錯的。

六、固定機槍和活動機槍，一切構造形式相同，不過少了一對手柄。

## 魯伊斯式活動機關槍（參看空軍兵器模型）

魯伊斯機關槍，英國和美國都有出品，形式和構造及動作相同。本圖之機槍為敵轟炸機所用，「八一四」筧橋緒戰「八一五」首都空戰及其屢次擊落之敵轟炸機，偵察機，殘骸中，檢獲者多屬此種機槍，至於驅逐機因為固定裝置故很少用，我國的最早陸軍用機也有採用此種槍，並且在機槍上加裝活動準星，可以修正彈道，增高命中率，這一種槍，在我國空軍戰史上也是值得紀念的。

### 魯伊斯機槍的普通常識

一、種類：汽退式輕机槍，空氣散熱，

二、尺寸：槍管長六六、五公分，全長一公尺〇八公分

三、發射速度：每分鐘四百五十發

四、彈藥裝置：子彈用彈盤裝載，載子彈四十七至九十七顆。

见本章插图空军投弹与陆海军最大火力射程比较图

# 炸彈淺說

## 一 炸彈的沿革

空軍所用的炸彈，是發揮空軍在戰爭中威力的唯一武器，它可毀滅敵人的國防資源，消滅敵人的作戰意志，在兵器上它是獨立兵器的一種，在空軍中也認它是主要兵器，機關槍砲祇是補助武器而已，首先從事於炸彈研究者是一九一〇年法國的航空部，可是使用炸彈的第一個國家却是義大利，其事發生於一九一二年，在的黎波里(TRIPOLI)對土耳其人之戰，到一九一四年六月第一次歐戰開始，不過二十多日（七月廿三日）法國首先施用炸彈，於萊茵河區上空，當時投彈方法是用手丢的，有個時期，德軍曾使用一種投下箭，投射地下的軍隊，這些箭是六寸長、一頭尖一頭分叉、投射時尖頭向下的、這種笨的方法，現在聽起來、真覺得有趣、戰爭相持日久，投彈的方法逐漸改良、炸彈的重量、和種類也進步、更顯出炸彈的威力、自歐戰告終、一直到今天、飛機的性能、投彈的儀器、炸彈的設計都突飛猛進、炸彈的威風、更是令人聽見「談虎色變」了。

## 二、炸彈的種類和功用

爆炸彈

- 破甲彈——彈体用優良的鋼製成、重量由五十公斤至二千公斤、能洞穿堅固建築物、用以轟炸要塞工事和軍艦；
- 地雷彈——裝入多量炸藥、利用高度爆炸威力、達成破壞要塞堅固工事等建築物為目的、重量有超過二千公斤以上者。
- 榴　彈——亦稱碎片彈或殺傷彈、專以殺傷人馬為目的的炸彈、爆烈時、彈壳裂成千萬碎片、這種彈是用瞬發引信、投下时祇要輕輕碰到一片樹葉立刻炸裂、重量通常都在三千公斤以內
- 魚雷彈——亦稱空中魚雷、重量六〇〇至八〇〇公斤、爆炸力極大、專炸軍艦之用、製造比較普通魚雷要便捷經濟得多、此種彈由魚雷轟炸機携載、飛近水面向着目標斜放入水中、碰到艦艇底部、立即爆炸、威力極大。

# 化學彈

## 燃燒彈

此種彈計有兩種：一種是鋁熱劑燃燒彈、炸裂時發出攝氏三千度的热度、鉄石也可熔化；一種是黄磷燃燒彈、炸裂时火焰体積很大、用以燒禾田森林房屋倉庫、彈重一二公斤至五十公斤、最近英機用這種炸彈、炸德國森林區、工廠，弄得德人焦头烟額，因燃燒彈不是水可救滅的。

## 毒氣彈

彈体極薄、充满毒液、炸裂後毒氣立即散布，可以致人死亡、殘廢和腐爛，但它常受地形天氣風速的影响減少效力，所以近来很少用。據說因為現时同等重量的強烈爆炸彈比較得更大的損害。

## 照明彈

飛機夜间降落或轟炸时搜尋目標之用、用小型降落傘懸掛投下在空中光度可保持四五分鐘。彈重二公斤至十五公斤、照明燭光二萬至三十萬支。

## 烟幕彈

彈體也很薄、裝着發烟劑、在戰場施用掩護自己陣地、和軍事設備、有時施於敵陣地使高射砲和攻擊武器失去瞄準能力。

（一）宣傳彈—彈体最薄，裝葯很少，彈內裝大批圖畫文字傳單小冊子宣傳品，敵人降服，以收不戰而勝之效。此次戰爭德國在法國、馬奇諾的防線（佛蘭德斯）使用過，我空軍「[illegible]」遠征日本，雖曾投下許多傳單，但並不是用炸彈裝載。

嘯聲彈—是一種新設計的炸彈，在彈尾裝着風笛，投下時風笛受空氣衝擊，發出鬼哭神號的長嘯，令人恐怖，但日久習以為常，效用減少（見附圖）。

有翼彈—是一種新設計的炸彈，在炸彈兩旁加裝一對翼，據說這種可在目標二、三十公里之外投射，速度和命中率都較一般炸彈來得好，而且投彈者可以免受防空器之威脅（見附圖）。

## 特種彈

子母彈—亦稱為集体炸彈，蘇聯叫它做莫洛托夫麵包籃，炸彈裡可以裝着許多不同性質的小炸彈，投下時小型炸彈由天空散下，威力可怕，蘇聯曾用以炸芬蘭，德國也數度用以襲擊倫敦（見附圖）。

魚雷彈—這種彈是美國人最近發明的，沒有尾穴，只用小孔，命中軍艦即為炸彈，落到水中，變作魚雷，構造異常巧妙（見附圖）。

液體空氣彈—在此次歐戰中英國發明此種用以轟炸德國，此種彈內裝液体化學劑，爆炸後立即形成一極大的真空间，僅憑此種空氣之激動，即可使鄰近街牆完全震塌，威力比普通炸彈大一倍。

见本章插图特种爆炸的种类一斑

见本章插图炸弹解剖

（二）「鑽孔炸彈」，據報載德國此種炸彈的頭上，裝有螺旋鑽能鑽入地下四十英尺，然後爆炸專破地下防禦工事。

上面所列各種炸彈中最殘酷的，要算毒氣彈，最人道要算宣傳彈。此外還有一種最壯烈的是「肉彈」，我國沈崇誨連人帶機撞敵艦陣懷民與敵互撞，就是一個例子。最近蘇聯以十二人駕十二架舊式飛機帶着炸藥，連人帶機撞沉十二艘滿載士兵和軍火的德國軍艦，那更是空前的壯烈事蹟了。

## 三、炸彈的構造

炸彈是怎樣構造的？我們要知道它的大概，都很簡單，一個炸彈無論怎樣性能，怎樣用途，它的主要構成是：

1. 一個橄欖形或圓錐形用鋼鐵造成的彈殼（亦稱彈體），它本身觸碎或破片直接中傷目的物，或帶炸裂後散播毒氣烟

见本章插图弹体比较

幕。

又，裝在裡面可使彈壳碎裂的猛烈炸药。

又，有四葉之加作十字形，使炸彈垂直落下，增加命中率和威力的彈尾。

次有一個或兩個使炸药爆發的引信，（又稱信管）附圖

為什麼炸彈爆发遲早不同了，這完全是引信的作用，因為引信有瞬發引信和延期引信兩種，瞬發引信裡的起爆药，和炸药直接接觸的，所以引信的撞針一經碰炸立即全部爆炸，碰撞和爆炸、相差的时间不過百分之一秒。延期信管裡起爆和炸药之间由一段药線做媒介，碰撞後須經過這一段药線燃

燒的時間才全部爆炸 延遲的时间是看這段係之長短而定。延期引信的作用，最初不過是想讓炸彈碰中目的後更深入一些然後爆炸 增加破壞力量 所以延長的時間不超過一秒子是近來延長的时間，和作用都增加了，一是延長炸彈的恐怖时间 因為炸彈沒有爆發之前，危險性依然存在，給人們精神上很威脅，二是希些不定時的爆發使敵人不提防意外的給它殺傷 據說近來是一種新發明，特殊的延期炸彈 它的引信裡裝一個小玻璃瓶 炸彈碰撞後小瓶先破 瓶裡的藥水流出將引信的金屬侵蝕爛穿 全部火藥才得爆炸 這當然延長得更久了。

## 四 炸彈的威力

炸彈威力怎樣計算？炸彈的性能有許多分别，它的威力可以依據它的侵徹力破壞力風壓力和碎片力的強弱而定。

侵徹力：是說炸彈投下時貫穿目的物的深度。

破壞力：是說炸彈爆發後炸彈坑的半徑而說這個半徑也叫做破壞半徑。

風壓力　是說炸彈爆發時所起的震動排斥附近建築物的力量。

碎片力：是說炸彈的彈壳爆炸後，碎片四散射出，可以殺傷人馬的有效距離和碎片密度。

见本章插图炸弹安全装置使用图解

通常的炸彈以破甲的侵徹力最大、地雷彈的破壞力和風靡力最大、榴彈的破片力最大、以上所說的各種威力、總稱炸彈威力、可以用「威力半徑」來計算究。

五、炸弹的安全装置

炸彈怎樣保險？不明白炸彈構造的人、平常看見了炸彈、以為很危險、心裡非常恐怖、其實軍器製造者、在設計製造之先、早就想到安全的方法、否則在製造和搬運之間、難免保震動、自己已先發生危險了、炸彈最危險的部份、就是引信裡的撞針、可是一般引信都有一兩道保險。

裏裝在引信裡面的有保險銅珠(或銅柱)紫在外面的有旋翼、

和是保險線(或保險梢)鋼柱或銅珠、要想炸彈爆炸一定要等投下時、旋翼受空氣的壓力，旋轉上昇，鋼珠失去〔脫離炸彈〕管理，自行飛散，撞針沒有阻礙，這才會碰撞起火，至於保險錢的裝置，〔是管束旋翼活動的〕更是加上一重保險，它要在投彈之前才拔去，在這些保險裝置，沒有取去之前，一個炸彈是極為安全的。

附録：

一飛机水平投弹時地面应有的認識

當空襲時仰面看見敵机成群從很遠飛來，如果航行方向，正对着我们，那末，我们所處的地点是入於危險的地界，

敵机航行方向不変更，漸々飛近，距我们仰望的角度约五十度至七十度左右時，這是最危險的時候，如果這个時候聽到沙々的声音，那末炸弹投下的地点準定在我们附近，立即在低窪的壕溝裏卧倒，以免弹在附近爆炸，為碎片所傷，

倘若飛机在我们仰角五十至七十度之间不投弹，到了

我們頭上才能見沙沙声時，我們可以十分放心，炸彈是不会落在我們頭上的。

二、飛机「俯衝投彈」時，地面應有的認識

飛机俯衝投彈，必定是選擇一個有价值的目標旋行的。如果我們所處地位，不是有重要目標，和人数密集的话，它不会把我們做目標的。除非它不在投彈而行掃射。

當飛机俯衝投彈時，我們常先聽見一種急激慘厲和很長的嘯声，然後才聽到炸彈爆炸，通常误以為是炸机向下衝時，所发出的声音，便是投彈的表示，实际不然，飛机俯衝時並沒有這種特殊声音的，這完全是在投彈後、敌机拉起机頭加足油门离开目標時發動机的發出的声音、不过这声音是直接由空氣中先传入我们耳朵、炸弹的声音、却要到目的地爆炸後才传到来、所以反而迟滞在後吧了、

炸彈解剖

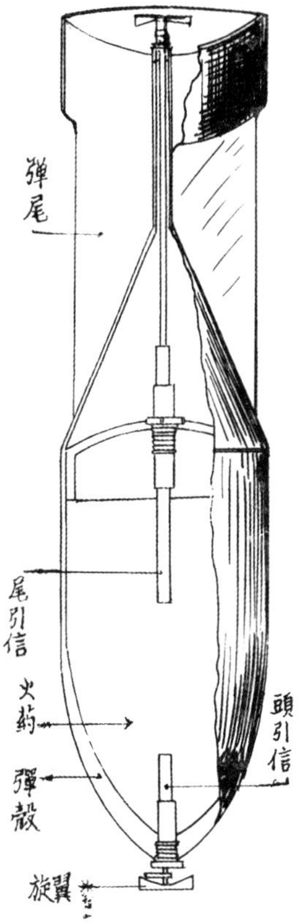


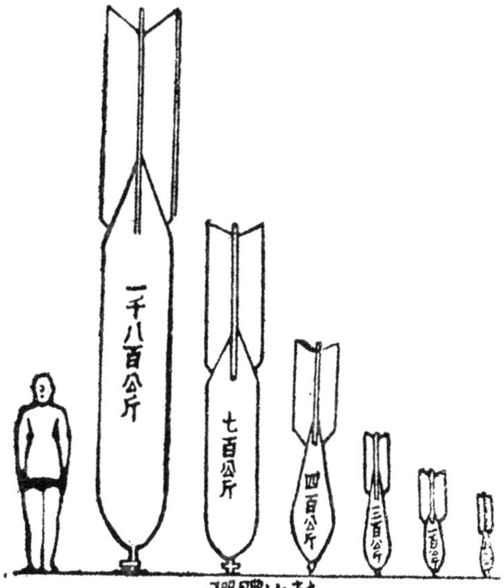


彈體比較

空軍投彈與陸海軍最大火力射程比較圖

註1.空軍在現時最大航行半徑外投彈

2.陸軍以1918年德國用以攻擊巴黎之白砲為最大射程

3.海軍用四十公分口徑之大砲射程。

4.海軍雖可在軍艦航行半徑外發砲，空軍亦可利用航空母艦航行半徑外起飛。

## 特種炸彈的種類一斑

### 兼作魚雷用的炸彈

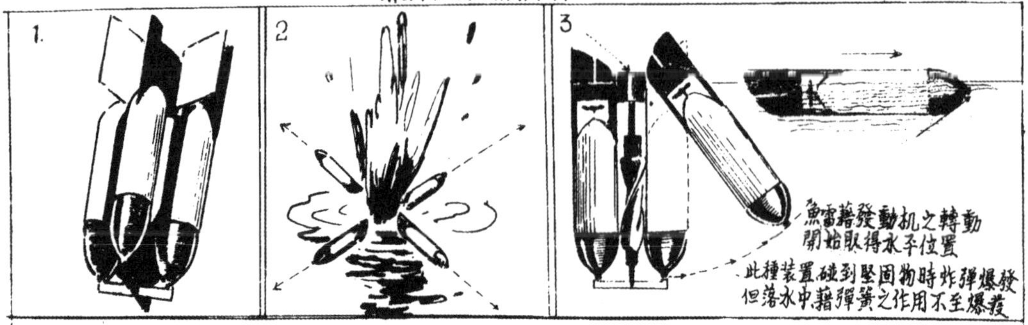


### 子母炸彈

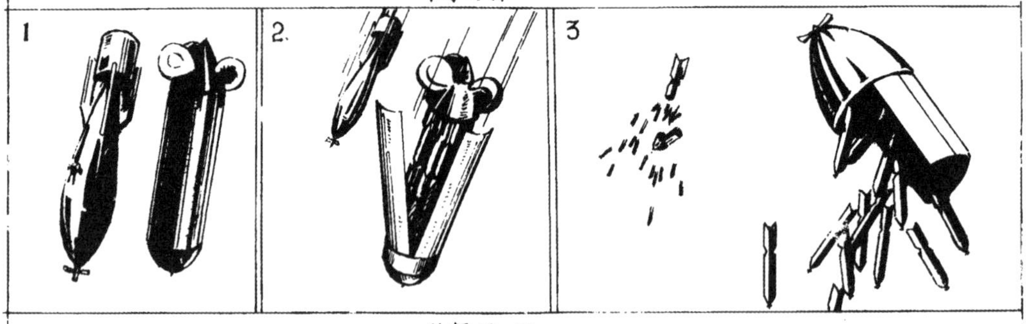

### 嘯聲炸彈

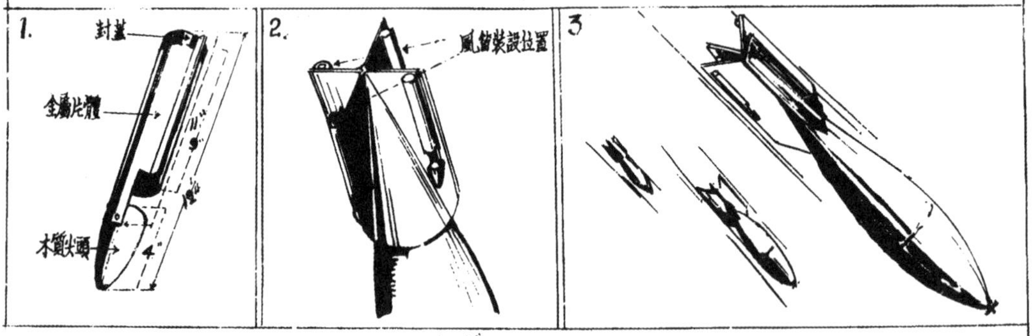


### 有翼炸彈

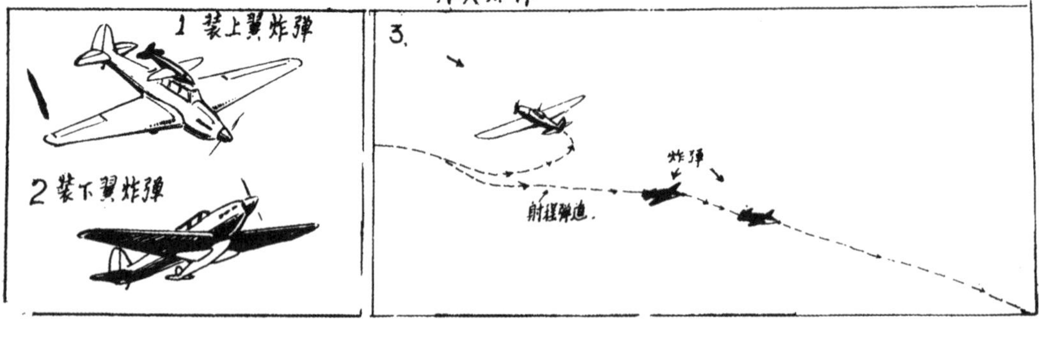

## 炸弹安全装置使用图解

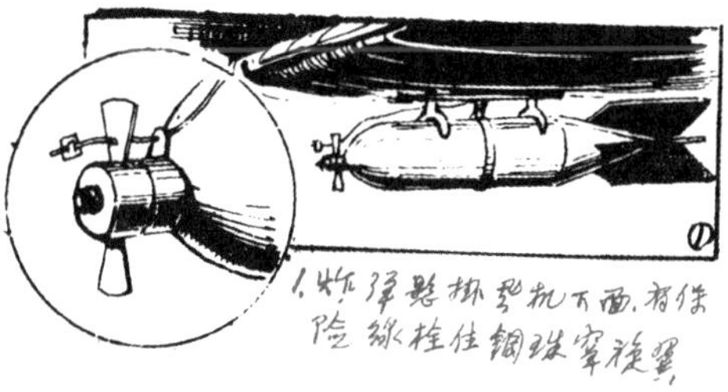

1.炸弹悬挂飞机下面，有保险丝栓住钢珠穿旋翼，

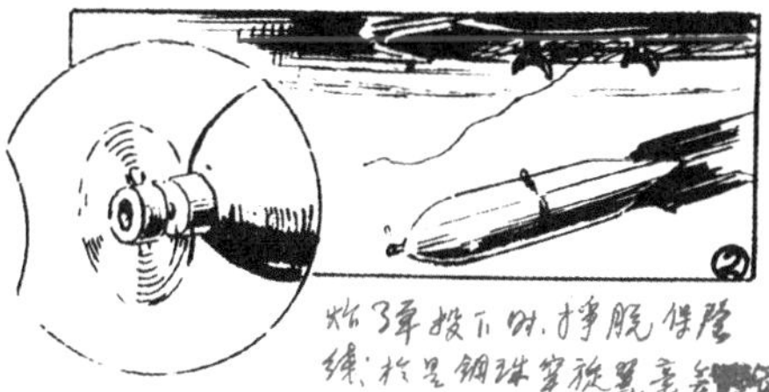

炸弹投下时，挣脱保险线，於是钢珠穿旋翼毫无约束，受风力压迫，自由旋转。

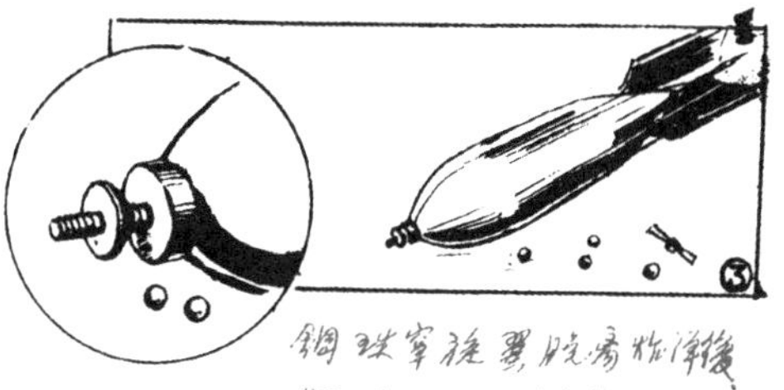

钢珠穿旋翼脱离炸弹後，钢珠就四下散失。

钢珠散失後，撞针毫无阻碍，碰到地面硬物時，撞针即被压向内撞打雷火药遂致爆发。

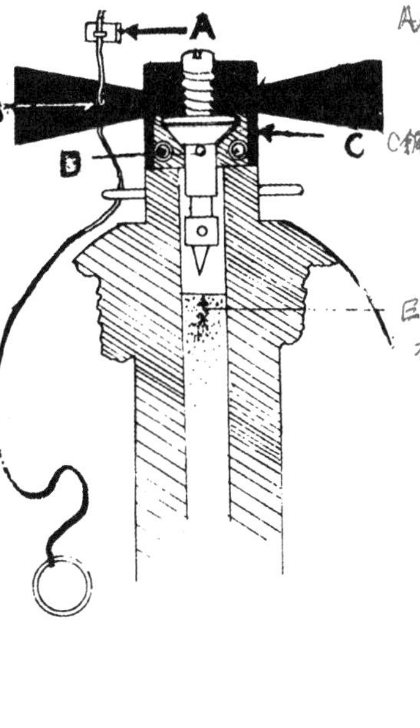

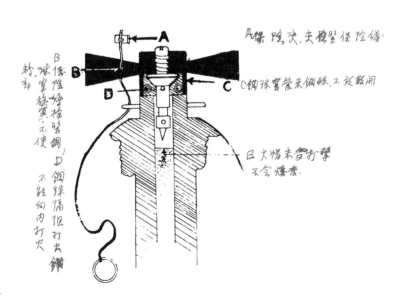

# 六 地面防空武器

## 空襲表解

**空襲的意義**：凡是利用各種航空器携帶武器由空中前往敵[illegible]前後方施行襲擊的都叫做空襲

**空襲的地帶及目的**

- 前方
  - 破壞｜炸毀戰壕、工事，使敵無險可以憑藉；炸毀敵人砲兵陣地、軍艦、械彈等作戰武器；炸毀交通線阻止敵人之軍需兵員補給
  - 殺傷｜投彈掃射殺傷人馬以圖削弱敵人作戰部隊的力量
  - 威脅｜使敵軍蟄伏不能發揮其戰鬥力
  - ——消滅軍隊的戰鬥力量
- 破壞
  - 行政區：行政機關、軍事指揮部
  - 工業區：各種工廠、船塢、兵工廠、飛機廠、水電廠
  - 軍事區：軍港、軍械庫、火藥庫、兵營、飛行場、海口
  - 市區：繁盛商業地、稠密住宅地、銀行、學校
  - 交通要衝：車站、橋樑、河堤、山洞隧道、鐵路輻輳点、輪埠
  - ——破壞戰爭補給資源

- 後方
  - 威脅
    - 公務員不能執行職務
    - 工人不能生產
    - 商人不能營業
    - 學校不能上課
    - 運輸不能暢通
    - 市民不能安居
      - 沮喪國民戰鬥意志

# 防空分類表解

- 防空
  - 依掩護目標之分類
    - 都市防空——全國各都市城鎮之防空
    - 要點防空——工廠、交通要點、要塞之防空
    - 戰場防空——作戰軍司令部、陣地、艦艇之防空
  - 依防空方法之分類
    - 積極防空——以地上和空中的防空部隊迎擊來襲之敵空軍並以優越的空軍去消滅
  - 防空的手段
    - 驅逐機隊——直接昇空迎擊敵機
    - 高射部隊——構成濃密空中火網狙擊敵机
    - 照測部隊——判斷敵机位置及指示目標
    - 阻塞氣球——障碍敵机進襲
    - 防空情報
      - 情報——傳達空襲消息給防空机關
      - 監視哨——監視敵机行動
      - 警報——發出空襲緊急通報迅速通知有關各方

消極防空—重要目標的隱蔽及偽裝和訓練人民熟習防護減少空襲損害

(二)

依防空性質之分類

軍隊防空—由軍隊施行之積極為主消極為從之防空

國民防空—由國民自行消極之防空

依防空部隊之分類

空中防空—以航空隊對敵機施行空戰之防空

地上防空—以高射砲隊對敵機施行射擊之防空

消防 撲滅空襲時發生之火災

救護 救護空襲時受傷人員

防毒 消除毒氣及救助受毒人員

避難 指示及收容避難人民

燈火管制 管制空襲時的燈火光

偽裝 掩蔽重要目標

交通管制 維持交通秩序

工務 修理被破壞之工程建築

警備 鎮壓宵小及反動維持治安

# 地面防空武器議說

自從航空器具使用於戰爭後、舊日的國防工事、如長城要塞、對於由空中來襲的敵空軍、無法阻止、故此任何一個國家、一經和敵人宣戰、除了自己用飛機去對敵人施行空襲之外、同時要防止敵人來襲、防止敵人施行空襲、最理想的手段當然是以空制空、用大批轟炸機、一口氣將敵空軍根據地、和飛機完全殲滅、其次就是用驅逐機、與空截擊敵機、不讓它達到空襲目的、可是前者須要有絕對優勢的空軍纔可以談得上、後者在廣闊的天空中、不比海防有海口、陸防有要衝可以施守、飛机攔截，也不是绝对成功的，在过去数年间，我们所受到空襲的经驗，固不必说，就是擁有大量驅逐机的英德两國，它们的首都倫敦、柏林，還是免不了被敵机慘炸，因此現代的國家，除了增强空軍外，同時对於地面的防空方法，也一樣的努力研究。

地面防空方法，除了戰時，每个人民應該知道的種々如避難、救護、防毒、消防等消極防空之外，就是由高射、與照測、拒砲仪器所配合而成的地面積極防空部隊，兹分別畧述如下：

高射火器

高射火器之類別：高射火器通常因它的口徑大小

不同分為三種：

高射砲，口徑由六、五至十二公分，其中以八八至九公分為最通用（普通稱為七公分五高射砲）；

高射机関砲：口徑由二公分至四公分不等，其中以二公分及三、七公分為最通用，

高射机関槍：口徑最大不超過二十公分通常由八至十三公厘為最通用，是應付低空最主要的武器，

高射砲和高射机関砲：有固定的裝置於要塞和建築物附近，有遊動的，用牲畜或机械牽引，往來各地使用，高射机関槍更用人力搬動，又有裝在三轮汽車上面的，

高射砲的特性：有八十五至八十度的仰射角，有約十度的俯射角，有三百六十度的方向角，可以四週旋轉、瞄準，大的高射砲多是聯台使用，就是將二门 三门或四门砲聯台裝置在一个地点，用指揮儀測準目標，發行方向、風速、風向等，再用電力指揮各砲一同發射，所以它的威力範圍相當大，亦有多到用七门砲聯台使用的，它门称為七聯裝，小的机关砲和机关枪：則因為它可以連續發射，故沒有這種裝置。

現時高射砲的新任務：在平常敵机來空襲時，高射砲和其它地面防空武器，固然比不上空中驅逐隊，以空制空來得有效。但由於近年有了空中降落部隊出現後，空中的防務已不祗是消滅敵机，並且要消滅敵人的傘兵。但是新銳驅逐机，雖然利害，能夠在空中將這些像蝗蟲般的降落部隊完全殲滅，不讓他們落地嗎？它能夠消滅已着陸的敵人嗎？這个時候祗有地面的積極防空的部隊，尤其是輕机關砲和机槍發揮它的威力了。

（參看防空武器模型）

## 照空燈

照空灯不是一種獨立的武器，須時時刻刻同高射火器、聽音机、和驅逐机合作為夜间防空作戰必不可缺少的器材，歐美人称它為「軍中之眼」、或「机械的眼」，可見他們对於照空灯的重視了。

照空灯的功用：最主要的是尋覓和指示敵机的所在，同時以光芒刺激眩乱敵机駕駛員的目光，使它在光芒中失去視力，並且感到自己已被灯光捕獲，將有被攻击的危險，精神大受威脅，當它的光芒搜獲到敵机時，我們的驅逐机和高射砲就可以由黑暗中乘机对敵攻

击、说不定很快的造成一页光荣战绩、但照空灯却永
远是一位无名英雄、没有人会归功于它的、
有时在防御力量薄弱时、照空灯会另用一种战斗方
法将灯光照向不关重要的空地、照明、以迷惑敌机目标、
使他在郊外投弹、减少地面所受的损害、
照空灯的光度：有三千万到十余万万支烛光不等、镜
面直径由六十公分到二公尺、光度可直达二千至九千公尺、
它是配合高射炮的高度、同时使用的。虽然有时
遇着低云浓雾、雨雪风沙的天气、空气混浊、烟
雾笼罩的城市和水面、往往减低它的功效、並且遇

着大量的敌俯衝机，它也许会成为被攻击目標的危險、但它无论如何，總居於夜间戰鬥中最重要的地位，這是我们不可輕視的。（参看簡易照空灯模型）

三、聽音机

聽音机在防空器材中，也不是獨立的武器，必須與高射砲照空灯合作，欧美人称它為軍中之耳或机械耳，然而它的勞苦和功績却比照空灯更不為常人所知道，因為照空灯在夜间尚可由光芒給人家看到，祗有聽音机既沒有声又沒有光，雖则日夜勞苦，又怎樣会讓局外人知道呢？

实际上聽音机在防空工作开始，第一件就要用到它的，它凭着那幾个喇叭形的大耳朵，在敵机还沒有到達我们的防空区域之前，就早已判别来襲的方向高度速度知高射砲、照空灯、聽音机、和一切的防空人物、早作準備，倘若沒有它，就祇有待到敵机臨頭，再作準備，事已遲了。

聽音机的構造原理： 研究起來非常有趣，和人們利用兩隻耳朵，同時來辨別声音的作用完全一樣。声音從正面傳來，人們兩隻耳朵感覺的声浪強弱是相等的，如果從左邊或右邊傳來，兩隻耳朵感覺就有強弱之分，因此人們雖然不用眼睛，也可立刻判別声音來源的所在，倘若人們祇有一隻耳朵的話，他一定不会這樣敏捷準確，

人們生了兩隻耳朵、而且具有如此的功能，何況聽音

## 聽音机的構造

通常有三个至四个喇叭形的收音筒，這幾个收音筒判别、音源方向上下，比人耳更正確，例如人們平常聽得飛机声音方向前後，還要利用眼睛去找尋飛机的地点，這就是因為人們僅有一对耳朵平行分置在左右。聽音机除了具備一对平行分置的收音筒外，還另一对上下分置的收音筒来判别声音的上下位置，所以不必再用眼睛，而得到音源正確地点了。至於每个收音筒所感受的声響強弱計算，那就有賴於收音筒下端裝着的微音器和多種儀器了。

總之聽音机在今日的防空器材中，它可以稱為一个"先知先觉者"无论如何是少不了它的，除非有一天空中有无声飞机出现，它才会失去它的重要地位。

（参看静音机模型）

# 附錄三　一彈三機的光榮紀錄

二十六年十月二十七日，當我軍由東戰場的上海向首都轉進經過金壇的時候，我高射砲××部隊，曾以一砲彈擊落敵機三架的神奇戰績，開世界防空史上未有的紀錄，事實是這樣的：金壇縣北至天王寺的公路道上有大橋一座，為行軍必經孔道，當時情況是相當的嚴重，我高射部隊就籠罩在這緊張勢態中而越發的加大了責任，在百般匆忙當中，很迅速的展開了一切部署，並限定射擊敵機時，將砲的有效射程減縮至若干公尺，使荒鶩不易脫逃火力，當時敵方以為我撤退，無復抵抗能力，乃以三机為一隊成品字

形飛行，且肆行低飛，毫無忌憚，以偵察威脅我部隊，
并猛撲金壇大橋，作投彈姿態，希圖截斷我軍歸路，在
陣中準備以待的砲手，得着這樣良好的射击目標，乃向
其飛在前頭的指揮机瞄準，一發而中其机下之炸彈引信，
於是炸彈爆發了，火星四射，一团烟火，落地而滅，不獨自
燬其机，且炸及其率領之僚机兩架，同歸於盡。

## 七、滑翔與降落

### 滑翔机淺説

滑翔机是没有發動机、没有螺旋槳的飛机，它在空中，不需机器的力量，更不用一滴汽油，完全用自然力——上昇氣流飛翔。它的目的，使人們能學習空中操縱飛行，相信飛行不是很危險的，而是有興趣的事。它可以説是訓練和培植航空人才的工具。

(一)滑翔机構造　滑翔机除了没有發動裝置外，其它部份和飛机大同小異，不过比較簡单，它的操縱和普通飛机則完全一樣。

(二)滑翔的種類和功用　可分為初級、中級和高級三種。

1.初級滑翔机　是初學飛翔的人學習起飛着陸

见本章插图滑翔机的性能及起飞法图一

之用所以它的上昇高度很低，速度普通四十至五十公里，起飞到天空，就慢々下降，它的構造極简單，没有儀器裝置，一切操縱的机械，都可以在外面看得很清楚、

2. 中級滑翔机：構造比初級机坚固，操縱性能也很靈敏，它有一个流線形的机身，座艙裡有各儀器，滑翔速度較大，下降速度較小，可以作特技飞行，

3. 高級滑翔机：構造最坚固，性能最優良，每一尺的高度可以滑翔二十五尺的距離，可以作各種特技飞行，飄翔飞行和雲霧飞行，各種超高，持續，

長途等紀錄大都是用這種性能好的机来造成的、學習飛的人、將初中級机熟習後就可以駕駛它利用上昇氣流作飄翔飛行了、

三）滑翔机的起飛、 根據飛行原理来說、飛机起飛昇空、必先要有速度、滑翔机本身沒有動力、怎樣来的速度使它飛到天空去呢？這就不得不借其他的力量了、

1、橡筋繩彈射法： 是富於彈性的橡筋繩、鉤着飛机前面由多人把繩拉着向前拉長到相當的時候、將飛机彈出去、這種情形完全和小孩彈雀

（见本章插图滑翔机的性能及起飞法图二）

所用的橡皮绳和树桠叉弹出石子完全一樣道理、初级滑翔机起飞专用此法、

2、車船牽引法、 在陆地用汽車牽引，在水上用汽船牽引、这个方法是在汽車或汽船的後面用長鋼绳拖着滑翔机迅速前進、使滑翔机得到起飞速度、自能上昇、这个起飞法完全和小孩子放風箏一樣、不过滑翔机得到了昇力後、脱離牽引的绳子自動飘翔吧了、

（见本章插图滑翔机的性能及起飞法图三）

3、绞盤牽引法、 用机器绞盤、将鋼绳绕牽引滑翔机上升、可是也有利用汽車来當绞盤

见本章插图滑翔机的性能及起飞法图四

见本章插图滑翔机的性能及起飞法图五

的、這丁方法、汽車是不須移動位置、祇要用物件將汽車後部抬高、使後輪懸空、車輪旋轉時好像絞盤一樣、將繩子絞繞、拉動滑翔机前進、

出飛机牽引法、飛机後部用一条百餘公尺的鋼繩、拖着滑翔机一直飛到空中然後脱離、任它自行作上下翻騰的動作、

四滑翔机的飄翔技術、滑翔机能利用上昇氣流翱翔空際、隨遺意所之、全靠有熟練的技術、這種技術是必經过訓練、不是在書本上可以紙上談兵的、它的飄翔方法有動力飄翔、静力飄翔、並且可以作各種不同的飄

翔、如超高飘翔、持久飘翔、盲目飘翔、積雲飘翔、暴風雨飘翔、長途飘翔、夜间飘翔等都是要明學会了滑翔才享得到这種快樂的。

五、滑翔机在实用上的价值、 平常人多以为滑翔机祇能作空中運動及遊戲之用、可是現在滑翔机已一躍而與各種飛机价值相等了。

1、在教練方面 不用汽油可以節省燃料消耗、構造简單經济、可以同时大量製造、及训練大量航空後備隊初學飛翔可以不用普通教練飛机、又據美國专家统計、普通學生學習駕駛飛机須經十至十二小時始能單獨飛行，學過滑翔之學生祇要二至四小時，無形中延長教練飛機之壽命。

2、在軍事運輸方面：如此次戰爭中，德國閃擊荷蘭比利時的時候，組成降落部隊，已開始利用滑翔机、輸送到敵後作戰，其中最著名的要算一九四〇年克列特島戰役，當時德軍利用空中列車，先後運輸特別編練的部隊，達七千名，降落佔領該島，這次所用的空中列車是由一架容克斯52/3M運輸机，拖着六架，十个座位的滑翔机所組成，每一列車可運兵士六十人，並攜帶無綫電机及輕重机枪。據專家批評，滑翔机降落時不但可自由操縱選擇有利的地形降落，而且所載的人數降落到地面立即成為戰鬥單位，它的作戰力量不是傘兵所能比得上的。如果利用最新的能載數十人的大滑翔机，那末他的威力更可怕了。

3、在普通運輸方面：如能利用它串列車，大量載運乘客和貨物到目的地分別下降，既可以節省燃料，和時間，而且又可以減少火險，即使牽引的飛机失事，它們仍可以隨時脫離，滑翔

降落、由此看来、滑翔机的实用、是一天天的在進步、未来的发展正不可限量咧、

(六) 附録：

有发動机的滑翔机　滑翔机没有发動机、这是人所共知的、可是美國新近出了一種(Cycloplane C1)、装有附加发動机的滑翔机、它的发動机(祇有九〇匹力、)平常並不使用、遇到上升氣流為弱的時候、才发動、所以現在不能说滑翔机绝对没有发動机了、

# 滑翔機的性能及起飛法

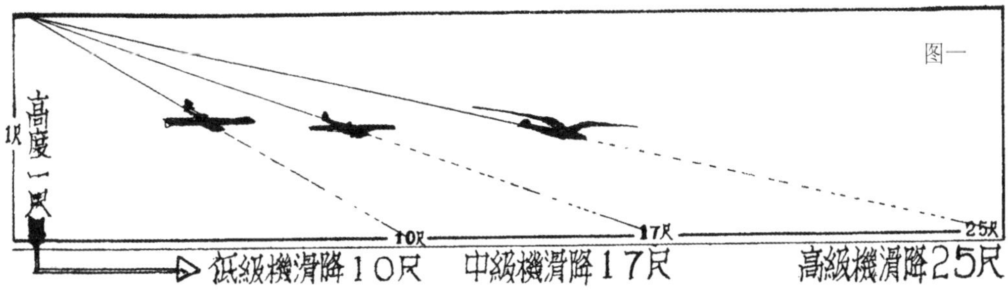

图一

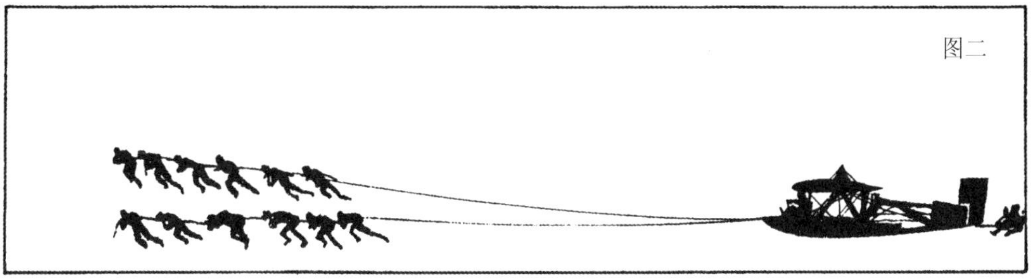
图二

橡筋繩牽引法

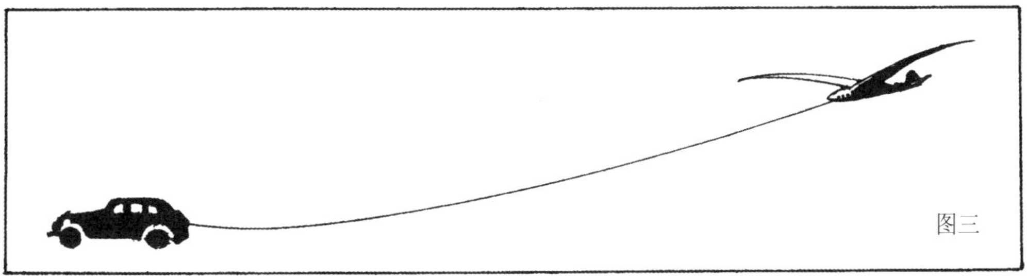
图三

汽車牽引法

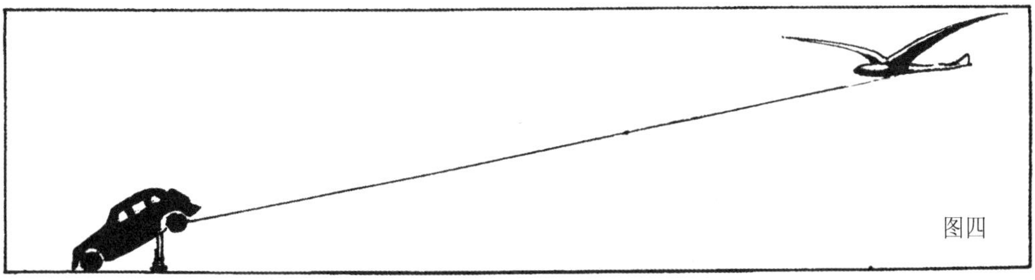
图四

絞盤牽引法

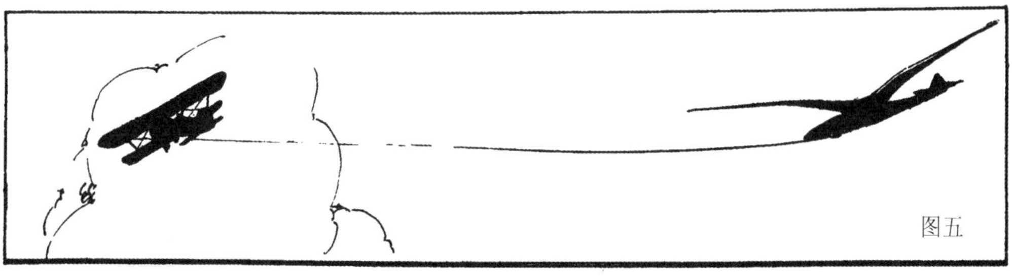
图五

飛機牽引法

滑翔場淺説

滑翔机能在空中作継續不停的飄翔上下，完全是利用上昇氣流的力量，利用上昇氣流的方法，固然是要倚賴駕駛者的技術，但是環境有没有上昇氣流，這到是个根本问題，要解决這个问題當然先要对上昇氣流有認識、

(一)上昇氣流的成因和分類、　上昇氣流的多少強弱，並不能一概而論，因其性質不同，可分為四種，研究起来却很有趣味。

1、地形上昇氣流　大凡空氣流動時，实際遇着障碍物，一定被迫变更方向流動，在有山崗的地方，空氣流到山坡時，被它障碍，迫得向上流動，因而迎風的一面就

有上升氣流，到了山背，就向下降，变为下降氣流、

2、冷热面上升氣流、　大凡空氣遇冷則体質緊縮，密度增大而重，遇热則体質膨脹，密度小而輕，我國通常從北方大陸流來的空氣是冷的，從南方海洋流來的空氣是热的，这兩種氣流相遇時，當然热空氣被冷空氣迫向上升，这就是冷热面上升氣流、

3、热力上升氣流　大凡陽光輻射到地面，地面的物体因为性質不同，吸收热力各異，吸热大之處，地面空氣温度增高，成为上升氣流，反之則下降，如日間的沙灘，馬路，赤土，城鎮上空容易吸收热力，發生上

升氣流，森林水面吸收热力很慢，空氣較冷，便向下降，可是到晚间，易热的地面没有陽光，立即变冷，而森林水面此時反慢慢地放散热量，发生热力上升氣流，正如山谷裡的風白天從山谷吹上山頂，晚间從山頂向山谷吹来一樣，就是明證。至於那些人烟稠密，工厰林立的区域，它本身就是热的，这更不必说了。

大陣風和波浪風上升氣流、　大凡風的速度時弱時強，時大時小，就形成一種陣風，兩層風力相當因風速、風向各不同的空氣，它们相遇互相摩擦，就形成一種高低起伏的波浪風。

以上所舉的幾種上昇氣流，祇要滑翔的人隨時去利用它，都可隨意飄翔，試看大洋中的海鷗，牠們常々三三兩兩追逐翱翔於行船的上空，有時完全不須撲翼能愈飛愈高，這就是牠們善於利用烟囱所致上昇氣流所致，鳥類尚且如此，聰明的人類，當然更不成問題了。

(二) 滑翔場的選擇　根據上昇氣流的成因，知與滑翔環境有莫大關係，因此一個理想的滑翔場，最好是依山傍水，但有山有水的地方很多，却不是無條件可以應用的，它的條件大概說來：

1、恒風的風向、恒風就是該地時常有的風，是选择場地時最重要的条件，場地築於對着恒風的山坡，則可以利用上昇氣流，否則就無法上昇、

2、複雜的地形　滑翔場所在地最好附近有崗巒起伏的大山，迂迴曲折的河流，寬闊的沙灘廣大的湖泊，平坦的田地，繁盛的市鎮，以及森林区，工廠区，不但可以產生上昇氣流，而且讓滑翔的人在空際迴旋時俯瞰大地自然景色，增加飛翔的興趣，至於場地本身最好是在

见本章插图滑翔场设计平面图

高约五千至一萬公尺的山頂或距山頂四百公尺的山坡，場面長約一公里半，山坡的斜度不超过四十五度，假如山脊能弯曲成馬蹄形且其開口處正对恆風，使風力集中在微風的日子也可翱翔，这更是理想的了。

3、水源與交通、滑翔場多數築在相當高的山坡，如果缺乏水源或者交通不便，这个場地就無法可以駐留和吸引多數滑翔的群眾，因此妨碍着滑翔運動的發展，这也是選擇時要注意的。（参看滑翔場模型設計圖）

## 滑翔場設計平面圖

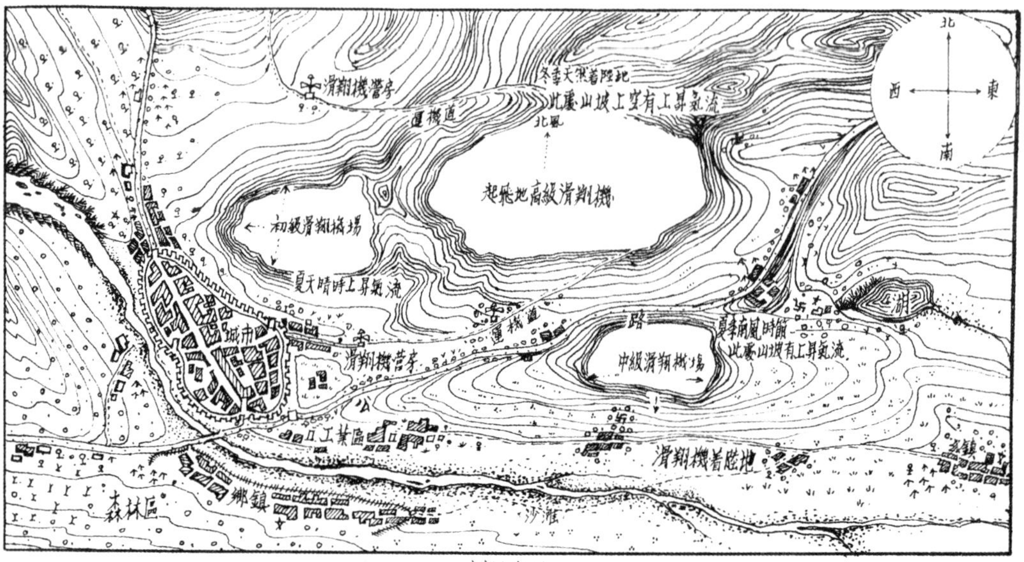


## 側視图

## 滑翔場上點綴的簡易滑翔機图

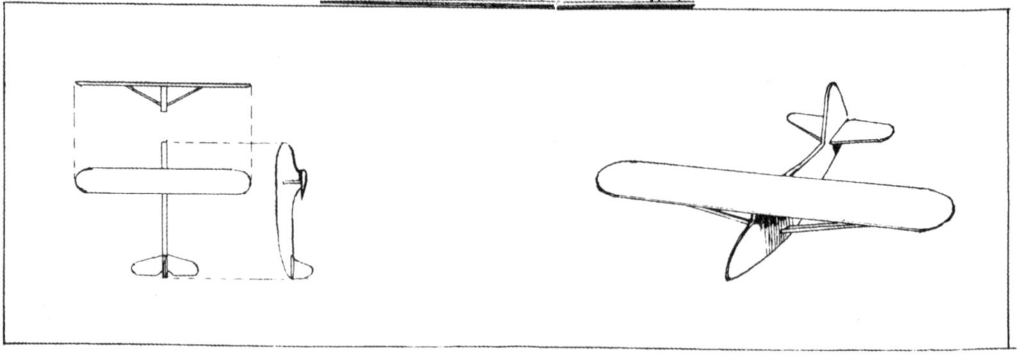

降落傘淺說

人類為了要昇空，發明各種的航空器。為要保證在航空時的安全，發明了降落傘。所以降落傘為空中旅行的人們必須準備並熟習使用，如同航海者的救命圈浮水衣一樣。

一 降落傘的沿革

降落傘最初的研究者，也就是飛機鼻祖意大利畫家達文西。到了一六一七年，才有范盧斯來實驗，他用布做成方形降落傘，從很高的監獄瞭望台跳下，完成初次跳傘。一七八三年，又有法人列諾尔曼製成圓形硬骨傘，由天文台高塔平安跳下，並且作多次的試驗。那時人們認為降落傘是高樓大廈火災時的救命器，到一八三四年纔有一个因降落傘技術不精而喪失性命的英國人柯金，他可稱是降落傘第一个犧牲者。

歷史上從航空器中，第一个跳降落傘的，要称法國人加納林了。他是在一七九〇年設計了一个降落傘，在巴黎上空由升到一千公尺的輕氣球上跳下的。他的傘是用布作成，下面吊着一个竹籠，人在籠中，傘頂沒有透氣孔，故下时很是摇動，他的妹々也是一位勇敢的女跳傘者，並於第一个從飞机上跳下的，是在一九一二年，由美國人貝雷，在美國聖路易城上空完成。法國飞行家立即傚效，其他各國也爭相傚效。從此以後，降落傘日漸改良，成為航空員不可缺少的安全器，因此大多數人都叫它做保險傘或者救命傘。到了近年降落傘的使用漸廣，有利用在空中投擲軍需補給品，更有利用降落傘組成傘兵隊，又称出軍陸戰隊，攜帶精良武器，成群降落敵人陣地，於是狹義的保險傘的名称，已不再能適用於今日了。

二 降落傘的原理、

大凡一切的東西，從高處墮下，是因為受地心吸力所引，當它隨墜落的时候，空氣中发生一種阻力，使物件的降落速度減低。這種阻力的大小是因物体的形状、面積、重量、大小而差別，最淺顯的实驗方法，可取兩張同樣輕重大小的紙，其中一張搓成一团紙，同时由高處丢下去，一定紙团先到地。这就足以証明紙團的面積大小和形状，因為和一張紙不同，所以受到空氣的阻力也不同，而降落的快慢因此差別。降落傘就是引用這个原理。

三、降落傘的形状及其使用

降落傘的形状是个半圓形，好像一顶罩子一樣。當它下隨墜時，空氣被壓迫聚集在傘底裡面，密度加強，阻力也隨之加大，降落的速度因而变為慢慢的下降。

所以一个使用降落伞的人，不论在任何很高的天空跳下，坠落的速度无论怎样迅速，只要降落伞一张开，他的身体便立刻给降落伞悬挂住，好像坐在一张吊椅一样，慢慢的下降。虽然降落伞在刚张开时，速度变更，身体不免有相当的震动，但瞬息间便平服如常了。

关于降落伞使用的方法，在每个航空人员，都很熟习。的，尤其是在空军中，他们遇着战斗机受伤失却[redacted]续航能力[redacted]时，往往利用降落伞降落。在欧[redacted]战及我国数年的空战中，有不少这些史实，已数见不鲜，只要一读武汉「八一三」空战和归德空战的简史，就可以知道一二了。

得

總之降落傘在航空時代的今日，它直接和間接補助航空的進步，和發揮之作戰爭的威力，這功勞是很不少的。

## 三、降落傘的種類

- 降落傘
  - 以形式分類
    - 坐式：宜於不須移動位置之飞机駕駛員所用，不使用時作為座墊。
    - 背式：分直背、曲背兩種，掛於背上。
    - 胸式：亦称快带式，平時傘包懸於航空器内，急时掛於胸前之配带上。
    - 膝式：宜於觀察、攝影、射击人員之用，但用者不多，我国亦少用。
  - 以用途分類
    - 安全用：即通用的保險傘，供飛行人員預防失事之用。傘衣的張開由使用者自行控制。
    - 載重用：由空中擲下各種重量物品之用，如兵員、軍需補給，亦如軍火，重如坦克車也可以降落。傘衣張開的控制是預先或自動的。
    - 教練用：為練習跳傘之用，双傘組合而成。主傘與副傘連合在一副配带上的，副傘於主傘發生故障不能張開或破裂时之使用，為練習者增加安全。
    - 特種用：擲信号彈及照明彈之用。

降落傘関係生命甚大，製造上有幾个重要的原則是我們应知道的。

(一)降落速度：每秒鐘降率約為二十一至二十三呎，使跳傘人着陸時所受的震動和平常從七八尺高處自由跳下時的感覺一樣。

(二)張傘手續簡單：張傘的機関易於使用，而且要一撥動機関在三秒鐘内完全張開。

(三)解脫便捷：使跳傘人着陸時能迅速解脫套帶不致為風所牽曳或落在水裡受傘所牽累。

(四)至於原料堅韌，套帶舒適，這更不必說了。

(參看降落傘模型)

# 航空服裝

## 飛行員衣帽淺說

飛行員駕駛飛機在空中飛行，因為空中的溫度比較地面寒冷，都要穿着特製的飛行衣服去抵抗寒氣，愈是飛得高的時候，穿得愈是要厚，尤其是在嚴冬天氣，倘若缺少了良好的飛行衣，簡直沒法負空中勤務。因此航空人員重視他們的飛行衣，好像古時大將重視他的盔甲一樣。製造航空衣服所用的材料，有的是用毛織品製成，有的用獸皮製成，這是因氣候而異。不過製飛行衣的材料，最主要的就是要質地輕軟，才不會妨礙駕駛員的活動。

（式樣可參看飛行衣帽模型圖）

要做一个良好的飞行员，在天空翱翔上下，胜任愉快，固然是有赖于一切物质的条件，但最主要的还是要有健全的体格和充分的航空学识。

在体格方面，如视力、听觉、和心脏呼吸器官，都要很健全，不论在任何黑暗中或飞机欹侧倒飞的时候，他要能确定自己在空中的地位和方向，在震耳欲聋的发动机旁，要能分辨出何者为发动机声，何者为各部机器声。在高空中飞行空气极稀薄和极寒冷的时候，常使人们呼吸感到最重困难。在特技飞行迅速俯冲和急转上升时，往往破坏血液系统的正常工作，因此心脏不健全，血液系统不正常，肺部柔弱，神经衰弱和花柳病者，是不能成为一个良好的飞行员的。

在航空学识方面，一个飞行员祇知道飞机与发动机，还是不够的，要完全瞭解飞行理论，空气定律，和飞行器的推动原理。要明瞭这许多，就得努力去学习。一个青年，想将来成为飞行员，最好先从模型研究入手，各种航空常识都瞭解再进一步作滑翔研究，最后才正式考入航空学校，学习驾驶飞机。这样按步前进，还怕不能成功吗？

备着立志成为一个英勇的空军，除了应具备以上的條件外，還得有豐富的軍事學識和作戰技術，尤其是要對主義有深切的認識與信仰，才能發揮他為國家民族而犧牲的精神，負起捍衛國家的任務。（參看飛行衣帽樣型）

# 机械士

[redacted]

在最近五年戰爭中飛行員和飛机、常々獲得無上光榮、受人們的称頌、可是那些伺養「鉄鳥」的保姆—照料飛机的机械士、也許很少人知道吧。

據英國的估計、通常一架飛机、要十至十五人伺候。當航空轟炸隊去到掃蕩攻击命令的時候、假如在嚴寒的雪夜、飛行員都在房屋裡候命、那些机械士就要全夜冒着風雪、檢查飛机、加油、掛弹、装子弹一直等到把飛机發動上昇後、才得休息。

當航空驱逐隊去到一道起飛迎敵命令的時候、飛行員立即從預備室跑到飛机場、机械士們就得在三數分鐘内分別用人力將全場的飛机推出發動、好讓飛行員駕駛昇空。有時候机場接近前方、當警報傳到時、敵机已到附近、人們都爭相奔避疏散、他們都在机場、沉着而迅速的將作戰的飛机發動、將沒有任務和修理的飛机推去掩蔽和疏散。倘若敵机接連分批不停的來襲、戰鬥机將敵机打下好幾架、但是自己的子彈却很快的用完、汽油也乾了、必須回到地面加子彈、加汽油、於是机械士們又須立刻攀上机身檢查机件和加油、另一些人把子彈裝上。如果高空驅逐机、更需要檢查和調換氧气瓶，即使敌机在上空盘旋投弹扫射，机械士们却並不气馁，依然工作，直到飞机很快的恢复战斗力，飞行員錢手是垂直的爬升上天空，继续杀敌，他们才称任務完成。

當敌机给我们打得落花流水，铩羽逃归，警报解除的時候，疏散的人们懒洋洋的回家休息，飞行员驾着飞机勝利归来，机械士仍是立即照常执行检查修理，细心去照料，以备再用。他们这種不怕风雪刺骨，不怕烈日炙膚，不避枪林弹雨，任劳任怨，尽忠职守，实在可以称为空军的骨干，民族的無名英雄。他們都是堪當

第幀

机械士的服装，就是空军中的机械士们在工作时所穿着的衣服，它的材料多数用蓝色布制，衣裤相连，穿着很便利。

（式样可参照五册机械士衣帽模型图）

# 九 日本空軍

## 日本空軍淺說

「知己知彼，百戰百勝」，这句話從前祇為前方作戰軍人所用，可是有了立体戰爭以後，我國每个國民都直接感受到敵方威脅，已無前後方的分別，所以我們每一个人都應該对日本空軍情况有一个認識。茲將一些有用的常識寫在下面：

(一)系統：日本的空軍分屬於海軍和陸軍，沒有獨立的空軍，屬於陸軍航空本部的稱為陸軍航空隊，屬於海軍的，稱為海軍航空隊。海軍航空隊兵力又分為陸上部隊和海上部隊。前者以陸上為根據地，用的是陸上飛机，後

见本章插图日本空军根据地示意图

者是以航空母艦及水上机机母艦和軍艦為根據地，用的是艦上机和水上机。

(二)任務：敵陸軍航空隊，配屬陸軍使用的，它最重大的任務就是協助前線陸軍攻击我作戰部隊。敵海軍航空隊陸上部隊，其任務多為深入我後方，濫炸我城市。

(三)性能：因上述兩種任務性質不同，而其所屬飛机也有差別。陸軍航空隊，很少作長距離任務，也因我前綫空軍在數量上不及他，所以敵机以舊式及性能低弱居多數，性能較好的不过偶然使用而已。

海軍航空隊的飛机，因為時常作深入我們領

出作（長距離的）殘暴的轟炸，同时要遭遇我神鹰的截击，故此它
的轰炸机在速度、及载重方面，都比陆军机好。至于那
些同着轰炸机来的驱逐机，它的任务是掩护轰炸
机，并且准备和我们战机作战的。它们除了有高速度和
优良的武器外，另添置补助油箱，增加它的续航力。所
以照一般来说，敌国的海军航空队，是比较优于陆军
航空队。

四、敌军的内閧：表面上看来，敌国的海军航空队战绩
好像超过陆军航空队，事实上海军航空队，空袭后
方的收获，万万赶不上陆军航空队。因为远距离空袭后

方的目的，不外乎在物資上，毁滅我们戰爭補給資源，在精
神上，予我们以極大的打击，企圖消滅我國民抗戰的意志，在
前线，空襲是殺傷我们的战闘員，掩護敵國的陸軍進
攻。可是兩者比較，數年来敵机在我们的後方空襲，所
得的什麼？除了炸壞了一些建築物外，对我们的資源，
和人民抗戰的意志一点也没有影響，倒是敵人的陸軍航
空隊，仗着數量多，在前线掩護陸軍作戰收獲些戰果，
但是敵國人民都頌揚海軍航空隊功績，因此他们陸海
航空隊之間，时常发生内鬨。二十八年「二、二〇」敵陸軍航空
隊到蘭州作初次的遠程侵略，想爭一口氣，却不料給

我们神勇空軍打下九架，這就是一个例子。

五、敵空軍幾種不同的名称、

艦上攻击机、是敵海軍航空隊所用的艦上轟炸机。

陸上攻击机、是敵海軍航空隊所用的陸上轟炸机。

爆击机、是敵陸軍航空隊所用的轟炸机。

荒鷲、是敵人空軍的自称，正如我们自称神鷹一樣。

九六式、九七式、是敵机所用的型式名称，即是说這種机在日本神武天皇建國二五九六年和二五九七年（公曆一九三六年至一九三七年）設

計製造的。其他的名称大致與我國沒甚

分别。

## 六　敵軍的幾種優秀飛机

九七式驅逐机、這種飛机較從前我們俘虜过来的那些九一式驅逐机要来得靈便巧妙，它裝有一具星型氣冷式發動机，翼長為一一·四公尺，身長為五·七公尺，身高為三·〇〇公尺，时速為三五〇公里，裝有机關枪二挺，並有無線電机一具。

亨克尔HE-112驅逐机：此種飛机係購自德國，全金屬製造，它的起落裝置可以任意伸縮，裝有水冷式發動机一具，翼長為九·二〇公尺，身長九·〇〇公尺，机身高為三·七〇公尺最大時速四一〇公里，上昇限度八、〇〇〇公尺，裝有固定机関枪二挺，机関砲（二〇口径OERLIKON）二挺。

天皇号重轰炸机：敵人的天皇号飛机，就是義大利製的費亞特B.R.20，此種飛机係低單翼，金属製，裝有星型氣冷式發動机二具，翼長二四、〇公尺，机身長為一六、五公尺，机身高為三、六公尺，搭載重一〇四〇〇公斤，乘員七人，最大時速四四〇公里，上昇限度九、〇〇〇公尺，飛行半径二、五〇〇公里。

九六式艦上驅逐机：

此種飛机，裝有氣冷式發動机一具，翼展一一、〇〇公尺，机身長八、〇〇公尺，机身高三、〇〇公尺，最大速度每小時四〇〇公里，上昇限度九、七〇〇公尺，續航時間四小時，飛

行半径四〇〇公里，前部装有七・七口径固定机关枪二挺，

九六式陸上攻轟炸机：装有星型气冷式发動机二具，翼展二五〇公尺，机身長一六・四五公尺，机身高三・六八公尺，乘員七人，最大速度每小時三六〇公里，上昇限度七四〇〇公尺，續航時间七小時，飛行半径二二五〇公里，装有口径七・七固定机关枪一挺，与旋轉机关枪二挺，無線電机及照相机各一具。

上面幾種式樣均可詳阅实体模型圖）

此外尚有海軍零式一號及二號艦上駆逐机及陸軍四十三式，東條式等多種，性能及裝備均較上列數種为優，可惜前还沒有得到它的標準詳細圖樣，故目前祇可從略。

日本空军根据地示意图

被我击毙之日本航空军名将统计表

| 姓名 | 阶级 | 日期 | 地点 | 备考 |
| --- | --- | --- | --- | --- |
| 三轮宽 | 少佐 | 廿六年九月十八日 | 山西忻县北 | 敌陆军航空队驱逐之王 |
| 潮田良平 | 大尉 | 廿六年十二月廿二日 | 都昌附近 | 敌海军航空队驱逐队四大天王之一 |
| 白相定男 | 大尉 | 廿六年十二月十七日 | 苏州 | 同右 |
| 南乡茂章 | 大尉 | 廿七年六月廿八日 | 南昌 | 同右 |
| 高桥宪一 | 军曹 | 廿七年四月廿九日 | 湖口附近 | 敌称之为红武士 |
| 渡边广太郎 | 大佐 | 廿七年二月二日 | 钟祥沙家集 | 敌陆军航空兵团司令部兵器部部长 |
| 藤田雄藏 | 少佐 | 廿七年二月二日 | 同右 | 敌空军中最著名之巨型机试飞员，保有长时间不降落飞行之世界纪录 |
| 高桥福次郎 | 准尉 | 廿七年二月二日 | 同右 | 为藤田之助手，乃藤田事业之唯一继承人 |

| 姓名 | 階級 | 日期 | 地點 | 備考 |
|---|---|---|---|---|
| 外村義雄 | 中尉 | 卅八年四月廿九日 | 南鄭 | 擅長编隊戰術，有名於敵陸軍航空隊 |
| 原三敬郎 | 中佐 | 卅八年十月十六日 | 晉陽安豐 | 與藤田雄藏少佐齐名，有陸軍航空隊標標之称，為敵戰斗戰隊之隊附 |
| 奥田喜九司 | 大佐 | 卅八年十一月四日 | 成都 | 敵海軍航空隊素轟炸之王，為十三航空隊司令。 |
| 森千代次 | 大尉 | 卅八年十一月四日 | 成都 | 敵海軍十三航空隊中隊長 |
| 細川直三郎 | 大尉 | 卅八年十一月四日 | 成都 | 同右 |
| 國津光雄 | 少尉 | 卅八年十二月十五日 | 封川都城 | 敵陸軍航空隊鈴木驅逐隊之至宝 |
| 小谷雄三 | 少佐 | 廿九年六月十日 | 重慶 | 敵海軍十三航空隊指揮官 |

附註：本表所列僅為日本空軍之名將，尚有其他声望較小者均從略（為數甚多）。

又本表所列人名截至二十九年止。

（三）實體模型

飞机模型種類表解

- 飞机
  - 实体模型
    - 金屬：用金屬鑄成机形，再加以彫琢修磨做成的。
    - 泥土：用泥土捏成及彫塑成。
    - 木材：用一塊或數塊实木彫刻做成的。
    - 竹材：用數塊竹材彫刻接成。
    - 紙質：用紙漿搨貼成形，或硬紙拼成。
  - 桿身式：机身是一支木材削成。橡筋動力机多用此式。
  - 艙身式：机身是用細竹条或木条做成構架，蒙以稀綢及薄紙（或称为耐航式）。橡筋或燃動力机用此式。
  - 像真式：外观形式依照真机圖様縮小。
  - 内燃動力机：装有五分之一匹至馬力半匹小汽油发動机。

模型

昇空模型

橡筋動力机：是用富有弹性的橡筋带一条或数条扭紧後藉橡筋的反動弹力旋動螺旋槳。

擲射滑翔机：是用手力将机擲上空中，任其飄翔下降。

弹射滑翔机：是利用橡皮将机弹出空中，任其飄翔下降。

牽引滑翔机：是用一条極長之细線，如放風箏方法，将机牽到空中後收回细線，任其自由滑翔飄降。

仿真模型：除發動及各種儀器外，所有飛机内外各部材料構造及操縱系等，均仿照真飛机比例縮小製造，但沒有動力，不能飛翔。

# 模型飛機製造家的鼻祖—蘭萊略傳

蘭萊(Samuel Pierpont Langley)在一八三四年八月廿二日降生於美國麻省(Massachusetts)天資聰穎,博學多才。廿年時對於建築學、天文學、物理學,皆甚有研究。並多有所發明。最著的發明為微分溫度計(bolometer)可以測出一萬分之一度的溫度變化,這可以充分表現他工作的小心準確、徹底。

當蘭萊決意研究飛行的時候,還有很多的人也在同時探討這個題目。但大多數都是採用毫無根據的荒謬理論,所以得不到好的結果。祇有蘭萊決意先從基本原理入手,謹慎的逐步試驗起來。他造了一個巨大的轉盤,盤上引出一隻長臂,他把一隻剝製過的海鳥，固定在長臂的外端。把轉盤開動，達到相當速度後，這死鳥便飛昇起來。他又用鷹和海鷗來試驗，也得到同樣的成功。後來他用一只銅片來代替死鳥，把轉盤開動後，乃逐步測量銅片的重量、阻力與速度的關係。當銅片達到最高的速度時，這銅片不但消失了重量，反而發生相當的昇力。他把這些結果列成圖表，並且發表一種前人認為不可能的飛行理論。他說：我們只要能使這斜面得到相當的速度，一定能夠做出一個重於空氣的飛行機來。蘭萊下一步的工作就是要把上述的理論付諸實行。他決意造一架附有發動機的飛行機，第二是如何可以得到使飛行平衡的機身構造。他感覺到這兩個問題的頭碎与嚴重，乃決定先從模型飛機入手。在一八九二年的四年中，陸續造成了三十多架模型飛機。在一八九六年的五月六日他的第五號模型飛機居然飛過了樸土梅克河（Potomac River）有兩次的飛行時間達到一分半鐘。這是一個劃時代的飛行，從來沒有一個人能做出一架自己能飛的飛機。他這機器雖然是小模型，不能載人，但是他給後來製造可載人的飛機，開了一條路。可載人的機器不過比牠較大而已。他這小飛機只重二六磅，一六呎長，有前後兩翼，翼展為一二呎及一三呎。是藉一隻木船上的彈力起飛的。牠在空中很安逸的飛行，一直等到燃料用盡才降落下來。飛行距離為三分之二哩。蘭萊看見自己的理想實現，心中極為興奮，連忙跑到附近的樹林中以掩藏這激盪的心情。於當年的十一月，他的第六號模型飛機，又飛了四分之三哩，速度為每點鐘三十哩。

這次試飛成功後，蘭萊因為年歲已高（六十二歲）、不欲再作更進一步的試驗。但是美國陸軍部，卻很注意他的成就，督促他再造一架大的、可以載人的飛機。於是蘭萊同他的助手曼來（Charles M. Manley）又繼續的工作了五年的試驗。那時美國的機械工程界，沒有給他任何的援助。因為他們說，「飛行是瘋人的理想」。第一架載人的大飛機，在一九○三年才製成功，是用鐵造的。牠的重量雖只有七三○磅，但是卻甚堅固。牠的支持面為一〇〇〇方呎、有兩支螺旋槳、發動機可發出五〇匹馬力。蘭萊這一次所造的飛機雖然甚為健全、但是因為供給起飛的彈射器有很多缺點、所以在十月十七日的次試飛、得到的只有觀衆嘲笑、與一架破爛的飛機。到了十二月八日第二次試飛、又在安納寇斯達(Anacosta)舉行、仍然因為彈射器發生故障、把整個飛機撞成兩段。扔到數呎的水中。駕駛員雖然沒有受傷、但飛機却一塌糊塗了。陸軍部也因此撤消了對他的補助。

蘭萊第二次試驗失敗後的第九天、十二月十七日、萊特兄弟(Wright Brothers)所造的載人飛機試飛成功、飛行距離二八〇碼、時間為一二秒。蘭萊聽見這消息、並不嫉妒他們、因為他們替蘭萊把這人類騰空的理想實現了。又過了三年蘭萊去世，享年五十二歲。其時為一九〇六年。一九一〇年寇蒂斯（Glen Curtiss）把蘭萊試飛失敗的破舊飛機從博物館中拖出來，除了在機下改了兩個浮筒，以便改由水上起飛外，其它各部份全沒有更改，在紐約州的克由開湖（Lake Keuka）上作第一次試飛。起飛後，這飛機表現充份的平衡，且極容易操縱，比萊特兄弟的飛機強多了。這證明蘭萊的飛機並非不能騰空，只不過是當年所用的飛機方法不良而已。寇蒂斯又把這老飛機換裝一座八十匹馬力的新發動機，再作第二次飛行。這一次的航程更遠了，蘭萊雖然沒有親眼看見，自己的飛機載著人騰空，但是他對於人類的功勳却永垂不朽。至今我們在天空飛行的千百萬架各式飛机，都是根據他的原理，製造出来的。他手製的飛機與模型，現在保存於華盛頓史密生思學院(Smithsonian Institution)。

# 實驗模型淺說

實習製造模型，在開始的時候，最好以實驗模型為主，因為它具備下面幾種條件：

一、不限材料性質　製造實驗模型的材料，不論金屬、泥土、竹、木、紙料都可以用，祇要工具齊備，隨時就地取材，做成良好的模型。

二、容易製造成功　實驗模型最主要的目的，是表面形式像真，比例準確，對於年齡幼小、程度低淺的作者，可以選擇形式比簡單的模型去做，年齡較大、程度高深的作者，可以選擇較複雜

的模型去做。總之量力選製，就[redacted]可以減少工作的困難

和[redacted]增富研究的興趣。

三、實習初步技術

[redacted]製造模型所需要的基本技術，如金工、泥土工、竹工、木工、紙工、膠接等，都可以藉實驗模型作初步[redacted]實習。

[redacted]

有些人以為實驗模型除了上述幾個優點外，對於[redacted]知識的收穫很少，這實在是錯誤的見解。要是一個努力求知的青年，當[redacted]製造螺旋槳的時候，就應該想到螺旋槳扭彎的形狀和用途。做机翼的時候，

就應該想到一切翼面，為什麼也要弧形。仿製霍克驅逐机，或馬克沁机關槍時，就應該想到它的功用和一些關於它的史實。這許多的疑問，如果能從書籍雜誌中，或師長朋友方面得到解答。不但可以增加不少的知識，而且可以提高模型研究的興趣，更進一步作活動模型，及實模型的嘗試了。

實體模型製作法

不論製造任何一種模型，首先給我們認識的，就是圖樣，其次纔談到它的材料和工作。現在將它分別詳述如下：

甲 圖樣的研究

設計製造飛机、或製造軍艦和兵器，都像建築房屋一樣，必需先有設計的圖樣。通常一架真的轟炸机、或一艘軍艦，所需的圖樣，有多至一萬張以上。因為它所配的多件，有时多至幾萬件的原故。可是不論圖樣怎樣多，怎樣複雜，總不外乎是三面圖和其完參考附圖。至於那全形的三面圖，更是不可少的。製造實驗模型，雖然很簡單，如果沒有三面圖，也無法做得準確。所以模型製作首先要將它的作用研究明白。

（一）三面圖的作用

三面圖就是將物件的頂上、側面、和前面所見到的各種形狀，依比例尺寸繪成的圖樣。

1. 俯視圖 就是從物件的頂上向下看，所見（有稱平面圖或俯瞰圖。）的形狀。如果想求出機身和座艙的寬狹、機翼、和橫尾翅的形狀，單艙的甲板形狀，都要

见本章插图图样的研究图一

看附視圖（圖一）

2、側視圖 亦稱側面圖，是從物件的側面看見的形狀。如果要想求出機身的長度、脊梁和腹部的弧形，車艙底部的弧形和烟囱指揮塔的距離位置及形狀，都要看側視圖（圖二）

见本章插图图样的研究图二

3 正視圖、亦稱正面圖，是從物件的前面看見的形狀。如果要想求出飛機的頭部、和兩翼的長度、翼的上反角的角度，起落架的位置，車艙左右的弧形，都要看正視圖（圖三）

见本章插图图样的研究图三

4、有些因為後部構造複雜的，就要加繪後視圖，以補三面圖的不足。

## 二 附圖的作用

製造模型，雖然能夠從三面圖求得全模型的標準尺寸。但模型整個的形狀，和每一部份的橫斷面，是方形圓形，抑橢圓形，在三面圖中，無法求出。因此另有參考圖和剖面圖，使製作者更能瞭解。

1、參考圖 亦稱立體圖。就是從不限定的任何一個角度，將所見形狀用透視畫法繪成一幅立體的圖畫。有時還添上色彩。他的功用等於一張照片。因為設計製圖時，那製造的物件，還沒有製成，當然無從攝影，因此祇有用繪畫來代替。等到製成後，可以利用攝影，就不一定要繪畫了。現在歐美許多工程專家在設計的時候常常預先製成一種小模型，攝成照片以作參考圖。這無疑地是最進步的方法了（圖四）

见本章插图图样的研究图四

又、剖面圖　有橫剖面與縱剖面之別：

A 橫剖面　就是將物體各部形狀不同之處分段截斷後所見的形狀，在飛机軍艦和兵器的圖樣中時常都用得到（圖五）

见本章插图图样的研究图五

B 縱剖面　就是將物件，從頭直切至尾端

见本章插图实木机的制造程序图

所見的形狀。它的用途，雖不如橫剖面，可是在軍械的設計圖中，它是常用到的。

上述各種圖樣的作用，已經說得很明白。製造模型之前，應將三面圖，循着俯視、側視、正視三面反覆研究，比例尺寸完全準確。再將參考圖、剖面圖、也研究明白才好動手。

## 三　製圖的方法

製造模型，如果完全依照圖樣大小，非常容易。可用薄透明紙蒙在圖上，照圖描好。然後用複寫紙墊着，精畫到模型材料上（見實體模型製作程序圖）如果沒有複寫紙，試在圖樣反面塗上鉛炭或顏色粉，也可以用。但是那些需要放大或需要縮小的時候，就得用比例方法繪製比例方法略述如下：

1、橫直線　可用量尺或分劃規照圖樣比例的若干倍數，移到繪圖紙上。這是最簡單的方法。

2、斜線　可利用分度器求出斜線的角度，畫在繪圖紙上。別一個方法，在斜線的起點或終點，另繪一條垂直線，依其另一端的兩線距離尺寸比例求得之。

3、弧線　在製圖上以弧線為最難準確，尤其是流線型的曲線，每一段的弧度都不同。倘若

僅憑目測比例，絕不易準確，最好用方格放大
縮小的方法，因為這个方法，不但全部線条都得
準確，而且方法簡單，不論程度高低，都可以學習
製圖，市上那些肖像畫匠，也就是用這个方法將
照相放大，可見這方法的準確了。（參看圖樣方格
放大法圖解）

乙　工作計劃

圖樣繪成後，當然是要開始施工，但是不論任何一種工作，
必須有一个計劃，工作时才有條不紊，逐步完成，茲
將工作計劃略述如後：

一、材料预算　不论做任何一種模型，它所需的主要材料和零件材料，種類和數量，都应该詳细预算、購置齊備。

二、工具置備　各種必需的工具，应取出，詳细檢查一次。有缺点的设法修理，缺少的、趕緊補充，或找代用品。

三、製造方針　有些模型、宜於整個的施工，有些模型宜於分部施工。應該事先考慮好。至於应從那一部份開始為宜，也应事先考慮決定，依

四方針按步實施。

四、施工時間

不論任何一種模型，實施工作的時間，應該有精確的預算，在預定的時間內，一定要完成。那些祇求迅速，粗製濫造，敷衍塞責的，固然不應該，但那些耗費了若干倍於預定時間，做成的模型，也不合理。因為兩者同樣都是浪費時間。所以在計劃的時候，對施工時間要特別注意。若是學校集體的工作，那預算時間應由教師視當地環境，所用材料，和學生製作經驗，隨時建一個標準。起初不妨稍為放寬，逐漸加緊，務以學生能夠如期完成，做到迅速，確實為目的。

见本章插图实木机的制造程序图

实木机之製造程序图解（假定製实木单翼机）

（1）先照飞机各部之俯视、侧视、正视的图样，分别绘在材料的各面。

（2）用小锯或利刀，依图样削出飞机的大概轮廓。

（3）用较锋利的小刀，削出各部的弧形，再用粗砂纸或锉打磨。

（4）将机身、机翼、各部剖面图画好，贴於较硬的纸上，照形状剪出半边，成为阴模片。

（5）将各段之阴模片，细心侧量各部，要同阴模片完全符合为宜，修削时不要粗心，宁可让它比较图样粗肥一二分，慢慢的逐渐修小。如果太大意，修得太多，就没法補救了。

(6) 打磨光滑後，將各部用膠或小釘接牢。再加以油漆，便成為一个很像真的單翼机了。

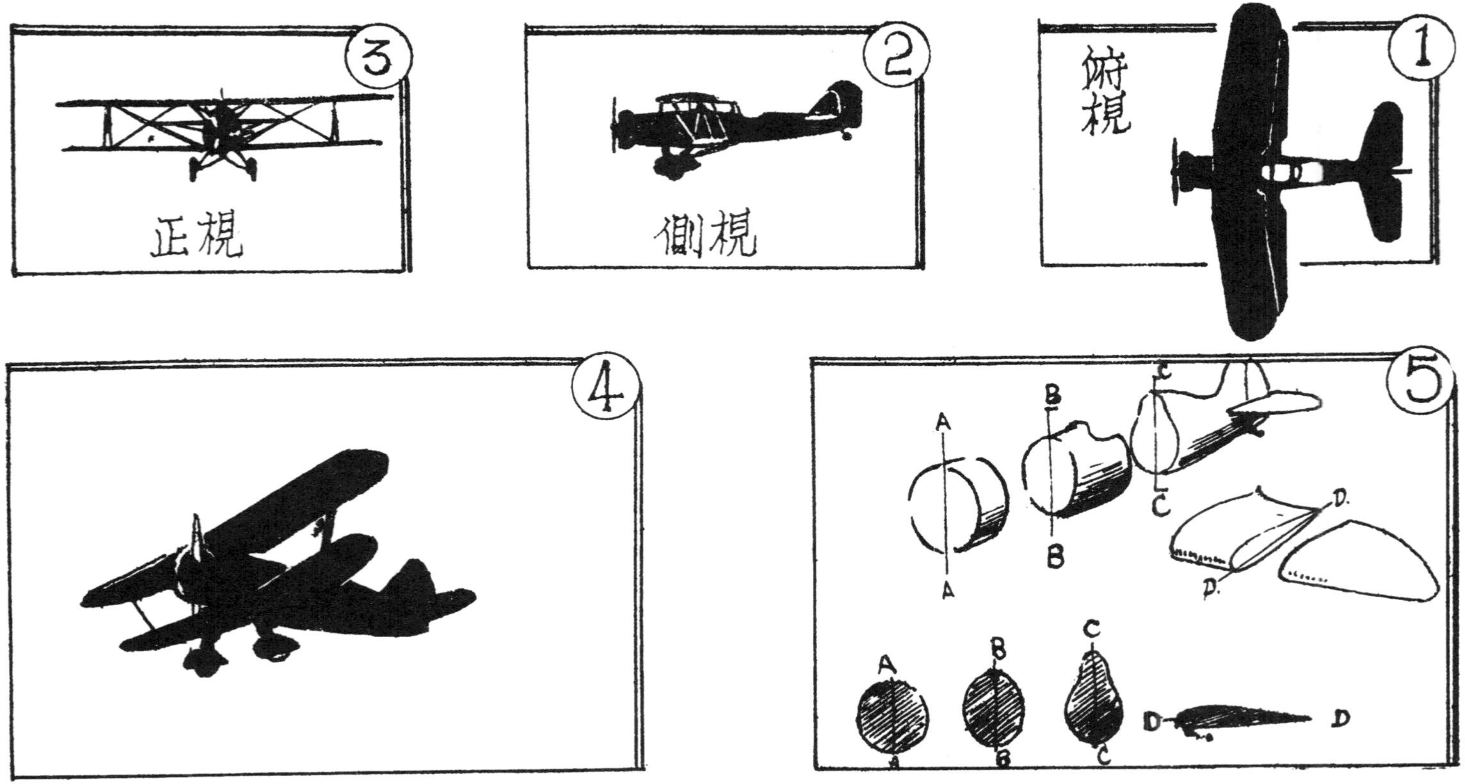
③
正視
②
側視
①
俯視
④
⑤
A
A
B
B
C
C
D.
D.
A
A
B
B
C
C
D
D

图样方格放大法图解

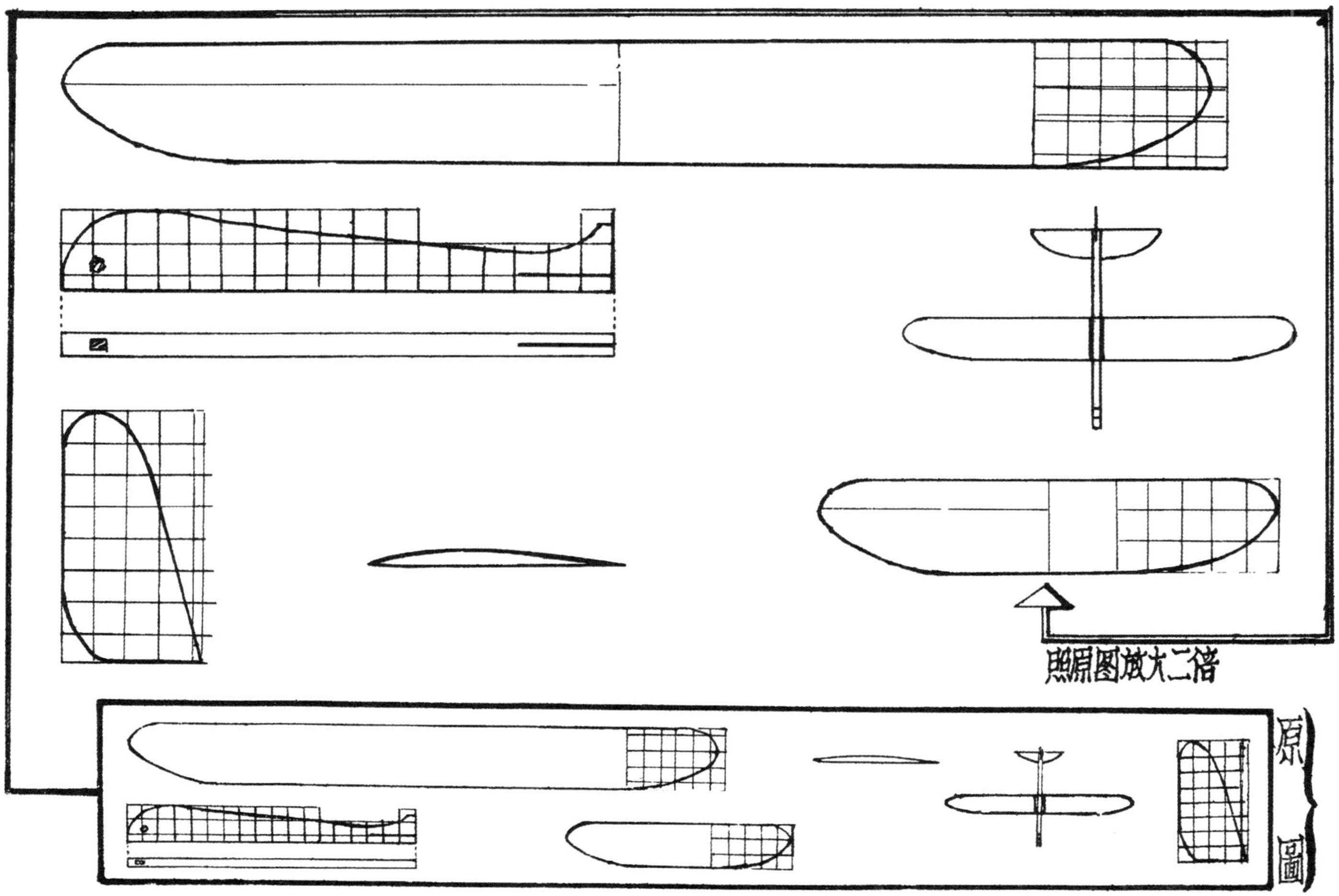

## 實木機的製造程序圖〔假定做一架單翼機〕（一）

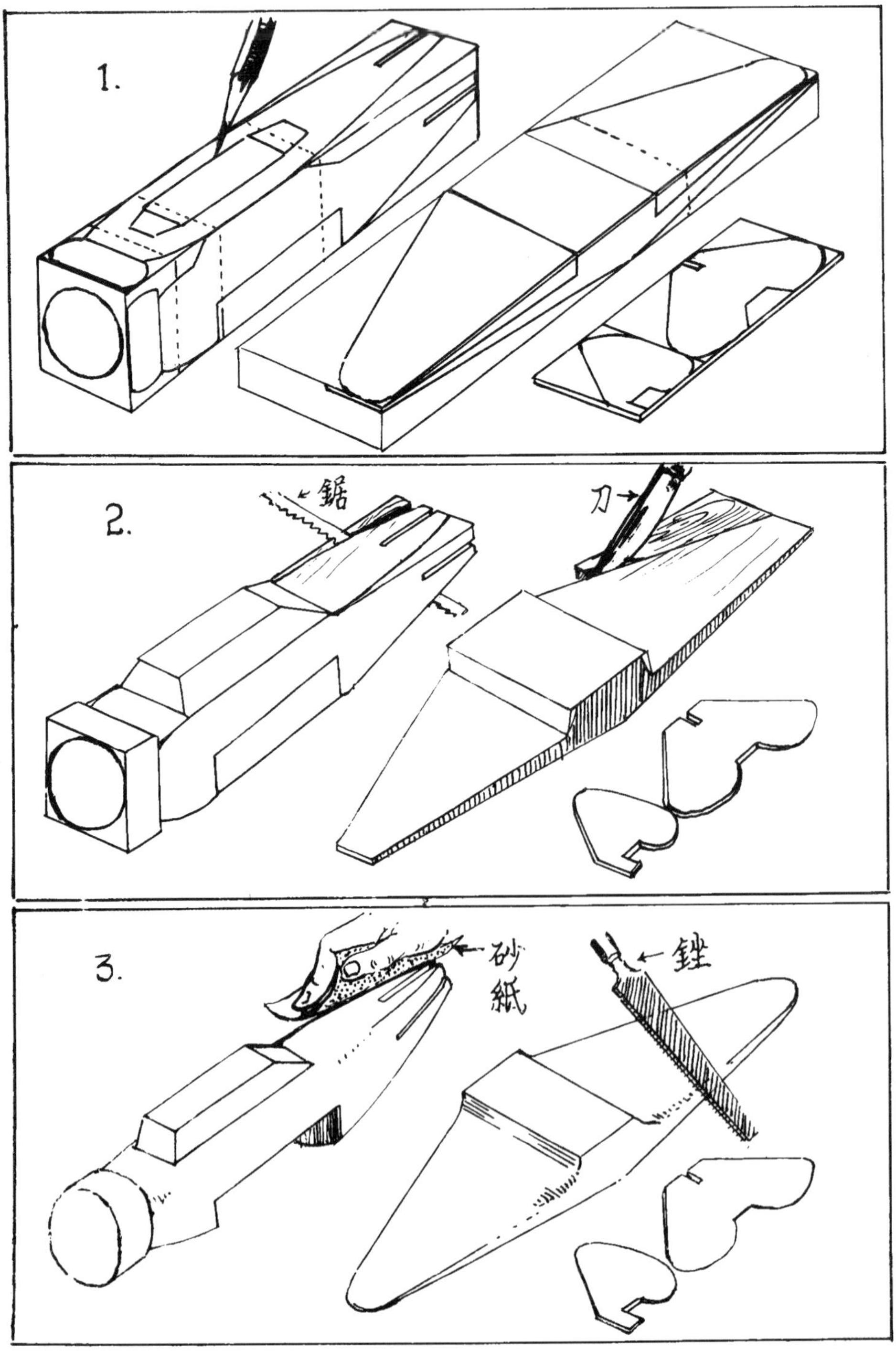

## 實木機的製造程序圖〔假定做一架單翼機〕（二）

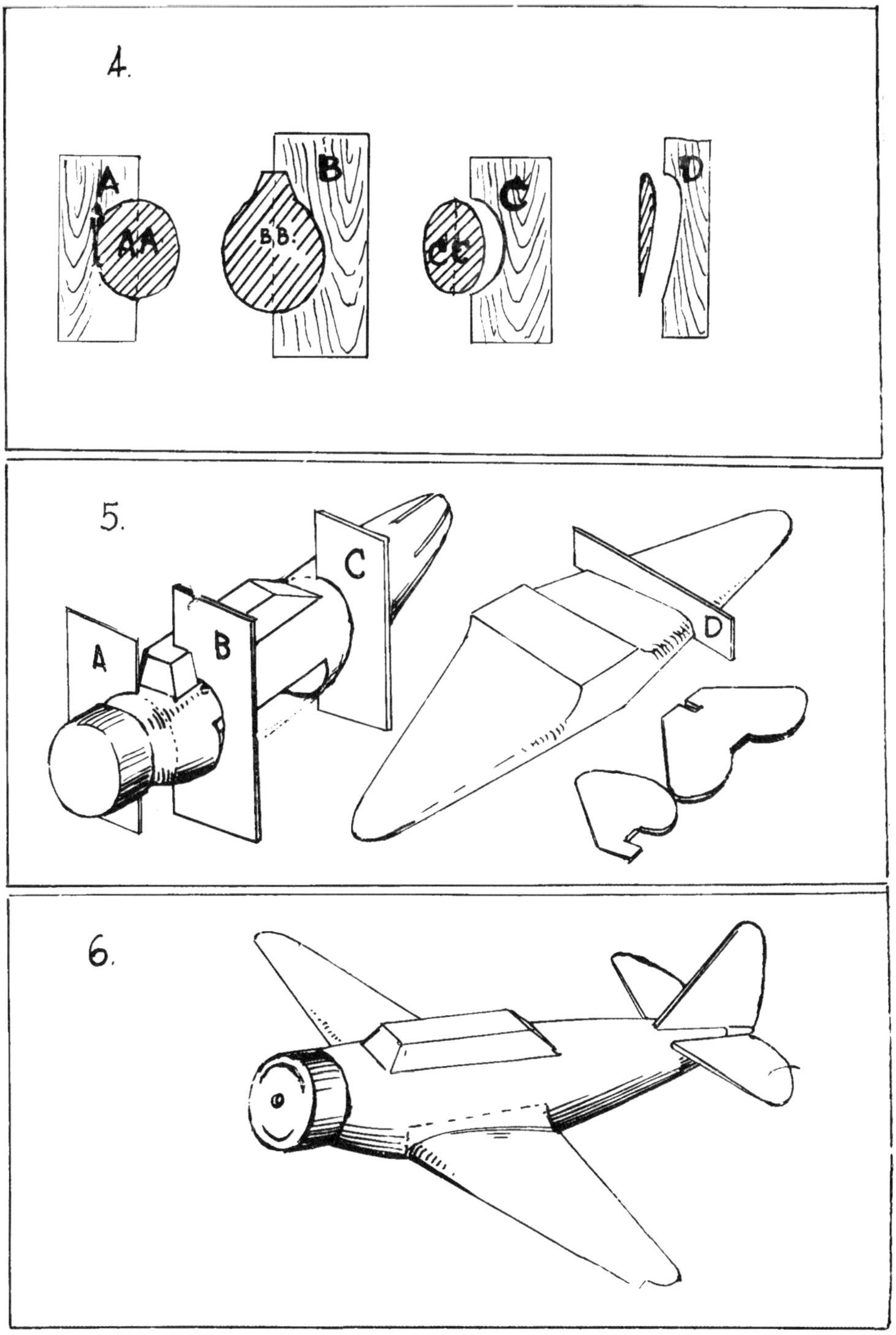

见本章插图实体模型飞机螺旋桨制作法图一

實驗飛機模型螺旋槳製作法圖解

甲 實木兩葉螺旋槳

第一步 用長方形實木一塊、上下兩面、各繪成螺旋槳形狀（如圖1）

第二步 用細齒鋸、依螺旋槳形狀、鋸去不要的木料（如圖2）

第三步 用鋒利的小刀照圖中情形、將槳由當中部份向外斜削成槳葉形、（如圖3）

第四步 再用鋼銼或砂紙、細心打磨修光成為一个良好的螺旋槳了（如圖四

见本章插图实体模型飞机螺旋桨制作法图二

乙

三葉螺旋槳(竹、木合製)

第一步 1.用實木兩條、分別削成同樣的螺旋槳葉(形如圖二A)

2.用小竹管(或廢毛筆管)截取三段大小形狀如(圖二B)

3.用較粗竹管截取一段、周圍鑽三個小孔、每孔的距離要相等、孔的口徑以能容B管塞入為標準(圖二C)

第二步 將三段小竹管分別插入粗竹管周圍的孔中、用膠接緊成為槳轂、再將三支木槳葉分別插於小竹管中、用膠接緊、就成三葉螺旋槳、倘要想做活距螺旋槳、就不必膠緊。(圖三

见本章插图实体模型飞机螺旋桨制作法图三

## 星形發動机模型製作法圖解

有許多種小型汽油式的飛機（如弗列脫教練机之類）發動机的汽缸，是完全露在外面的。備若要做這類飛机模型，首先感到困難的，就是那些汽缸，因為那些圍繞着汽缸周身的散熱片重重疊疊，不易製造。但是這些散熱片的用途，是增加汽缸的散熱面積，凡是汽油式的發動机，都不可少的。因此製造這類模型時，也不可不將它的表面形狀做出。最簡便的方法，就是取一支圓棍，用車木机削成百頁管狀，然後截斷，修削成功。不過車木机不是人人可以設備，祗有下面的簡便方法，是任何人都可以做成，製造方法：

见本章插图星形发动机模型制作法图解图一

见本章插图星形发动机模型制作法图解图二

發動機模型可分兩部製造：

甲 汽部份

1. 取長方形木塊，一端畫成圓形。

2. 用刀將四角修削成圓筒形。

3. 上端照圖修削，凸出的兩道，作為進汽門和排汽門。

4. 用繩子圍繞作為散熱片，再塗上黑色，使像真汽缸。

乙 機盒部份

1. 用扁方形實木一塊，上面畫一圓圈。

2. 用刀削成圓形。

3. 用銼將上面的四周銼成弧形，使當中高起。

见本章插图星形发动机模型制作法图解图三

4、另用一張紙先畫成五角或七角形（视汽缸数目而定，画法详後）将木塊放在圖正中，将图上每角的距離位置，移到木塊周圍。

5、依照畫出的位置，各鑽一孔，鑽孔时鑽尖要对正軸心。

6、将製成的汽缸，底部塞入孔中，用膠接緊。

7、最後取大頭針若干枚，将近頭部的一段弯曲，在每个汽缸前面插两支，作为推桿（按推桿是汽門[redacted]的開關机構）。

加整流罩的發動机

1、依照前面的方法製成發動机形状，大頭針且慢[redacted]插上。

2、取大小適合的毛竹，鋸下一段，用銼刀将四周打磨光滑成流線形作

四、为整流罩（通称发动机罩）

5、将发动机放置竹筒正中，在每个汽缸前面位置，用大头针两支（不必弯曲）从竹筒外面钉入，接连发动机盒，就成为一个精的发动机了。（注意，竹筒钉孔，须预先用细锥锥好，以免钉裂）

见本章插图五角形画法

五角、七角、九角形畫法

星形發動机、汽缸的數目，通常所見，大概以五個、七個、九個居多。至於那些十四個汽缸的，就須分前後重疊裝置，卻很少露在外面。所以現在僅將這幾種常用得着的幾何畫法，詳解於後。希望模型的製作者，不怕煩碎，不厭單調，細心研求。那末在製圖時，或製造時，都可以求出裝置汽缸的準確位置，不致參差不齊了。

甲 五角形畫法

1、設O為圓心，任作正交二直徑，得A、F、G、H，平分OH為半徑，得P點。

见本章插图七角形画法

2. 以P为圆心，PA为半径，截OG得a点，後以Aa为圆心，Aa为半径，截圆周得BE二点。

3. 以B为圆心，仍准Aa为半径，截圆周得C点，後以E为圆心，仍准Aa为半径，截圆周得D点，连ABCDE五点，即所求之正五角形。

乙. 七角形画法

1. O为圆心，任作半径OA，以A为圆心，OA为半径，截圆周得ab二点，连ab，ab二点径OA相交得点P。

2. 以A为圆心，Pa为半径，截圆周得BG二点，後以BG各为圆心，仍准Pa为半径，截圆周得CF二点。

见本章插图九角形画法

8、以C F各为圆心，仍准P O为半径，截圆周得D E二点，连接A B C D E F G，即所求之七角形。

## 九角形求法

1、以圆周之直径A B分为九等分，再以A B为半径，A B各为圆心，两弧相交点得C。

2、以C为起点引直线，通过八、3、5、7各点，与圆周相交，得C D E F各点。

3、以B为圆心，B F为半径，截圆周于G点，依次以G H I为圆心，仍准B F为半径，求得各点相连，即所求之九角形。

见本章插图整流轮罩制造法图解一

# 整流輪罩製造法圖解

有許多飛机的起落裝置，不是伸縮的，在飛行時為減少落地架所發生的阻力起見，常常[redacted]上裝流[redacted]線型罩、的整流輪罩。現在將它的模型製作法圖解如下：

各種整流輪罩三面圖

A式 此式連腿桂[redacted]包藏[redacted]、我軍用轟炸机、諾斯羅浦是[redacted]種式。

B式 此式也是連腿[redacted]包藏。我軍用攻擊机雪萊克是[redacted]此種式。

C式 此式僅包藏落地輪。我軍用驅逐机霍克75、教練机

见本章插图整流轮罩制造法图解二

來安等縣都此種式，在整流輪罩中，以此式為最通用。

甲種製造法（用整塊木材雕成）

1. 用長方形木一塊，繪上輪罩側面圖。

2. 用刀鋸照圖修削成所需的形狀。

3. 將底部用木鑿剜空，大小和深淺以能夠容納机輪為度。

4. 將外面輪廓用錐、刀、砂紙、修削打磨，成流線型，再裝上机輪，即成。

乙種製造法（用多片木材製成）

1. 取同樣大小的薄木片兩塊，厚木片一塊，每塊木

见本章插图整流轮罩制造法图解三

片、都畫上輪罩側面圖。

2用刀鋸照圖修削成所需的形狀。厚木片、造下面的部分、刨成半圓形的缺口，大小以能夠容納机輪為度。

3、將三塊木片用膠水接牢。

4、將外面輪廓用銼刀、砂紙修削打磨成流線型再後裝上机輪即成。

附註：不論任何一種輪罩均可依此兩法製作。

## 實體模型飛機螺旋槳製作法

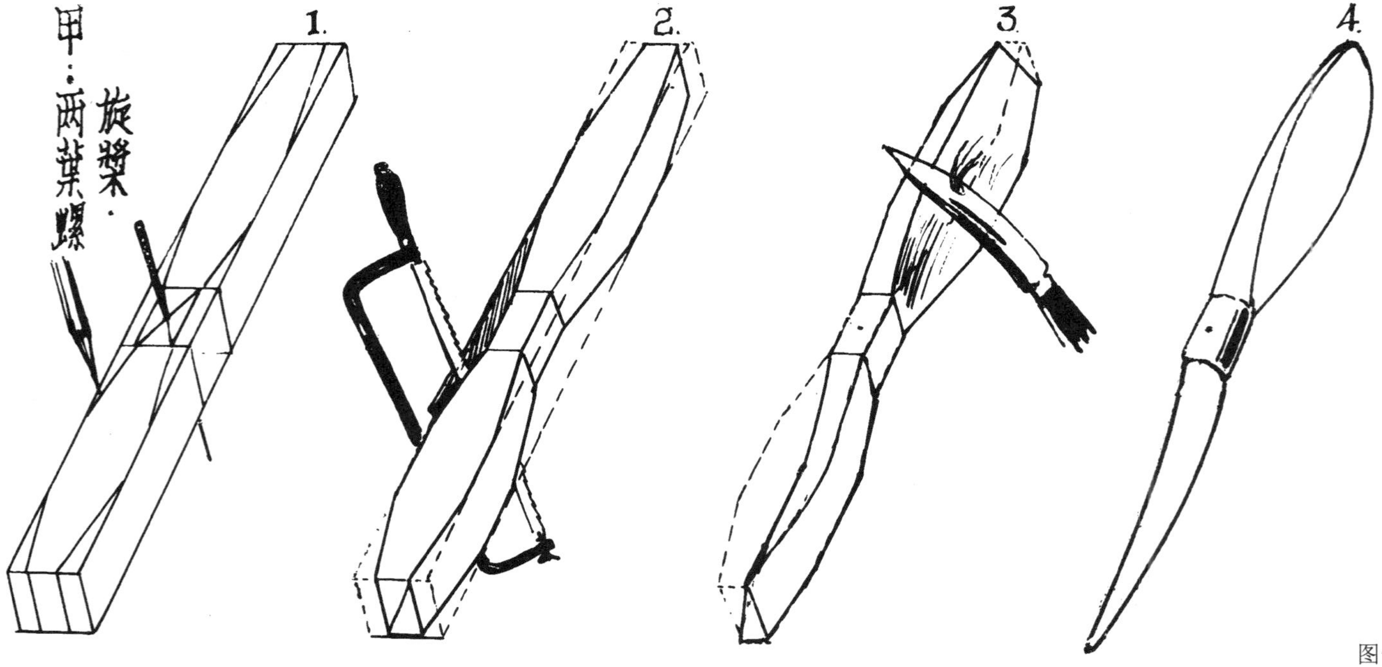


图一

## 實體模型飛機螺旋槳製作法

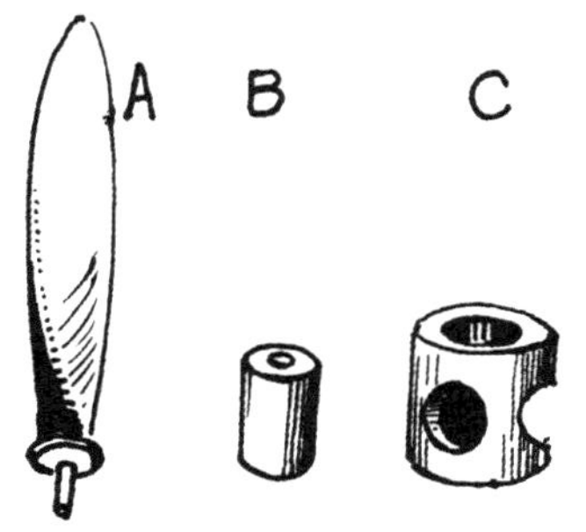

图二

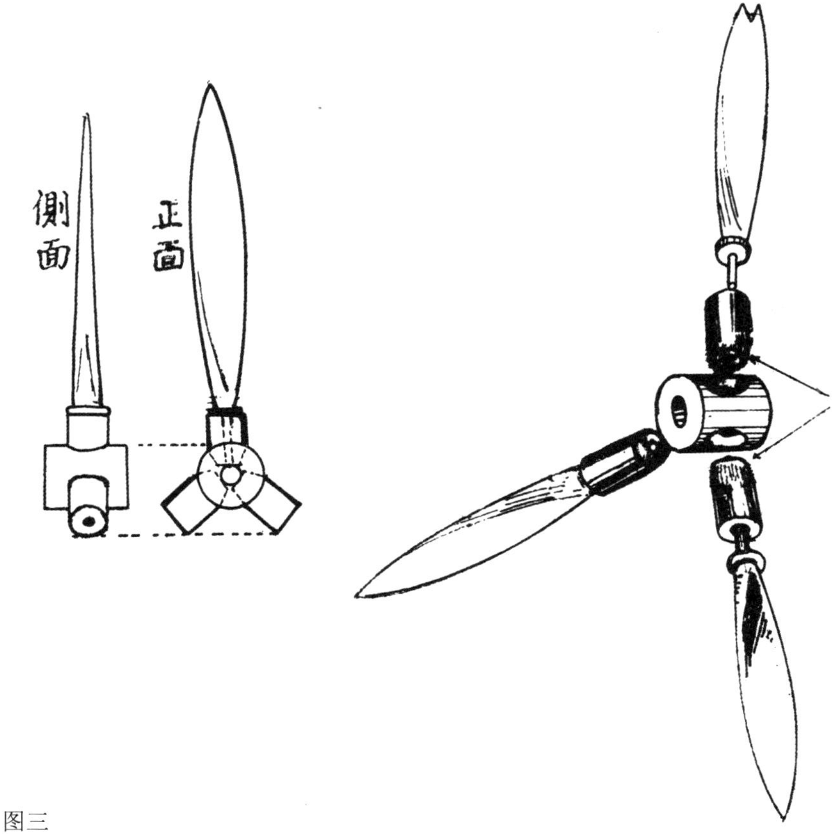

图三

## 星形发动机模型制作法图解

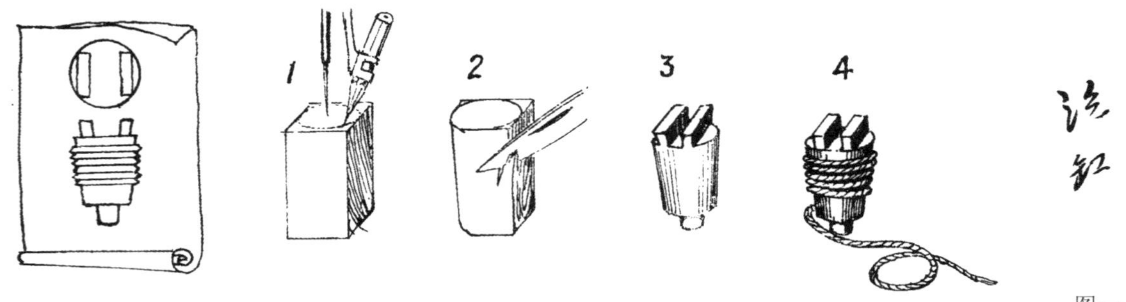


图一

图三

星形发动机模型制作法图解

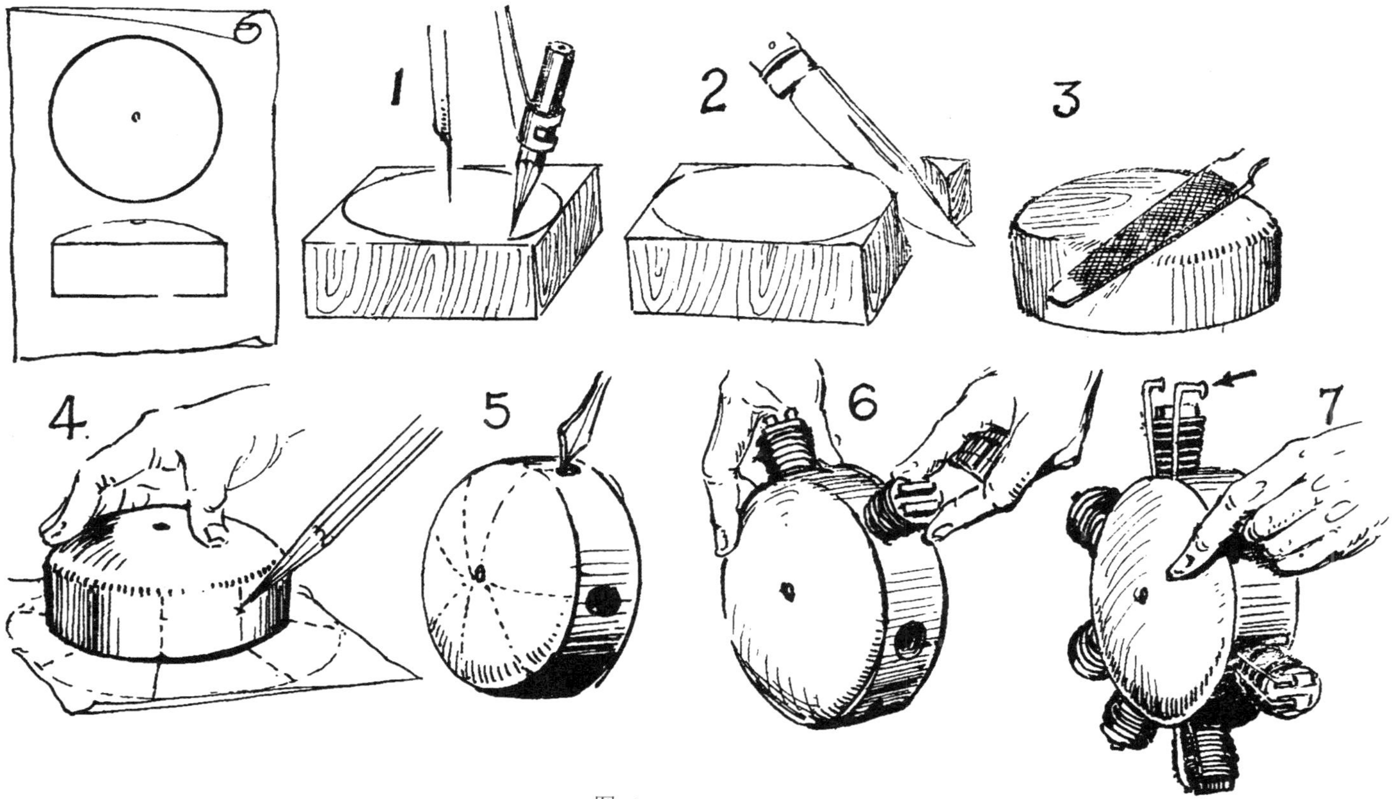


图二

# 五角形畫法

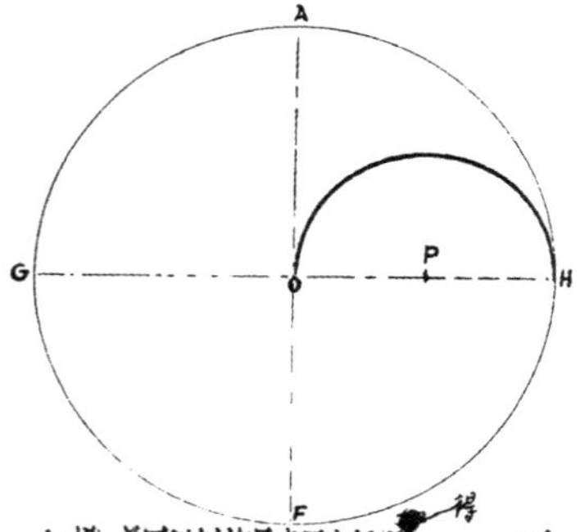


1. 設O為圓心,且作正交二直徑~~■~~A.F,G.H.平分O.H為半徑,得P点,即以P為圓心.

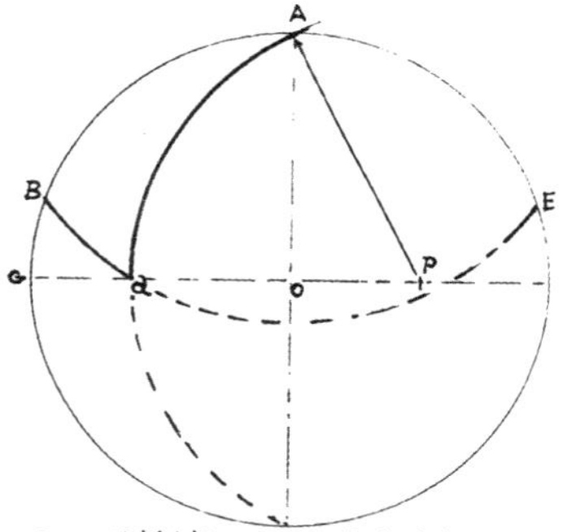


2. P.A為半徑,截O.G於d点,復以A為圓心,A.d為半徑,截圓周於B.E二点,乃以B.E為圓心,仍準A.d為半徑

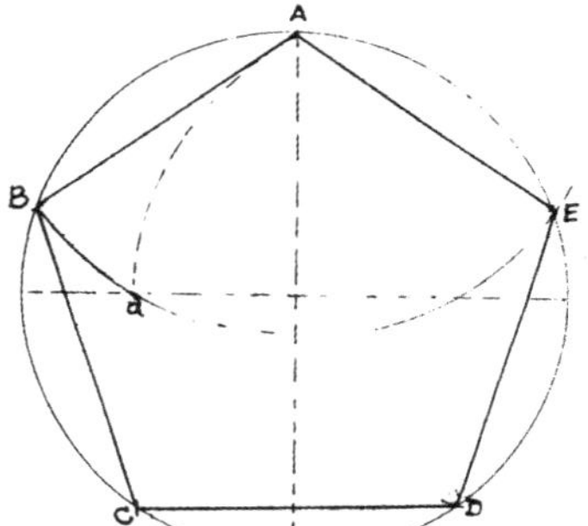


3 截圓周於C.D二点,作A.B.B C.C.D.DE.EA,即得所求之正五角邊形。

# 七角形畫法

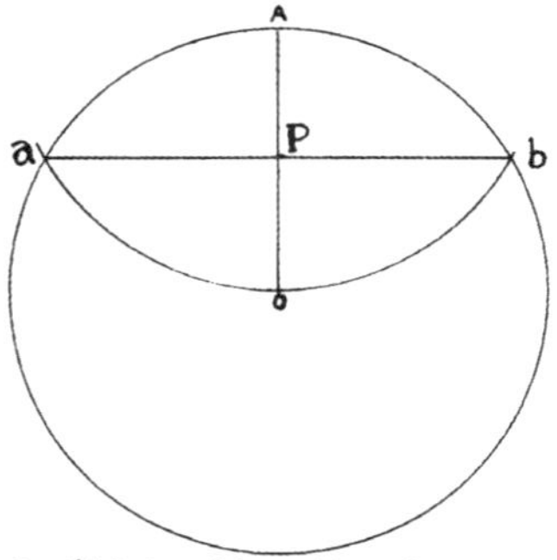


1. O為圓心,任作半徑O.A,以A為圓心,O.A為半徑,截之周於a b二点,连a b得交点P

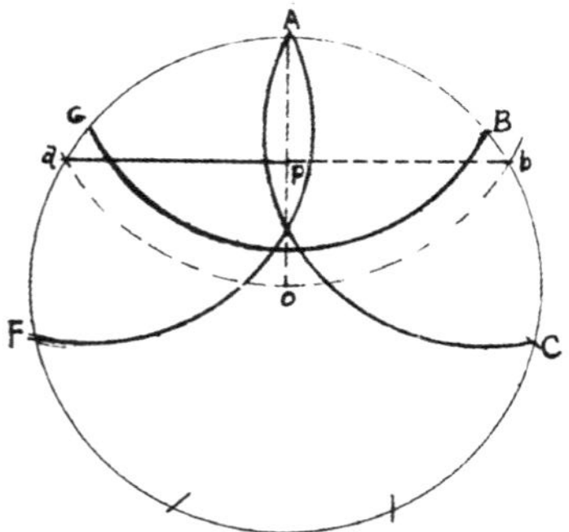


2. ~~截圓周於a.b二点連……得交点P~~以P.a為半徑,A為圓心,截圓周於B.G二点,復以B.G為圓心,仍準P.a為半徑,截得C F

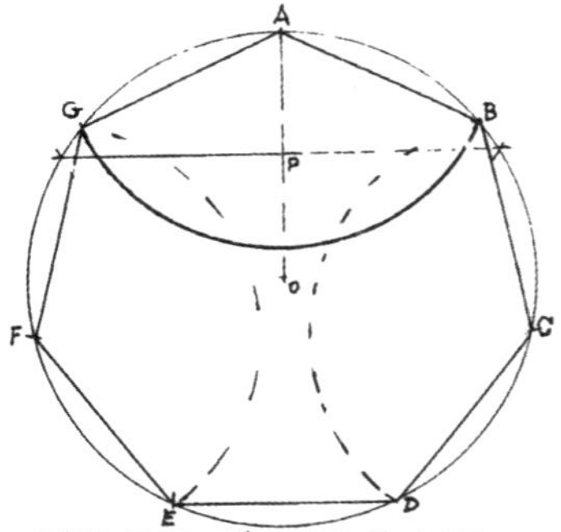


3 ~~[illegible]~~更以C.F為圓心,截取D及E点,联接A.B C.D.E.F.G.即求之正七邊形.

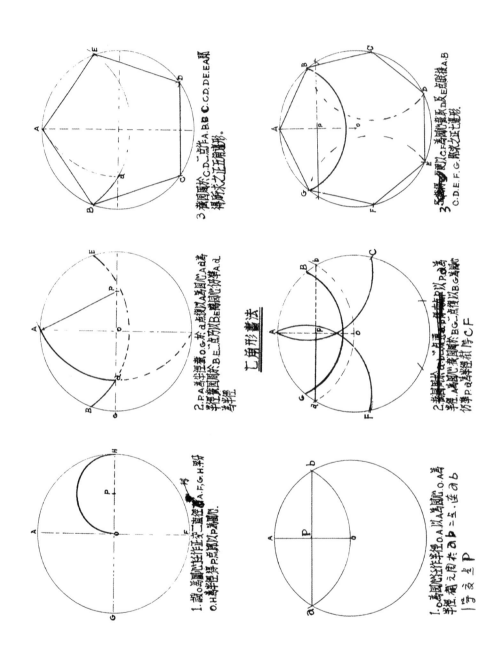

## 九角形畫法

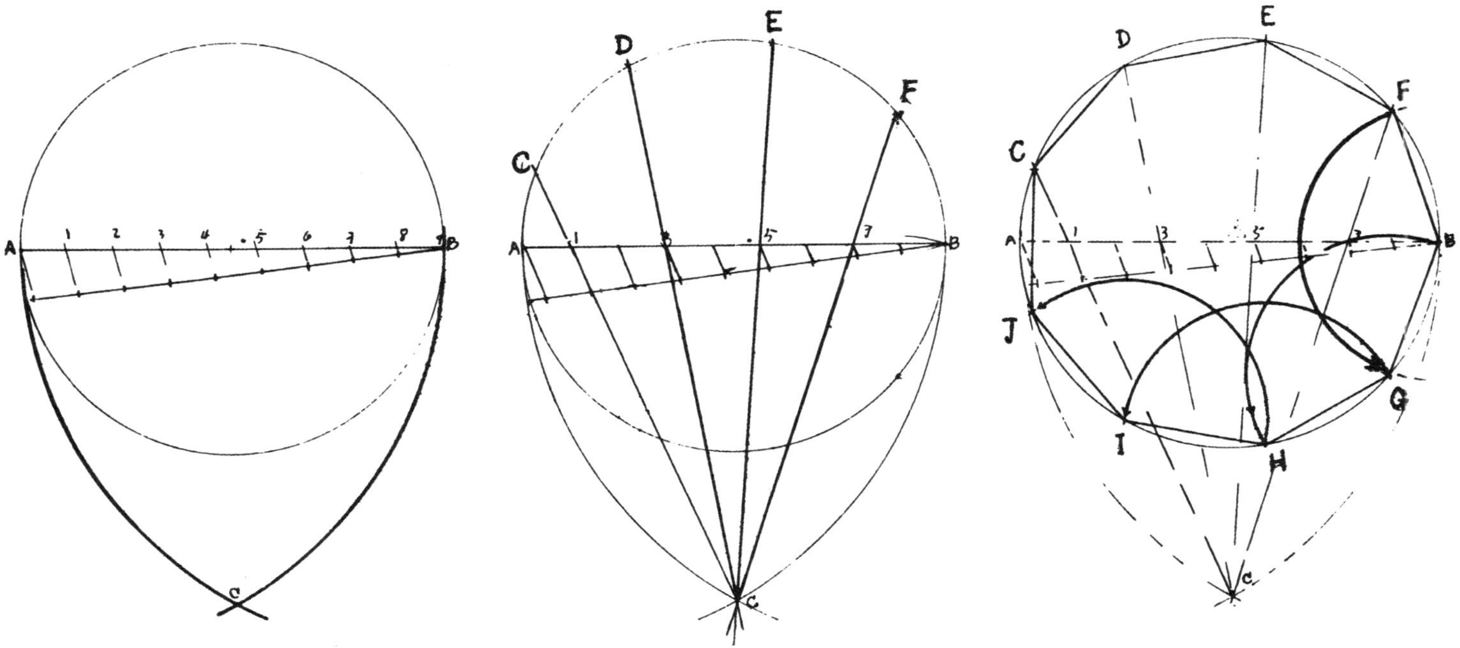

1. 以圓周之直徑AB分為九等分，再以AB為半徑，AB各為圓心，得兩弧之相交点C.

2 以C為起点引直線經1.3.5.7.各点，截圓周於C.D.E.F.

3. 以B.F.為半徑B為圓心，截圓周於G点，再以G為圓心仍舉BF為半徑，依次求得H.I.J.各点即所求之九角形

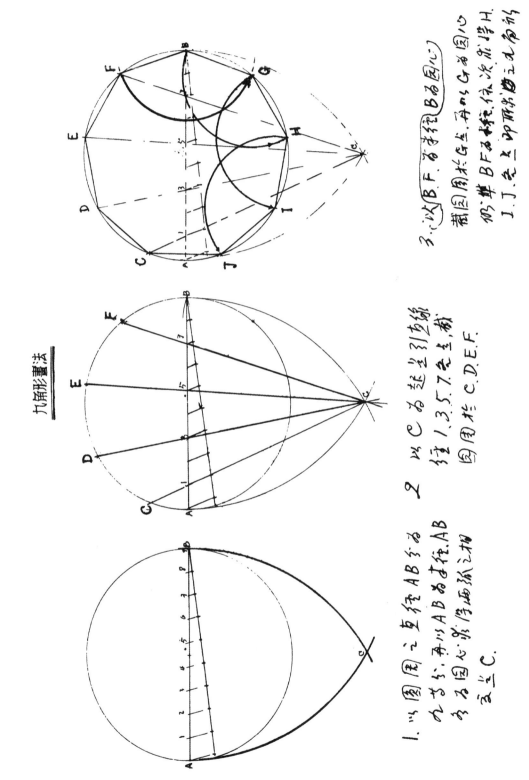

## 整流轮罩制造法

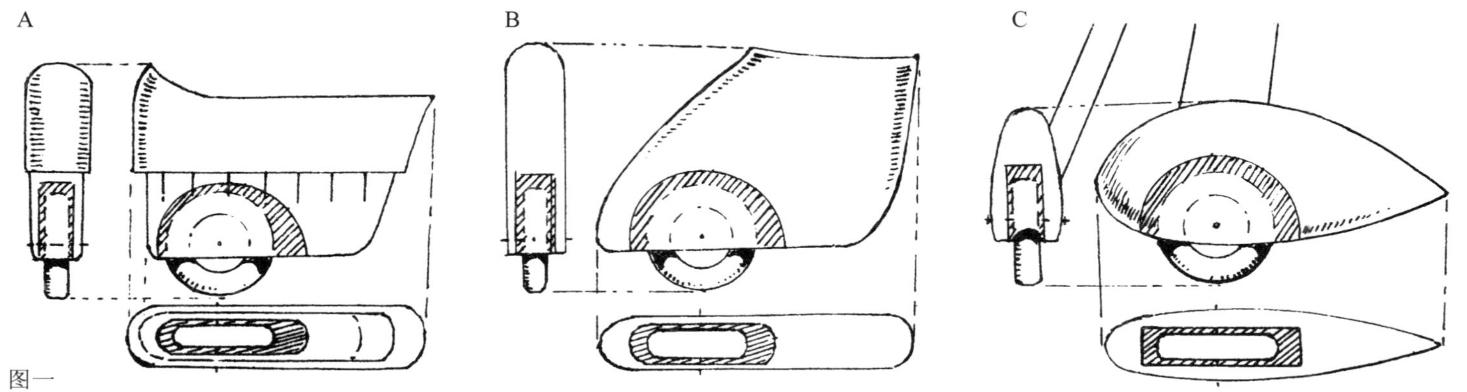


图一

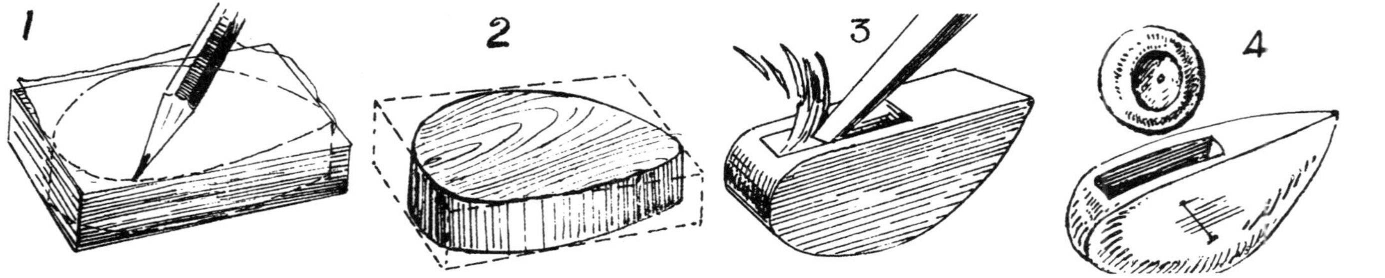


图二

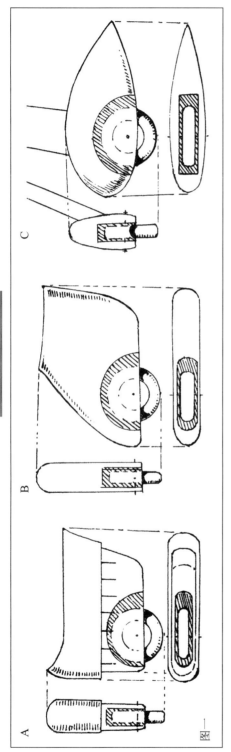

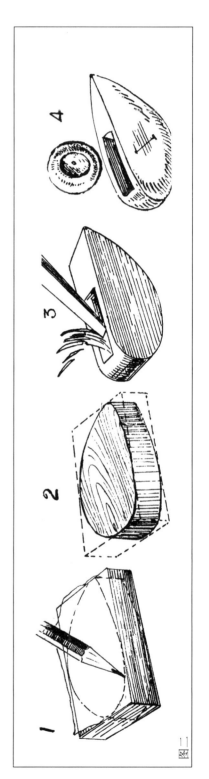

整流轮罩制造法图解

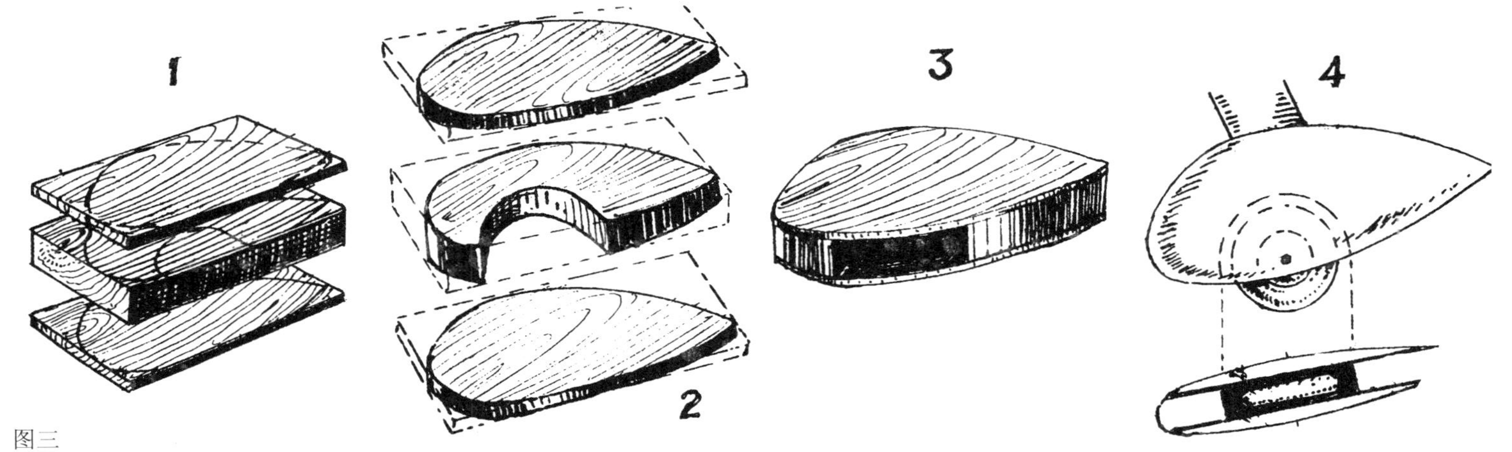


图三

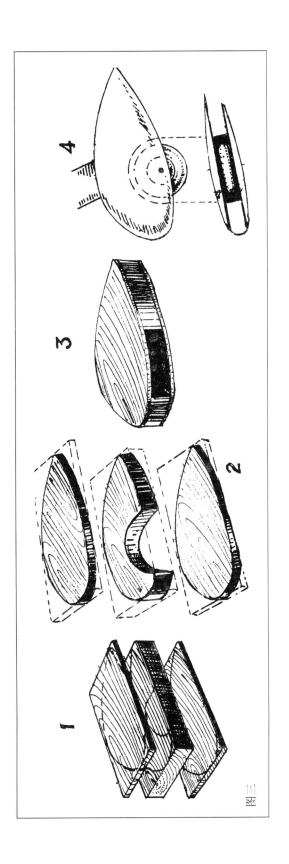

# 九　航空模型

## 航空飛机模型製造法

製造航空模型(飛机)，在設計和實施工作方面，都比較實際模型煩難得多。因為它不僅要活動，而且要能達到飛行與平衡的目的。所以在製造之前，應對於原理和技術都有充份的準備，然後製造時才有把握。

### 甲　研究航空理論

凡有關航空理論的，如飛行原理、飛機各部的構造和究的功用，都應該研究明白。倘若不弄明白，隨隨便便的祇和依樣葫蘆，那末造成的飛机一定不會飛，即使作者細細心，依照圖樣，絲毫不差，做出來微偉能飛，也絕不會有優良的成績。因為飛機飛行，其中完全利用空氣的動力，並不是和做一架地面跑的汽車或水上走的小輪船那樣簡單，尤要是它飛行其中沒有人駕駛，所以更難了。凡是曾經製造過飛機模型的人都知道一架做好的飛機，有時能夠飛得很好，有時卻屢飛屢墮，這是什麼原因呢？製造的技術，飛行的地點，氣候的變化，都有莫大關係。若不曉得這些理由，不設法子把它克服，那是徒然虛耗了時間，精神和材料，或者有恆心的人，終於不折不撓而做成功，可是這種浪費太無謂了。所以要做一架會飛的模型絕不可僅憑一时高兴，必须將航空常識研究明白，而且更要按步就班的細心去做，这才有成功的希望。本書中最前幾節關於飛行的常識，雖然不免过於簡單，但製造模型者於此中研究明白，已可減少許多無理由的失败了。

乙 熟習各種基本技術

凡屬於竹、木、金工、膠接、油漆等基本技術，本書前幾節也說得相當詳盡。研究模型的人，倘能按照本書指示，先從實際模型入手，那末對於工作技術上的困難已經解決大部份。此刻应注意的，是更進一步的細工夫，如細木象的剖開、竹木的彎曲和选擇。因为飛空模型、整個的重

量和局部的比重及形状，偶一大意，做得稍粗或稍细，稍宽或

稍狭，都能影响航空性能，造成颠仆和不平衡的种种失败。

往往使作者莫明其妙的，这真是"失之毫厘，谬之千里"，所以对于这

些工夫要加倍精细研究。

## 丙 研究图样

关于图样的研究，在本书实体模型部份已经讲了多种方法，

说得很详尽了。可是此刻所用以制造航空模型的图样，不但

不如第一个飞机图样设计者天才画家达文西所画的图

样那么简单，甚至比较实体模型用的图样还要精细许多倍。

因为实体模型不过是用些大块的木材做成，比方一个机翼

至多用兩三塊木板就可以製成功。可是其它模型就繁難得多，構造簡直和真飛機差不多，光是一個機翼就用許多大小不同的翼肋和形狀不同的前後緣拼接製成。每一个翼肋，每一段前後緣的形狀，都有精細的圖樣。驟然看去也許令人覺得頗難。無疑的，它原是一種機械畫，線條呆板而枯澀的，怎比得上一幅鮮花和風景畫，能引人入勝呢？可是別忘記，一架載滿了軍器翱翔空中保衛國家的飛機，都是依照這一類枯燥的圖樣做成的。這種偉大的貢獻，豈是一幅僅供人欣賞的圖畫所能比擬。因此凡是製造飛機模型的人，首先應該對於設計圖樣感到興趣，依照圖樣細心製造製造。凡是圖中指示的應做的一塊木片、一支木条，不論形狀怎樣簡單，或怎樣複雜，都得注意它的厚薄、粗細，~~細心地~~照~~式~~樣細心做。

丁 材料預算

製造一个具體模型，材料比較製造一个實際模型，既然是複雜得多，消耗的材料當然也多。因此它必需有一个精確的預算。~~這樣做一个良好的工程師，有了設計圖樣後，希望他有一个詳細的材料預算，否則便成了一个頭腦~~將根據圖樣，將須用的材料預算妥定，再以預算將材料購置完備。簡單的工匠，工程進行到了一半，不是缺乏那樣，就是缺少這樣，而致影響全部工程的進行。

其次，製造一个模型的人，比不上工程師，模型用的材料也比不上真型机那樣複雜和数量龐大。如果没有材料预算，[illegible]地是容易浪费材料。[illegible]由来[illegible]青门

製造模型材料的廠商，有整套材料連同圖樣出售的，每套材料的質量都有一定。偶一大意，浪费了一些，结果弄得不够用，因而影響到工作無法完成。所以材料预算是不可少的工作。

至於材料的预算方法，並不是憑空揣度的，它必須以設計圖案為依據。製造時，把圖樣張開，逐一研究，將各部究竟需的材料種類和数量，如屬於木材的，應其尺寸方木条

应需要若干尺、1/32英寸厚的薄板，应需要若干方尺。这还不算困难。可是那些弧形的材料，看起来好像不多，如果预算时大意，就会多耗材料，在这个时候，应该像缝衣匠裁剪衣料时的头脑一样，每一块小的材料，都能物尽其用，而不至浪费。还有那些不是本地出产的材料和来源困难的材料，在可能范围内，宁可将零碎的材料拼接起来用，留下完整的材料以备必需。至于其他竹、纸、金属材料也一样要事先预算好，并且跟着将所有的材料，有些用刻木机锯细，有些用火烘弯，水蒸弯，或用胶水拼接好，有些用铁钳剪断扭弯。应用的胶、树也准备好，才能开始构造。

## 戊　各部構造和裝配

一切既經準備好，就開始製造的工作。

### (一) 螺旋槳

1. 螺旋槳的構造　飛機能飛翔空中，全靠那螺旋槳發生拉力，拉它前進。在本書飛行原理及各部構造淺說中，已把它的功用說得很明白。現在要想使飛機模型能夠飛行，也同樣的，非把螺旋槳做好不可。否則這個模型，無論設計如何精美，構造如何輕巧，也斷不會飛得好。

飛機模型的螺旋槳，形式雖不如真飛機多，可是却也不少。通常習慣用一个木製的兩葉螺旋槳，它的長度大小比例，一般認為在室外模型用的長度約等於翼寬三分之一，室內模型用的長度約等於翼寬二分之一，賽速模型用的較狹長，耐航用的較寬闊。不过這並不是一个不变的法則，最好製造時多製備幾个大小不同的來試驗，較為可靠。好在一般模型設計圖樣，大都附繪着比例適合的螺旋槳圖樣，祇要依樣製造，是不會錯的。至於像真式昇空模型的螺旋槳，製造時雖限於真飛機所用的形式和比例，但一到比賽飛行時，是要臨時換一个適合飛行用尺寸比例較大的螺旋槳，才能飛得起。這是因為真飛機的動力與模型的動力不同的原故。

螺旋槳的製造方法，在實驗模型中曾經說得很詳細，航空模型用的製法也差不多，不過比較精細、堅硬和輕簡單了。後面所述兩種製造方法，就是最簡易、最常用的，祇要參看圖畫和說明，就很易製成，其他還有許多如「空轉式螺旋槳」，「變距式螺旋槳」，「摺合式螺旋槳」，那是更進步的設計，製法也複雜得多。它的優點，並非是使模型在發動機的動力用完後，滑翔的時候，減少槳葉面的阻力。可是在初步研究的人，

见本章插图怎样制作螺旋桨一

不一定需的，祇要能將普通形式的螺旋槳做好，足
夠滿意了

甲種簡易航空模型螺旋槳製作法

第一步選擇尺寸適用的長方形木一塊，在上下兩面，各
劃對角線兩條，兩線的交叉點，恰位於木塊中心，在
中心點，鑽一針孔，以作螺槳軸孔

第二步：沿對角線，割去兩邊木料，中央保留一部以
作螺槳轂，

第三步：在木塊兩端各畫對角斜線一條（由右上方斜
向下左方），將木塊放平用刀由螺槳轂中央向外削出削去右上角木料

削到將近兩端的斜角線為止，調換一頭，仍照樣削

去右角，

第四步：將木塊翻轉，仍照第三步的削法，直到兩

端極薄，幾可透光為止

第五步：用刀將螺旋槳兩端削成圓形，再用細砂紙

將葉面磨滑，

第六步：經過測驗兩葉均衡後，用細鋼絲穿過軸孔，以為槳軸，將鋼絲之前

端鉗彎，反轉釘於槳轂上，以便將槳軸固定於螺旋槳上。

乙種以簡易鏤空模型螺旋槳製作法

第一步：選擇尺寸適合的長方形木一塊，在木的前後面

和■侧面、依图样画好（有斜线的部分表示要削去的）

第二步：将后面的中部先削去、（或锯去）

第三步：将两侧的中部削去（或锯去）

第四步：将前后面的两端渐渐向外削落、

第五步：将前后面的两端、依次照甲种第三步方法、削去右上角、使成斜面的桨叶、再将前面稍微削成拱形

后面削成凹形、愈薄愈好、

第六步：将两端修圆、并用砂纸细心磨薄、擦光、经过测验两叶的衡■、然后用铁丝贯穿中心以作桨轴、

见本章插图螺旋桨均衡架（图一）

六、螺旋桨的均衡测验。一个螺旋桨经过许多精细的工作制造完成后、最重要的一步工作要算测验螺桨的均衡。因为螺旋桨的两叶、绝不能有轻重不同之分。若有轻重、就不能转动平稳、也不会有好的飞行成绩。凡是手工制成的东西、常常有轻重不易平匀之弊。所以测验均衡的工作是不容忽视的。

测验的方法最简单的是将桨轴挂在棉线上。如果桨叶有一头下垂、就表示轻重不平均。其次是用特制的测验螺旋桨均衡架（如图一）这个架是用一块平板。上面平行立着两块长方木、高约六寸。两木距離約二寸（如距離較寬至四寸左右可以兼作測驗機翼均衡架之用）兩木上端各垂直嵌入金屬片一塊，片的上邊當中銼一缺口，測驗時用長針或極平直的鋼絲穿過螺槳軸孔，然後平放在均衡架的缺口上，輕輕撥動（或吹動）螺槳，使它在針上旋轉自如，倘若發覺有一端在旋轉力停止後向下垂，就是太重，應該取下用砂紙細心磨擦直至兩端平衡為止。

3、螺旋槳的裝置，普通型機模型的螺旋槳多數是裝在機頭前面，裝置時要留心，圓樣側視圓，細看螺旋槳同機身應成如何的角度，因為有些模型的設計，螺旋槳垂直的角度不一定和機身成九十度直角的，其次要留意螺旋升降軸是否很正直，可用手指輕輕撥動升降架，從側面细心察看，兩片升降架的銜角是否一樣。兩葉尖端是否到頂，是否經過同一路線。如有不同之處，就表示螺旋升降軸不直，應加以修正。

## (二) 機身

1 机身的構造　昇空型机模型的机身，有些是非常简单，有些是和真型机的構造一樣複雜，下列兩種可見一斑。

A 桿身式机身　此種机身構造最简单，只需用一条

木材依着三面周的宽厚，並長度和式樣，就可剖成初級的條筋動力機和手擲弹射机多用此式

舱身式機身，有方形和圓形之别，方形的机身和真型机的構架式机身相仿，是用四条主要機樑和許多横骨構成。圓形(或橢圓形)的机身，構造是與前不同，沒有四条主要机樑和横骨，机身多数依照流线型，故每段形状不同、凡是不同之處，都用隔艙板(亦稱隔框板)嵌在中间、隔艙板的形状，也就是机身的横斷面的形状，板的四周開有缺口，以便機周圍的直樑依附，以構成整個的机身。從構造方面來說是較複雜的。

乙、机身製造法

桿身机的机身、太过简单、所以不必多述、艙身机、可分为方形、圆形两種製法、

A 方形艙身机

製造時、先取長木条兩支做上下机樑、依照圖樣側面圖的部位、机樑放置準確、用針分别搁住木条兩边、（如圖二）不给它移動変形、再將横骨横架在兩条机樑之間、像方格一般用膠按緊、另一面也是同樣方法做好、俟膠質完全乾透、才好取下、机身兩面都做成、拿來分别側放在俯視圖上面、用針兩边下機攔住、上機膠樑用寬度板攔住（如圖三）、寬度板用硬紙製、缺口須預先依照机

附注：實施工作時、最好在圖樣上面舖一層

见本章插图方形舱机身制造法一（图二）

见本章插图方形舱机身制造法二（图三）

透明玻璃纸、以免胶质污损（原图或黏着）

身实度剪好）先胶腹部横骨、次胶机背横骨、胶接时最要留意角度方正、才不会发生歪斜之弊、胶质乾透、就成一个很好的机身了、

已圆形（或椭圆）舱身机 首先要做好隔舱板、隔舱板的每个形状、在图样中都附绘明白・祇要照样割製可以製造的材料有些用一块薄板製个削成、有些是削成两个半边、胶接而成、最讲究的是用极薄的板，（按照板的木纹）一块横放一块直放、重叠胶起、乾后拿来削製隔舱板、坚固耐用、不致裂断・通常隔舱板的中心多是镂空、原因可以减轻重量、沿板的边四周所開缺口要

见本章插图方形舱机身制造法三（图四）

開得十分準確、四周的直樑才能由頭到尾成順流綫型不致变形扭纹。机身的直樑、大概都粗细相同、差異不大。

圖的圖樣中必註明白。製造時先取最大的隔艙板在指定的位置豎起，再兩側部位比較平直的机樑嵌入板的缺口中，再取其餘的隔艙板，依次照圖樣的距離嵌在左右机樑中間。隔艙板的缺口最好做得比較机樑的寬度小些，使机樑嵌入後很緊实，不易脫離，的机樑都嵌好後，用细線暂时细缚，加上膠水，然后整个机身形状，發現偏斜不正，须立即修正，俟膠質乾透，就成功了。（如圖四）

## 三　机頭

另行

1.机頭的構造

机身製成後跟着有関連的就是机頭和机尾、机头的最大用途、就是做螺旋桨軸承、它的好壞、直接可以影響螺旋桨的活動、有金属製成的、有木材製成的、有固定紫置桿身或机身的、有活動紫置的桿身机、多數採用金属製的固定机頭、艙身机多數用木製的活動机頭或固定机頭、因為桿身机的橡筋露在外面、紫卸便利、不必移動机頭。艙身机的橡筋藏在机身裡、紫卸橡筋、須取出机头才好工作、故常多用活動紫置的机頭、那些用固定机頭的型机、它的尾机一空是

见本章插图机头的制法一（图五）

活動裝置的，否則裝卸橡筋就很費事了。

乙 机頭的製法

金屬桿身机的机頭，是用銅鐵片或銅鐵絲製成，在本書基本技術的研究金工一節中，已有詳載，不多述。

桿身机木製机頭，一種是用整塊輕木，削成順流線型的形狀，（机頭後面削成榫頭，插入机身前部。）前面正中央鑽穿一个細孔，螺旋槳軸就由此孔通过到机身內，鈎住橡筋（如图五）。裝卸橡筋時祇要將机头拔出，就可工作了。第二種是仿上述的做法將輕木机头固定膠粘於机身，在輕木之前加一个活動裝置的小實木軸承。因為輕木的質地軟，恐怕經不起螺旋槳的旋轉磨擦。不过做的时候留意在此種机头，輕木上所鑽的孔要放大，可以容槳軸鈎由孔

见本章插图机头的制法二（图六）

中拔出，以便卸橡皮筋（如图六之）。此外还有两点要格外注意的：一是机头的螺轴孔，务须要正直光滑，才不致影响螺旋桨的旋转速度。其次是机活動装置的机头与机身接連的榫头，要做到紧密符合，不要太松，以免机头摇動或脱離机身。

四　机尾

机尾部分，照真飞机的名称，垂直的全面称为垂直立尾翅，横的平全面称为横平尾翅，左右摇動的部分才是方向舵，上下摇動的部分才是升降舵。飞机模型的机尾，因为没有人驾驶，所以就没有活動的升降舵和方向舵设備，只须祇可称直立尾翅和

见本章插图机尾的制法（图七）

横平尾翅，可是目前一般模型（不论能动不能动）制造家，为使人记忆起见，都称为方向舵和昇降舵，已成习惯了，甚至於它的形状，多数是和机翼相同。

1 机尾的构造

最简单的，是用整块薄轻木片削成，现时手掷和弹射滑翔机方向舵和昇降舵的形状，多用此种机尾，其次是用竹条或木片做边缘，外面蒙上薄纸，最精细的真机尾机翼一样做前、後缘之外，当中还有翼樑和翼肋，但是不多，不过它削得很薄，有时薄到像纸一样。

2. 机尾的制法

A 整块轻木削成的方向舵和昇降舵都是用製法和实体模型的机尾差

B. 竹条蒙纸的机尾是用竹条依照图样方向舵和昇降舵的形状烘弯胶接在机身尾部，然後把纸蒙好（如图七）

C 本片蒙纸的机尾，是用木片[redacted]条（方向舵和升降舵系分段削好）依照机尾形状拼接而成，因为用整块薄板削成容易折断（[redacted]细[redacted]察图七之木料理，方可明白）

D 最精细的机尾，不论是竹的或木的，先将边缘做好，再紮肋（翼肋和翼梁），然后蒙纸（详细方法参看机翼的製法）

3. 紮接机尾应注意之点：A 方向舵紮接在机身尾部，须要绝对垂直，方向对正机头前面，可是也有些模型的设计，因为飞行时橡皮筋旋绕[redacted]常有将模型左扭的趋势，在紮接时，故意将方向舵的方向偏右两度以作抵抗，这是要留意的。还有些室内的模型，因为房子长度有限，模型直飞，容易碰壁，故需将方向舵的方向偏於一面，使模型作圆周飞行，方向舵愈偏，飞行的圈子愈小，这是应知道的。

B、升降舵紧接時，左右两面重量要绝对均衡，两端位置要绝对水平，若後缘向下，飞行时往往使机尾抬起，容易变成俯衝的。

五、机翼。

飞机模型各部的構造中，関係飞行最重要的，除了螺旋槳之外，就是机翼了。它所用的材料要輕而堅固，在工作上又是依着模型的最大部份，並不像实験模型的机翼，祇重形式那麽八间單，因此製造時要加倍留意。

1 机翼的構造

一般模型的机翼，不論它是圓形，尖形，或是方形，構造上，不外下列幾種。

A、是最簡單的实験的机翼，用一塊或兩塊轻薄木片，削成全部机翼形狀，按在机身上前半部。一般手擲滑翔机和彈射滑翔机多用此種机翼。

B、竹製机翼：所有翼肋，翼樑，翼前後緣和翼尖，都是用竹条製成，然後蒙以薄纸。有時更八间單的連翼樑也不要，翼下面也不蒙纸

C 木製机翼：所有一切机翼肋，翼樑，翼前後緣和翼尖，

都要用木条或木片削製，依图樣膠接後，並蒙以薄纸。

D 竹木合製机翼，有些用一条長竹条做翼前後緣和翼尖，用木片做翼肋，有些用木条做前後緣和翼樑，木片做翼肋，用竹条做翼尖，膠接成後，蒙以薄纸。

2 机翼的製法 首先製翼肋。因為飛机飛行時，全靠机翼上面發生昇力，翼下昇力的强弱，又全靠翼面的形狀設計良否而定，在本書飛行原理中已說得很明白，所以模型的翼肋削製也要格外细心，每个翼肋的形状、弧度、長短、厚薄和輕重，都要依照图樣做到完全準確，丝毫不差为上。製造时可以参照下面幾種方法实做：

A.（图八）：竹条翼肋，用粗细平均的细长竹条，截断照图样的弧形，烘弯做成。

B.（图九）：机翼前后缘凡是平行的，翼肋形状大小必然一律，如果集体研究，大量出品，可照图中方法，用实木做成阴模，将多量竹条夹弯，捆以绳索，放在锅里，用蒸气软化后，全部取出，俟完全干透，解除绳索，取出翼肋，就可应用。

C.（图十）：木片制的翼肋，制法应用一块面积稍大的薄板，厚薄刨得很平均，用笔将翼肋形状，很准确的画好，然后照着削

见本章插图机翼的制法一（图八）

见本章插图机翼的制法二（图九）

见本章插图机翼的制法三（图十）

见本章插图机翼的制法四（图十一）

做，本圖中是三種木翼肋，上面的一種最普通，中央的一種面有兩个缺口，是準備嵌在机翼樑上的，下面的一種挖空幾个孔，是減小翼肋本身的重量，使整個机翼巧輕。

D.（圖十一）木片翼肋，凡是形狀大小一律的，如要大量出品，可用一塊輕木削成機翼形狀，用細鋸鋸成薄片，再以擦砂紙打磨光滑，使每片厚薄相同，就可以用。

翼肋做成後，其次就是做前後緣翼尖和凡是弧形的部分，不論竹木都和机尾舵弧形的部分做法一樣，不过做前後緣的木条断面形狀要留意，因為它不一定是方形或圓形，常常有些是

作断面幾種形狀的，至於翼樑的断面形狀多是方形或長方形，那不必

照此木刻

见本章插图机翼的制法五（图十二）

多說了。

六、机翼的装接法、

机翼装接時須留意下面所述幾種：各部份材料都已經制成規定的形状

工作：

A 翼肋和前後緣的装接、首先將前後緣照机翼圖樣平面圖位置安放準確，像做机身構架一樣用針兩邊插住，不使移動。然後將所需的翼肋，依照規定的數目和距離，逐一橫放當中，相接處要膠緊（如圖十二）。按机身的兩側翼肋，或起落架所依附的翼肋，更要留意它是否需要偏側，和它應取的角度。

B 机翼均衡的測驗、机翼製成後，跟着的必要工作，就是左右翼的均衡。因为飞机模型在飞行时，最重要的是重心平稳。如果此时忽略不经过均衡测验，就把它装合在机身上面，等到试飞时发觉一边轻一边重的弊病，要行成绩欠佳，把它想修飞，却要化上许多倍的工夫，那就懊悔不及了。测验的方法，要看机翼的构造而定。

凡是左右两边连接的机翼，（上单翼或双翼机的上翼）测验时，用棉线悬住两边机翼相接之中心，立刻可以看出那一边轻重。或用直铁丝一支，横缚在中心作为横轴，放在螺旋桨均衡架上，像测验螺旋桨方法一样。倘若有一边太重下坠，立刻把它修削减轻，

见本章插图机翼的制法六（图十三）

並且細心檢查兩邊翼肋的距離和形狀有些差異。

日 其次是兩翼不相連的機翼、（中單翼或雙翼機的下翼）測驗時取兩支粗細平均的竹條平行直放，將兩邊機翼連接用線纏住。再用鐵絲一條橫架置中央，作為橫軸用線纏緊（如圖十三）後，仍用上面的兩種方法測驗，俟修正後將竹條及鐵絲拆除，然後將兩邊機翼分別膠按在機身兩側。

C 機翼的上反角裝按

一般翼機模型的機翼設計，都有上反角，而且角度相當大。它的理由是因為翼機模型在空中常常遇到不安定的氣流，使它傾側，但是它

沒有駕駛員把它操縱，恢復平衡，所以祇有在搞造
时，特別將上反角加大，以抵抗傾側氣流的擾亂。祇有
真型机被真形式所限，不能隨意加大。凡是有上反角的机翼，在
裝接時，首先須測量上反角的角度。測量的方法很簡
單。如果圖樣上的反角度是註明英寸一寸半，就用英尺做
測量工具。將兩邊机翼完全平放桌上，當中相連，然後輕輕提起一
邊的翼尖，用英尺靠住翼尖垂直在桌上，看尖端距離
桌面高出三寸，隨即取木塊墊好，絲毫不得移動，用膠
水將兩邊机翼中央相接處膠緊，俟膠質乾透後，取去木
墊。這副機翼在水平放置時，兩邊翼尖的上反角都成為

见本章插图机翼的制法七（图十四）

插圖志

一寸半了。如果圖樣的上反角度，註明是圓周五度，而
不標尺寸，那末測量工具應改用半圓形分度器測量時
仍照前面將全付机翼平放桌上，分度器告非放在
兩翼相接處的前緣[illegible]然後輕輕提起一邊
翼尖的看翼前緣的直線，剛巧在分度器弧邊劃着的十
度為止，隨即用木塊墊住，將兩翼相接處膠緊，膠乾後
將机翼水平放置，兩翼尖的上反角都成五度。至於
那些中單翼、或雙翼机的下翼，兩邊翼分開緊接
於机身兩側的，祇有將机身放平，然後將兩翼分別
測量準確，用木塊墊好，再把它膠接起來就成了。

D 机翼装在机身上的位置

一付机头经做好，当时把它装合在机身上。但是应装在什么位置才适当呢？这是要注意的。因为机翼是主要升力面，飞机飞行时，就是全靠它上面发生的升力。如果升力的重心恰和飞机的重心在一条垂直线，飞机便飞行平稳。如果升力重心移到后面，飞机便头重尾轻。若升力重心移到前面，飞机便头轻尾重。这好比用根绵线吊起一支铅笔一样，这条线的位置恰在铅笔的重心，铅笔便两头平衡。否则便一头高一头低。所以要飞机平稳安稳，就得将升力重心移到飞机重心上面。升力的重心通常在机翼前半部三分之一的位置。我们就可以根据这一原理，找到適宜的位置，将机翼紧上了。

机翼紧上後，究竟位置是否准确，我们再可以根据这些理由来一个测验：方法是用竹条交叉在机翼下面前半部约三分之一的位置，将飞机支撑起。如果此时机头机尾一样轻重，机身保持水平，这是最理想的。如果头轻尾重或头重尾轻，应注意修正，至平衡为止。

（注意：测验时须将螺旋桨及落地架都紧上才得正确）

E 机翼按机身的方法、一般模型的机翼紧接方法，除了像真的双翼机及下单翼机之外，多数是用活动紧

见本章插图机翼的制法八（图十五）

见本章插图机翼的制法九（图十六）

接法：装接机身上部。因为活动的装接，可以随时将机翼位置移动调整。固定的方法：一种是在机翼下面装两个铁丝悬夹，夹住机身（如图十五），悬夹形式参看金工金属零件附图）。其次是用橡筋圈，将机翼捆于机身上面（如图十六）。不过这种活动的装置也有它的缺点，就是每经过一次飞行之后，机翼位置常会移动，必须再加调整，然后可以再飞。

## 六 起落架

飞机模型的起落架，在飞行的时候，虽然没有作用，但它的精造，却也不可轻视的。第一它的质地要坚强，在起飞和降落时才能支持全个机身的重量。第二重量要轻，才不会增加飞机的负荷和发生阻力，以致影响飞行的速度。

起落架适用的材料　目前我国的飞机模型多数采用细竹条做起落架的支柱，用轻泡桐木做轮子，也有用细木条、薄木片、或钢丝做支柱，形式也不能复杂，只要轻便依图样细心制造，是不难成功的。

又　起落架的装置　一般飞机模型的起落架，多数都是装在机身下面前半部的。它的高度也有一个限度，太高则支柱、材料要粗大，然后能够支持机身的重量。但因此增加飛行時的負荷，並增加阻力，影響飛行的性能也。太低則飛機起飛尚未離地時，螺旋槳觸地。最適宜的高度，應在飛機機身水平放置時，螺旋槳葉尖垂直不會觸到地面為標準。另外有一種起落架是裝置在機翼下面的，這種飛機模型，大概都是屬於像真式的下單翼機。裝拆手續比較麻煩。因為這種起落架裝置時，必須膠接在機翼的翼肋上面，倘若翼肋本身質地不堅強，膠接不牢固，在起飛或降落的時候，機翼常被起落架震壞。所以凡是和起落架連接的翼肋，應加倍注意，除多纏絲線外，最好在

见本章插图机翼的制法十（图十七）

翼肋與機翼前後緣相接的兩端，加紧三角木片用膠膠緊（如圖十七）。則機翼不易受震損壞。此外還有一點值得事先注意的，就是起落架所依附的兩片翼肋，是否應該傾側。因為機翼常有上反角的設計，如果這兩片翼肋不事先準備傾側，等到起落架紧上後，發覺兩個架不平行，那就要拆下從新紧接，耗費工程了。

飞

七 蒙紙

飛機模型各部都做好，就要着手蒙紙的工作。這件工作看來好像非常容易，可是認真做起來，卻也要有相當的研究。

原因是裱机上的蒙纸，最要是光滑。倘若有皱纹或凹凸不平，裱行时就会发生（与空气）磨擦，增加阻力，减低裱行速度之弊。但是裱机各部表面形状广大，都是作弧形的。蒙纸时实在不易使它平服光滑。实际用的蒙纸材料，又是质地轻薄，用力稍重便容易撕破，用力稍轻便皱纹太多。若是採用较坚韧的蒙纸，不但增加重量，而且张贴脆弱得像火柴一般的裱机骨架，经不起蒙纸的紧张，恐怕也会变形。这真是一件不可轻视的工作哩，由此可知。

1、蒙纸的材料

A 纸质要轻薄坚韧。现时国产纸张，薄皮纸为最佳。但须选择厚薄均匀，组织细密的。若是稀疏的，不能隔离空气，裱行时就不能发生大量黏力。其次國產的稀薄綢也可用，但因組織不夠細密，須塗上一層膠質薄膜，才可以用。此外凡是輕薄的紙，都可以用，不過容易震破罷了。

B 膠料 以漿糊為最佳。動物或植物膠水，使用於軟薄紙上是比較困難的。

2、蒙紙的方法。

A 蒙紙工作首先蒙機身，由機頭蒙起，凡是面積小而曲綫多的部份，最好將蒙紙剪成適當的小塊，逐部蒙上，可以減少皺紋。機身蒙好，順手連機尾昇降舵方向舵，一氣蒙成。其次蒙機翼，一般的機翼，都是上下兩面蒙紙的。祇有

见本章插图机翼的制法十一（图十八）

少数的例外，僅蒙翼背面，留空下面。凡是兩面蒙紙的機翼，應從底下一面蒙起。先將蒙紙裁好，長度等於機翼的長度稍長，寬度要比機翼的一倍多，把它平鋪在桌面，再將機翼的骨架下面塗遍膠料，細心放在紙上，把它拉平粘緊。然後又在翼上面塗膠，將蒙紙覆上粘住，同時輕輕用力將蒙紙向外面拉平，用力要很平均，才不致有鬆緊不勻之弊。膠料更忌直接塗在紙上，因為軟薄的紙一經水濕，就不易貼服。這是要知道的。膠質乾透以後，如果覺得蒙紙太過鬆弛，可用噴水器輕輕噴濕，乾燥後，就很平滑了。（如圖十八）。

## 怎样制作螺旋桨

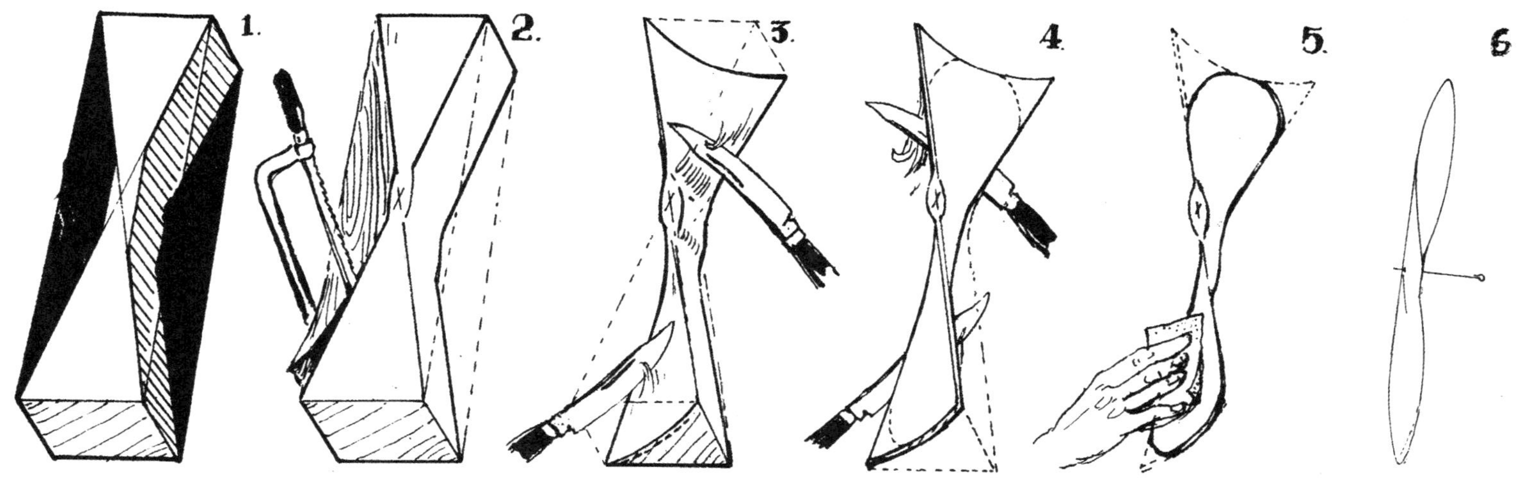


图一

怎样制作螺旋桨？

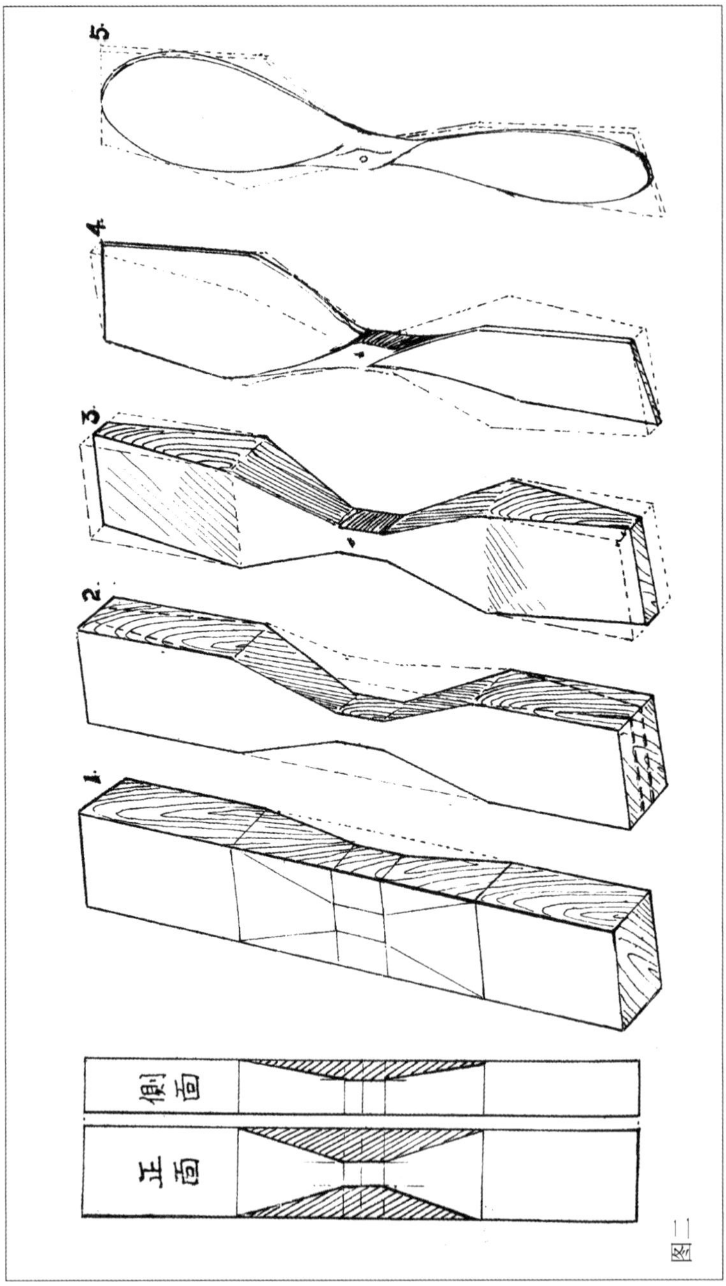

图二

## 螺旋桨均衡架

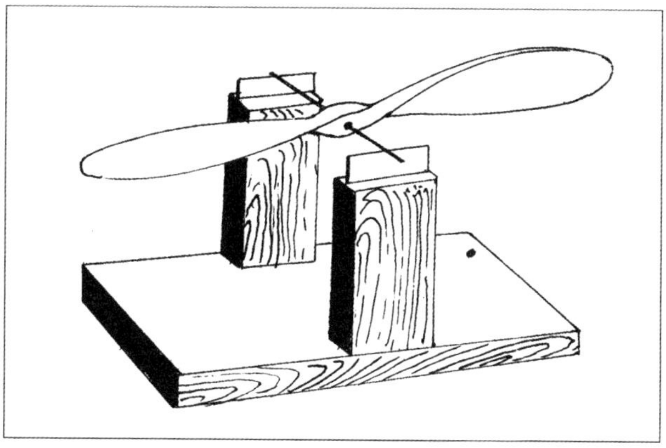

## 方形舱机身制作法

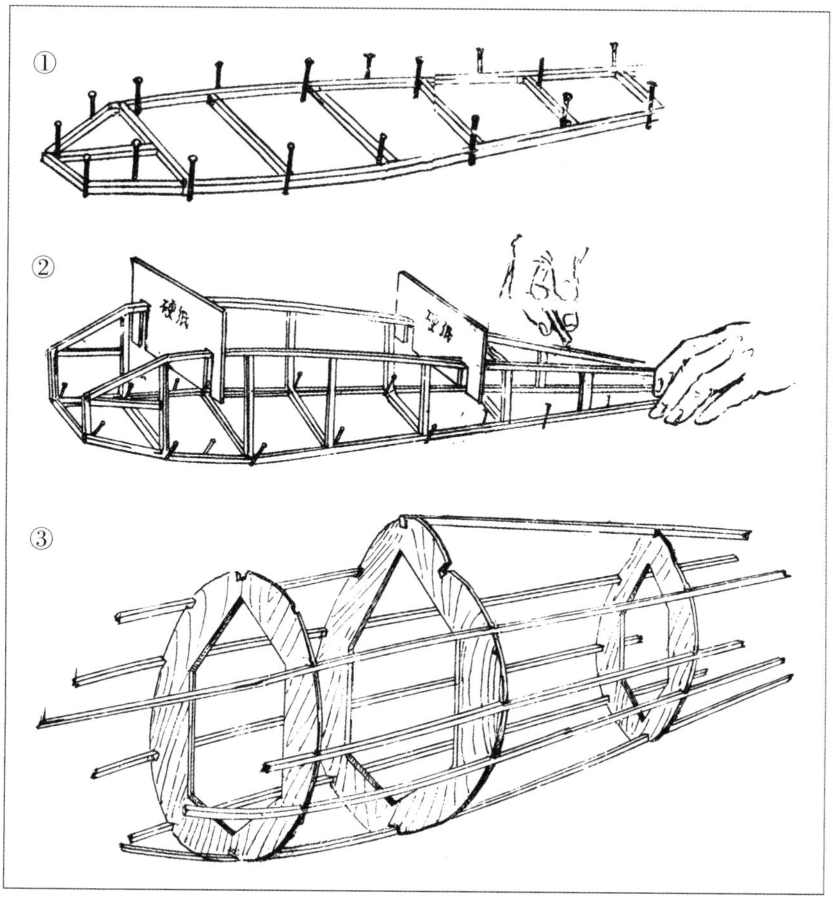

## 机头的制法

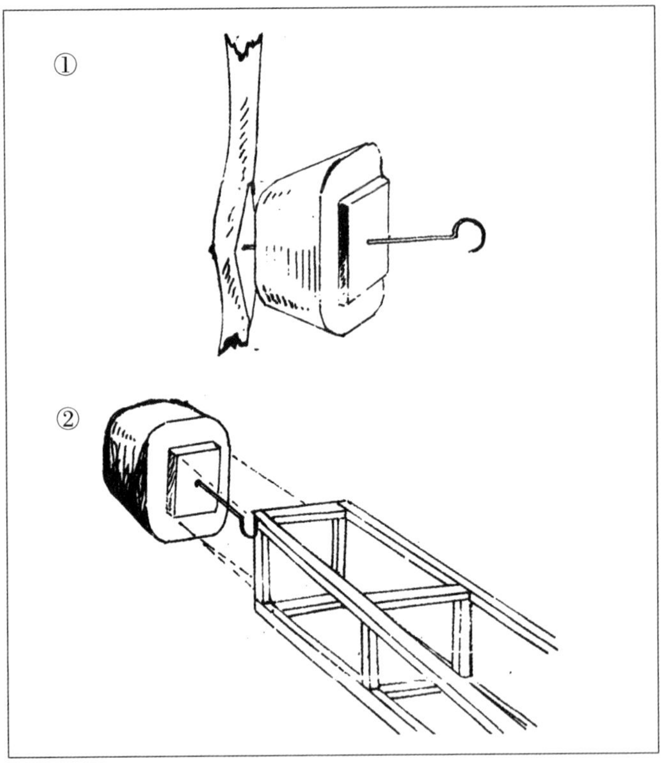


## 机尾的制法

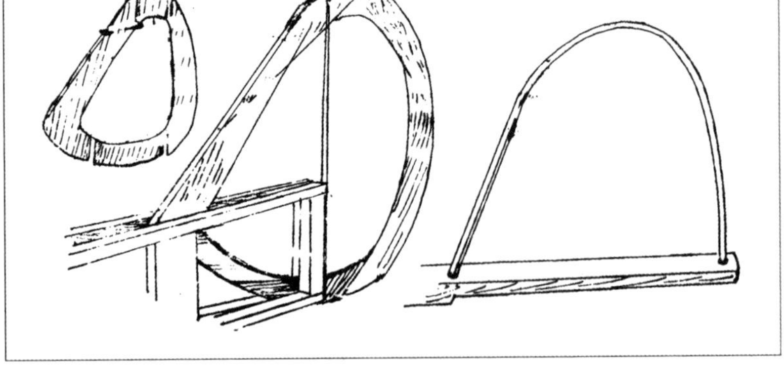

## 机翼的制法

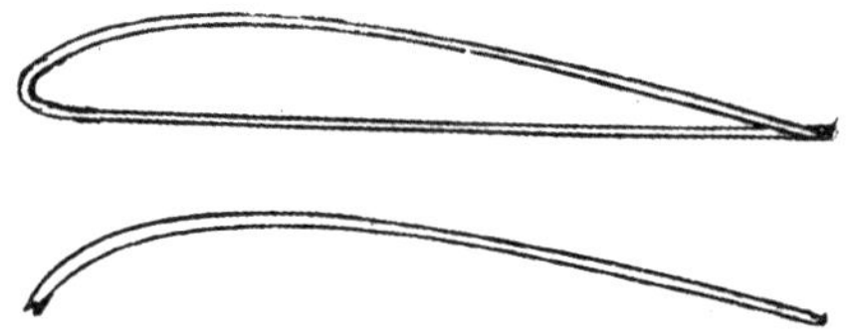

图一

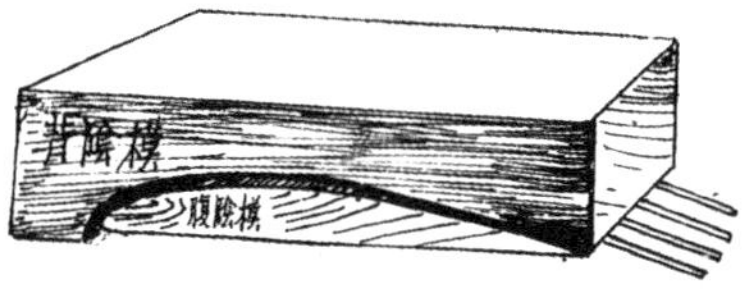


图二

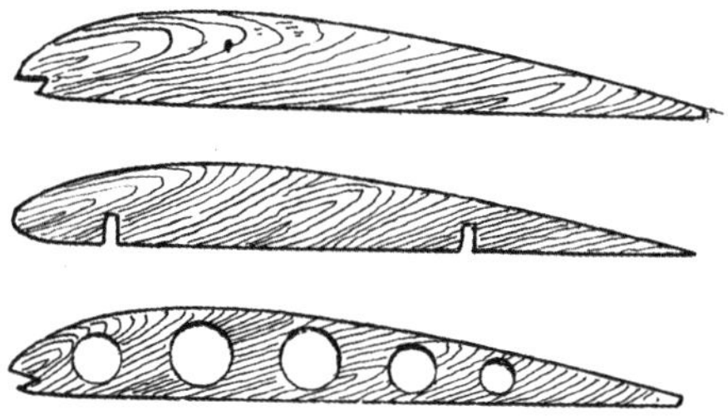

图三

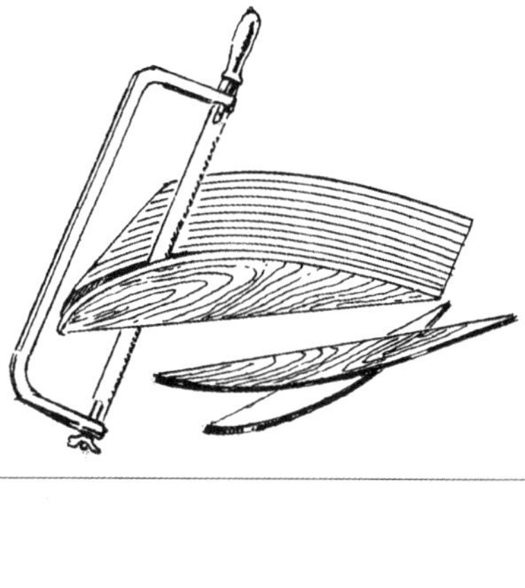

图四

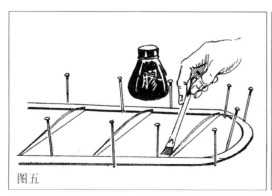

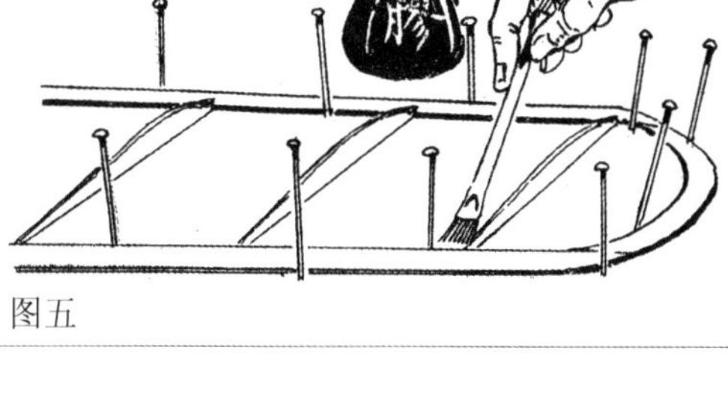


图五

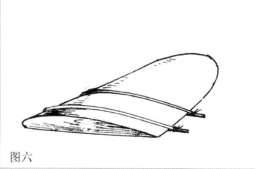

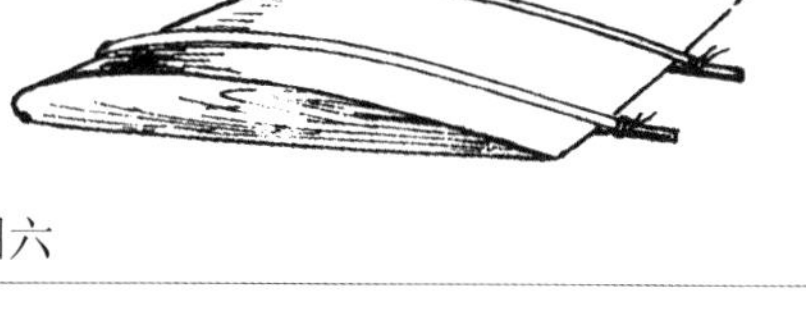

图六

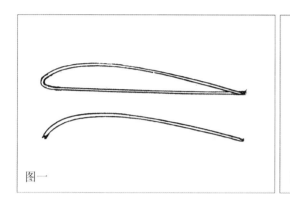

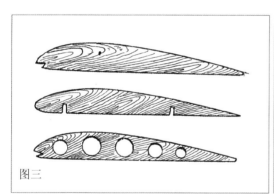

## 机翼的制法

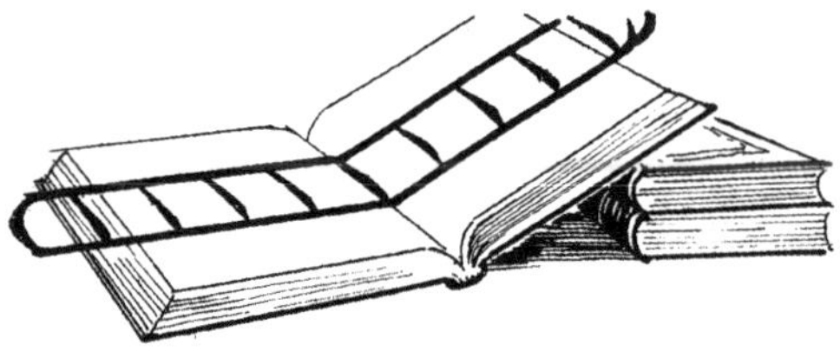

图七

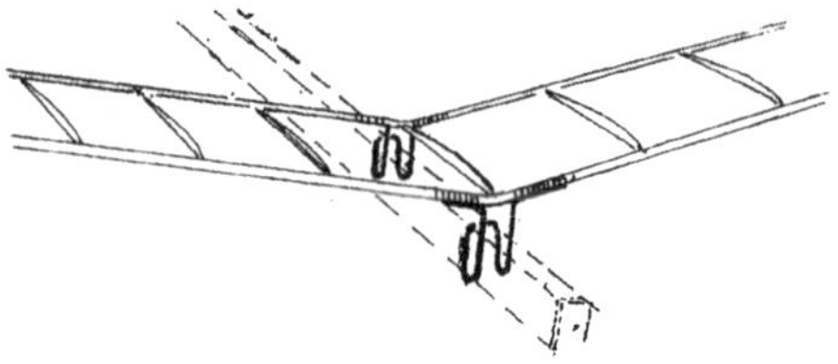

图八

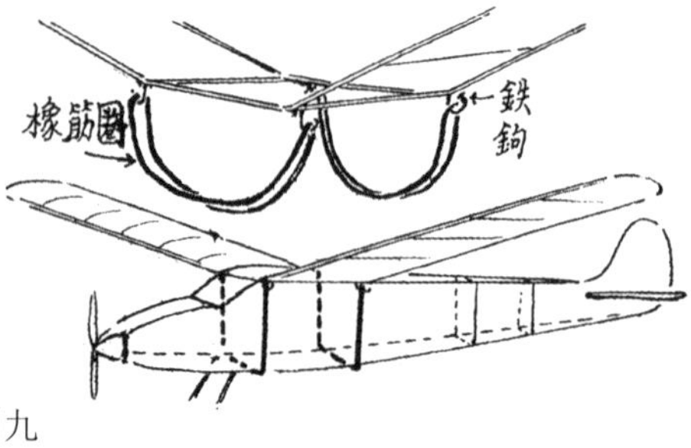


图九

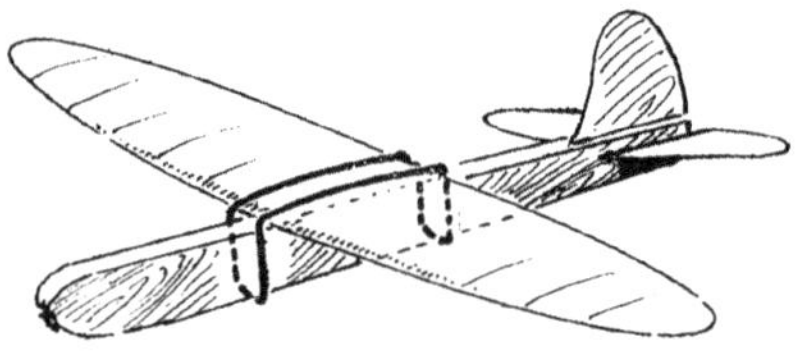

图十

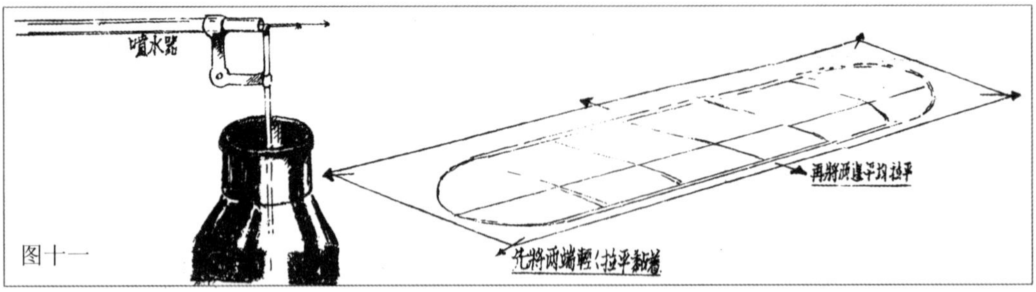


图十一

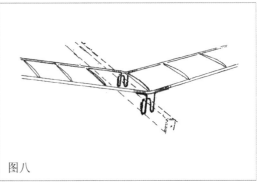

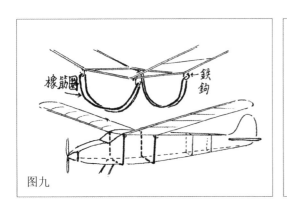

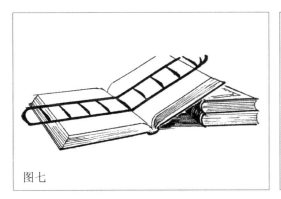

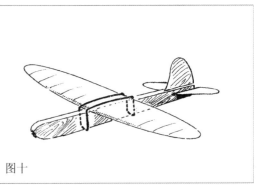

## 八、橡皮筋條的研究

目前我國的飛機模型（因為環境條件所限）除了各種滑翔机之外，要算最普通的是用橡皮筋做發動機（是飛行唯一的原動力了）。因此凡是製造飛機模型的人，都應該對於橡皮筋條有相當的認識，纔能獲得良好的飛行成績。

### 八、橡皮筋的彈性

在歐美比較進步的國家，都有許多富於彈性的橡皮筋，專供模型之用。最適用於小模型的是1/32"（英寸三十二分之一）見方的細橡皮筋條；適用於較大模型的是寬1/8"（英寸八分之一）和3/16"（英寸十六分之三）扁形橡皮筋條。它的彈性可以拉到六七倍長。但在

目前，國內許多地方都不易購到的時候，祇可找尋下列

種橡皮材料來做代用品了。

A 綑紮文件的橡筋圈（俗稱橡皮圈或膠束）寬的是1/16吋，狹的是1/32。用時將它連起，彈性雖不及外國模型專用的橡筋，可是近兩年來蓉渝模型比賽的選手，都採用它造成很好的飛行成績。

B 自行車或人力車內胎 在橡筋圈都會無法購得的時候，祇可廢物利用，購一枝舊內胎剪成各種寬度的長條應用。不過彈性是差了。

2、橡皮筋的保存法　橡皮筋既然是模型的原動力，備

若我們得到一条富於彈性的橡皮筋，應該怎樣的愛

惜和保存，這也是值得研究的。有些喜歡模型的人們，

常把橡皮筋重視得和人的生命一般，他們認為橡皮筋

是有生命的，當它彈性很富強的時候，它便

是活着的，一旦它的彈性消失，它便是死的了。故在

它活着的時候，不但要愛惜它，保護它，而且要設法延

長它的壽命。

A 在用的時候，橡皮筋的旋緊，切不可超過它的彈

性限度。因此旋繞的時間也不可太久，以免橡

筋過度疲勞，消失它的彈性，同時塗些潤滑的甘油，（普通動物或植物油不可用，尤忌汽油）可免使橡筋旋緊時互相磨擦或黏住，減少活動力。用完以後，立刻理好保藏。倘若用些蘇打放在溫開水裡，將它洗滌一次，然後好好保藏，更佳。

8 保藏的時候 最好存放在深色的瓶裡，以免受日光和空氣的侵害。同時塗些滑石粉（麵粉亦可代用），以免橡筋日久互相粘住。

9 橡筋的重量 一般輕小的模型，需要動力不大，故祇用少數的橡筋。重大的模型，需要的動力較大，故用的橡筋也多，這是必然的道理。但橡皮筋太多了，缺點就增加模型的體重，負擔，影響到飛行性能，故應有一個相當限度。根據一般的經驗，認為橡皮筋的重量最適宜的約等於全機重量的百分之五十至六十。不過在目前各地的模型材料和橡皮筋，都是就地取材，來源既不相同，因此重也不能固執不變。總之是不能太多也不能太少，應該從試驗中取得它合理的數決定。

4、橡皮筋的裝置　橡皮筋裝置在機身上，長松緊也有研究。據一般的經驗，最好是橡皮筋未旋繞時，它的長度比槳軸鉤到尾鉤間的距離的長度，超出約百分

见本章插图橡筋的徒手旋绕法（图十九）

之一千至二千左右，为最適宜。

乙、橡筋的旋绕法：目前旋绕橡筋方法有下列两种：——

A徒手旋绕法 将橡筋繫在机身之後，左手拿住飞机，右手用食指顺着时针的方向，拨动螺旋桨，旋绕约数十转，感觉橡筋扭力已有相当紧张为限（见图十九）。究竟旋绕最大限度，要多少转，这是要看橡筋的長短、新舊與弹性而定，不可一概而论。绕之不可太紧，紧则橡筋易断，或将机身扭弯变形。也不可旋得太少，少则橡筋弹力不够，不能产生动力。若是桿身飞机，橡筋露在外面的，可以看到橡筋被绕到平均打兩重結為止。並且隨時要留意橡筋，落在部份打結太多，應立即將它展開，以免橡筋常在打結最多的部份折斷。

丙、工具旋繞法　一般旋繞橡筋的工具，大都是將手搖鑽紮上一個鐵鈎拿來代用。旋繞時要兩人合作，一人拿住飛機，一人將橡筋掛在工具鈎上，拉長至四五倍以外，一面旋繞，一面縮短，到適當限度為止。然後由工具鈎上取出橡筋，不將它放鬆，立即掛在螺旋槳軸鈎上，就可準備飛行了。還有一點要注意的，凡是用工具旋繞的橡筋，兩頭均須加紮一個S形的活鈎，才便於紮卸。

九 飛行[redacted]的常識。

當一个新飛机模型完全製造成功的時候，不論是作者或是參觀者，都滿懷着很大的希望，恨不得立刻看到它飛起，翱翔空中。可是別太心急，還須要忍耐一下。除了應該再作一度的詳細地檢查之外，並且要作種種的準備，選擇一个良好的氣候，相當的地點，去試飛和調整，[redacted]不然的話，也許會遭遇到「前功盡棄」的打擊。

1. 氣候和地點的選擇

飛机模型全是用最輕的竹木和薄紙構造成的，[redacted]重量都很輕微，抵抗力也薄弱，不但經不起稍大的風，即使遇着稍為不安定的氣流，也足以影響到它[redacted]的性能，使它無法飛行。所以凡製成一架飛机，必須[redacted]

静待气候良好的日子，找寻一個相当的地点，才好试飞。

选择地点的条件，第一个是要廣大场地，並沒有障礙物，才不會碰壞飞机。著者曾经测验过许多青年的心理，在開始製造一直到完成，有百分之八十以上的人都很有耐性，但是一到完成之後，都变成急性子，拿起飞机模型，在家中的園子裡，不管地点宽狭，不管障礙物之有無，立即试飞，结果那些模型不是给屋簷牆壁碰碎，就是给树枝戳穿，甚或墮入水盒裡淹壞，偶然有些幸免的，竟完好的，但他们更因此加興奮，不肯罢手，终於將模型損壞为止。古人说：「为山九仞，功虧一簣」，這句话，每个要製造模型的人都应该记住的。

倘若選擇試飛的場地，是有上昇氣流的，那是最理想的了。因為有上昇氣流的場地，模型不但易於昇高，而且可以使模型於橡筋動力用完後，並藉上昇氣流作更耐久的飄翔。尤其是那些牽引、彈射、和手擲的滑翔機，更需要上昇氣流來維持它的續航力。這些常識，凡是製造航空模型的都應該知道的。至於怎樣去找尋上昇氣流的場地，在本書滑翔場淺說裡面，已說得很明白，此刻不再多說了。

2 初步試飛與調整的步驟

初步試飛的作用，不過是試驗模型整個構造和局部裝置，能否達到飛行所必需的條件。並不一定立刻要它在空中翱翔所以不論任何一種飛機，最初步的試驗，都是用滑翔的法。祇要用右手兩指拿住模型重心的位置，機頭稍為向上，輕輕用力將模型順手向前方擲出，至多擲出一丈遠的距離，可以看出它的種種滑翔狀態，然後給它調整。

A 如果模型脫手後，昂頭上昇，跟着突然失力，尾墜下來，便是表示機翼太靠前，以致機頭太輕，機尾太重。調整的方法，可將機翼的位置略向後移。如果機翼固定膠緊的，便須設法將機尾減輕，或將機頭加重。

B 如果飛機一脫手，就立刻斜向地下俯衝，便是機翼太靠後，以致機尾太輕，機頭太重。調整的方法，

见本章插图滑翔机模型初步试飞与调整（图二十）

恰與A相反。這樣一再試飛調整，到正常滑翔為止（如圖十一）。

3、飛行前的試飛　凡是滑翔機模型，經過以上的調整後，就可以算完全成功。但是橡筋動力的飛機模型，還須更進一步，用橡筋動力來試飛。試飛時，祇要用手轉轉，將橡筋旋繞，繞數不要太多，至多也不可超過橡筋力的半。因為此刻並不需要飛行很遠，祇要看得到它的飛行狀態就可以。橡筋旋繞好後，左手執着螺旋槳，不要讓橡筋放鬆，右手拿住飛機機身，舉到和本人耳朵一般的高度

见本章插图橡筋飞机飞行前的试飞（图二十一）

（如圖二十二）機身與地面平行，或將機頭稍微向上，放手時右手將機身向前輕輕一推，同時左手立刻放開螺旋槳，飛機便脫手向前飛去。這個時候要看它飛行的狀態，若是有前述各樣毛病，當然仍照前法調整。如果飛機一脫手，就向左邊或右邊傾側，擺着急彎衝到地面，那就是左翼或右翼的衝角太大，或方向舵的偏度太大。如果機身屢次向左傾側到地面，很快的滾了幾轉停止。這就是因為螺旋槳向右轉時，機身自然發生一種自然的反動力量向左轉。調整的方法，是將左翼的衝角加大（左翼前緣向上扭，後緣向下扭），增加左翼的昇力以作抵抗。

如果飞机前进时，起伏不定，作波浪的形状，这就是因为机头稍轻，或因机翼倾角太大。应该将机翼略向后移，使重心适当，或将机翼的后缘稍微提高，使倾角减小。

一架橡筋飞机，经过这样的细心调整之后，它的性能当然会改好，飞行的纪录也逐渐增高了。万一这架飞机经稍稍调整，还是性能不好，千万不要灰心，仍旧要细心检查出它的病源所在。如橡筋太重，机身是给橡筋扭到变形，螺旋桨是削得太厚，桨叶的衔角是不合乎要求，与及其他许多局部的缺点，都是造成性能不良的原因。耐着性子把它修好，没有不成功的。

见本章插图手掷滑翔机起飞姿式（图二十二）

六 起飛的技術

無論任何一個製造昇空模型的人，備若對於模型起飛的技術沒有研究，這可說是一件最大的憾事。在過去的模型飛行比賽會中，有許多是因為起飛技術拙劣，而遭遇到失敗。~~這是常見到的~~

這好像運動會場賽跑時的起步技術一樣，是不能輕視的。昇空模型起飛的技術，而模型的種類有別：

A 手擲滑翔機 起飛時用右手拿住機身，機頭向上對着風向，取得一個正確的姿式，如同運動員擲標槍相似的用力向空中擲出（如圖二十二）。擲的技術，須要多多練習，技術愈純熟，姿式愈佳，用力也愈少，擲出愈高，滑翔時間當然愈久。

见本章插图弹射滑翔机起飞姿式一（图二一十三）

倘若技術不純熟的話，雖是个大力士，也不一定會擲得高，而且常將模型機摔壞。

B 彈射滑翔机。 它的構造形式，與手擲滑翔机相符，不過它起飛時是用橡筋做工具把它彈出，不是用手擲出，因此它的机身前半部的下面，另紮一个鉄鈎。起飛時一隻手拿住机身，机头向上，另一隻手拿住橡筋圈（如無橡筋圈可用橡筋条做成圈形），掛在机身的鉄鈎上，把它拉長到相當限度，取得一个適當姿式（如圖二一三），然机一放手，立刻就给橡筋彈到空中了。

另一種彈射方法是用五六寸長的实木条或鉄条，打入

见本章插图弹射滑翔机起飞姿式二（图二一十四）

土中，再用一条相当長的橡筋之一端縛在木条上，另一端做成圓形，掛在机身下面的鉄鈎上。起飞时，拿住机身退到橡筋弹力所限的距離，机頭略向上，一放手，飞机就給橡筋弹到天空去了。（如图二一四。）

C 牵引滑翔机

這種模型的起飞，需要两个人合作。起飞的工具，是一条細長堅韌的線。其長度依照模型比賽的規定，不得超过三十公尺。線的一端纏上一个金属小圓，距離小圓約一二公尺處纏一条小紅綢。平時用木板將線繞好，以免紊亂。起飞时一人拿住机身迎風高空，一人拿住繞線板，將線端

见本章插图牵引滑翔机起飞姿势（图二十五）

的小圈掛在机身下面的鉄鈎上。然後拿着繩、向机头對正的方向，徐徐退到繩的盡頭處，向拿住滑翔机的人發出通知，叫他放手。同时自己也立刻拿着繩迎風奔跑，好像小孩子放風箏一般。速度除適中，（如图二十五）並且隨时留意、它的飛行狀態，倘若搖擺太厲害，就須停跑。不然恐怕滑翔机要撞破。倘若它很平穩的被拿到相當的高度，估計它已不能再高的時候，就停止前進，輕輕順手一摇。技術若是準确，繩頭的小圈、便很容易滑脫，讓滑翔机自然地向空中飛翔。這个時候，倘若遇到上昇氣流，當然会愈飛愈高，

见本章插图橡筋飞机地面起飞方式（图二十八）

留空的時間也更久了。

D 橡筋飛机

起飛的方式有兩種。一是由手中起飛的，所有起飛的技術，完全和試飛時相同，不過此時須將橡筋旋繞，繞到最大的限度，使飛机能作耐久的飛行。其次是由地面起飛，這種起飛的狀態，完全和真飛机的滑行起飛無異。在準備起飛前，先將橡筋旋繞足數，左手拿住螺旋槳葉尖，右手拿住机尾，不讓橡筋放鬆。然後一膝彎起，一膝跪地，双手將飛机輕壓在地上，（如圖二十八）起飛時，祇須双手同放開，不必推動，螺旋槳就會自己轉動，發生拉力，引飛机向前滑行，跟着試驗地起飛。現時我國的模型比賽會，對於這種起飛方式，曾經顧慮到場地模型材料及橡筋質地的不好，曾經特許起飛時用手推送。可是推送的技術，要有相當研究，否則因為用力不平均，反時飛機推翻，這是要注意的。

上面所述的各點，不論在學理方面，或技術方面，雖然不免簡單，但初步研究的人，若果都能參照本書把它實驗達到昇空的志願，已算入门了。至於要想更進一步，成為模型製造专家，或創出心裁創造新型式，非從事专门的研究不可。本書恕不能盡述了。

## 十 附錄

### 1. 飛空机模型發音的新設計。

飛空模型製造成功，飛行空中令人一望，與真飛机全無異。備若更加上發音的裝置，使聲音也像真，這是多麼的有趣。最近歐美的模型設計家，為滿足一班模型迷的慾望起見，創造一種簡單的發音器。著者覺得這種發音器，不但可以增加興趣，而且製法極簡單。祇要能夠做得成一架飛空模型，就可以把它試製裝上。值得介紹給國內的模型同好。將它的製法如下：

1. 用銅鐵片，照圖剪成齒輪如A形，中鑽三孔，中央

见本章插图飞机发音器装置模型（图二十七）

一孔为螺轴孔，上下两孔为钉孔。

2. 用薄铜片一条（形如B）（最好利用旧口琴的发音铜片），

3. 先将齿轮(A)装在螺旋桨毂里面的中央，用小钉钉紧。再将铜片(B)一端装置在机身头部，铜片另一端伸出，仅仅碰到齿轮周围的齿缝，切勿伸得太出，与螺桨毂摩擦太紧，影响螺旋桨的旋转速度。

4. 这付发音器，倘若装置得好，当模型旋行空中时，齿轮随着螺旋桨毂旋转，刮到发音铜片，发出的声音，很像一架高速度的真飞机飞行时所发出的声音一样，非常悦耳。（图二十七）

## 滑翔机模型初步试飞与调整

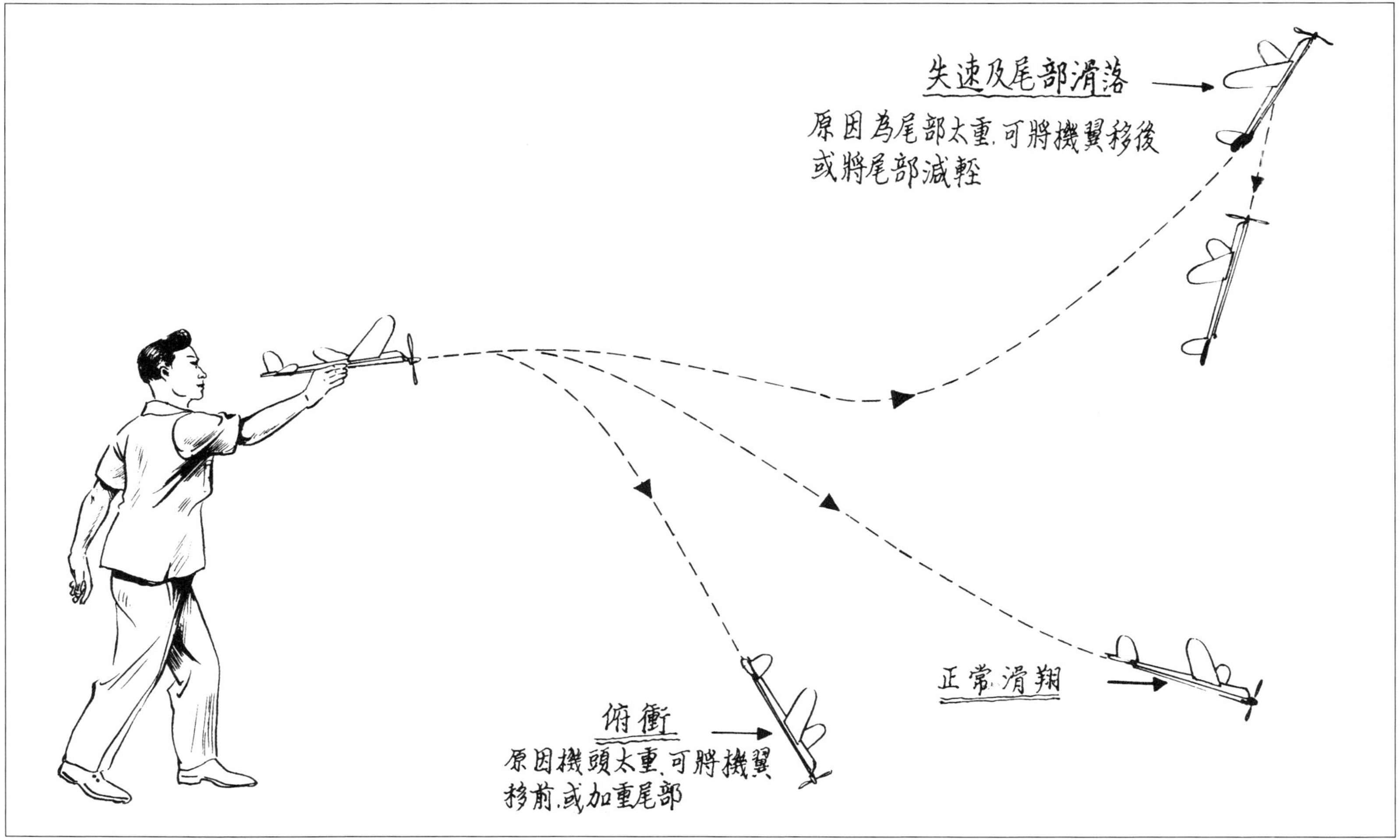

## 橡筋的徒手旋转法

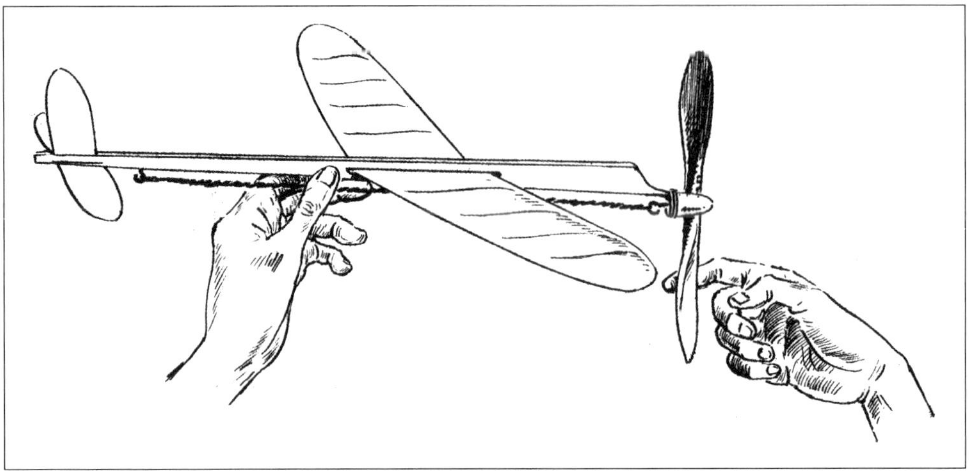

## 橡筋飞机飞行前的试飞

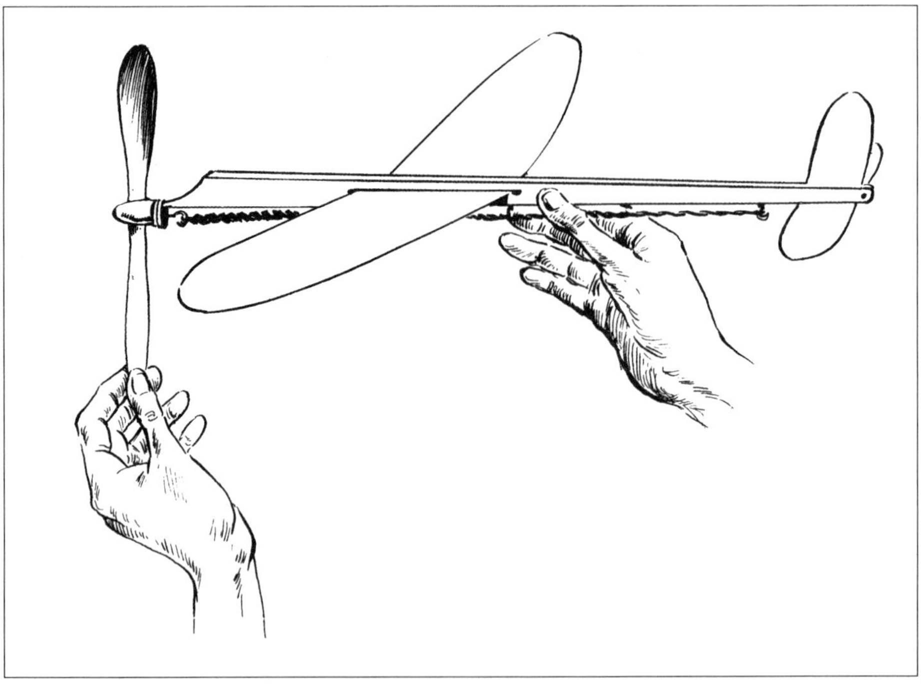

弹射滑翔机起飞姿式一

手掷滑翔机起飞姿式

弹射滑翔机起飞姿式二

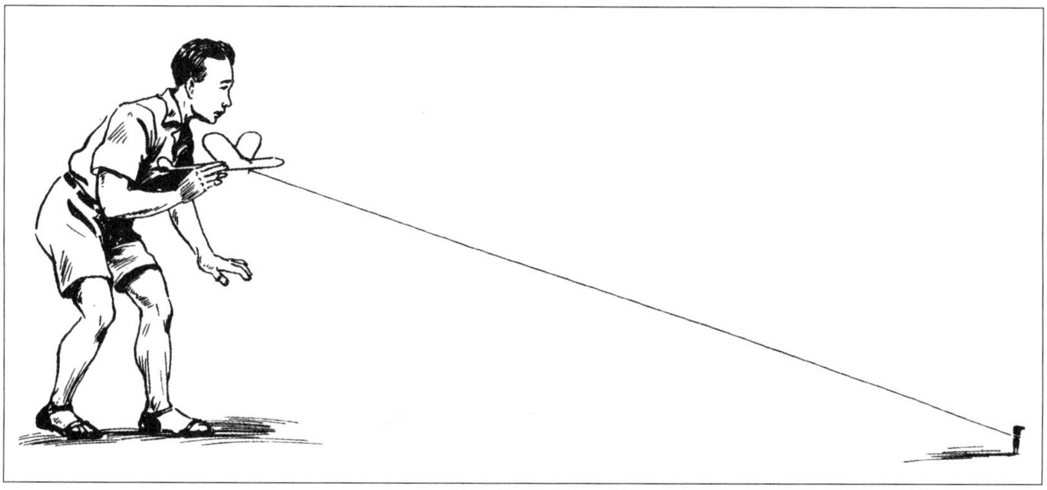

牵引滑翔机起飞姿式

橡筋飞机地面起飞方式

飞机发音器装置模型

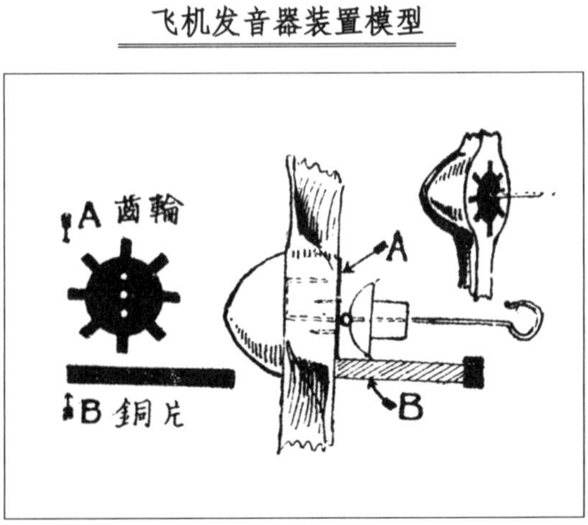

梁又铭　著

# 航空劳作教材

## 下

手稿影印本

孙木槿　梁政均　张素真　整理

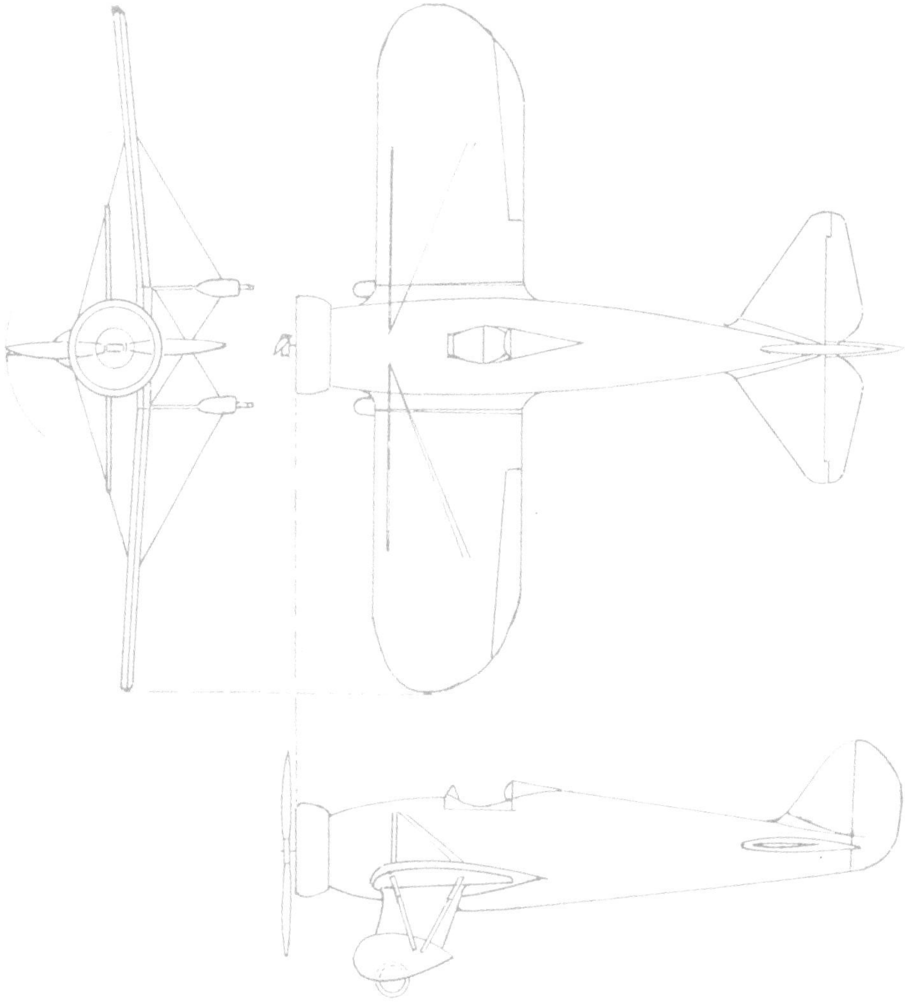

文物出版社

## 十一、各種基本技術的研究

### 沙盤設計與黏土工研究

這是用細沙和泥土的工作，這是比較容易實習而最易普及變化最多的一種作業，從小學低年級起至中學各年級都可實習，不過低年級的可儘量簡單而高年級可兼配合紙工、竹工、木工、金工各種作業同實習，如飛機場、滑翔場、陸空聯合作戰的戰場、空襲下的城市防空、高射武器的陣地等，都可以應用黏土和沙盤（沙箱或沙池）去設計製成一種富有常識趣味的模型，變化無端，不是其他木竹金工等所能比擬的。

甲　工具的設備：

現在將細沙和泥土的工具分別詳述於左：

见本章插图沙盘设计附图

(一) 沙的工具

1. 沙盤(或沙池)用以盛沙之用

A 沙盤　長方形木箱，至少三尺寛，四尺長，高約六寸，能加大最好，但要注意學生的手可以伸到中心為限。

B 沙池　利用空地掘一長方形池，深約一尺，寛長如沙盤，四週圍以矮木板摺，勿讓兒童踏入，能加設蓋板蓋更好。

2. 小五齒鈀　鈀寛四吋，柄一尺。

3 小鏟　寛四吋，柄一尺。

4. 平沙板　寬一尺，柄長一尺。

5. 篩　直徑一尺。

(二) 泥的工具

1. 泥缸　可利用普通水缸作貯泥之用。

2. 工作板　寬二十公分，長三十公分，厚一公分半。

3. 濕布　可用舊毛巾或普通的布片，以供刮篦[illegible]施工特殊詳細部份，揩拭刮篦之用。

4. 刮篦　有各種式樣，施工特用以刮削黏土的詳細部份，代替手指工作。

5. 厚度規　是用板條製成的半公分、一公分、一公分半、兩公分[redacted]数種，每種要一对，用以刮削板状泥塊。

乙 材料

(一) 細沙 凡河流轉灣的地方細沙堆積，必先用粗竹篩除去石子木塊，及有危險性的破碎玻璃、渣滓等，再用清水漂淨，貯存沙池或沙盤裡，以備應用。

(二) 泥土 就是黏土，各地都有出產，要質地細緻密，有黏性的為佳。色澤有白色、暗灰色、黑色及赤色，因產地而異，採掘出來，還須經一番調製手續方可應用。

丙 泥土調製法

未经调製的泥，常夹有砂石，黏性不佳，而且常有竹、木、玻璃、瓷瓦的碎屑，很容易破伤手上的皮膚，非常危險，应该经过调製才好使用，调製方法有幾種：

(一) 水簸法　这個方法最麻烦，调製的黏土最细密纯淨，可以烧瓷用，我们現時可不必这樣精究。

(二) 敲打法　將採来的土，放在木板上用木槌均匀敲击，敲到相當時候，加水再敲，一面敲一面留心揀出碎石渣滓，敲到泥土水份充分调和時為止。

# 丁 材料保管法

## (一)細沙

第一最要保持乾燥，不用時常放在陽光充足的地方曝晒，其次是保持清潔，不用時除曝晒之外，就應用蓋蓋好，以免不潔的東西攙入，和貓犬的便溺弄污。

## (二)泥土

第一最要保持潤濕，如果乾硬了就不能使用塑製模型，所以泥缸裡時常加些水分，但不宜太多，多了泥土变成泥漿水，好方法應用水份紙要維持不使乾燥為準，其次也是要保持清潔，最好用缸蓋蓋密好。

## 戊　模型作法

(一)沙的模型作法　是最為簡單，但是看設計的種類而別，如果係机場／平原，要用平沙板，旋以平坦方法，如係高低不平的山崗，就用鏟將沙堆起，要想將沙鈀鬆，就用五齒鈀。

(二)泥的模型作法　比較沙的工作複雜得多，它可以捏塑机場房屋、人物、飛机、油庫、和壘地滾各種模型，因此方法也不同。

1、搓捻法　泥土越搓捻越細黏，有時泥土放置不久，乾濕不匀，可將它放在板上略加些水搓成圓條，搓長後折半再搓，反復搓捻，至極均匀細黏，然後捻成物件的形狀。

2、捺合法　不論裝塗堆砌，要想兩塊黏土捺合，第一要質地軟硬乾濕相同，並須用相當壓力將它捻緊，或用稀膏泥漿，塗在捺口處，再加捻壓。

3、按揭法　模型捻造成物件形狀後，可利用濕布潤濕各種刮篦，輕々按揭修正模型不平的部份，

## 4. 挖削法

濕的泥土質地軟黏，在削泥及挖孔時因為切口兩邊和孔中四週的泥向旁邊排擠，很容易使模型變形，可用銅絲鋼絲紮成的刮篦逐部挖削，無論大小部份都不至變形，並於要削一塊面積較大、平坦的板形泥塊，可用同樣的厚度規兩塊，放在泥塊兩旁，手持鐵絲，循厚度規表面由外向裡拉，就可以得一塊平坦的泥板。這方法和普通割切糯米樓子（角黍）的法子一樣。

## 5. 防乾法

一件作品一時不能完工，要保持泥土的軟度，以便下次继续工作，可用幾重湿布覆盖，放在阴处，如布已乾燥，就加洒些水，这样泥土软度可以保持很久不变。

## 巳、着色法

沙盘设计如果能仿自然界四季变化的各种色彩，更是美观像真。

### （一）泥土着色

颜色最好是採用有粉质而不透明的为佳，着色时要比较加深些，因为乾燥后颜色会变淡。

### （二）细沙着色

是比较困难，但是有个方法，可利用木屑染成各种颜色代替细沙，那些木屑由质地细纖坚硬的木材锯出来的为最好，颜色用染布的染料分别染成各种颜色，晒干应用。

## 庚、佈景法

(一)树木　可利用细叶的真树枝叶，截断插上。

(二)城市稠密的房屋，若是比例一千分之一以上的，可用⌂形长木条截断照街道方法排列，瓦屋上面着灰色，两旁着白色，茅屋上面着灰黄色，两旁米黄色。

(三)千分一以上的树林，因为太小不能利用真树枝叶，可用深色的粗首蓿来做，稍大的可用竹支尖贴棉花一团，染色，植在图上

(四)工厂烟囱可用竹木削成略带尖形的圆枝竖立，烟囱口

冒出來的烟可用黑棉紗線或黑粗毛絨線搓鬆後用細針挑刮起毛、膠在烟囱口。

（五）人物大的、可以用泥捏成。太小的可用細竹枝做心外面雕上各色的蜡稍捏成人形、插在模型上甚為簡單易做。

總之：沙盤的設計、方法甚多、祇要能引起兒童興趣、運用他們的智能、以模仿和創作為目的。

# 沙盤設計附圖

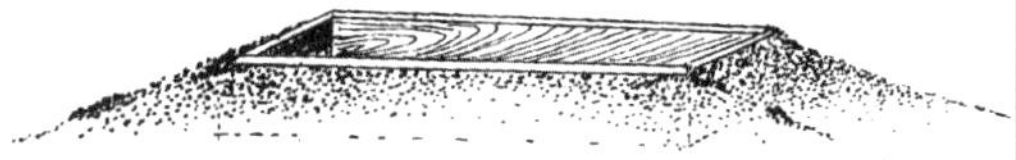

A.沙池

1.斜平篦

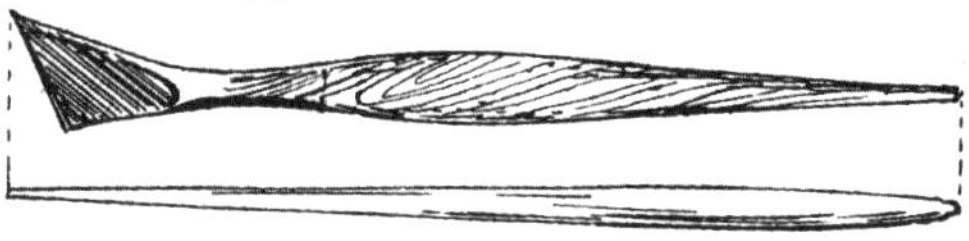

2.足形篦

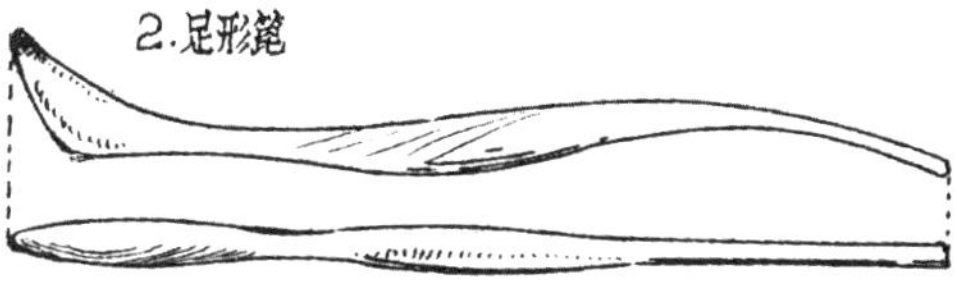

3.圓匙篦

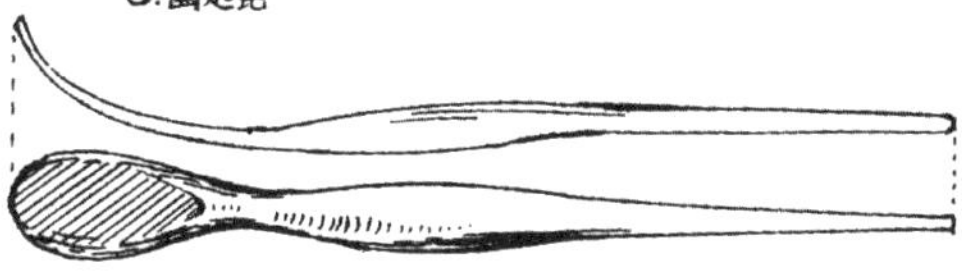

4.~~細銅絲篦~~ 金属篦

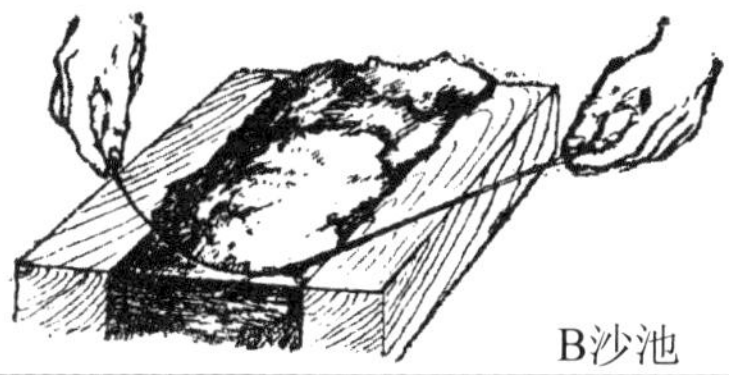

B沙池

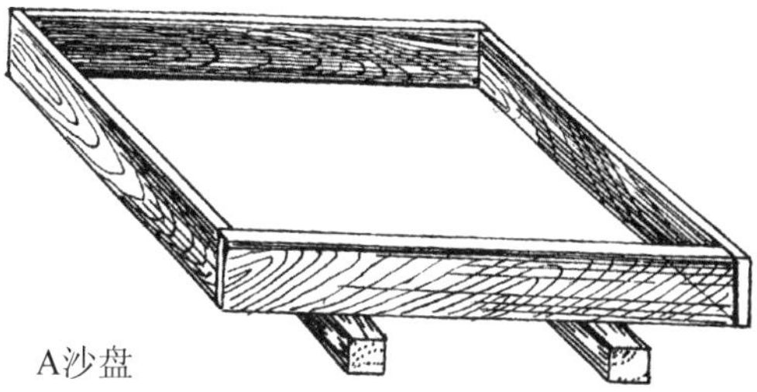

A沙盘

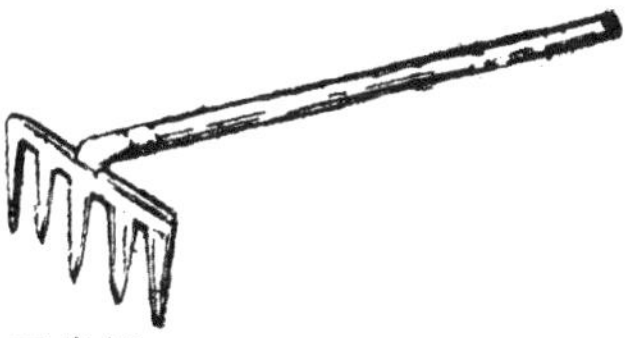

2.小五齿钯

3.小铲

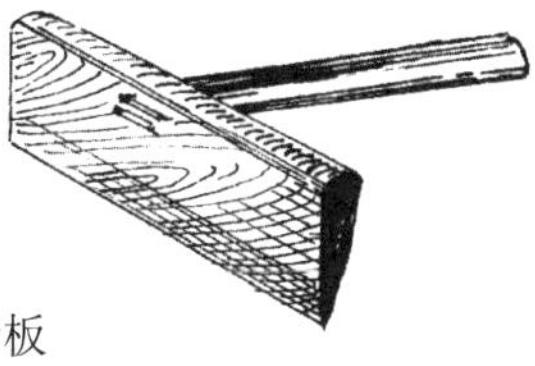

4.平沙板

5.簸

## 废纸工的研究

废纸工是利用废纸制作，亦称纸浆工，方法最为便利简单而经济，可以做各种飞机及炸弹的模型。

甲、母型、 废纸制作的模型全靠裱贴的技术，供给裱贴的原来形体，称做母型。一种是现成的母型，可以利用现成之器或木质的实体模型来做（双翼机不能用，除非将上翼拆开）。一种是特制的，特制的方法很简单，只须用黏土练制，依模型真像塑造，黏土内稍加些纸筋，那末乾後模型不致裂开。用石膏和木材雕刻出的母型也可以用。

乙、模型材料　褙貼模型的材料，當然是紙，並且是廢紙。不过在搜集廢紙的時候，須畧加留意，洋紙的用處極小，中國紙無論任何種類，都可應用，最好的要算毛边紙、夾江紙一類的廢紙。

丙、褙貼的糊、　是用小麥粉用沸水調成半流動液体，調時宜注意均勻，宜稍薄，不宜过厚。

丁、褙貼的方法　於褙貼之先須用棉花或破毛筆蘸菜油少許，遍塗母型全体的表面，然後用小塊紙片浸濕，或自右至左，或自左至右，順次貼母型四週一層，即以手掌指頭將紙輕輕壓實，與母型貼牢，深凹部分手指不能壓下，可用棉花小許，放在凹部之上，再用手指壓下。這樣第一層精貼手續已經完了，然後用薄漿糊遍遍塗一次，再將紙托浸濕，同前手續遍貼，第二層，這樣加紙遍遍貼，到七八層時為止。如果模型是大件的，要多貼幾層，到最後一層時，不必再用漿糊塗遍，紙須用手摸光，放在日光中曬乾，或火上烘乾，就成厚紙模型了。

戊　烘乾方法　在火爐上放一鉛絲網，網上放了新聞紙，將精貼完好的模型，放在新聞紙上面烘乾。

己　剝取母型法　模型精貼乾燥後，應該拿手出型

见本章插图纸浆飞机模型分剖法（图二十二）

中的母型，拿出母型的方法須先用小刀剖開紙精的模型才能取出。如切開成兩片，結合時定難準確，因此切開模型，不問縱斷橫斷，當切去全部十分之六七為善。模型切開後，將要取出母型之前，應該謹慎工作，最好先以薄篾片插入模型的斷面，輕輕移動，以驗取出的難易，如果容易取出，就不成問題了，不然就要將裂口略為剖到能夠取出為度，倘若硬行取出模型的剖口必定破裂不整，結合很感困難，總之以模型不損，母型易出為要。~~蓋[illegible]數則如~~

後

小、机身取法　机身須[illegible]母[illegible]乾後要割開模型、宜用鋸割方法（看附圖）

大、机翼、取法　要取出机翼、的母型、宜緣着机翼的後緣割開後、後緣取出（看附圖）、

庚、支柱製法、　取出母型後的模型、須行結合手續、而於結合前的裝配各種細条零件、如飛机的支柱等也該明瞭、方法是用薄紙將細竹条或鋁鉄絲包裹成支柱之形式、彎成N字形、若是单支柱的就要先將竹条削成支柱的形式、然後包裹或將竹条鋁鉄絲做心、用紙数層重疊糊上、俟乾燥後、依

支柱的形式用刀削成。

辛、模型的接合法　在廢紙雜工裡、這步工作是比較困難的。因取出母型之後、稍為大意、就難免把它、變形不準。這時應該很細心的用手指輕輕將接口整理、逐漸使它密合、再用二三分闊的皮紙做封條、塗上膠水、或漿糊、將接口封合、至此模型已全部完成了、（注意：封條最好用手撕出使兩面都是毛面、這樣封好後、再加上顏色光澤、簡直看不出封條的接口了。）

壬、著色法　模型做成後、最好的一步工作、便是着色和上光泽的工作，在着色之先，必涂以胶粉打底。这种工作可参照油漆打底的方法，用胶水调和铅粉，遍涂于模型的主部，候完全干燥。打底工作之后，就要着色，色彩的配合和着色的层次也很不容易的。其法先将颜料用火温燉，加入稀薄的胶水，用笔逐次涂上。欲涂深色或第二次色，须待第一层色干了后，方可再涂。不然，白粉泛上，不见深而反见浅，学习时不可不特别注意。

癸、上光法　着色以后，上光也是重要工作。上光

的材料，有白腊、樹膠、和明油三種，要看模型
的性質而採用，各種上光的手續如下：
(一)白腊：模型塗色料充分乾燥後，即用
腊塊擦入熱布中，在模型上摩擦。
(二)樹膠：拿溶化後的稀薄膠水，以毛筆塗
在着色後的模型上就好了。
(三)明油：取明油加入少許煤油，使其稀薄，
用絲團或毛筆勻塗於模型上，放在通
風的地方，等完乾燥，再塗一次就好了。
上面三種上光的材料，以白腊為最容易辦到，

而且经济。明油虽然比较麻烦，但明油的色泽耐久、美观，而且可以完全依照油漆的条件使用。怎样去选择应用，这就要看工作的环境如何了。

## 紙漿飛機模型分割法

左右分割法

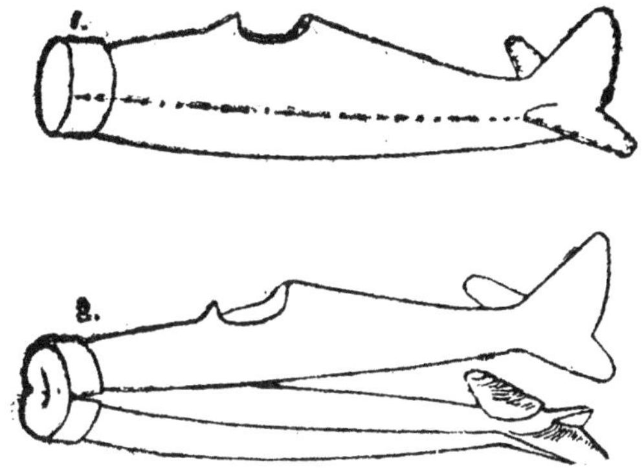


上下分割法

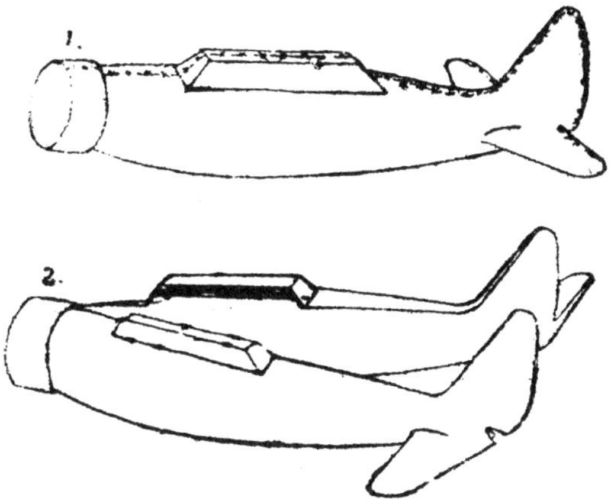

# 紙漿飛機模型分剖法

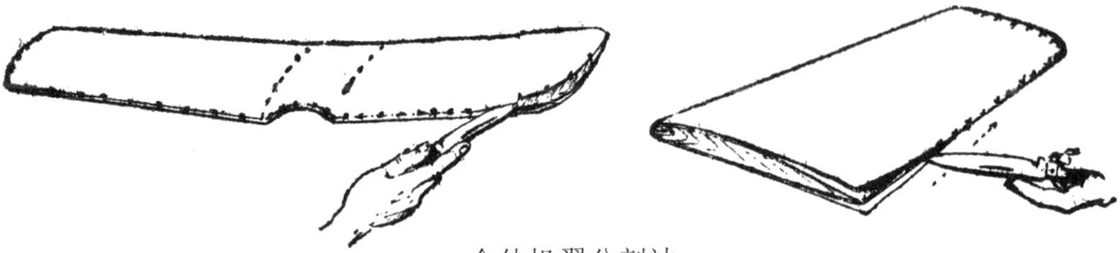

全体机翼分剖法

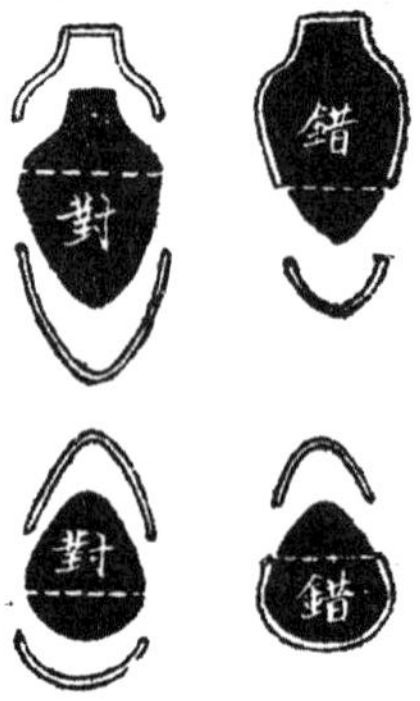


剖分位置示意

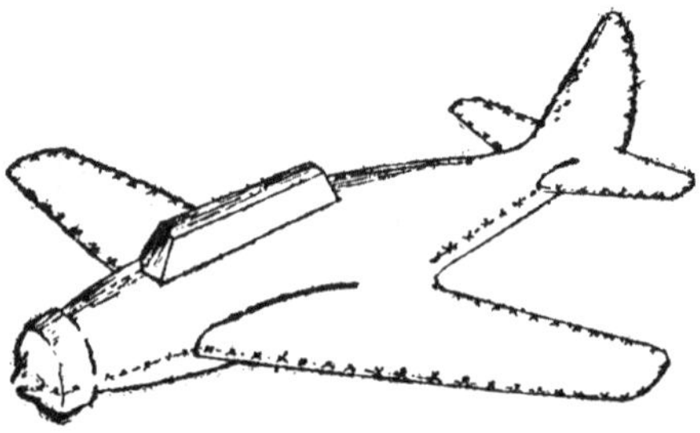

全体上下分剖法

机翼分剖法

# 木工部份

木工在模型製作裡是最用得著的，不論航型的或實体的都少不了它。所以我們對於木工的一般常識，要比較其他工作更要充份。

## (甲) 工具置備：

子、鋸：是木工最重要的工具，學生用的最好比較小些，鋸齒也不宜太粗，鋸條要寬狹都備，因為用寬的鋸條鋸直線比較有把握。狹的鋸條可以鋸弧形。鋸繩要扭緊，鋸条才不会发軟，學生用起來才覺得順手，使用時尤須注意鋸

见本章插图平刨的方法

至於鋸那些比較細巧的彎曲部份，最好是利用曲線鋸，這種鋸用鋼絲或鋼絲做鋸條，用鋼鐵条或富有彈性的竹木条做鋸身，若要大量的製造，最好利用特製曲線机，增加出品的速度。

齒斜口向下，若要鋸成極細的本条，那就要用一種特製的剖木机，才可以得到滿意的成績（剖木机製法及使用法詳後）。

乙、平鉋：最好是燕尾鉋，鉋身不要太長，因為製作模型，
並不需要鉋很長直的木材，鉋身太長反不好使
用，有時要鉋小的木材可將鉋反面放在工作
櫈上，鉋口仰天，取要鉋的木材放在鉋口，輕輕
拉動，比較容易得多。

丙、斜鑿：寬的用途最多，切木、修邊都用它，如果裝
長一点的木柄，切木的時候，可以借肩膀帮
助鑿力，比較用腕力臂力來得容易，狹的
鑿子，宜於鑿榫用，在模型製作部份裡比較

见本章插图锯曲线工具

4. 木鑽：少用得着。种类很多，方圆、粗细都有，在普通铁店子都会做。鑽[redacted]西鑿成许多粗刺，不论任何形状的都可以[redacted]木材鑽得[redacted]光滑，比較用砂紙經濟耐用，

而且工作迅速[redacted]是木工不可缺少的主要工具之一。

5. 彫刀：最好能備各種寬狹不同形式的彫刀，否則普通

鋒利的小刀也可以用。

6. 錐子：最好是採用有稜角的，可以比較省力，能備

搖鑽更好。在木材上釘釘子，尤其是在模型

的細条和薄板上，常常会將木頭釘到裂开，如

果我們先用小錐鑽一小孔，然後加釘就不

会釘裂了。

丙、鎚子：頭要平（方形圓形都可以），尾部分叉略帶彎曲。敲釘和拔釘都可以用。

丁、車床：是車削圓柱形的枪砲管、發動机、軍或飛机起落輪的最好工具。

戊、其餘曲尺、斧頭、苟能夠充分置備，更可以增加工作的效率。

（二）、木材的置備：

1、外國的輕木：木材適合於製造模型的種類很多。質地有軟硬、粗細、輕重之分。要看所做的模型種類分別採用，如做飛翔的模型要揀輕的軟的為最好，實体模型以堅硬和木致細緻的為最好。外國製造飛行的飛机模型多用白塞爾木（Balsa Wood）。這種木多產於南美洲，非常輕軟，差不多和軟木一般，纖維細而直，雖然削成細条，它的支持力還是相當大，現時最沒有比它更好的模型木材。

## 2 本國的輕木

截至目前為止，曾經試驗能製飛翔模型的，以桐木為最適用，但它重量沒有白塞爾木來得輕，次之即為杉木，但杉木所製模型应该尺寸比較放大些才得到較满意的成績。

3、本國的实木：现時本國的木材可以做实体模型的，大概要称桂木和厚朴为最好，质軟而細，容易刀削，又容易打光。其次要称梨木、柏木、銀杏、白楊等。这些木材质地坚硬，木紋精細，用刀較为吃力，但可以打得很光滑，用来做精細的实体模型最好。其餘松、柚、杉、麻栗，雖然都可以用，但有些质地太硬，学生不易旋刀斧，有些木紋不易修光。至於桐木，雖然輕軟，容易施刀斧，但纖維太粗，不易打光，塗漆更不易、做实体模型以少用为佳。

（三）[illegible]、木材之試驗：上面所說幾種木材，雖然不能和舶來品比較，但是我們仍應儘量設法利用，要好像義大利的模型製作者一樣，他們國內雖然沒有白塞尔木，甚至連比較輕一点如桐木一類的木材都缺乏，但是他們儘量在松木材料上從事研究，依然可以做成模型，祇是為了松的重量太大，所做成的模型都在五六尺以上，沒有輕木的小巧吧了。現在我們雖然也沒有出產白塞尔木，但我們的桐、杉，都比較義大利的松木要輕得多。這樣比較起來，我們還不應用本國木材嗎？總之在地大物博的我國，各省都有良好的木材出產，祇要大家就地去採用試驗，也許不久可以有比較更良好，更適用的木材發現，這才是模型運動的曙光咧！

## （四）

木材之選擇：通常選擇木材，必需選少結疤的，最好選用樹的中段，並且以靠近外皮外面的比較輕些，木材鋸成小段或小塊，晾乾後，才好用，最好是放在鍋裡並過，再晾到乾燥，使用就不會有變形之弊！

锯曲线工具

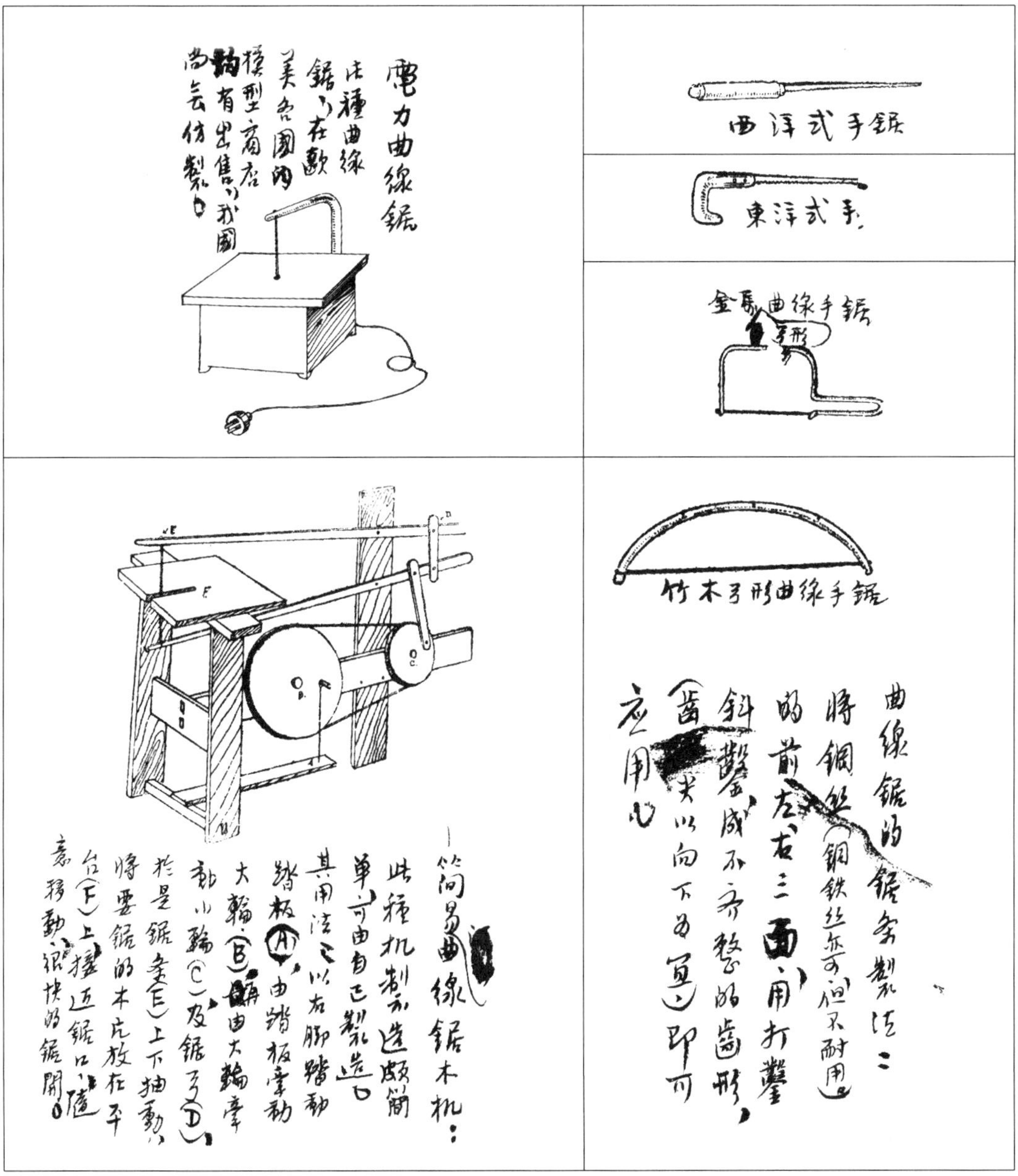
電力曲線鋸
此種曲線鋸、在歐美各國均有模型商店出售、我國尚未仿製。
西洋式手鋸
東洋式手
金屬曲線手鋸
弓形
竹木弓形曲線手鋸
簡易曲線鋸木機：
此種机制造簡單、可由自己製造。其用法：以右脚踏動踏板（A）、由踏板牽動大輪（B）、再由大輪牽動小輪（C）及鋸弓（D）、於是鋸条（E）上下抽動、將要鋸的木片放在平台（F）上推近鋸口、隨意移動、很快的鋸開。
曲線鋸的鋸条製法：
將鋼絲（鋼鉄丝亦可但不耐用）的前左、右三面、用打鑿斜鑿成不齐整的齒形、（齒尖以向下為宜）即可應用。

平刨的方法

见本章插图剖木机三面图

# 剖木機的製造及使用法

## 一、剖木機的製造

1、剖木機是用長約十五公分的實木厚夾板兩塊、寬度板一塊、刀片一張、蝴蝶形螺絲一个組成（蝴蝶形螺絲俗稱元寶螺絲，因為它的螺絲帽可以隨时用手旋轉寬緊，不必借用其它工具）。

2、寬度板最好製備厚薄不同的幾塊，以備隨时應用，它的厚度以：一公厘半、二公厘、二公厘半、三公厘四種為最合宜。

3、刀片最好是利用舊的保安剃刀片，既鋒利又經濟。

## 二、剖木機的使用法

见本章插图剖木机的使用法

1.使用剖木机，应先将所需的木材，先刨成薄板，然后用剖木机，剖成细条。

2.看所需的木条宽度，将适合的宽度板装在机上使用。如需更宽的时，可以将两块宽度板，重叠使用。

3.宽度板及刀片装上后，将螺丝帽用力旋紧，以免刀片缩入。

4.使用剖木机不论向前推，或向后拉，可是刀片装置，必须刀锋向着推拉的方向，不要装反。

5.使用剖木机时，应用力向下及向里面压紧，否则刀片被木理所阻，剖出来的木条，不很平直。

6.使用剖木机，最好在工作台的边缘位置工作，易于着力。

## 剖木机三面图

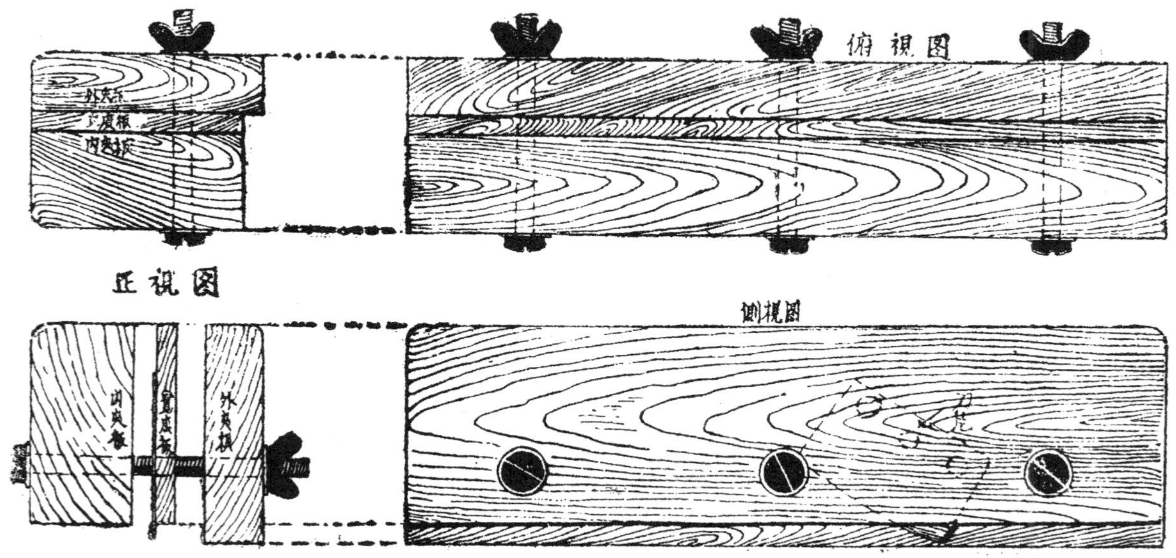


## 剖木机的使用法

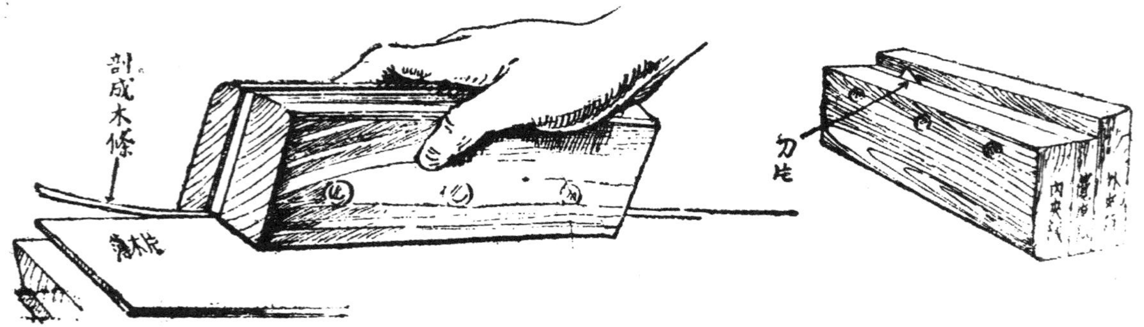

## 竹工的研究

製作模型的材料，有很多是利用竹材的，尤其是在我國產竹的省分很多，能就地採用，有時候它的用途比較木材還大，像在空中昇空滑翔机或机模型的翼和尾部就是利用竹條，發動机單和高射砲管、桅管，就可利用粗細的竹管來製，它可以省去木工的車削麻煩，而光滑堅韌挺直，常優於木質，所以日本的模型飛机有許多都是大部利用竹材做的，歐美各國甚少採用竹材，最大的原因還是產量不多的原故。

（一）工具置備 竹工的工具常與木工工具可以兼用，不过

见本章插图竹木工作图解·竹木工具

也有幾種是专用的、現在把它寫在下面、

四、竹刀：普通工匠所用的重而大、小朋友用起來、非常不便、最好用小型的竹刀、較為輕便、但沒有現貨出售、要到鉄鋪去定打、刀柄至刀尾長七寸就夠、頭尾橫闊一寸二分就好了。

五、竹鋸：和木鋸一樣、不过鋸齒較細、鋸路不大、通常工匠用的大号鋸、小朋友不易使用、最好特製一種手工小鋸、价錢便宜、使用又是很靈便、但不能拿來鋸大竹、这是稍為不便的一點。

六、錐：有鼠齒錐、三角錐兩種。至於普通的圓錐是不適用的

4、竹鉎：竹鉎的鉎齒愈細愈好，这是和木鉎不同的地方。

5、刨刀：可以定做，也可以拿木工中的斜鑿代用。

6、刻刀：是竹工中加工修削時用的，有時可以當鑿刀用。通常出賣的，多不適用，最好去定做，那也可以隨各種需要來製造的。

7、抽篾刮刀：这工具我们很少用，但它却是竹工中的重要工具，沒有它不能使竹篾光滑，这刀是裝置在一張長櫈上面的，使左手把篾捺緊在刀口上，右手握好竹篾的一端，緩緩向上抽起，这樣工作幾次篾就很光滑了。

见本章插图竹木工作图解·治光板

8）治光板：治光板是用一分厚鉄板做成用的，板上開大小洞数個，洞的大小可看需用的竹条粗细而定，有了治光板那末做出来的竹條不会有粗细不同之弊，我國從前做鳥籠的法子也就是用治光板来抽篾，非常迅速便利。

五）材料选择：竹的種類很多，各地所產者不同，我们應該就地採用，現在將所有的竹類写在下面：

1）毛竹：產量最多，用途最廣，竹質也是最經用，大的竹幹有四五丈長，幹的粗细大约直径達五六寸以上。

2）江竹：亦名淡竹，長约一丈多，直径至多只有三四寸，節的距離很長，質地堅韌，富于彈性，宜於細劈，竹幹表面有白色蜡影，故容易認識。

三、籬竹又名石竹。幹細小像指頭，只有一丈多長，不宜細劈。

四、木竹，籬竹的一種，節間很長，幹裡面的孔很小，幾乎看不出來，因此叫它木竹。

五、蘆竹，幹極細小，長而直。

六、斑竹又名湘妃竹，幹有斑紋。

七、紫竹，色黑有細点。

八、方竹，幹成方形，細而長直。這幾種都是產量很少，頗為名貴。

甲、廢物利用。上面所述各種竹，我們應就地採用外，並於那些竹類的廢物我們也要留心利用，如舊筆桿、晒衣竹、甚至旱烟筒均可利用。等，我們也要留心利用。

五、製作方法：勞作實習所用的竹材(料)，通常都要劈小，最好先讓竹工分別鋸劈成小段的材料，然後交學生應用，可以省去學生許多時間。如果不讓竹工(匠)，就得要學生學習下列各種方法：

六、劈法：竹材的縱剖叫做劈，劈製(作)模型，通常所用材料，至長不過二三尺；如果我們需要做較大的模型，所需的材料，當然也要長些，所以劈長竹竿的劈法，也需(要)知道。劈長竹竿是從梢端劈起，先把梢端

见本章插图竹木工作图解·竹料的劈法

破碎部分用鋸之去，再用劈竹刀把梢端作十字形對剖，剖時刀與竹材纖維方向相同分裂其纖維，不可利用刀口而利用刀的尖劈，剖至約二尺許，另用五寸長一寸寬厚的方木條二根，釘成十字架，插入竹梢十字形剖縫中，然後用劈刀的背部打击十字形木架，漸打漸向前進，那竹竿就剖成四開，如須再剖，应先把竹節削平，用等分法仍從梢端劈起，劈時所最要注意的，就是時刻要保持二片大小相等，如覺梢有大小，就須在大片方面用力攀彎，小片不動，就可補救，但大小相差过遠時，就無法挽救。

乙 鋸法：竹材分劈刀，如果先將竹鋸成小段，學生們劈起來更是比較劈長竹來得易，不過鋸的方法也是要留意心，鋸竹的時候，假使用鋸在竹材的一面鋸下，竹材的四周邊，一定容易發生許多裂痕，有時竟會損壞一段竹材，所以我們要鋸一段整齊竹材時，一定先用鋸在竹材的四周邊輕輕鋸出一條淺細的鋸痕，使竹材表皮的纖維一齊鋸斷，然後用鋸一面鋸一面把竹材轉動，照這樣的鋸下竹材的四週，一定非常整齊，不會裂痕開了，總之鋸竹最要注意心，就是當心表皮不讓它發毛。

见本章插图竹木工作图解·竹料的剜法

3 削法：削竹要使竹材成斜面，就要用削的方法。要削竹时刀口要和竹材纤维成六十度以内的角度。初削的时候，不宜平削，只能先去了一角或是一瓦，逐渐的加平，更不宜用力将刀口左右地侧动，因为竹材平行的纤维，一受侧动，马上開裂，不会成斜口了。

4 剜法：剜的方法，和削的方法相仿，也是要使竹材成斜口的，不过剜是用力在刀的尖头，使竹材能够成功很小的弧度弯曲，是補救削的方法所不及的地方，剜只能顺着竹材纤维施工，不可侧剜，因此细小的弧形，一定要双面剜出，否则就要使竹材

損壞、

今 鑽法（或錐法）：竹材上鑽孔，是很困難的。假使用力太過，極容易使竹材裂開，影響到全部工作。所以在竹材上錐孔或鑽孔，應該三角錐或鼠齒錐先輕輕地鑽下，切勿用重壓力。所用鑽頭也不宜過大。還有一種方法，就是不用鑽錐而用錐棒放在火中燒紅，緩緩地把竹材刺成小孔，再刺幾次那末孔也大了。這種燒法也有利弊，利就是竹材不易開裂，孔口的兩面光滑，弊就是孔旁有焦痕。補救方法，可先用小錐尖刺一小洞，再用尖刀

见本章插图竹木工作图解·竹料的火烘法

將洞口剜大、修光、

6 刮光法：要使竹材光滑，除了用砂紙打磨或用刮刀刮光之外，再利用碎玻璃稍加刮削，可以更加光滑平整。

7 竹材彎曲法：竹材纖維平行，富彈性，故能彎曲自如。彎曲的弧形，常常不能如作者所需，而且彎度不能保持永久。若要保持永久不變，而用後面兩種方法：

A 火烘法：將要烘彎的竹材部份，用火烘軟，火頭不可十分靠近，緩緩地將竹材輕輕地壓

见本章插图竹木工作图解·竹料的接合法

湾後湾度和作所需要的为止，使它已缩的纤维失去弹性，不能复伸，已伸的纤维不能复缩，则它曲度可永久保持。惟烘曲法只能用於新鲜竹材，枯竹则不能用。

B 水蒸法：将竹材用绳子细紮，至所需要的湾度放在锅里蒸煮，经过相当时间，取出，俟乾燥後，将绳子解开。

8. 接合法：竹材接合的方法，可以分为两种：一种就是胶接法，是用胶质将它胶接牢固；一种是榫接法。榫接法又分为两种：一种叫直接，一種叫包接。直接是在竹材上先打了孔，再套進一小竹竿。竹竿的大小，要和接上去的竹竿孔一樣。套上後，再用竹釘打進，使它不會移動脫出。包接法在模型製作方面很少用，故從畧。

## 竹木工作图解

竹木工具

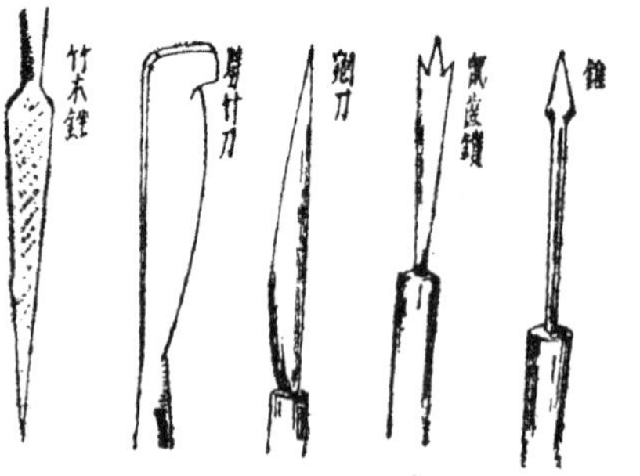


治光板

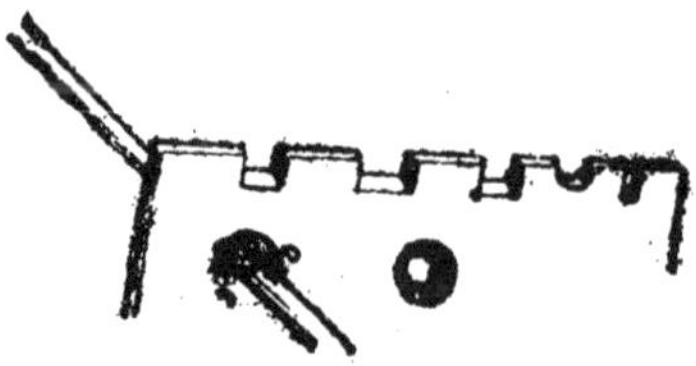

竹料的劈法

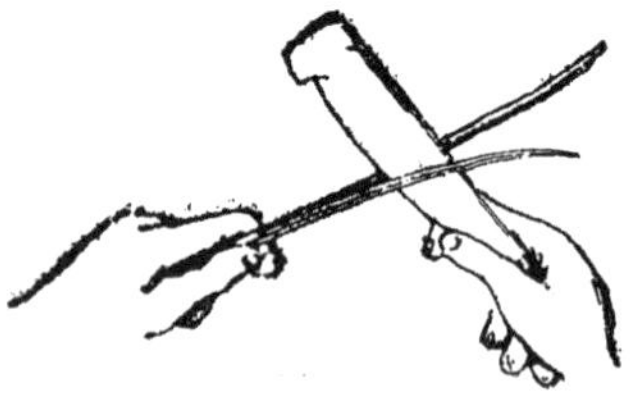

竹料的剜法

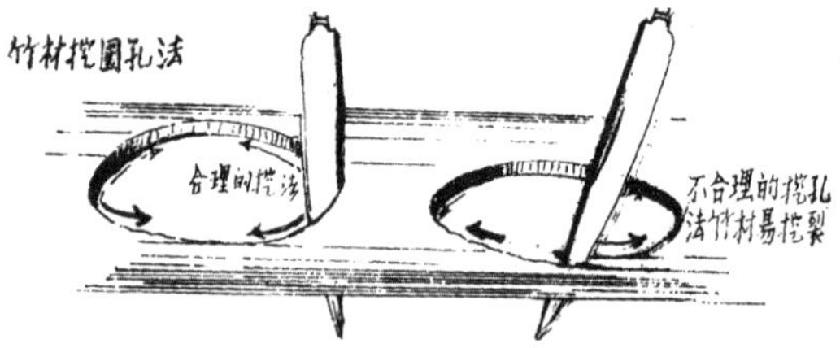

竹料的火烘法

竹料的接合法

# 金工的要點

金工本來不是一件很簡單的工作，如果要做成一件金

屬的模型，除非有一個相當規模的小工廠，個人研究

不但手續煩難，就是設備那些工具也不是輕易的事。

現在我們應該研究的是一種輕便的金工，因為製

造一個模型無論是木質或竹質的，常常附著許多不可缺少

的金屬零件，假使我們不是事先有相當準備和研究工作

時就會感到困難了。

## 甲 工具的置備

一、鉗 以圓嘴的為最適用，彎曲鋼鐵絲，或

折断铜铁丝，都要用它。有时也可以用来代替小铁锤。

## 二 锉

有平锉、半圆锉、三角锉及圆锉数种。最通用的是三角锉。

## 三 锤

以小的为最合用。如需要较大的可利用竹木工用的铁锤，不必另置。

## 四 剪

头短而手柄长大的，便于使用，是剪金属片不可少的工具。

## 五 钻

是金属薄片打洞的工具。有时也可以利用角锥或铁钉来代替，最好能够置备一把西式的手摇

鏨，它不僅可以鏨洞，而且可以將鏨頭取下，另鑲上一个銅絲鈎，兼作絞旋昇空模型的橡筋之用。（如圖二）

**六** 鉗床 俗稱老虎鉗。能鉗住物品很牢固。模型的製作者，如果能夠置備一把，不論竹、木、金工都感到便利。

**乙** 材料置備

金工所用的材料，是看需要而定。如薄銅鐵片和鉛片、粗細銅鐵絲和銅鉛絲，都常用得着。還有一種砂紙，是布底細砂面的，是專擦金屬品用，也更須要充準備，最好在平時留心儲藏各種金屬的廢物以備應用。

丙 簡單的技術

輕便的金工，不需熔鑄、翻砂、車床，祇要有幾種簡單的技術，如折斷鋼鐵絲、彎曲鋼鐵絲、剪金屬片等，就足以應付。

一 折斷鋼鐵絲法

二 折斷鋼鐵絲應用特製的鉗子。這種鉗不論圓頭或方頭，但鉗口當中有一部份是像剪刀一般用以截斷鋼鐵絲

另有一種是在鉗的外旁邊開一个缺口，鋼丝放

改交叉点

见本章插图弯曲钢丝法

见本章插图弯曲器制造法

见本章插图升空模型各种金属零件图

在缺口裡立即軋斷，比較更為省力。

二、彎曲鋼絲法：彎曲鋼絲，不論彎成前形或圓形，應該用適當的鉗子做工具（圖三），最好是用特製的彎曲器。這種工具，我們可以依圖仿製，非常容易（圖四）。有了這種工具，那末，我們可以隨心所欲的彎曲各種形式的落地架、尾撑、和升空模型用的橡筋鈎、夾、和螺旋槳軸了。

法外，如剪各種薄金屬片，那更是容易的工作，祇要利用適合的工具，和多多練習，使指力和腕力輕重之間有分寸，就能得滿意的成績了。

## 弯曲钢丝法

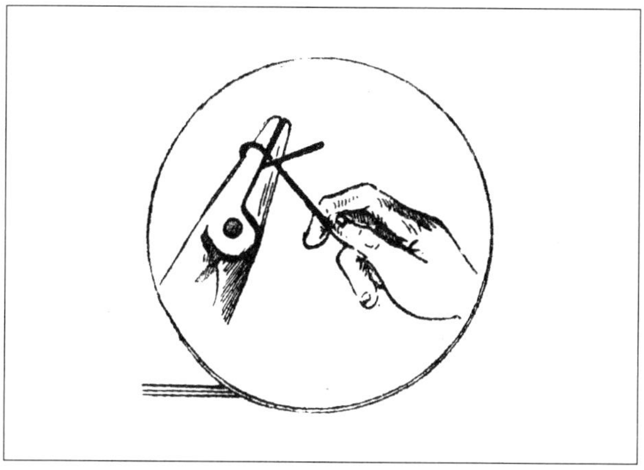

## 弯曲器制造法

彎曲器製造法

用十公分至十五公分長的木柄，在柄的一頭，嵌進鐵釘兩个、兩釘的距離看要彎的鋼丝鈎形狀大小而定，最好多製幾个，每个距離（釘的）和粗细不同，以便彎各種大小不同的鋼丝。

## 升空模型各种金属零件图

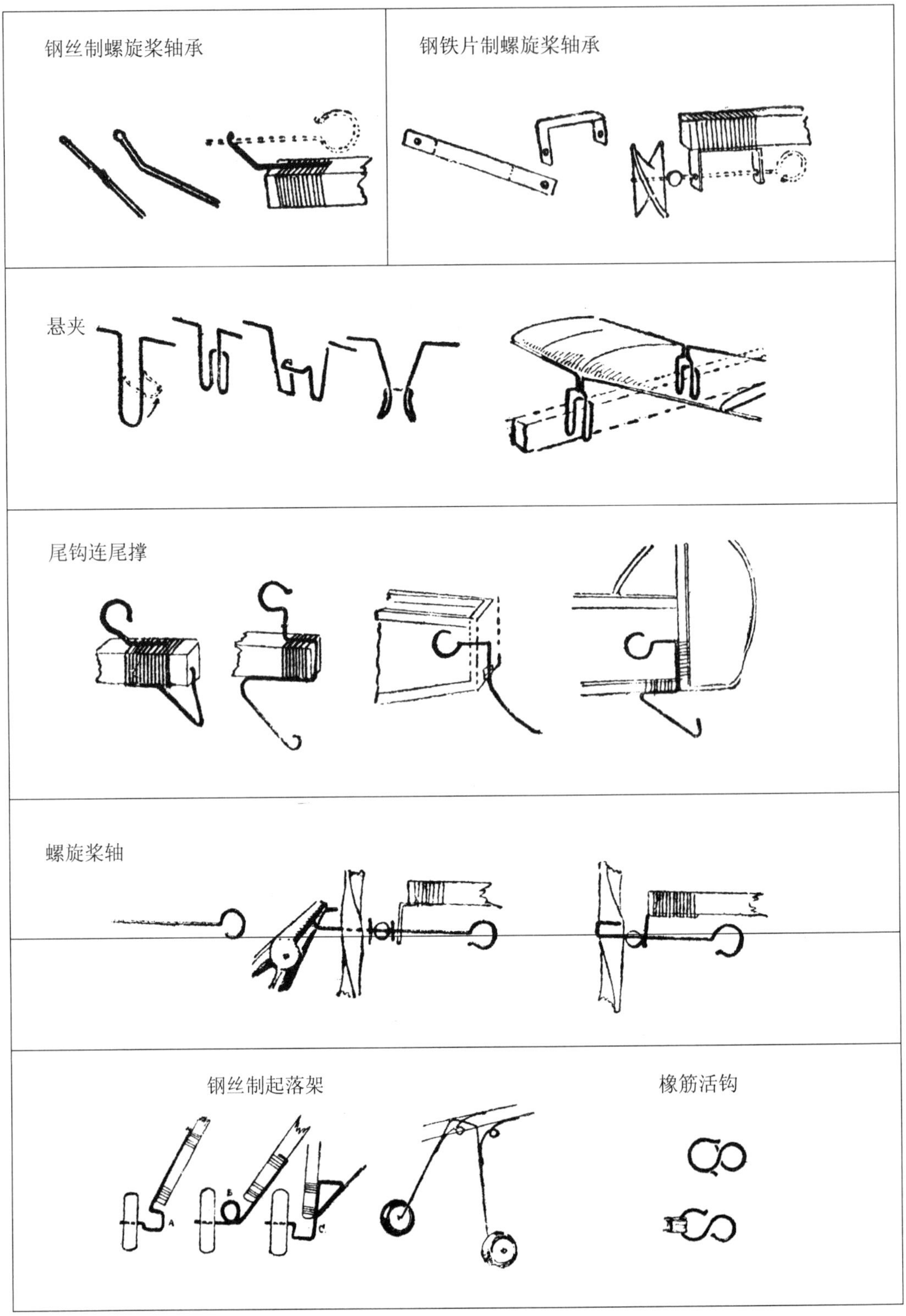

## 膠接的研究

製作一件模型，並不是都可以用一塊整塊材料做成，尤其是模型的附屬零件，須經過許多接合的手續才能成功。接合的方法有很多種，因為材料的性質而分別，如金屬成品，除了用化學接合劑和機械接合外，是必需用焊接。竹、木、成品除了用榫接和釘接之外，最通用的還是膠接，至於紙工，更是除了膠接外別無他法，因此膠接的研究，是每個製作模型者不可不注意的。

### 甲、膠的種類：

通常分為動物膠和植物膠兩種、

一、動物膠：以魚膠及牛皮膠為最好，是木工接合木材用的主要材料。

鱼膠：亦稱鰾膠。是用鱼鰾（鱼肚的氣胞）或用鯉魚和海鰻鱶的鱼皮製成，黏力很强。

牛皮膠：是用牛皮製成，在油漆店裡可以買到，性質不及鱼膠堅韌。

植物膠：以樹膠為最通用，其餘如糯米膠和麵筋膠也可以使用。

樹膠：就是阿剌伯樹膠，本來是一種透明的固體，用水溶化成液體後，可用來膠接紙製模型，不宜用在接合竹木。

糯米膠：是用糯米煮成漿糊，然後使用，这種膠質，大都使用於竹木的釘孔裡，或榫頭的孔裡，加強釘榫的接合力。

麵筋膠：是用生麵筋打爛成膠，然後使用，它的用途和糯米膠相同。

## 乙 各種膠的用法

一 魚膠及牛皮膠：这兩種膠的用法大致相同，先將膠質置少許冷水中浸一晝夜，然後用鉄器或瓷器裝着，隔水燉到膠質完全溶解，成為液体，切切直接放在火上去煮，因為膠罐給火燒得太熱，底下的膠質很容易烧成焦疤、而且黏性薄弱、乾後脆弱、这是要十分注意的。

二 樹膠

將樹膠二兩浸於四兩冷水中，時々攪動它，俟樹膠溶解後、用稀疏的紗布濾清膠水的木屑沉澱、就可以应用。这種膠不会腐臭、祇会发酵、如果要减少它发酵臭味、可加些石炭酸。

樹膠除照上法溶做膠水应用外、如果取樹膠四兩、澱粉三兩、白糖一兩、研成細末、和入一些清水、溶成漿糊的稠度、用瓶密藏、以備应用、此種樹膠漿糊可代膠水用而且没有龟裂和脆弱的弊病。

## 丙 膠質的優劣判別：

植物膠的優劣，以膠黏力大小分別。動物膠的優劣，以膠質中有無鹽味，及吸收水份的力量大小分別。有鹽味的膠質，膠搭後容易潮解，吸水量大的膠質，有反張力，都是木工所不喜欢用的。

## 丁 膠的固着力：

膠的固着力極强。據专家的研究，二寸平方的木材，兩截口膠搭後，要用七百五十磅的力才能分離。兩塊一尺見方一寸厚的木材，兩邊膠着後，依木理方向用力使它裂開，刻裂痕不在膠搭口，而在其它部分。由此可知膠的固着力，比鬆質的木材自身的組織力還要强。

貳、膠接的方法：下面所說幾項，不論竹材或木材，在用膠接合的時候都要注意的。

一 將塗膠的接口先用砂皮紙擦乾淨，如果有油膩或水浸濕，就很難得滿意的接合，所以膠接的時候，但擦的時候偶一不慎，便易將被擦部份、擦成弧形，須用砂紙方木裹著使用，才得平滑、（見圖一）

二 膠的濃度，要稠密，不宜太稀薄，塗用的膠量以夠用為度，切不要貪多，愈多愈不堅固。

三 使用魚膠、牛皮膠，應在高溫度的屋內。要膠接的模型，預先稍為烘熱，兩面膠接的時候，要把它推動一回，使膠質普遍接口，膠着堅固。膠着後，可用各種重的物件壓住，或用繩子分別扎緊

见本章插图胶接的方法

紧，若是不能压又不能扎紧的部份，可设法用细钉，或大头针，钉在模型的周围，不使移动，经过若干时候（以各地天气燥湿寒冷而异）候胶接之处完全干燥后，才好移动，否则很容易功败垂成的。

附注：

一　动物胶，遇盐质就易溶，遇着酸质就难溶，胶中如果稍沾一点盐质或酸质，则胶的固着力都有减退的弊，用时应十分留意，用胶的时候，天气和暖干燥，成绩容易好，潮湿及寒冷，不容易好，尤其是购买牛皮胶时要拣选上等的胶，不要贪图便宜，結果弄得不好，心灰意懶，不可不慎。

預防動物膠受天氣潮濕變軟，最好是在晴乾的天氣膠接，一到膠質乾燥，立即用明油塗一層在膠接的上面和附近，可以減少膠質吸收水份之弊。

十一 除上面所述的動物膠和植物膠之外，現時外國的模型作者，常用一種化學的香膠質，使用非常便捷，祇要幾分鐘的工夫，就乾燥，而且這種膠質，乾燥後絕不怕水，也不会因天候的影響變化，黏附力也很强。此外尚有一種是酪膠，是用牛乳做原料提煉成功的，現在各國的真飛机、膠接木材都用它、膠着力比任何膠質都来得堅固、乾燥後也是不很怕水浸的、这種酪膠我國航空委員会已經有自製、其效力不下於舶来品、此外尚有一種人功脂膠（塑膠）也是真飛机所用絕对不怕水的。这些膠質將来倘若都可以大量製成供应、这不祇是工業界的希望、也是模型製造的福音。

胶接的方法

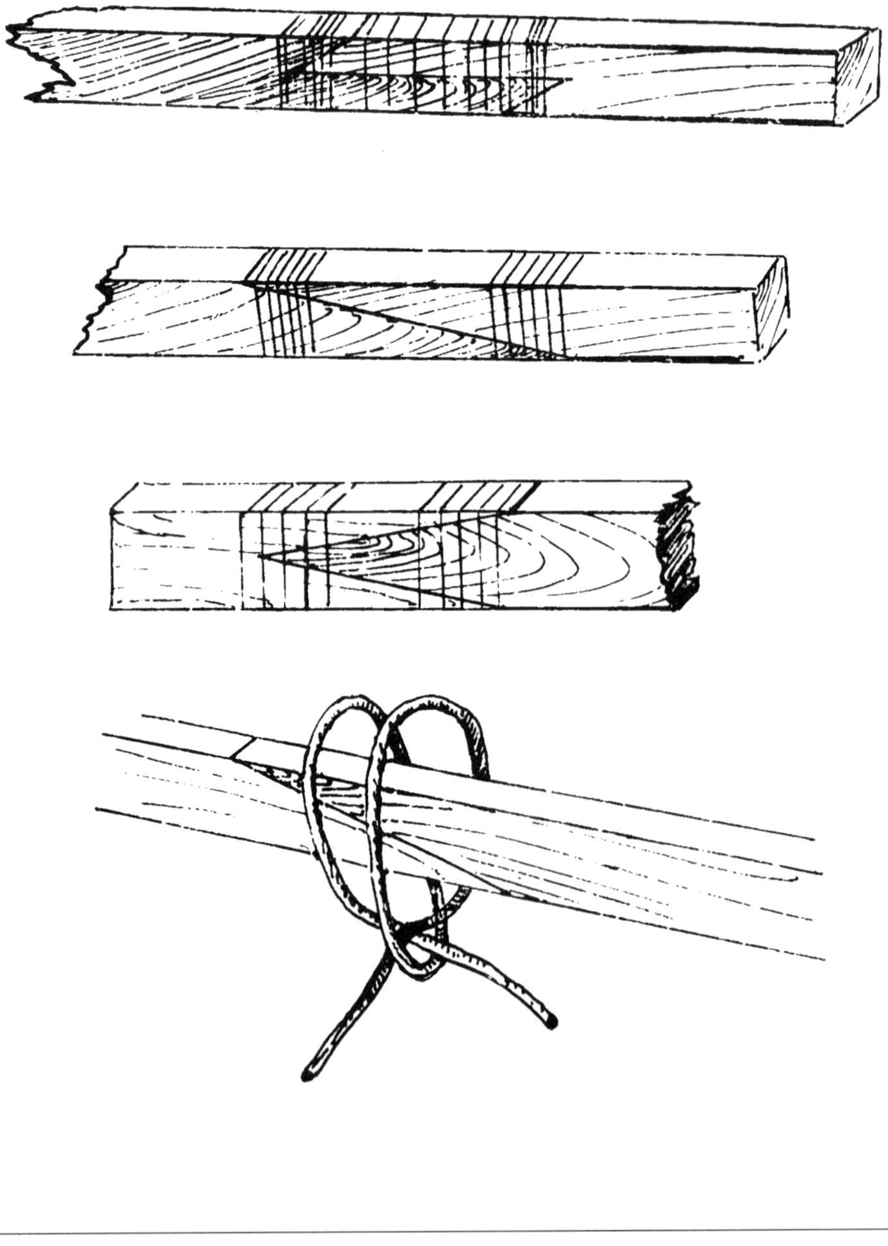

## 油漆的研究常識

模型製作成功，要增加它的美觀和像真，非要加上油漆不可，所以我們也要懂得油漆的方法，最好是能就近請教本地的油漆店或油漆匠，實驗給學生們看。現在將油漆的常識寫幾點在後面：

### 甲 油漆的種類

(一) 本國油漆

生漆——本來是一種棕黑色的，在模型方面很少用。

退光漆——是生漆之一種，色很光黑，也不常用。

熟漆——半透明淡棕色，通常傢俱用，於模型方也很少用。

它。

硃红漆：：是用熟漆和银硃拼成，不能变旁的色，故也很少用。

橘红漆：：是熟漆和银硃、雄黄调成的。

赭色漆：：是银硃和退光漆调成的，模型很少适用。

明油：：亦称光油，就是桐油煉成的，在漆店里都有出售，用途很广，是最合于模型用的。

(二)外国油漆

凡立司：：和我国明油差不多，但性质比较透明，易乾燥，是外国油漆里的基本漆。

磁漆：各種顏色都有，易乾燥，有光亮，用來漆模型，可以省却不須調合的手續。

丹漆：這是油漆鋼鐵必用的底漆，製模型很少用得着。

噴漆：這是最好的漆，飛機、汽車、高貴傢俱，多用它，用來油漆模型，這是最適宜的，不過不容易購，而且價格很昂。

洋揩?漆：亦稱酒假漆，是一種漆皮，在五金店有出售，用酒精調合用，用來油漆小模型是很適宜，它的調合是用一磅的漆皮溶解於一磅半上面所說的中國油漆、都有一定的顏色、不能夠隨便使用。祇有明油一種、因本質是透明体、只要是彩質的顏料、沒有一樣不可用。並且能夠配合出各種色彩來。現在把幾種基本色素、寫在後面。這一類的顏料、在油漆顏料店裏都有出售。

(三)各色顏料的配合、

白色（鉛粉）　黑色（煤烟）

紅色（洋紅粉、銀硃）　黃色（洋黃粉深、彩黃粉淺）

藍色（佛青）　綠色（洋綠粉深、砂綠粉淺）

橘黄色（蕃丹）　　赭色（土红粉）

金色（金粉）　　银色（银粉）

## 乙、颜色漆的配合法

(一)外国漆除了洋乾漆外，都是配合现成的，只要自己拿来配合色彩，就可以应用。本国漆却要自己拿来调制配合。

(二)白色漆和各种颜色漆的配合。白色漆就是明油和铅粉调合成功的一种油漆，我们应用的时候很多，并且是各色漆的基本漆，自己配合也很便利。先把铅粉用细筛子过，把粗粒杂质除去，放在瓦盆里，加入稍许生桐油，調成粉塊的形狀，取出放在清淨的木板上用鐵錘不斷錘鍊，要很均勻，沒有氣孔，像糯米粉的形狀，再放入瓦罐中，同時加入明油和火油或松節油、漸漸地把粉塊調成功糊狀，就可以應用了。至於各種顏色漆的配置，稍和白色漆不同，顏料的加入，只要直接放入明油中調和到均勻，即可應用。深的顏色，純用一種色素，淺的顏色，只要加入白色漆，就可拼合而成，可是各種顏料有各種的比重，調和時要特別留意，萬一調不好，可就近請教專地油漆匠。

丙、底漆：打底的材料

油漆裏的打底，就是說在未油漆以前，在要油漆的模型上，先塗一層物質，使木材上面接合的縫道和木材滿身的氣孔，高低不平的地方，成為很平滑的表面，增加油漆工作上的便利，和乾燥後的色澤光彩。打底材料不外乎粉料和膠料的配合。

(一)膠料類

1.猪血清，我國漆匠常拿來代膠水用的，是以鮮猪血冷凝後，用竹絲或亂草撈去血絲雜物，加入澄清的石灰水（一半），猪血就變褐色，而凝固成凍的形狀。

在用時用竹帚打動使牠化開，就可以調合各種打底的材料了。

3.石花菜：又名鴨腳菜，是一種海藻，在南貨店裡有出售的。先洗淨，放入鍋中煮爛，成功稀糊狀，就可以代膠水用，調合各種打底材料，也可以直接單獨供打底之用。

4.牛皮膠：是打底難得用的材料，因為價值比較貴，且只能調合石粉，並且有鹽質，不十分黏着，因而在打底材料中並不重要。

5.米漿：用米粉煮成稀薄的漿作。

5、生漆＝用来和瓦灰调合，是最優良的打底材料。

(二)粉料類

1、黏土粉＝就是一種紅土或黃土，加入膠水或米糊调合，只能適用在粗製的東西上，細巧的是不合用，不过比較經濟。

2、瓦灰粉＝就是用磚瓦敲碎，研成細粉，用生猪血调合成糊状，塗在表面上或縫中，乾燥後黏附性極強，是中國漆法中最普通的打底方法。

3、老粉＝是一種石粉，就是白石研成的一種粉，可以用猪血和生漆水调合，乾燥後黏附力也強。

化石膏粉：是用生石膏燒煉而成的粉。要採用凝固性極緩的一種，可以用生漆或膠水調合，黏附力也很强，是打底的好材料。因為牠的本質是白色，可以加入和木頁本色類似的色素，等乾燥後打光，不大看得出塗補的痕跡。

底漆的打磨：以上的幾種材料調合塗在木料上之後，一定要候它完全乾燥，還要用砂紙或木賊草打磨光滑，才可以上面漆。

丁、附錄：

飛機油漆的功用：飛機各部塗用的油漆，在飛機性能上有很大関係，因为飞机外表涂了漆料可以光滑减少空气摩擦发生的阻力，同时加强飞机皮面抵抗侵蚀的力量，和保持皮面的乾燥。现时飞机所用的涂料，以瓷漆、涂漆和涂布油(Dope)为通用，涂布油是用醋酸纤维素原料和其化合材料製成的，也就是普通所叫的「喷漆」，油漆飞机通常都是採用机器喷射方法，故漆面很光滑，尤其是现在的飞机製造者对於涂漆的研究，进步非常迅速，兹将所得関於油漆功能的新闻節録如後：

(一)油漆能增加飞行速度：

1.据美国福勒公司総理由试验所作精密的估计得

知漆料可增加飞行速度，每小時六、四哩。

2、據說塞佛斯基競賽机的速度，增加一半是由於採用新发明的油漆。

(二)油漆可以遁形。

1、據柏林方面报告：一九四〇年八月，英空軍曾將一種厚黑漆料塗於轟炸机下，使照空灯於完全照到机身上時仍不能发覺飞机所在。當時柏林防空火器僅能向飞机所留在雲層上的陰影射击，嗣後有一架為密集砲火击落，德國专家才发現它用新式漆料，並用始試驗於汽車頭的光線中，这种试验的一部份，立刻變成看不見的東西。

又美國福勒公司化學家最近又發明兩種新的神秘
混合物，在有霧天氣距離一至二百公尺，幾完全看
不清楚。塗上此物件之上

至於飛機，利用油漆偽裝，上面漆成泥土和草綠色，由
上面俯瞰與地面同樣，下面漆的青灰色，由下面仰望
與天空相仿，這是極平常的事了。

见本章插图党徽的画法

# 党徽繪畫法

模型製成後，為了表明它的國籍起見，須畫上各國的標識。若係製成我國的飛機模型，即須加繪青天白日的党徽。可是党徽繪畫，如果沒有充分的領會，必定畫得不標準。一個現代的中國青年，不能畫成一个標準的青天白日党徽，實在是一件很慚愧的事。所以在習作時，應該多多研究，那末臨時就不會感到困難了。

繪製青天白日徽，應用繪圖儀器，依照下列兩種方法：

1. 最簡單的是用分度器。（法）器是半圓形的明角或金属薄片製成，弧邊劃分一百八十度，書坊文具店都買得到（也叫做半圓規）。因為青天白日徽的光芒共分十二角，每一角尖恰為三十度。[redacted]分度器[redacted]（半圓形）弧邊[redacted]（來）分[redacted]恰好[redacted]（得劃）六角，非常容易。

乙、其次是用一个圓規，一把公尺，依照下列各圖[redacted]（中間）線，何畫法（也可以）[redacted]成標準的黨徽。

見本章插圖黨徽剪貼法

# 黨徽剪貼法

在模型上面繪畫青天白日徽的方法，前面已經說得很明白，可是有些模型的質地太輕薄，如航空飛機的翼）或作弧形的，都不能直接使用儀器畫，這樣一來，祇可用一張紙繪成黨徽後，剪下來貼在模型上面，若是在沒有繪圖儀器的時候，或遇到學生程度太淺的，可用下列兩種剪貼方法：

甲種剪貼法：

1. 用藍紙一張，剪成圓形，作為青天。畫圓形時，沒有圓規可利用任何一種圓的物件，如鐵罐、硬幣、或茶

杯）置在蓝纸上，用铅笔，沿着周围画一圈
就可以画成，或用针（钉）一枚插在纸上做圆心
系上一条细绳，绳的另一端系着铅笔，
画的时候，左手揿住圆心的针，右手执笔
围绕一周，画成圆形剪下。（如图A）
2. 用白纸一方，大小如蓝纸，依次B C D E的各图
折法剪去有斜线的部份，就成图F）
的白日形。
3. 用蓝纸一张剪一圆圈（如图G）作为白日的外缘青圈。圈的直径等于A的直
径、宽度等A的直径十五分之一。

4.將F貼在A的上面、再將G貼在F上面，試成功一个標準的青天白日党徽了。

乙種剪貼法：

用藍紙一張，照B C D E的圖摺法，照J圖將斜線部份剪去、即得一挖空的青天白日形，成J圖，再將此圖貼在白紙上面，也試成一个

黨徽。

见本章插图党徽油漆模板图

见本章插图党徽的油漆法

# 党徽油漆法

一个学校或一个团体、集体的制成多量的模型、标，一律加上党徽标识，除了用前面的剪贴方法外，可用下面的直接油漆法，这既迅速美观、又不致有脱落的弊病：这方法如下：

用坚韧的厚纸两张，一张挖空成圆形如A图（有斜线部份挖空）另一张照剪成挖空的白日徽如B图（其摺法参看党徽剪贴法图B C D三）先将A图厚纸覆在模型上面，用蓝颜色将挖空圆形部份完全涂满，如图二。

3. 待藍色乾透、再將B圖覆在藍色圖形上面、須要對得很正、然後用白色將B圖挖空部份塗滿如圖四、最後取開覆紙、模型上就有一個很標準的青天白日徽。

很正確的

## 飛機翼尖上黨徽畫法

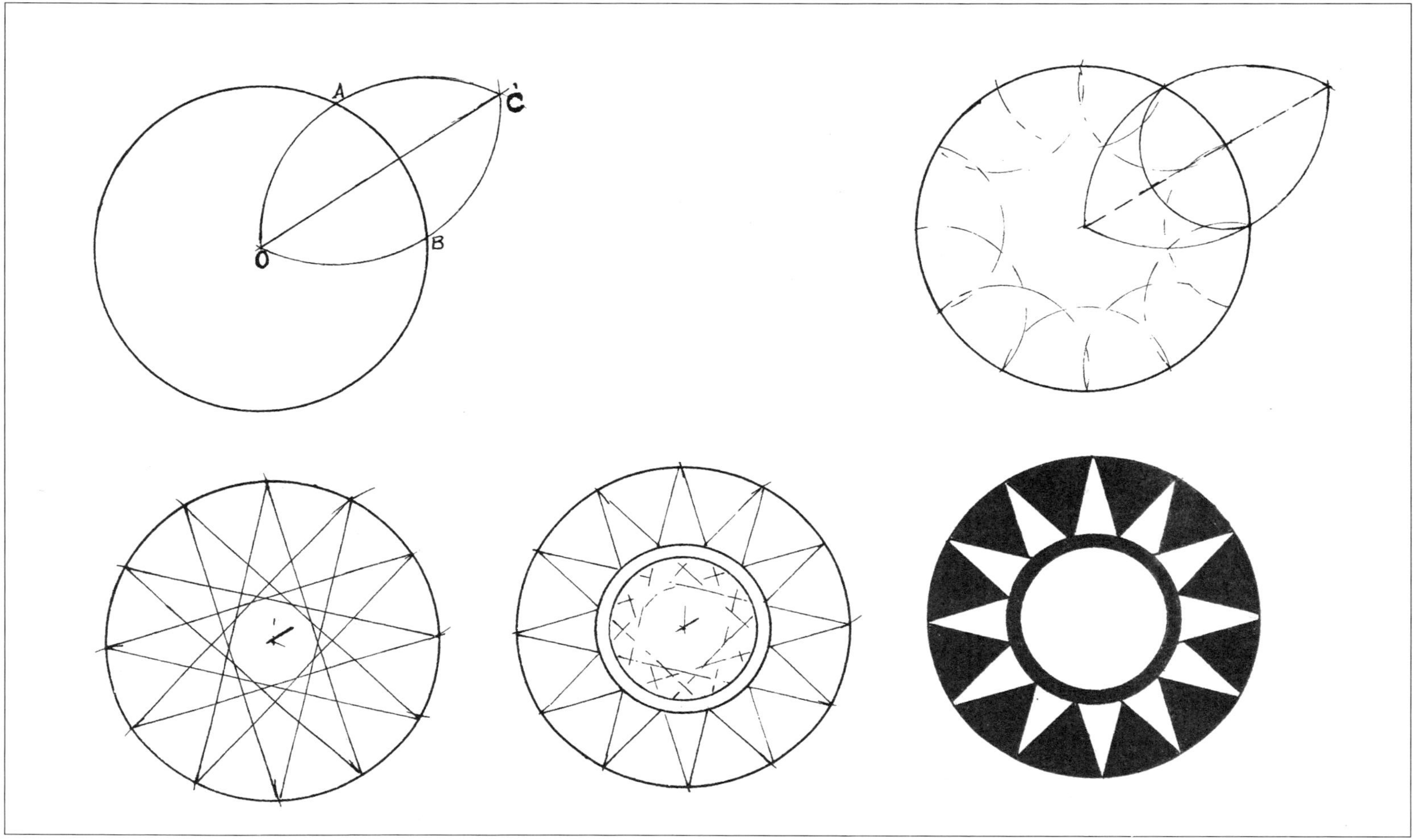

## 党徽剪贴法

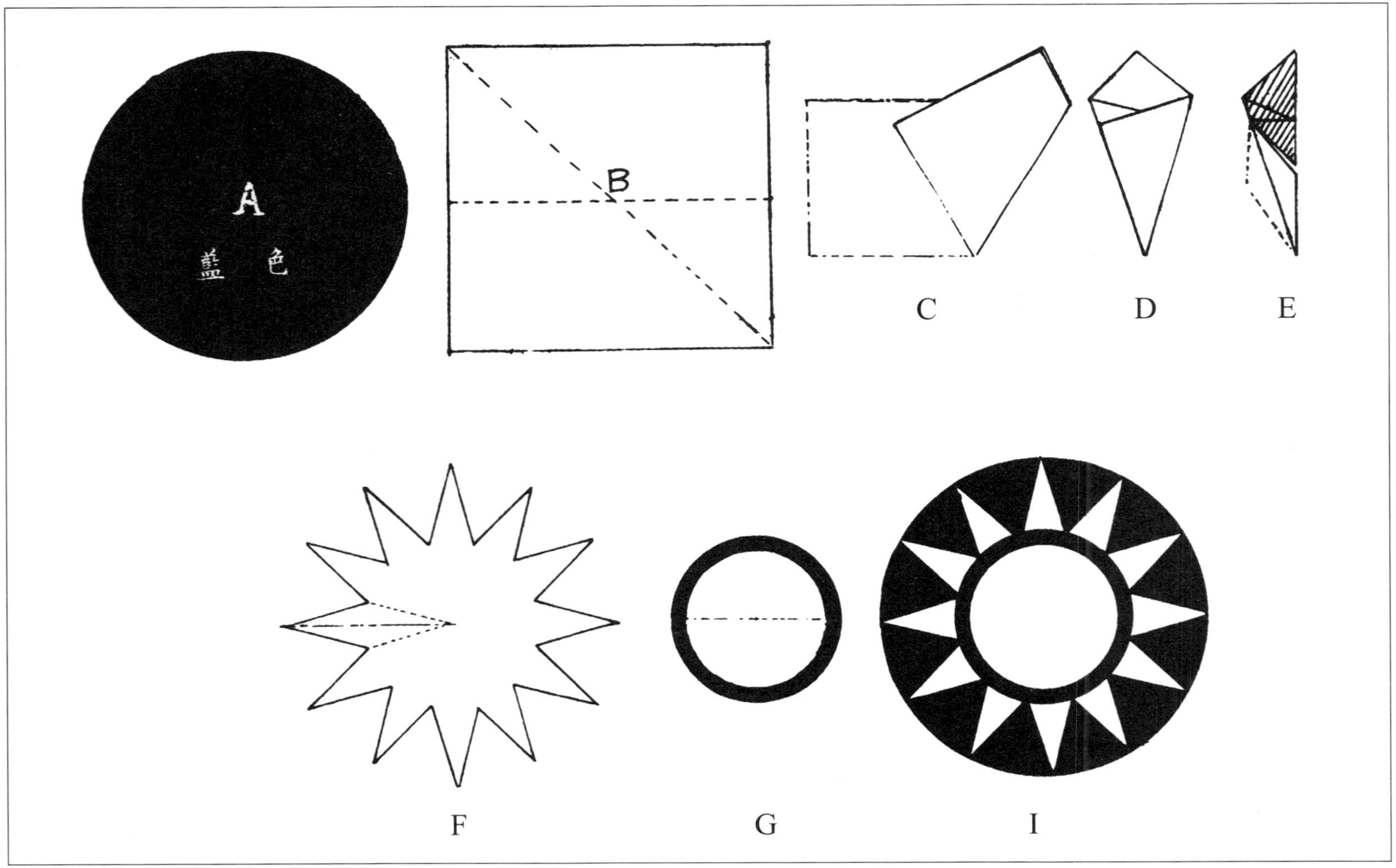

党徽油漆模板图

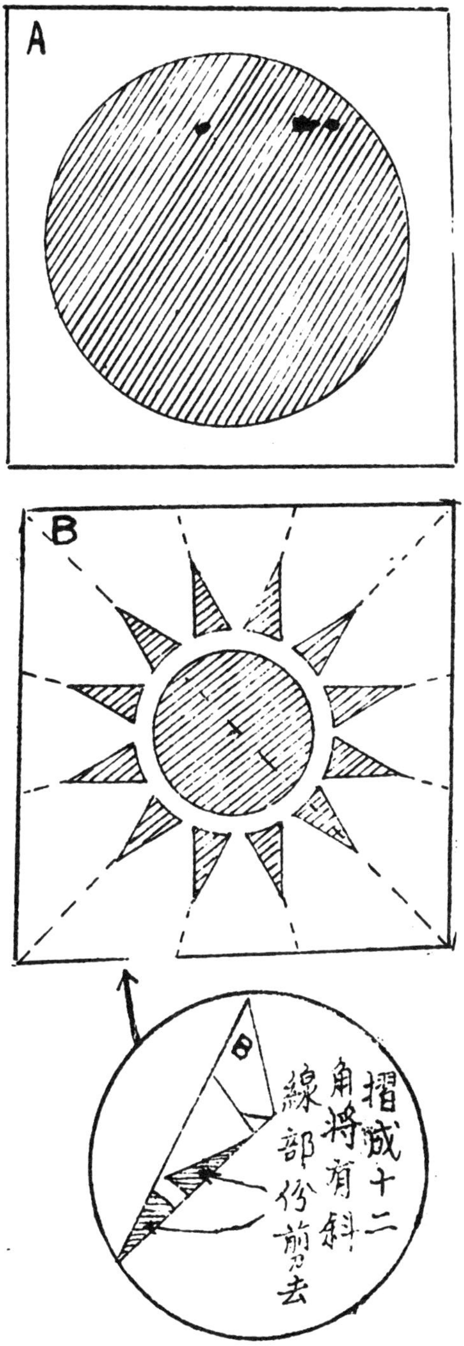

## 党徽的油漆法

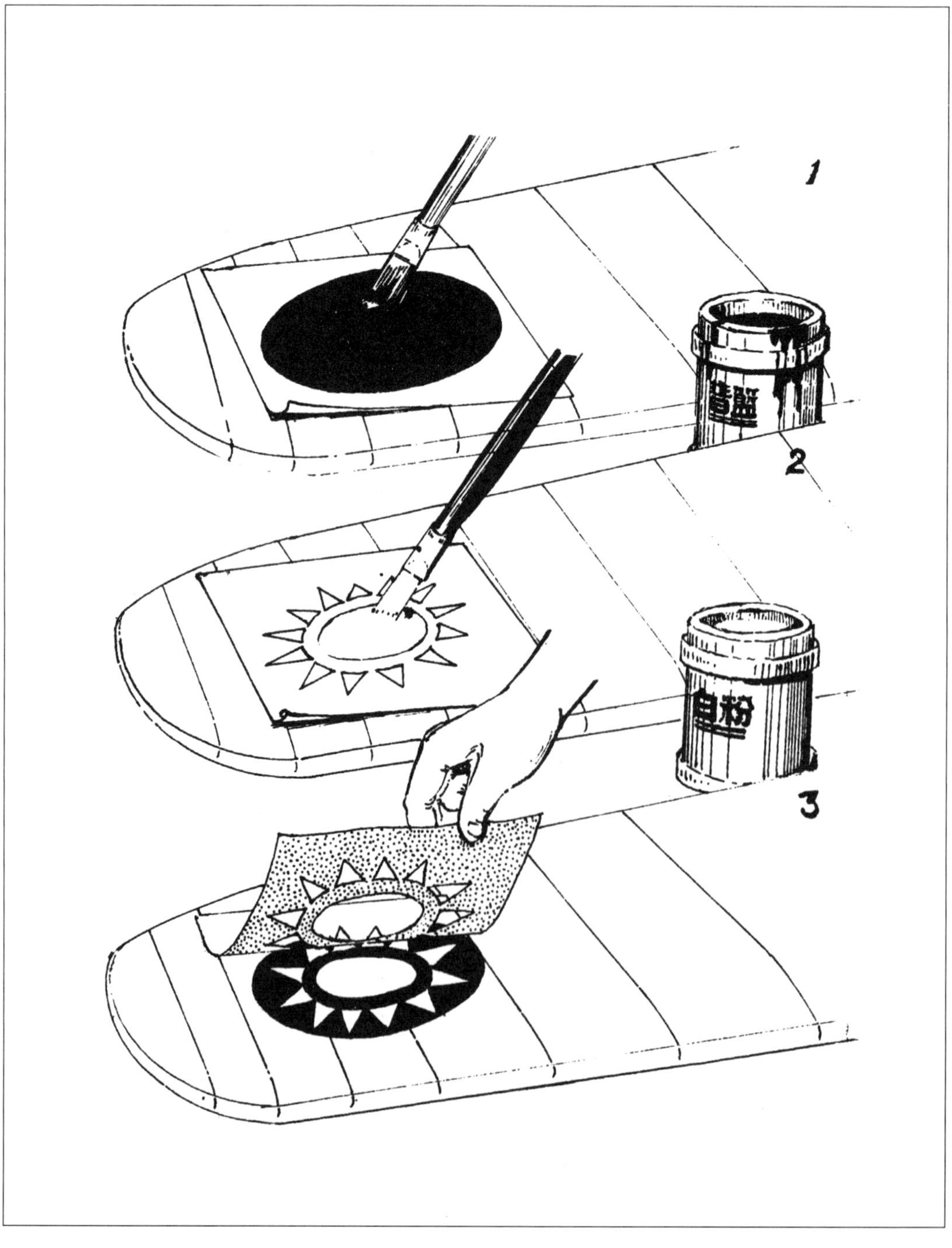

## 磨刀的研究

「工欲善其事，必先利其器。」如果刀刃不鋒利，就是有極精巧的技術，也不能產生優秀的作品。刀質雖然很精良，但用久了也會缺鈍。所以研磨的方法是極闗重要的。

### 甲、研磨的砥石

一、砥石的種類：砥石（俗稱磨刀石）有粗砥、中砥、及細砥三種。粗砥祇可供修刀刃和開刀口之用。中砥石是平常磨刀之用。細砥石是最後完工的研磨之用。

二、砥石的選擇：石質要以緻密、均勻、堅硬為最好。採購的時候，可以試用水滴在石上，如果立刻被石吸收的，這種

见本章插图砥石的用法

石一定質地軟而劣。大抵平常磨刀都是用砂，也有查用細石最後的研磨時，不用砂而用油。這是最考究的。

三、砥石的使用：使用砥石研磨最好特做一張矮腳的長板櫈。將砥石鉗嵌在櫈面的前半部，旁边掛一個盛砂的鉄罐，或竹筒，以便學生可以隨時蹲在櫈上研磨，時常保持工具的鋒利（附圖）需要研磨的工具大概可分為三種：(1)刀 (2)鑿 (3)圓槽雕刀。這三種工具的研磨法各有不同。通常用中砥石研磨時，可以隨，加砂，用細砥石時，只要最好加砂，磨到砂乾為度。

四、研磨的試驗：刀刃研磨後要試驗是否鋒利，可將刀口輕輕剷左手姆指的指纹觉得起一種纖细的敏感，便知鋒利的程度。這個方法只要稍加練習，便能領會。還有一種試驗方法，就是用水濕薄紙，貼木板上，用刀輕劃，切口整齊光滑，就是鋒利。否則還要研磨。總之沒有鋒利的刀，不但會減低學生的成績，而且影響學生工作的興趣。著者在成都曾集合航空子弟小學的學生練習做模型時，曾經教導他們注意磨刀方法，起初他們都不很相信，有一天著者特用鈍的刀給他們試驗，結果他們費了很大的力，還是做不好，都覺得心灰意懶，後來換給鋒利的刀，他們立刻覺得輕快，好同前製一般，做出來的成績也很好，以後再也不敢輕視研磨的工作。

製衣作

见本章插图各种研磨法·磨刀法

见本章插图各种研磨法·磨錾法

## 五、各種工具研磨法

### 1、磨刀法（附圖）

右手拿刀，刀尖向前，刀背與砥石右邊約成五六十度，食指按着刀面，拇指和其它的手指緊握刀柄，左手食指中指用刀按着刀面將近刀尖的部份，兩手的推動要一致，刀向下的一面最要緊平貼砥石，不可蹺息，磨成的刀，才得鋒利，俟一面磨利後，再反其他一面研磨。

### 2、磨鏨法（附圖）

手法和拿刀差不多，不過鏨柄較為舉高，要注意刀面始終保持平直，緊貼砥石，反復推研，不可隨意高低，使刀面磨成拱形，使很難鋒利，鏨子難得研磨反面，這是我們要留意的。

见本章插图各种研磨法·磨圆槽刀法

3、磨圓槽刀法（附圖）

在平面的砥石上磨圓槽刀，是最困難的事。最好在砥石上須先挖成幾道凹槽，寬狹要適合圓槽刀的需要，大槽磨大刀、小槽磨小刀，不可混亂。但是一塊砥石起了凹槽，就不能研磨平面的刀鑿，最經濟的方法就是砥石的側面或底面，磨圓槽刀的裡面都係，利用砥石片，或用砥石的邊緣都可以。

## 砥石的用法

## 各种研磨法

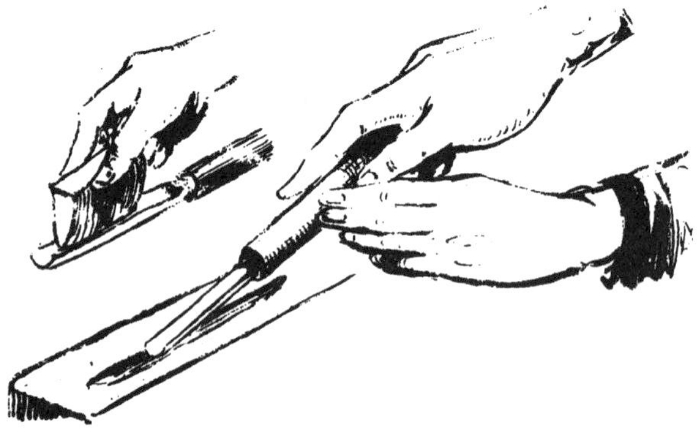

磨圆槽刀法

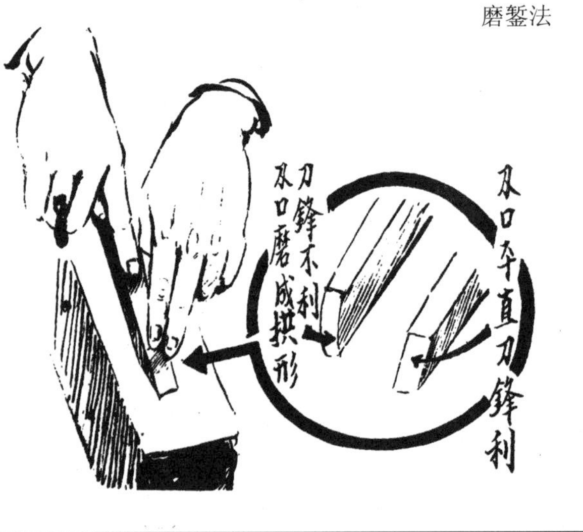


磨錾法

磨刀法

## 航空勞作作業的設備

勞作作業不是書本上的功課，是要實實在在試驗製作的，而且它的範圍很廣，除了仿製實用工藝品外，還可以做兒童玩具。如果一個教師能適應兒童天性，因勢利導，可以養成兒童由模仿進而至發揮他們的創造能力，成為一個未來科學的發明家。尤其是航空的勞作，不但灌輸兒童航空機械和飛行的常識，引起兒童對航空的興趣，作各種航空的遊戲研究，試驗製造，並且養成為未來的航空製造家、和飛行家，而達到航空建設的目的。因此每一個學校的負責者，和學生的家長，都應重視航空勞作的價值，畫力鼓勵子弟去製作才是。

勞作作業要有良好的成績，首先要有好的設備。

甲、工作室：

勞作因為是要實驗製作的，所以必需要工作室。

一、工作室的條件：

1、房屋要寬大，可以容納學校裡人數最多的一級同學在裡面工作。

2、室內光線要適宜，空氣要流通。

3、室外有廣大的空地，以便試驗飛翔。

二、室內的設備：

1、工作枱　要比較書桌寬大堅固。

2、工作櫈　像普通長板櫈稍低一些。但櫈面很厚櫈脚堅固，以便學生可以鋸木。

3、各種必要的工作小機件，設備越多越好。

三、室内的陳設：

1、以簡單樸素整齊清潔為主。

2、懸掛各種有關航空圖畫照片及表解。

3、加些醒目美觀的精神佈置。

四、如果學校規模不大，没有這樣特别的設備，就在普通桌上和普通教室内書桌上工作也可以。但是要特

製一塊工作板，把桌面蓋好，以免工作時把桌面破壞

牆上仍以貼懸航空圖片表解為佳。

乙、工具室：

「工欲善其事，必先利其器」這雖然是古人所說的話，可是到現在這句話依然一樣的有用。如果我們要學生的勞作成績和節省學生的時間，提高學生勞作興趣，必定要儘量多備工具，使學生隨時借用。工具室是很重要的，有了一間工具室，各種工具可以分類放置裡面，保管員同時也便於保管。如果沒有工具室，設有幾個分類的工具櫥，這樣，也可以免去各種工具的零亂和散失的弊病。工具室

的管理最好指定專員負責。

一、工具的種類，是要依作業範圍分類的。工具亦按人數制設置。

1、紙工用具

米突尺（就是公尺每人一件）

三角板（每人一付）

小剪刀（每人一把）

裁紙刀　四把（公用）

刻字刀　每人一件

糊帚　八個（公用）

2、木工用具

小鋸三の把

斜鑿八把

彫刀（印木刻刀）各種式樣各兩把

錐子四個

排鉋兩個

大鋸一把

搖鑽一個

曲尺兩把

車床一個

曲線鋸一個

小鉄鎚 四個

斧頭 一把

3、竹工用具

竹刀 兩把

鏟刀 四把

細齒鋸 二把

錐子（白刷ぃ齒三角）四個

4、金工用具

粗鉄剪 一把

鉄鉗 三把（尖嘴二把平嘴一把）

大鉄鎚 一個

風箱 一個

銅鑿（焊錫用）一個

鉄砧 一個

羊角 一個

捲邊鉄 一個

煤炭爐 一個

錫條 一塊

5、沙土工用具

木板 小塊每人一塊、油布一塊、

黏土範（全套）四套

木箱 大的一个、小的四个、泥缸一个、木桶一个。

6、缝紉用具

針 線插（每人一个）

裁衣剪 大二把、小的自備

市尺 四把

針 每人自備

二、工具的置備 設置工具的原則：

以上的工具，可以自製的最好自製。如米突尺、三角板等

都可以自己製造的，可以學生自備的工具也該儘量自備。

一個人所費不多，但合起來都成一筆巨款了。平常像小剪刀、刻字刀、針等，都應該自行購備，或由學校統籌代辦，購款照價扣回。

公用的工具要能顧到多數人的使用。如鐵鎚的重量要合適於年紀小的同學用，還要顧到多方面應用。如鉋子可買中號的。無論鉋什麼材料，或什麼人借用，都沒有困難。每個學期終結可將成績品出售一些，所得的款作為公積金，以為補充工具之用。

三、工具的管理的方法

1.分類儲藏　依照上面的分類方法，分別儲藏。

2、編號登記　每一件工具，編一號數，寫在上面，在放置工具處也同樣的編出號數，工具室管理員，應熟記工具放置處的號數。每逢同學領用工具時只要一查編號登記冊，即可知道工具的號數，按號開抽屜或箱櫃取出。工具編號登記冊可以分列：

1. 類別（分木工或竹工類）
2. 號數
3. 工具名稱
4. 數量
5. 每件價格

6.購買年月日

備註

7.借用手續

工具室應預備、借用工具登記簿及借用單，登記簿

及借用單應寫明：

日期

姓名級數

工具類別名稱（另條木工用具可疑以下木字等號記字樣）

借用時間

老師簽字

若是多數同學同時要用的工具，可由勞作教師於上課時，負責具單借用，下課後負責交還，或指定級長負責亦可。

四、工具檢查和修理

1、檢查：每週檢查一次。如有同學借用到期不還的，管理員應主動向他索還。如有被同學損壞或遺失的，也該向他要求賠償。學期終了，舉行總檢查一次，察看各工具的優劣、和使用情形，決定下學期應行添購的種類。

2、修理：

研磨：如鉋、鑿、鋸、刀等，因為常常使用，刀口容易遲鈍，對於學生勞作興趣和成績影響很大，應在每月終檢查時，見有不鋒利的工具，應取出一一研磨（研磨的方法可參看後面「磨刀的研究」）

3、防銹　研磨以後，在刀刃口上塗以滑油或凡士林，以防生銹。小件精細的刃物，須包在鉛粉中。大件的放置處，要注意沒有濕氣和鹹味。

4、配補　有許多工具，須配着竹片、木條、繩子等零件，才可使用。如鉋、錐的把手，鋸子的繩、竹片，牽鑽的皮帶，常有脫落或損壞的毛病，應立即修理好。

5、改良　有若干舊式工具，使用時頗不靈便，應留意研究改良的方法，或採購新式工具來代替。又能獎勵學生，自己研究改良和創造新工具，養成學生向發明方面努力，那更好。

丙、材料室：

各種工作用的材料，最容易浪費散失，管理上相當困難的，最好另闢一間材料室，把各種大小粗細的材料分類放置室內。既不會散失，又便於管理。如果不能設備材料室，就要幾個材料櫥，把重要的工作材料，收藏在櫥內。

一、材料的種類：

1.各種顏料　油漆顏料、繪畫顏料等。

2、各種紙張　如竹造紙、木造紙、皮造紙、各種色紙、各種厚紙。

3、各種木材　如松、柏、杉、桐、銀杏等。

4、各種竹材　如毛竹、紫竹等。

5、各種泥土　如石灰、石膏、紅土、黄沙等。

6、各種金屬材料　如鐵皮、鉛絲、鉛皮、銅片、銅鐵絲以及錫、鋁、鎳等。

六、材料的採辦：

採辦各種材料、想一齊購辦完全，很不容易，最好先搜集下面兩種材料，然後再購置補充。

1、废物：不化钱的材料，大量利用。为大紫梗、软木塞、包装绳索、破碎玻璃、蜡烛油、铁罐、白铁皮、铜板、蔴像、厚纸匣、大紫匣、锡纸、玻璃纸、一切废纸、破球胆、碎乒乓球、破笔、竹笔套等。

2、本地土产、为本地产木，就要备木材。本地产竹，就要备竹的材料。要用本地土产，购价一定低廉。不得已才去购办外地材料。

三、材料的保管：

1、管理材料要注意的几点：

A、要注意各项材料储存的方法。

B、要隨時視察工作室，各人所用材料，有沒有虛耗的情形。

C、更宜詳察各人所用材料，除虛耗外，有沒有遺失的情形。

D、要注意存備材料數量是否够分配。如果數量少，应早日添購，以免臨時發生困難。

2、材料的保管方法，和領取的手續，一個材料室至少有四種簿記：

A、材料室總登簿

B、材料收料總登簿

C、材料分類總登簿

D、學期終材料實存簿

由管理員負責填寫並保存。

四、材料的存放

各種材料保管的方法。衣料放在櫥裡，各種材料装在原瓶裡放在架上。油漆、釘、銷等放在架上。紙張放在櫥內。泥土用木箱装好放在室內四周。竹材木材放在地上。各種金屬材料，有的掛在壁上，有的放在架上或櫥內。管理員可將各種材料依名稱排列號數，再將室內櫥架地点編號，按號佈置。這樣既便檢查，又容易尋覓。

五、材料的領發

凡是到材料室領取材料的學生，均須填寫領取材料單，由勞作老師簽字，才可以發。有了這張領取材料單，同學須憑單領取材料，可免浪費與遺失的弊病。因為浪費或遺失材料的同學想再領取一份，必須再請老師簽字，老師檢閱存根，必查問他浪費的原因，這樣就覺不便，自然留心愛惜了。

丁、成績陳列室

一、成績陳列分類

工作室裡陳列的成績，有紙工成績、木工成績、竹工成

见本章插图飞机模型的陈列法

績、金工縫級成績等，不能拿材料來分類，應該以模型的名稱分類為：

1.活動模型（飛機）（陳列法可參看飛機模型陳列法）（見圖）

2.實體模型（飛機）（同上）

3.滑翔機模型（同上）

4.空軍兵器如炸彈機槍等 可仿照兵器使用時之情形布置陳列。

5.防空模型（各種積極消極防空器材）方法同上，至于所需配合人物模型道具。

6.其他（如机場服裝油車等）同上

二、成績的登記

一件作品完成後，應該即回送此成績室裡，並且記入登記簿冊，以免散亂或弄壞。因為模型做成了，學生們都喜歡拿來玩耍。實體模型此不很嚴重，若果那些能飛的飛機，或活動的槍砲，不立即保存，學生隨便試飛玩弄，一回兒就會弄壞。作品登記以後，還要寫一張標籤繫在物品上。

1、成績登記簿可分列

A、號數

B、件數

C、物品名稱

D、班次

E、製作者姓名及班次

F、價格或非賣品

G、製作年月日

H、登記年月日

I、發還年月日

J、備註

2、標籤上標明的項目，最好和成績品登記簿一樣，以便檢查。

A、號數

B、件數

C、物品名稱

d、班次

E、姓名

F、價格（或非賣品）

G、製作年月日

三、成績發還及保存：成績品由管理員負責整理，得勞作老師簽註後，分別發还和保存，办法如下：

1、普通的成績品，每月發还一次。

2、優良的成績品，一學期後發还。

3、有創作價值的成績品，不發还，由學校永久保存。

4、畢業生的成績品，不發还，由學校永久保存。

## 戊、未完工成績品的管理

未完工成績品的管理。有許多作品，在一課或一天以内，不能完成的，這種作品，如果不好好保存，就會弄壞或散失。所以要有一個地方，好好兒收藏起來，以便下次取出，繼續工作。最好在工作室四週，每人備一個工作成績櫥，各人可以把自己未完工的成績和材料，以及自備的工具，一起放在裡面。這是最妥當的方法。否則可以利用壁間，做幾會搁板来代替，不過保管上比較困難些吧了。

## 飛機模型的陳列法

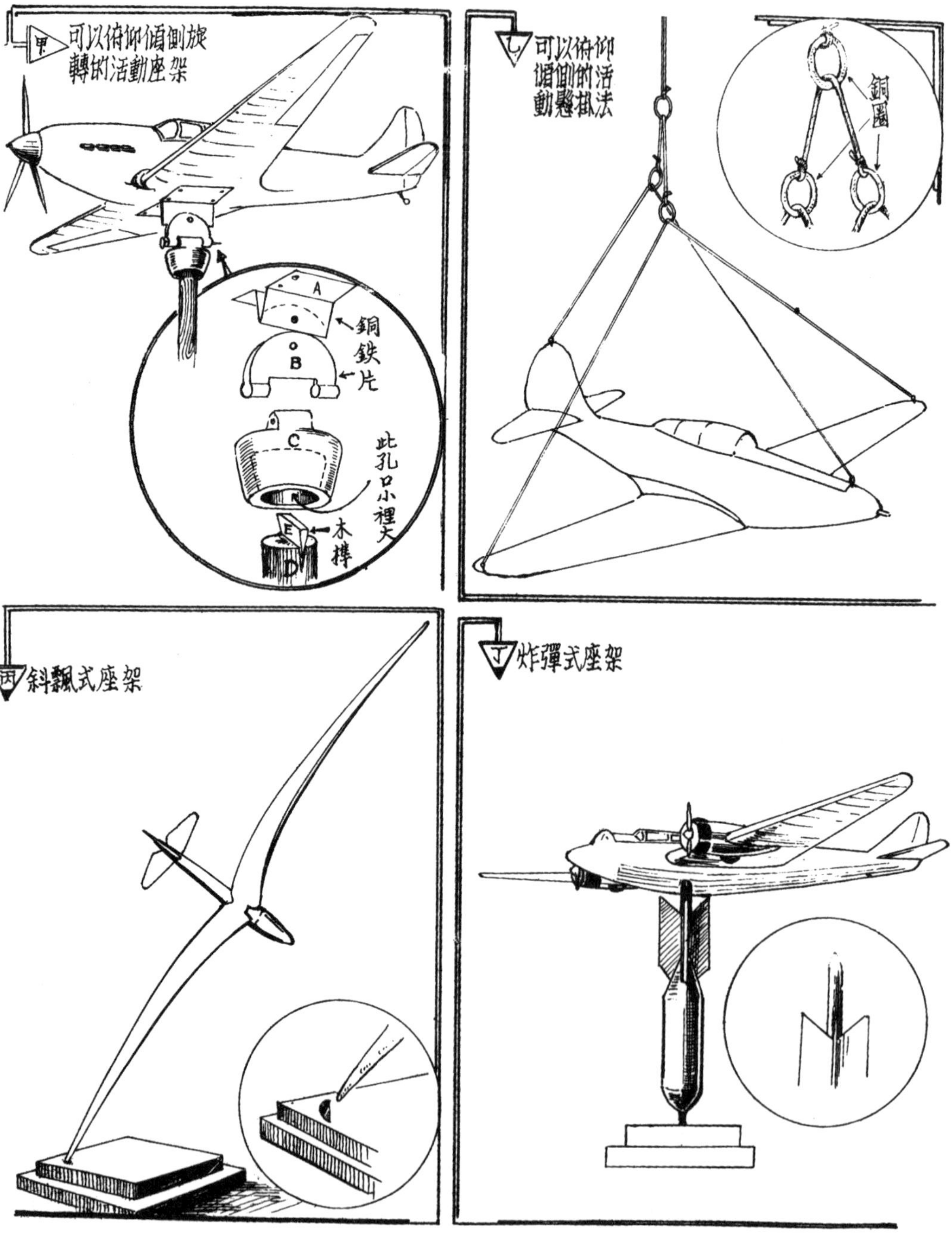
甲 可以俯仰偏側旋轉的活動座架
A
B
C
D
E
銅鉄片
此孔口小裡大
木榫
乙 可以俯仰偏側的活動懸掛法
銅圈
丙 斜飄式座架
丁 炸彈式座架

霍克Ⅱ式驱逐机三面图

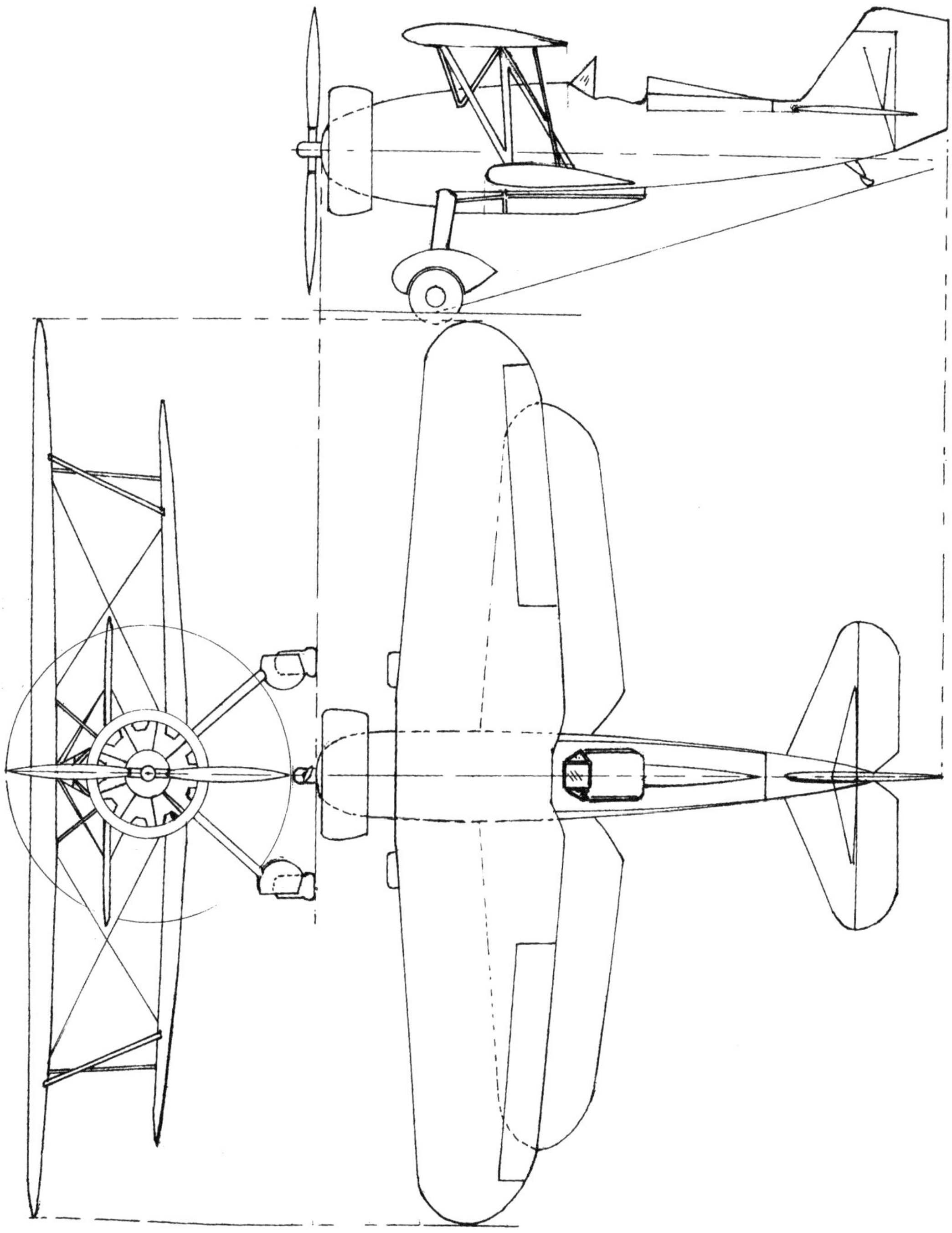

霍克Ⅱ式驱逐机材料图

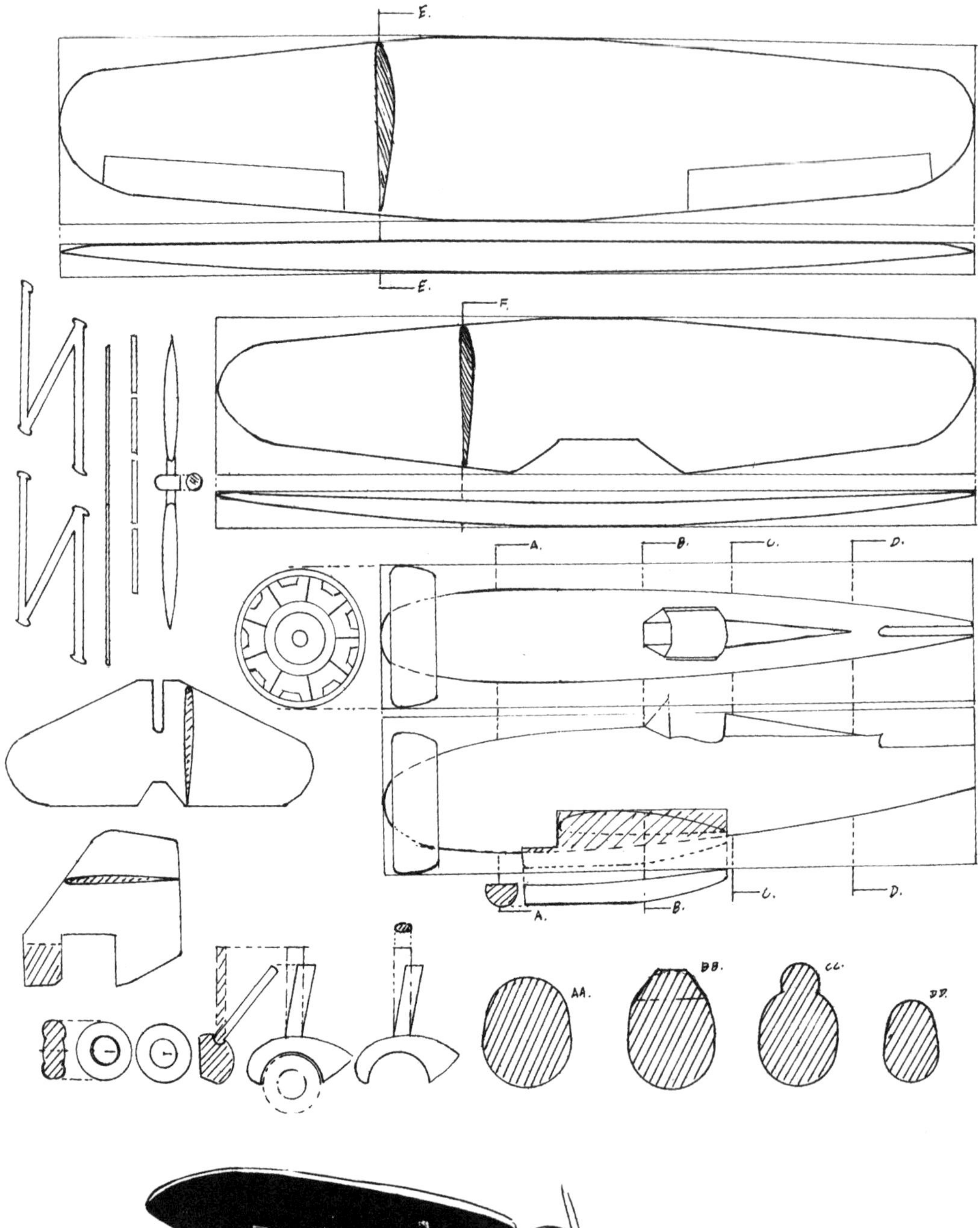

霍克Ⅱ式驱逐机参考图

霍克 HAWK Ⅲ驱逐机三面圖

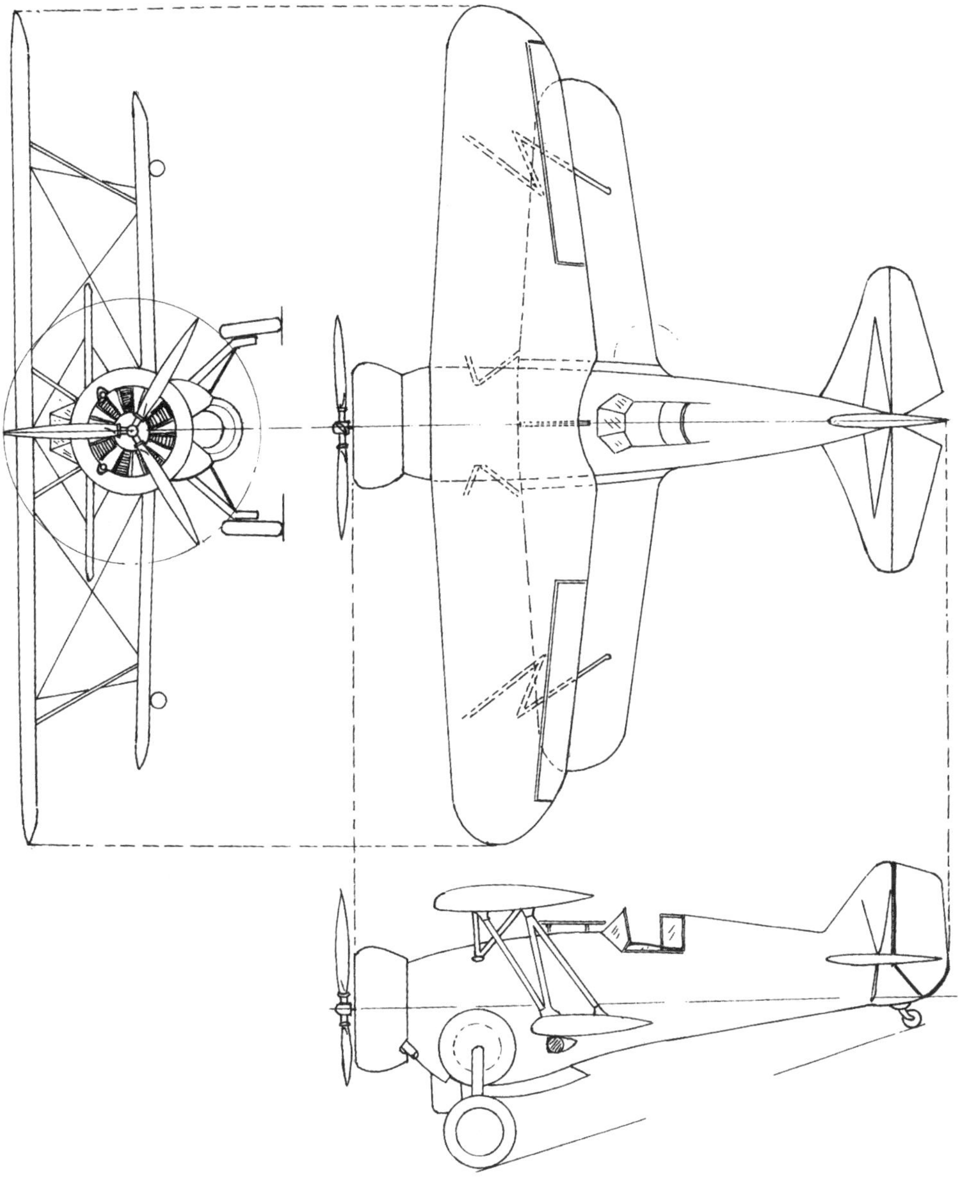

霍克Ⅲ驅逐機模型材料圖

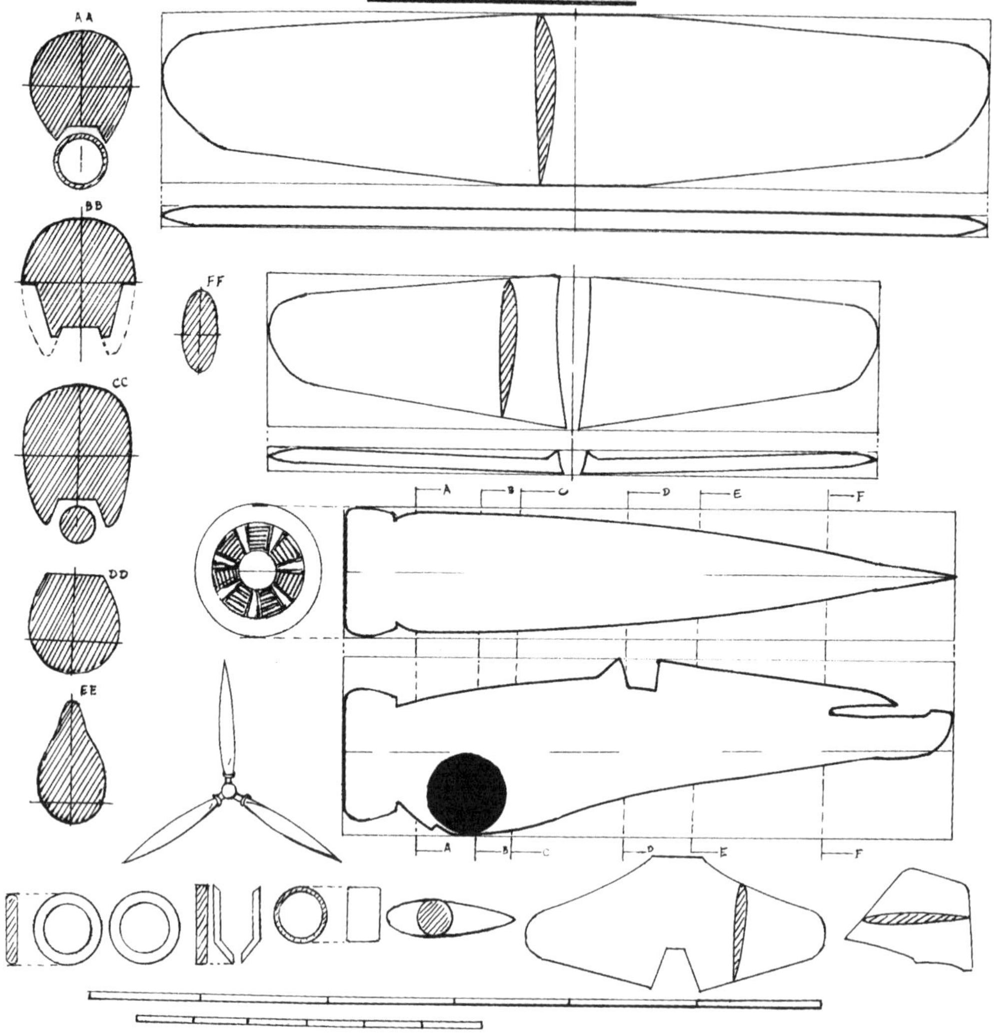

霍克75式驱逐机模型参考图

霍克75式驅逐機三面圖

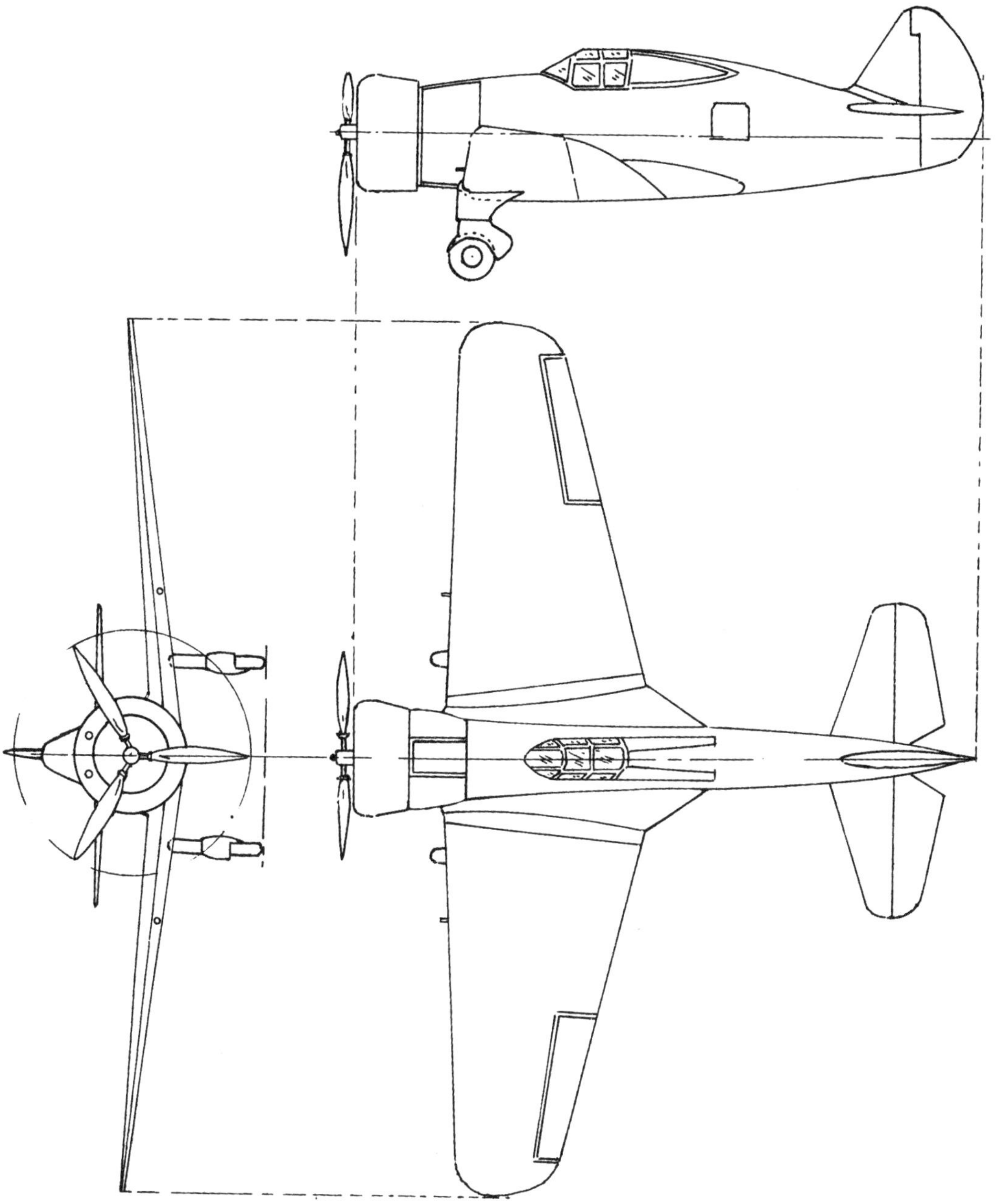

## 霍克75式驅逐机材料圖

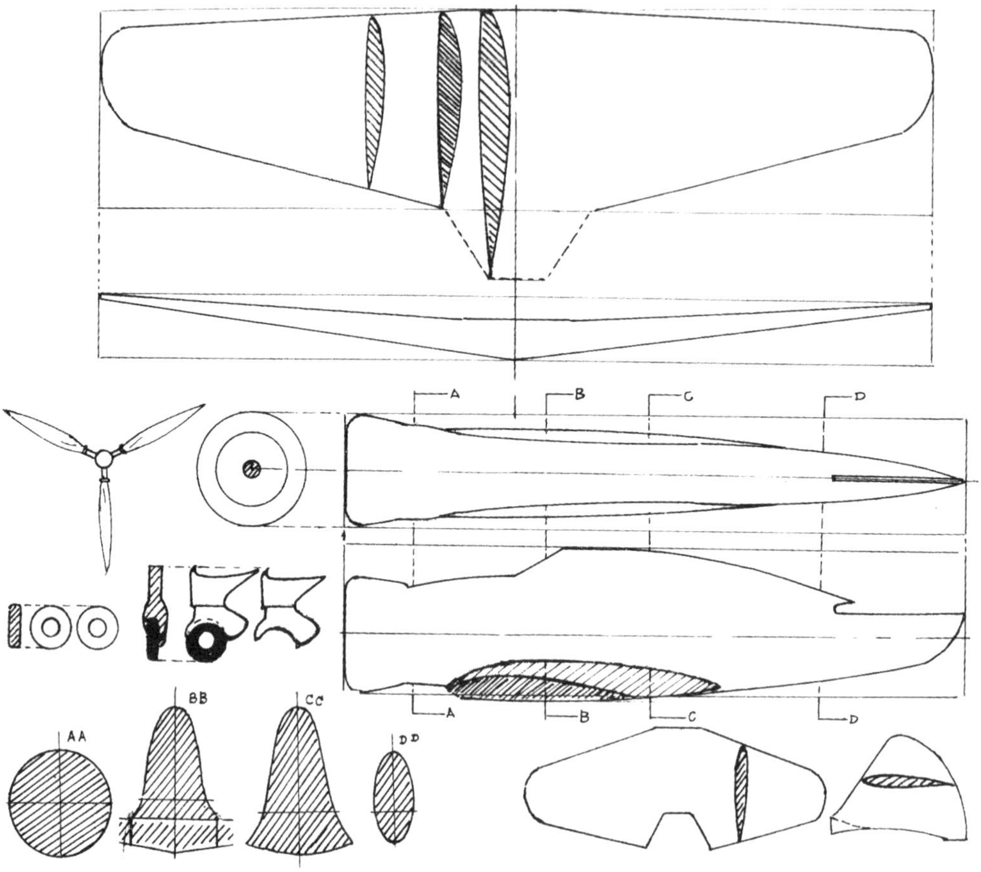


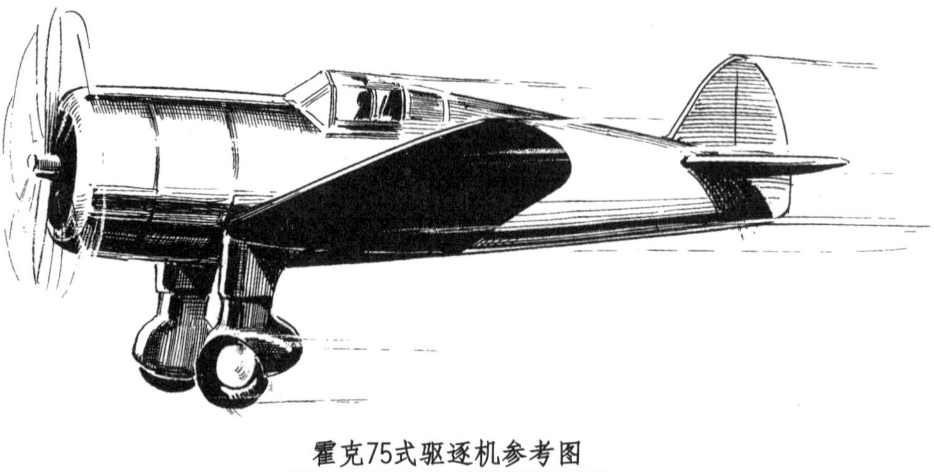

霍克75式驱逐机参考图

法國的瓦丁 DEWOITINE 驅逐機三面圖

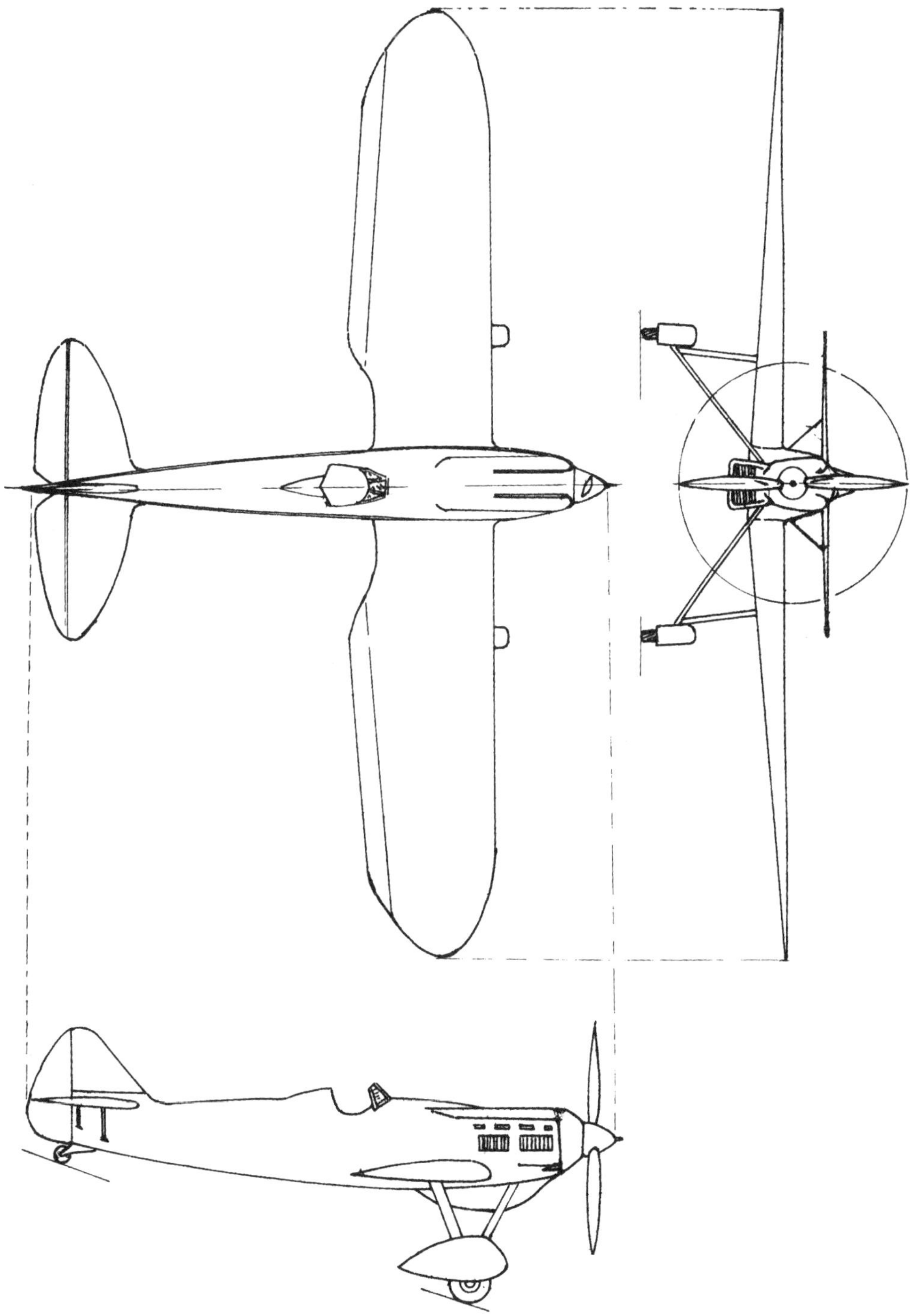

法國的瓦丁驅逐機模型材料图

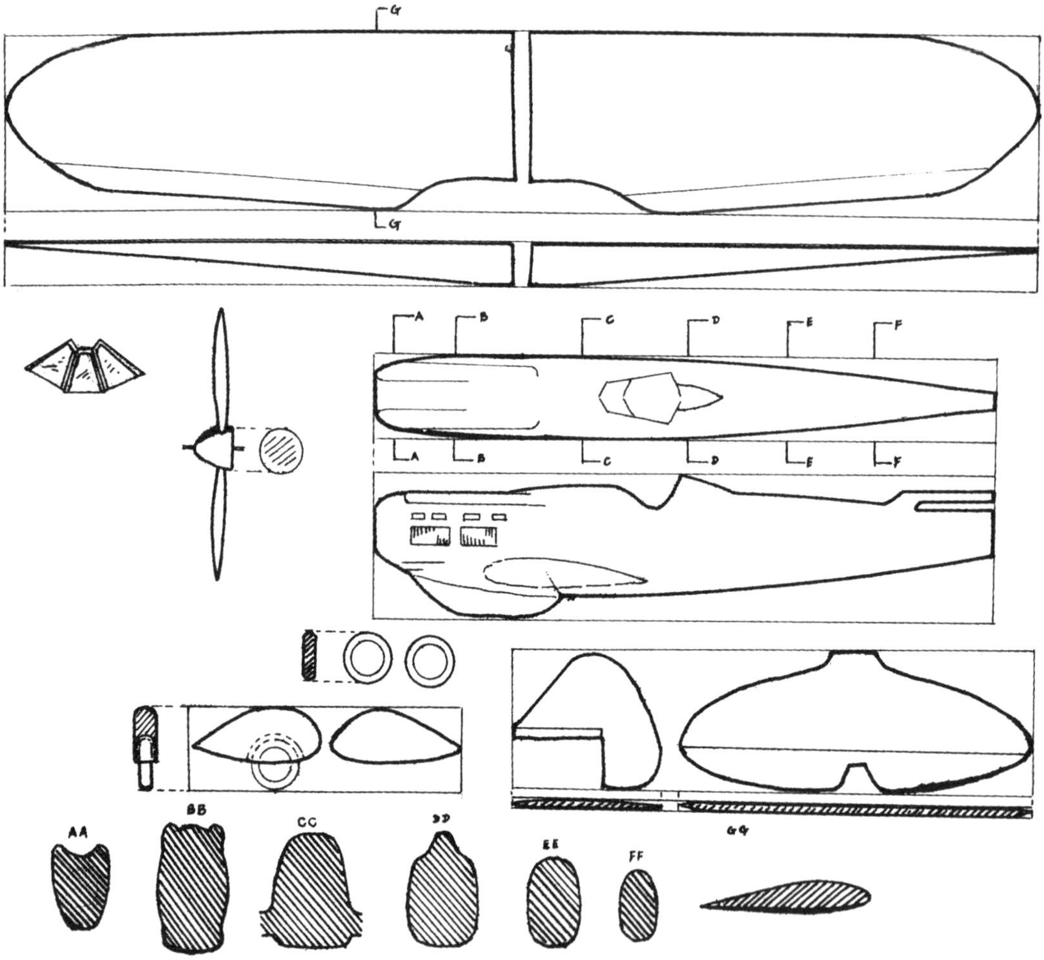


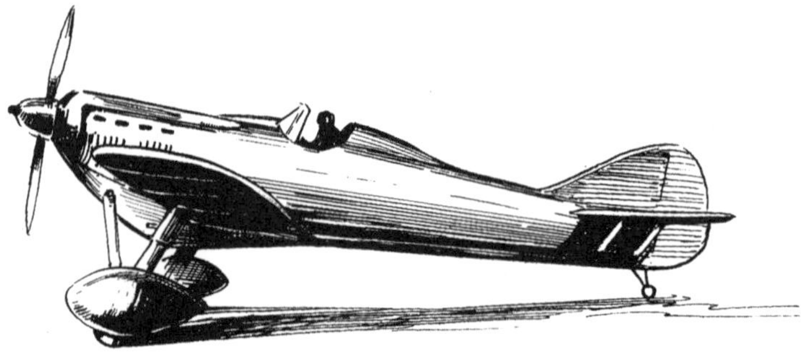

法国的瓦丁驱逐机模型参考图

伊１５驅逐機三面圖

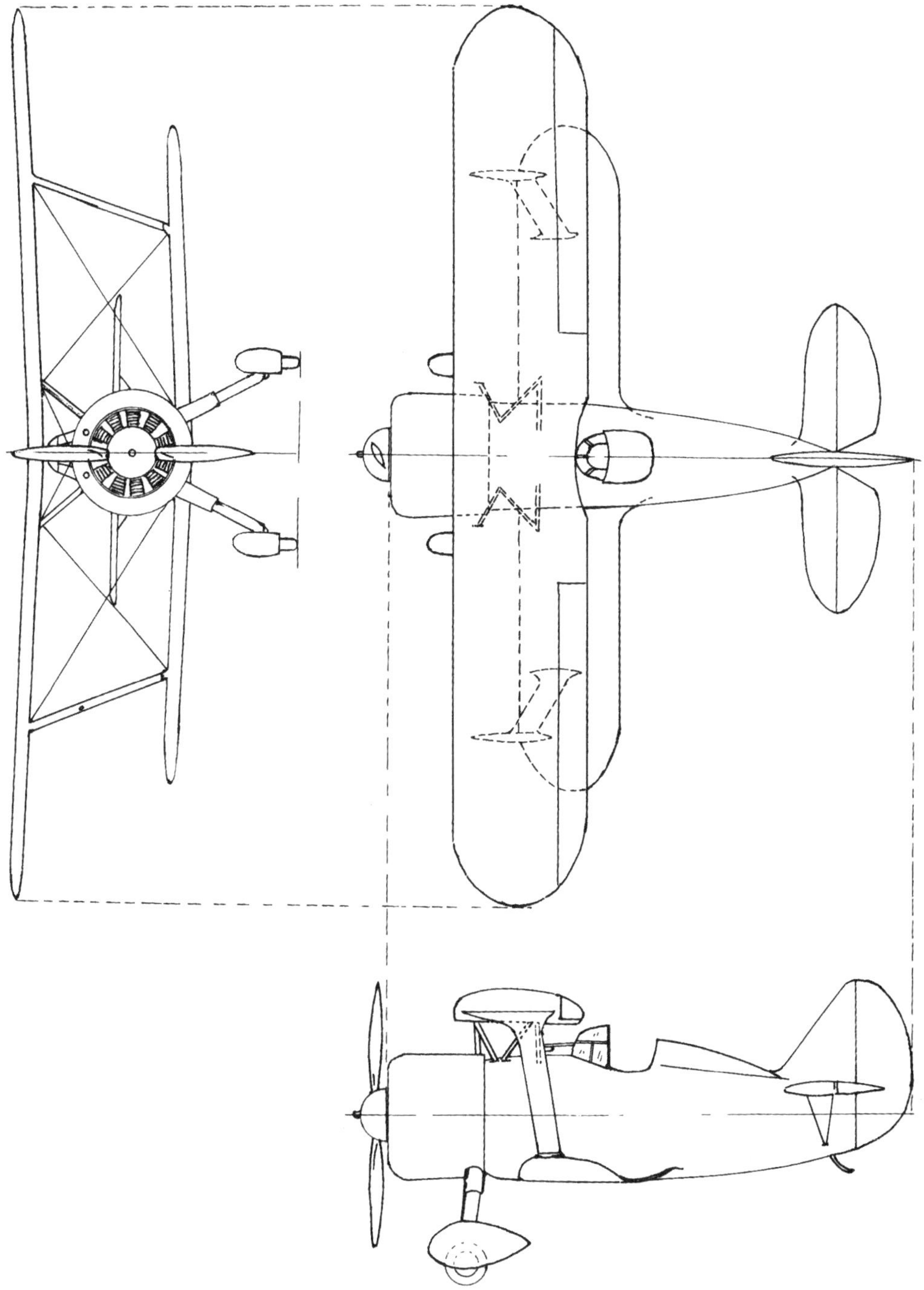

伊15驱逐機模型材料图

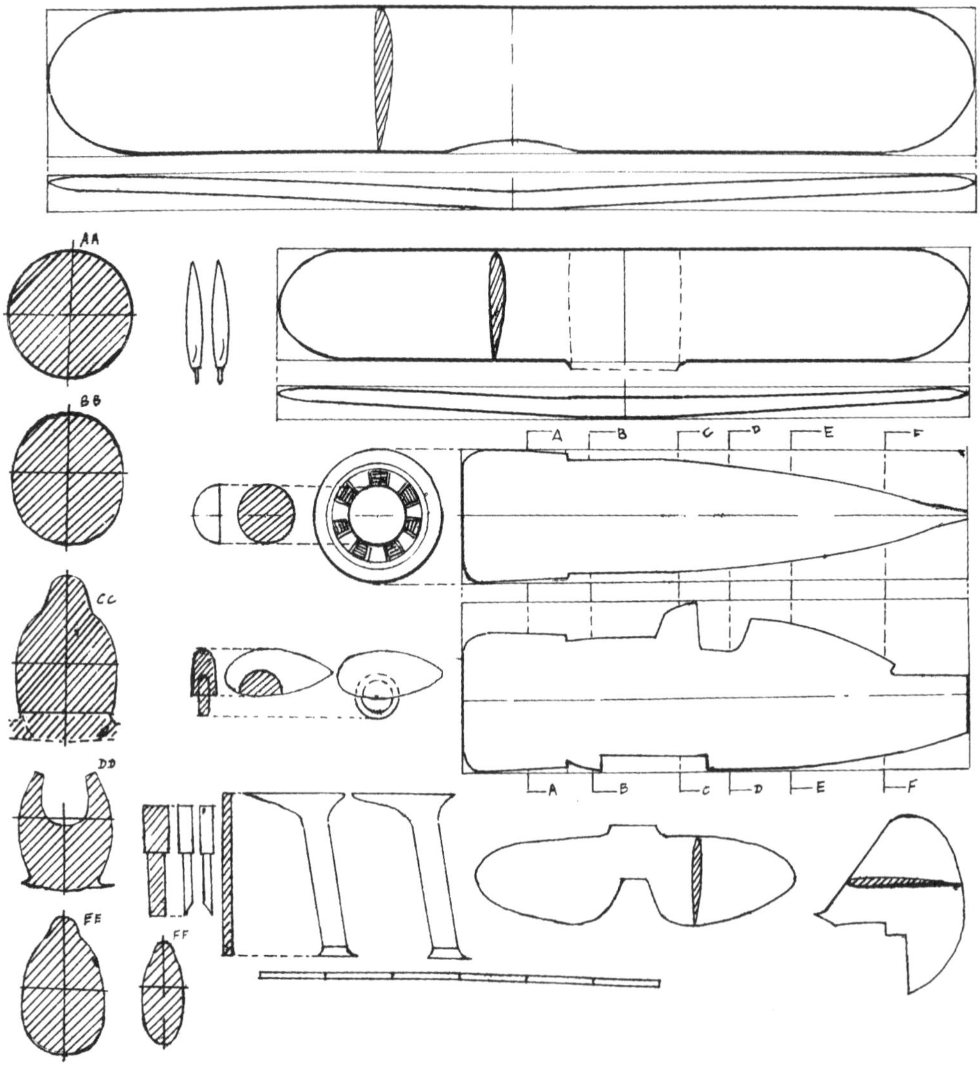

伊15驱逐机模型参考图

## 伊16驅逐機三面图

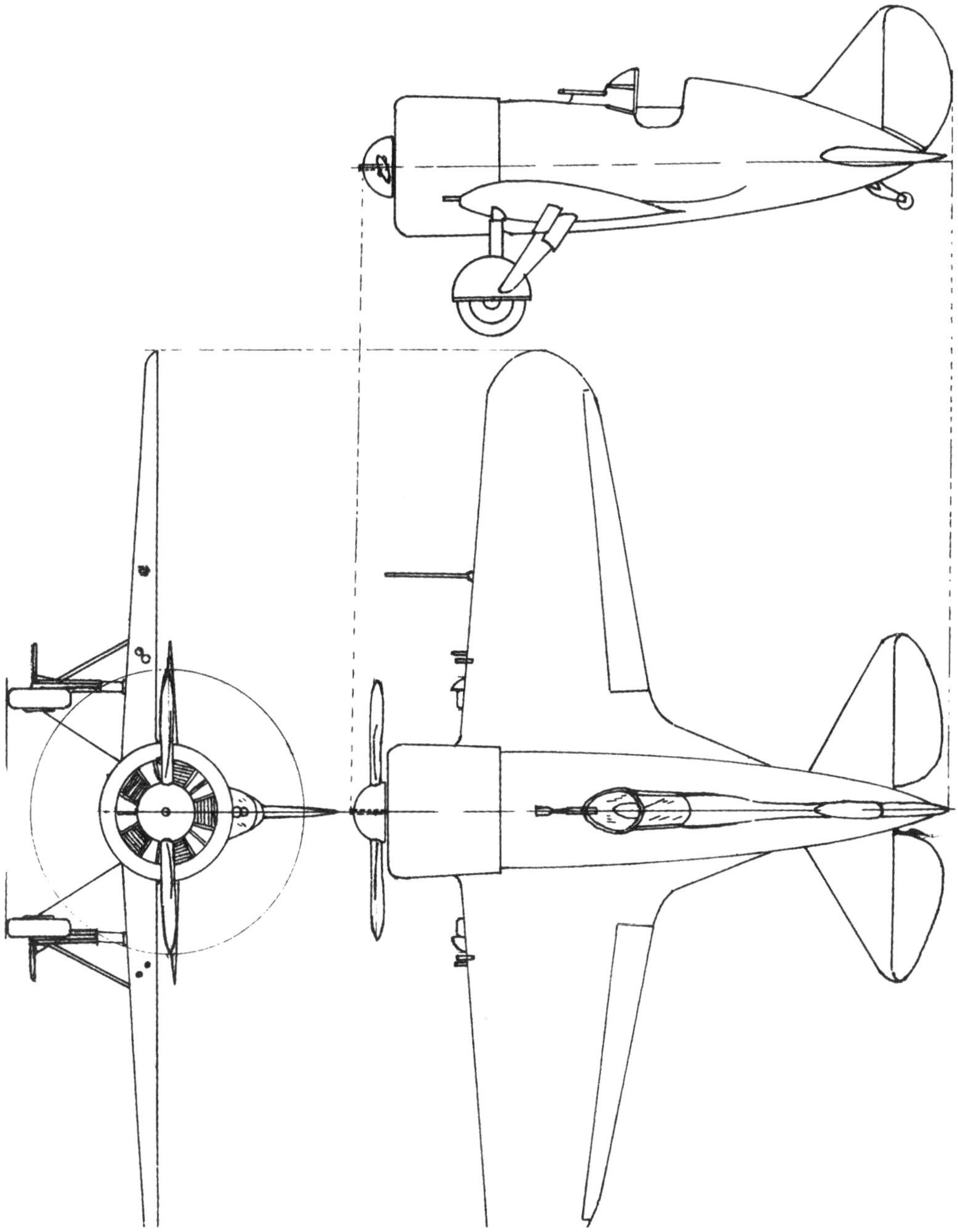

伊16驱逐机模型材料样图

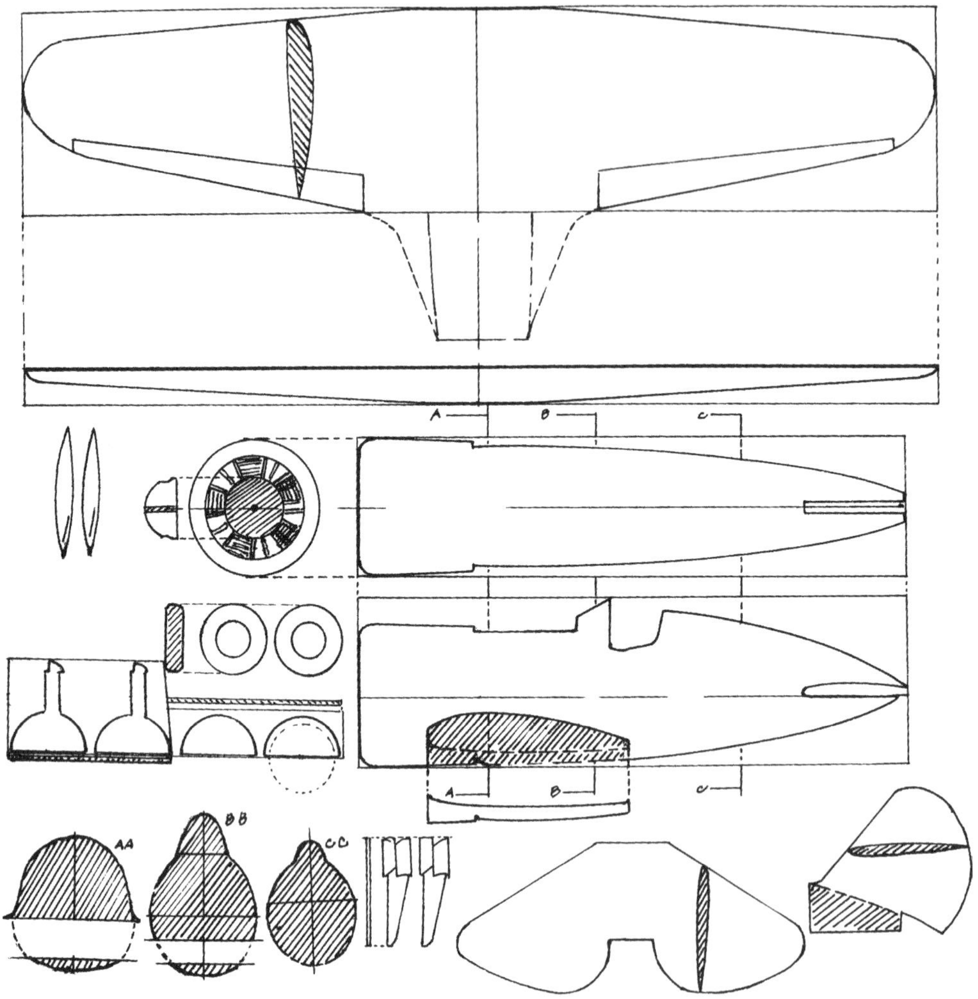

伊16驱逐机模型参考图

九一式驅逐機三面圖

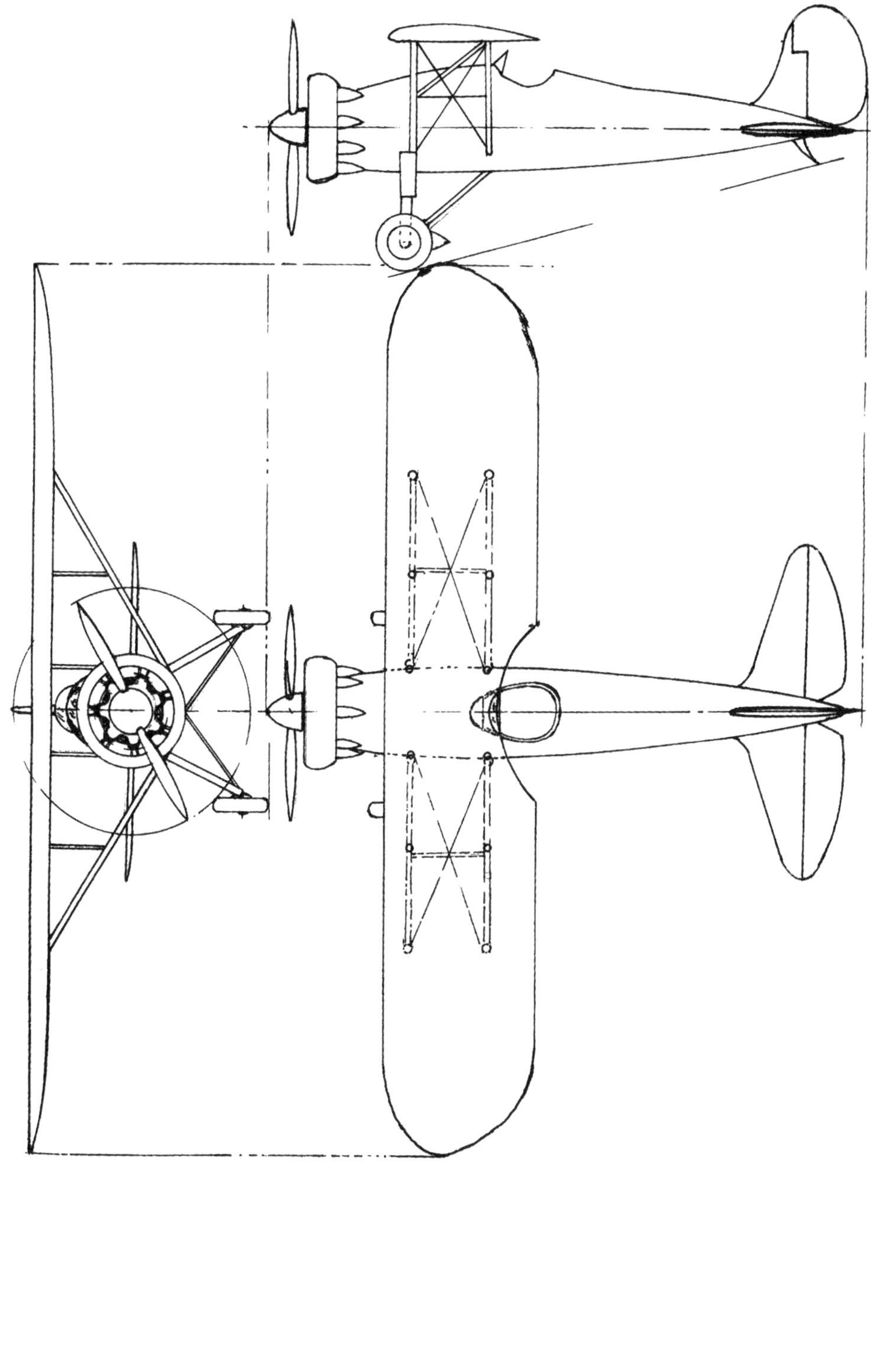

九一式驅逐機模型材料圖

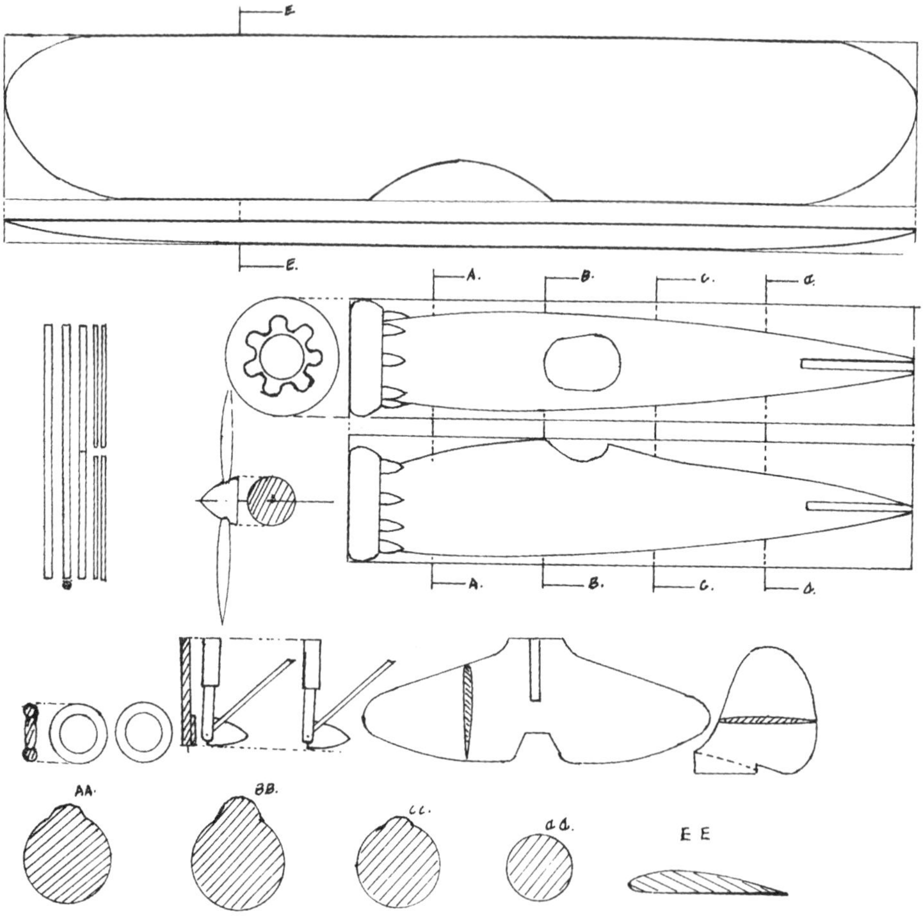

九一式驱逐模型参考图

格勒的脱GLOSTER GLADIATOR驱逐機三面图

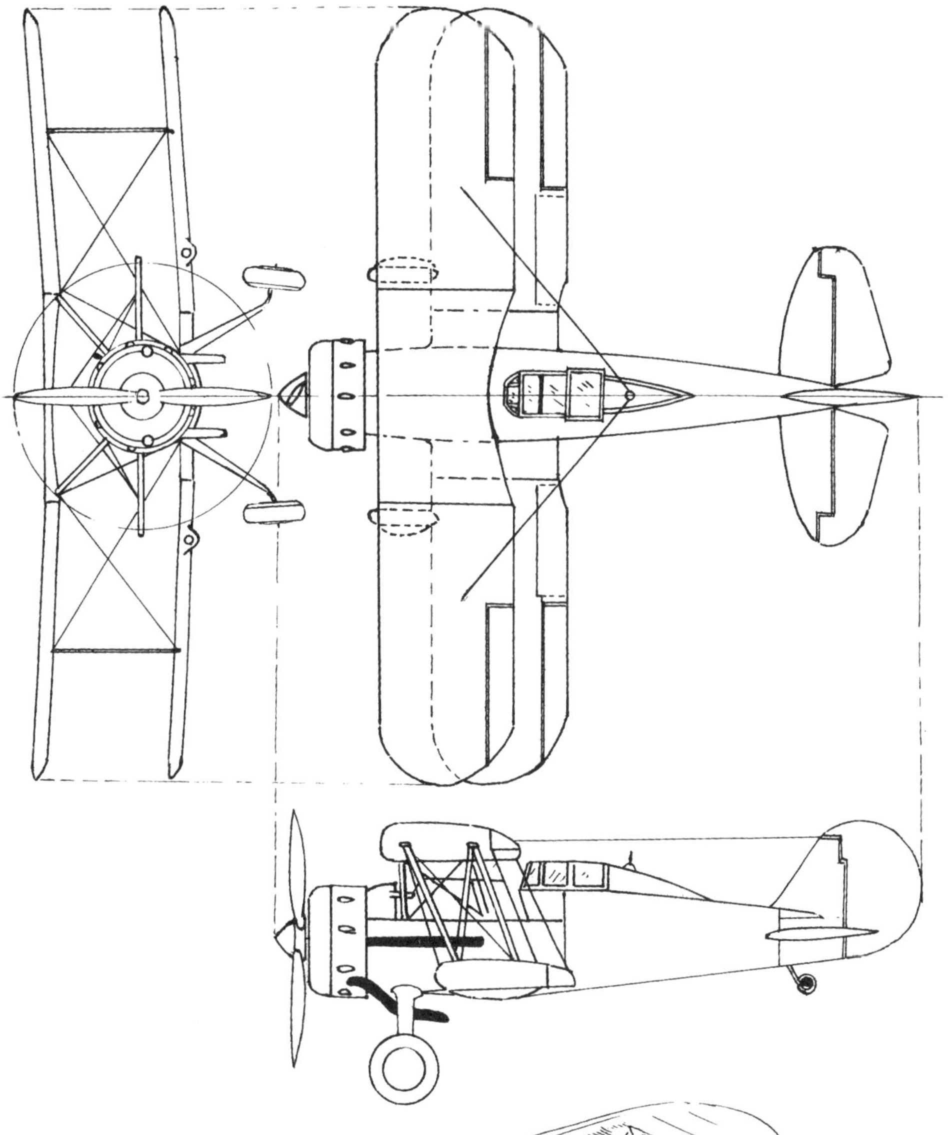

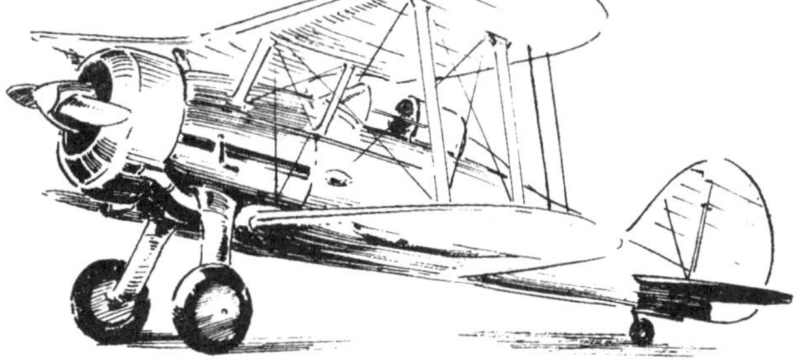

格勒的脱GLOSTER GLADIATOR驱逐机参考图

格勒的脱驱逐機模型材料图

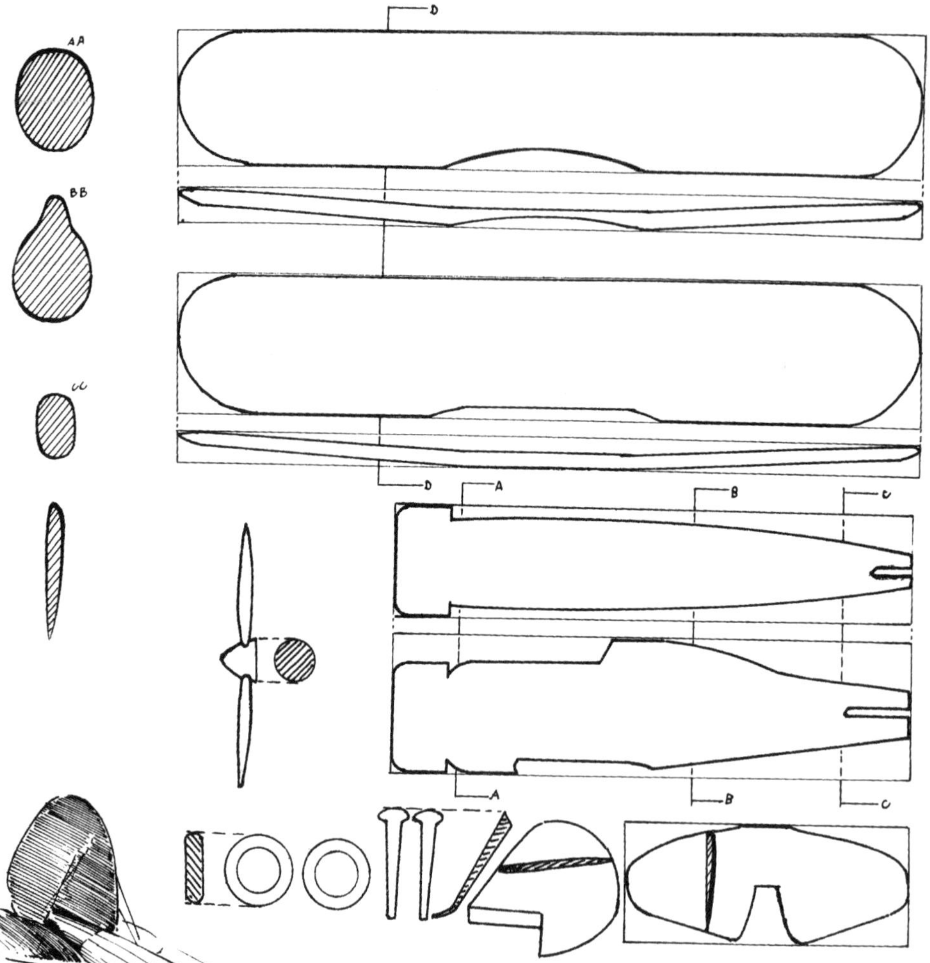


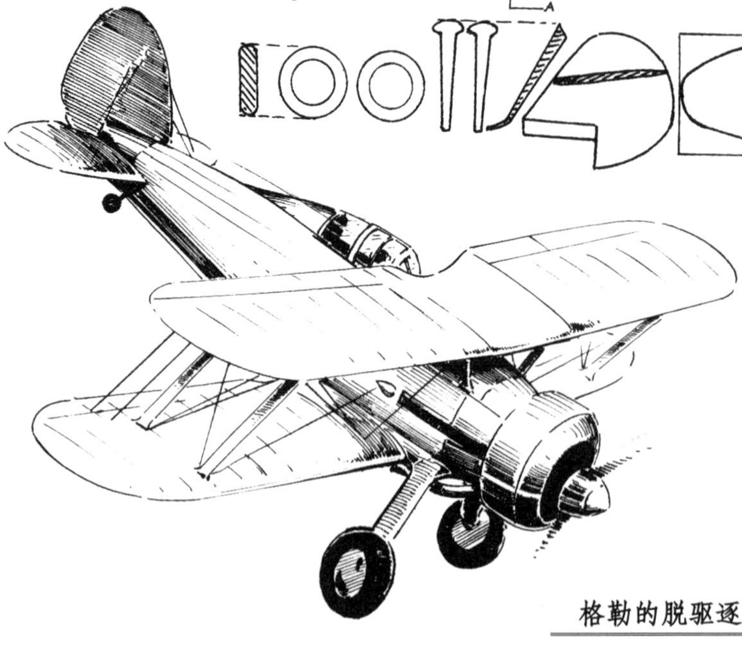

格勒的脱驱逐机模型参考图

波因 BOEING P—26 單座戰鬥機三面圖

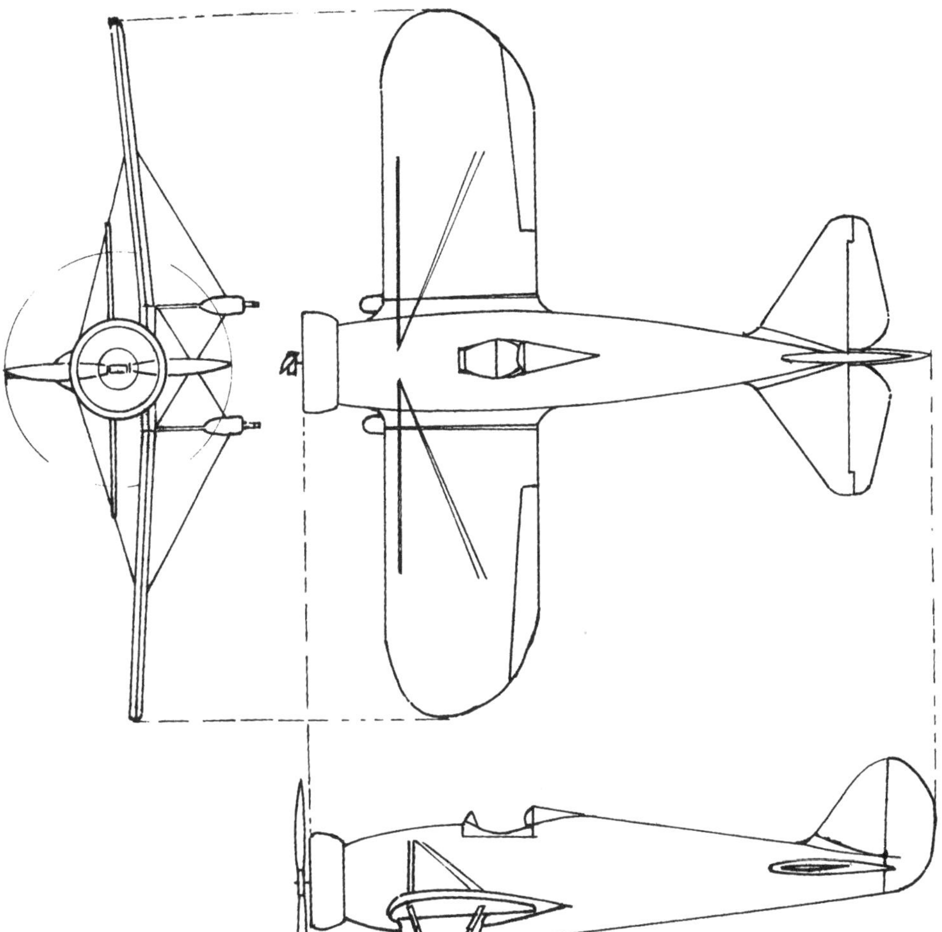

波因BOEING P-26单座战斗机参考图

波因 P-26 單座戰鬥機模型材料图

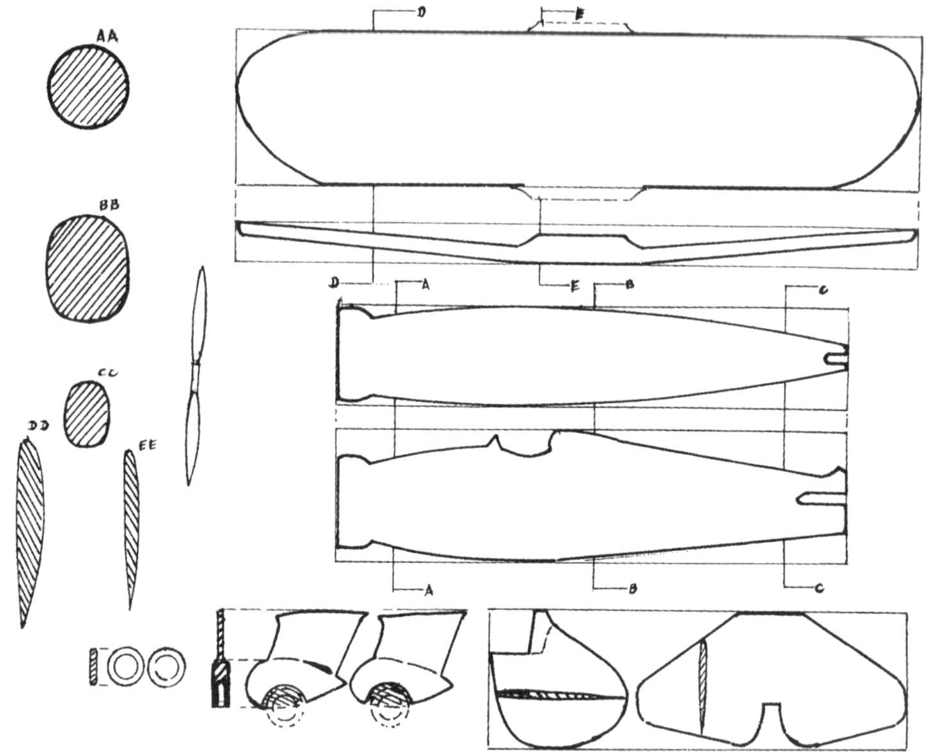


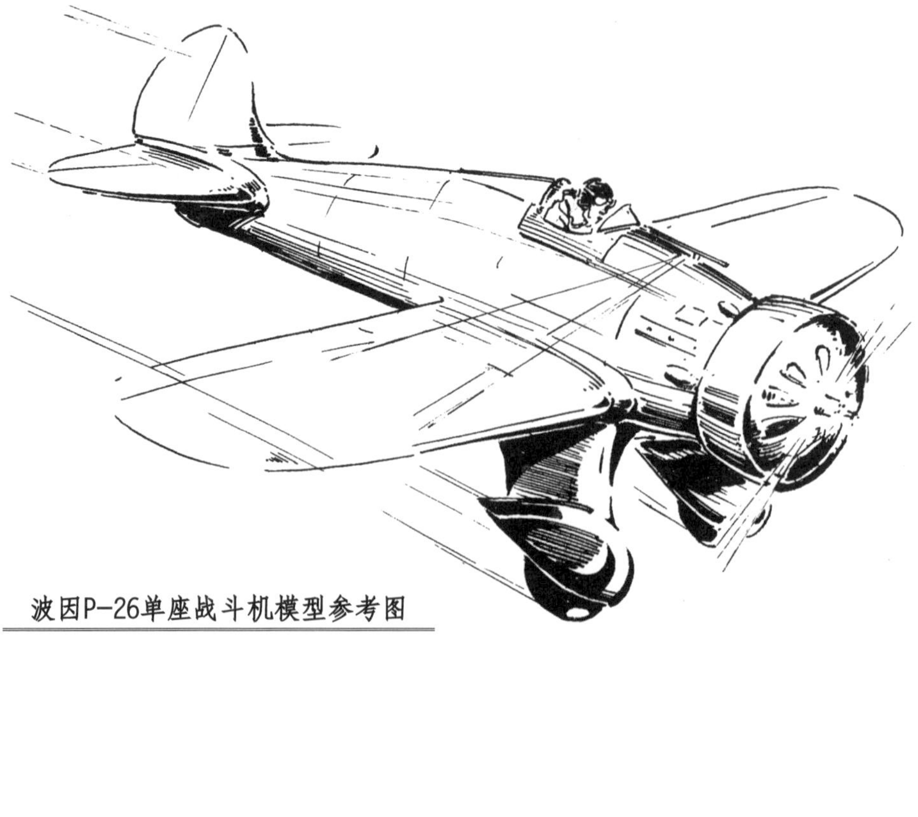

波因P-26单座战斗机模型参考图

DOUGLAS……打格拉斯轟炸機三面图

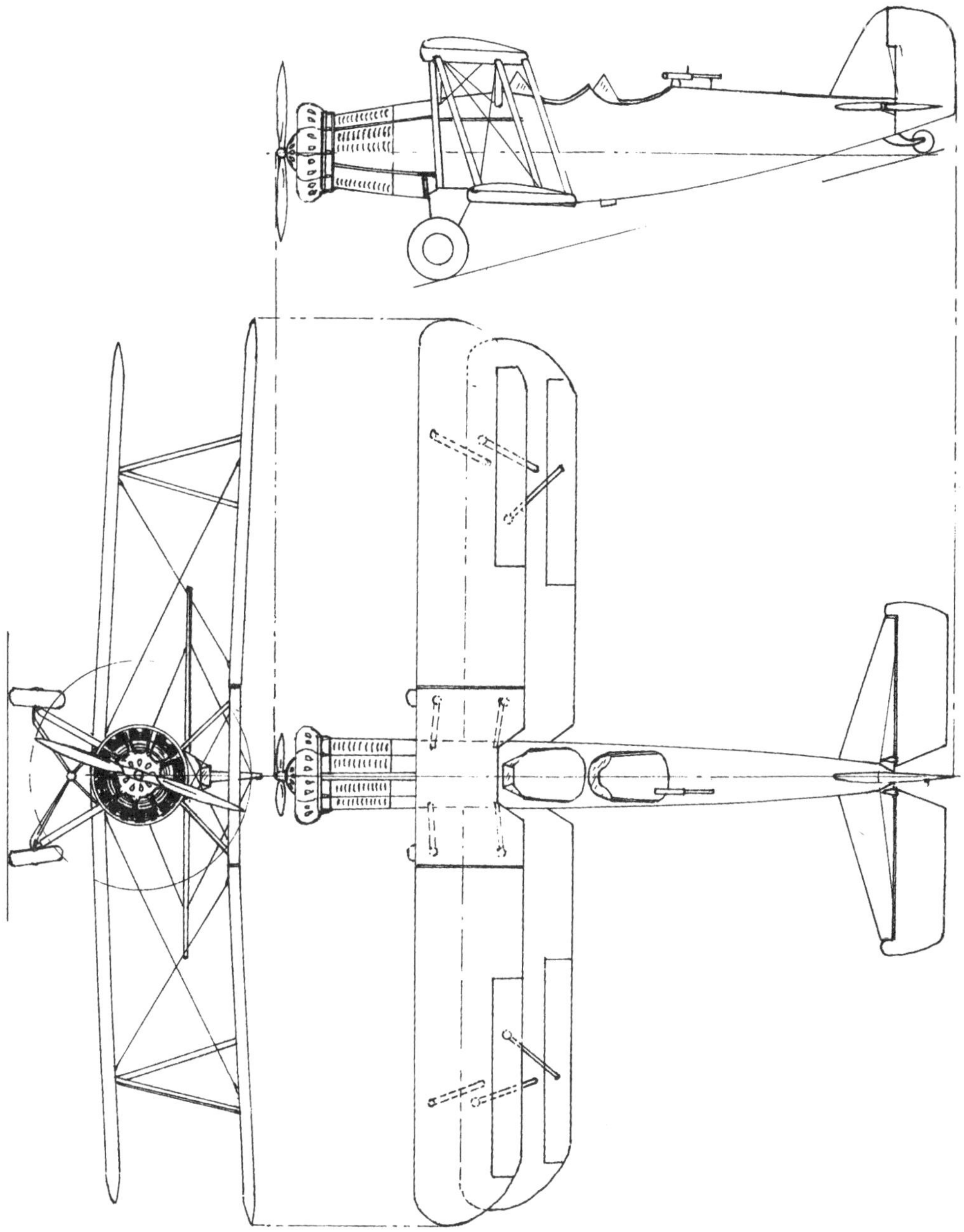

DOUGLAS 打格拉斯轟炸機模型材料图

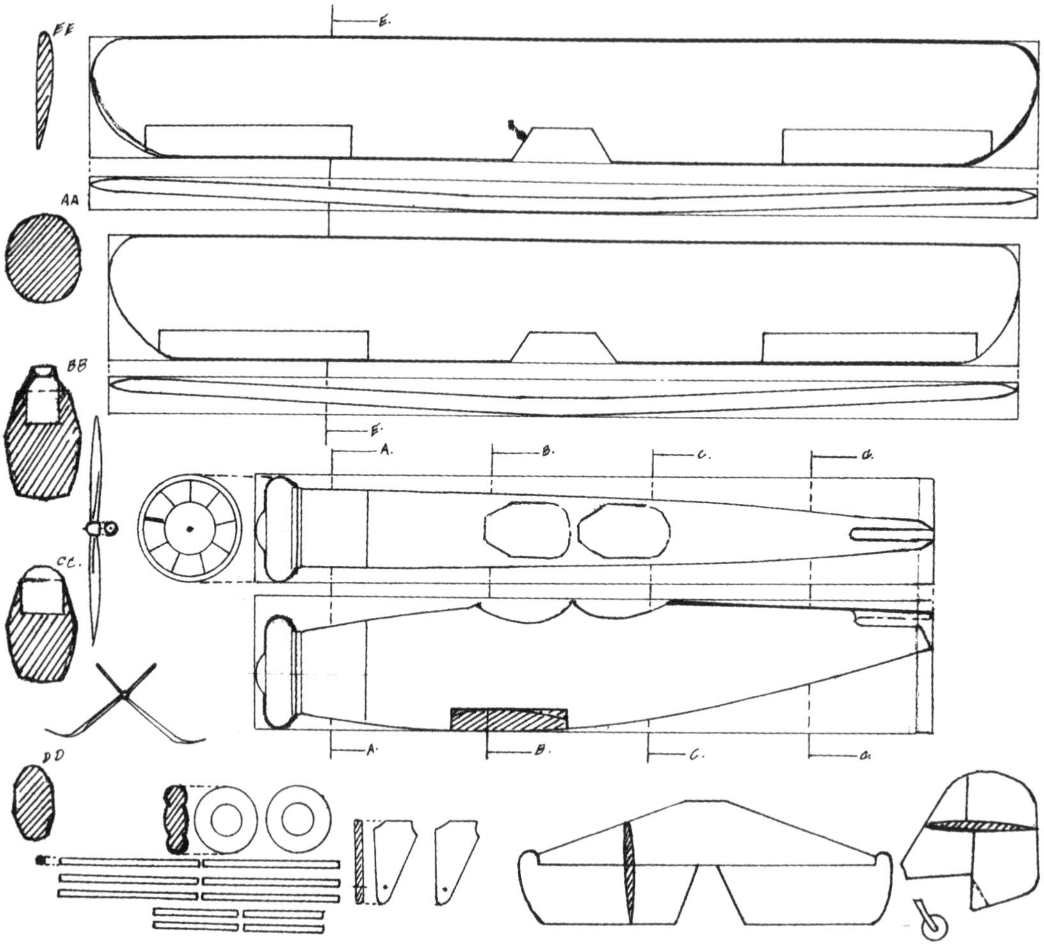

打格拉斯轰炸机模型参考图

SB中型轰炸机三面图

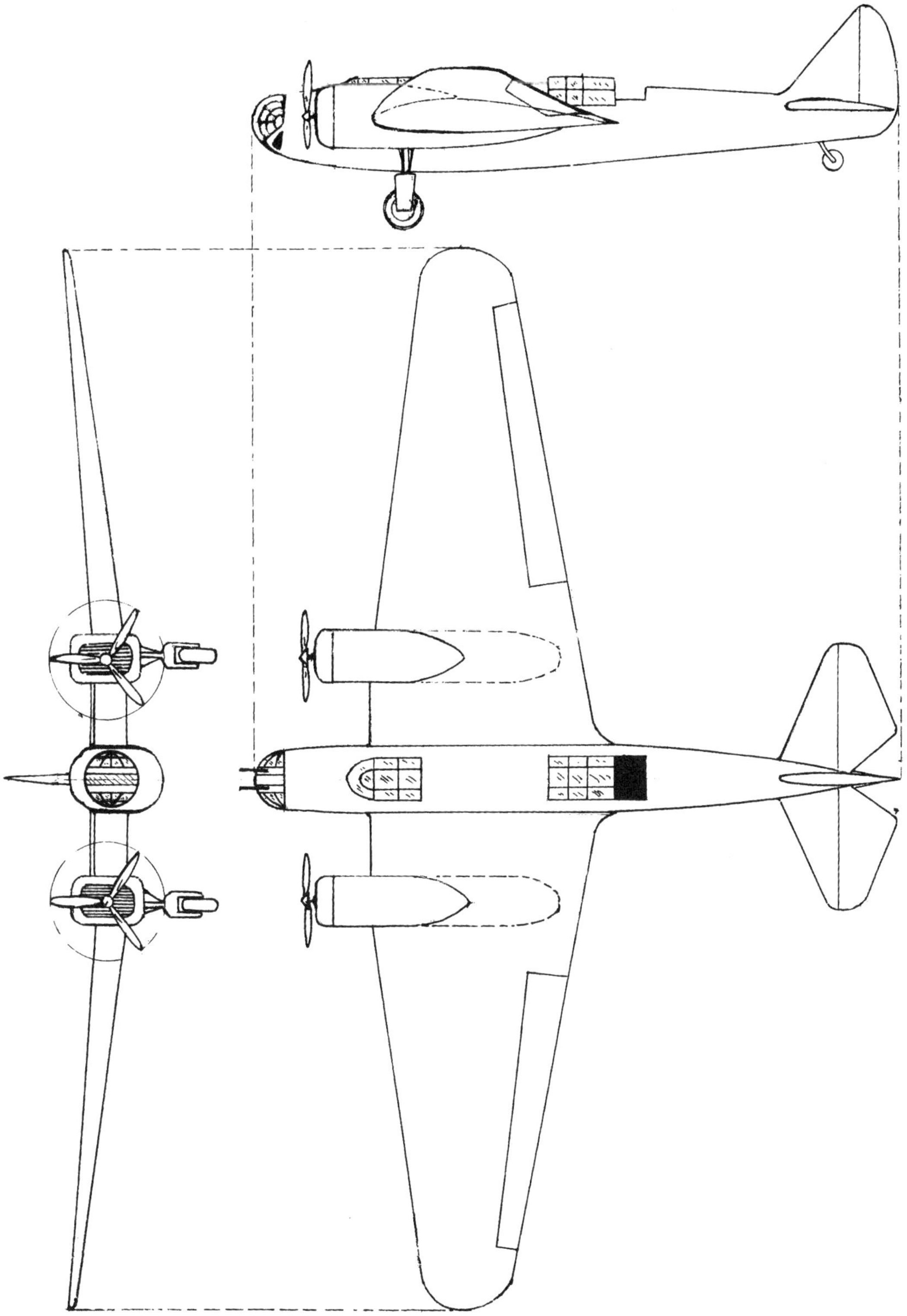

## SB中型轰炸机模型材料图及参考图

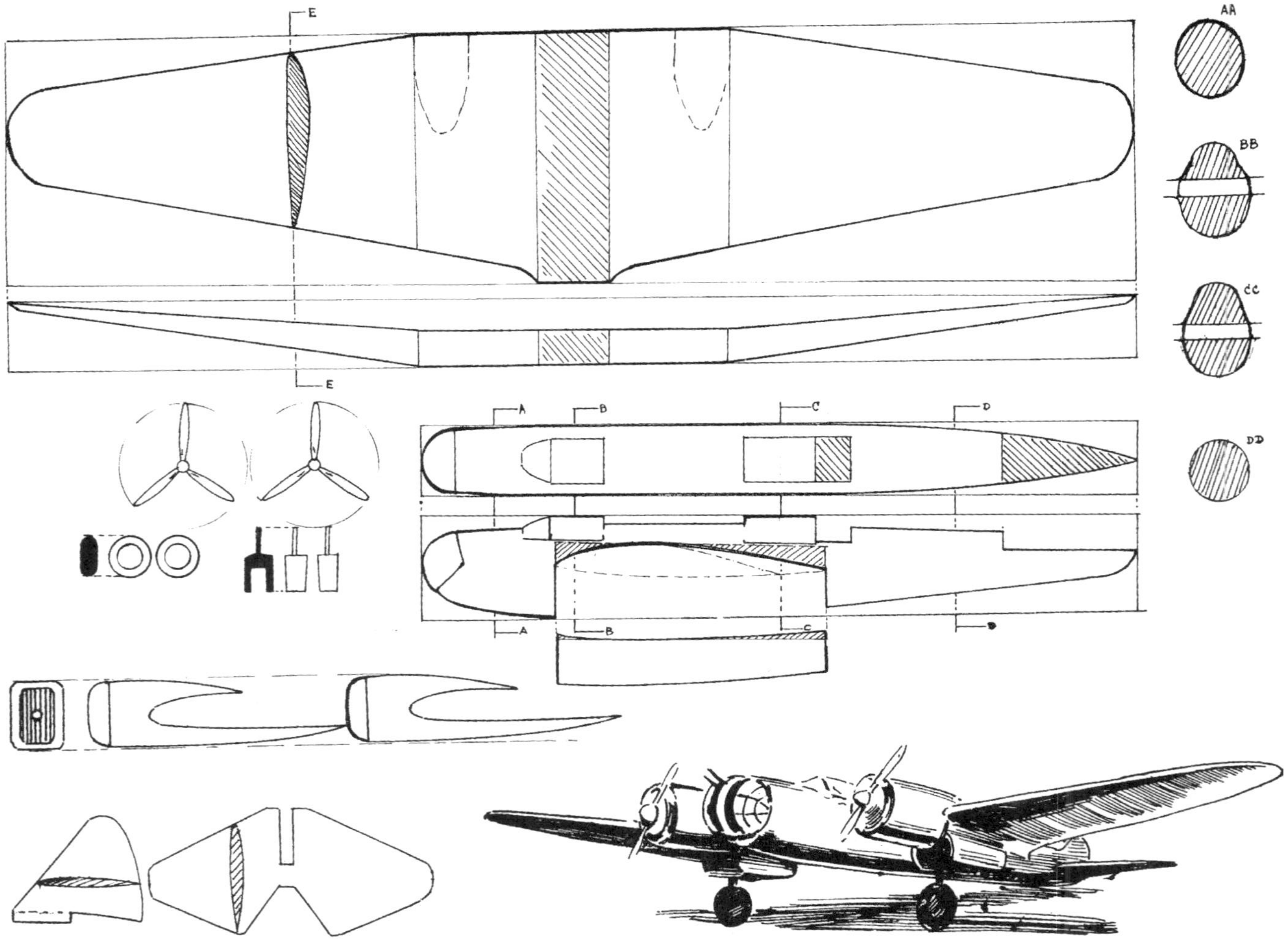

HEINKEL轟炸機三面圖

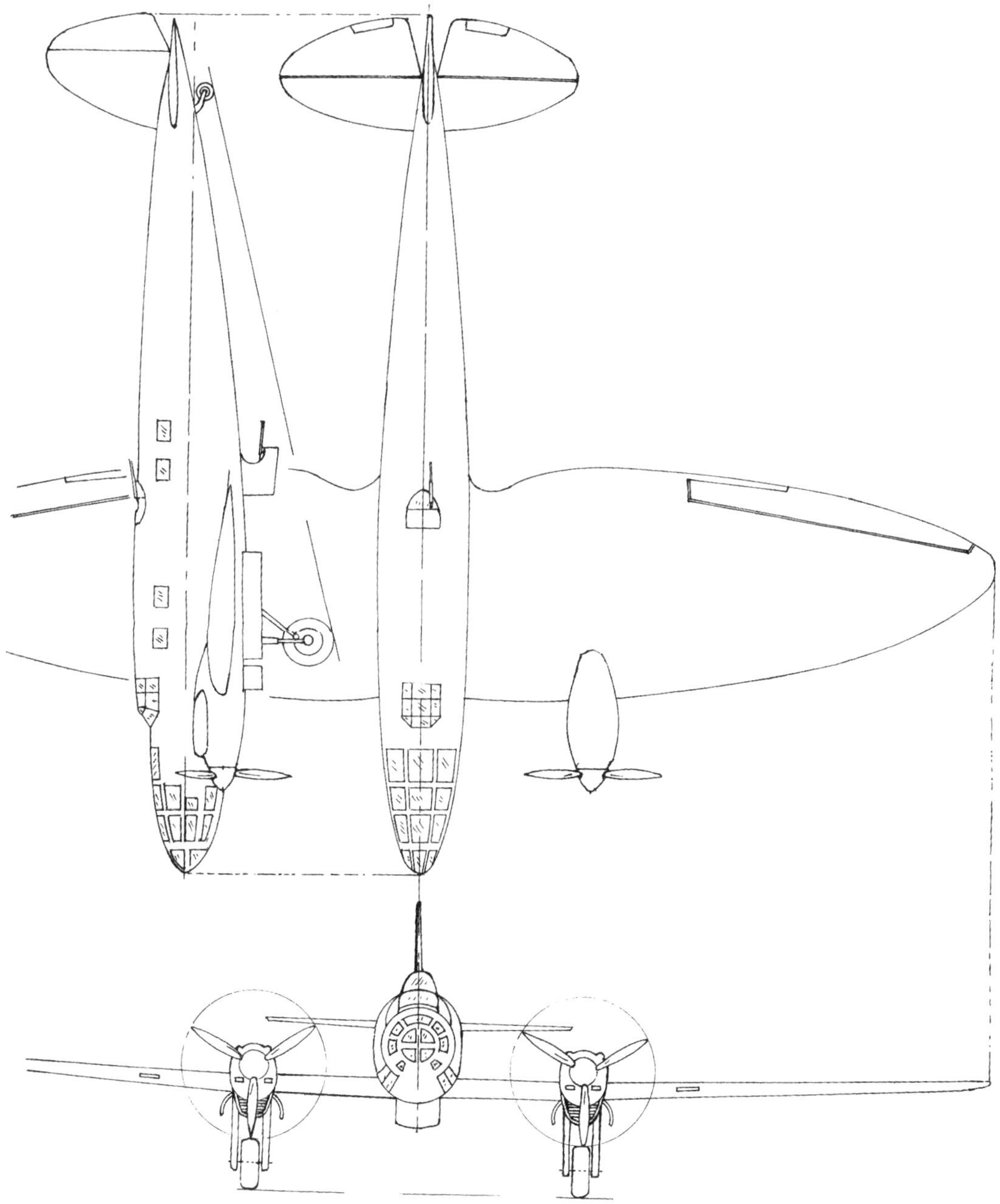

HEINKEL 轰炸机模型材料图及参考图

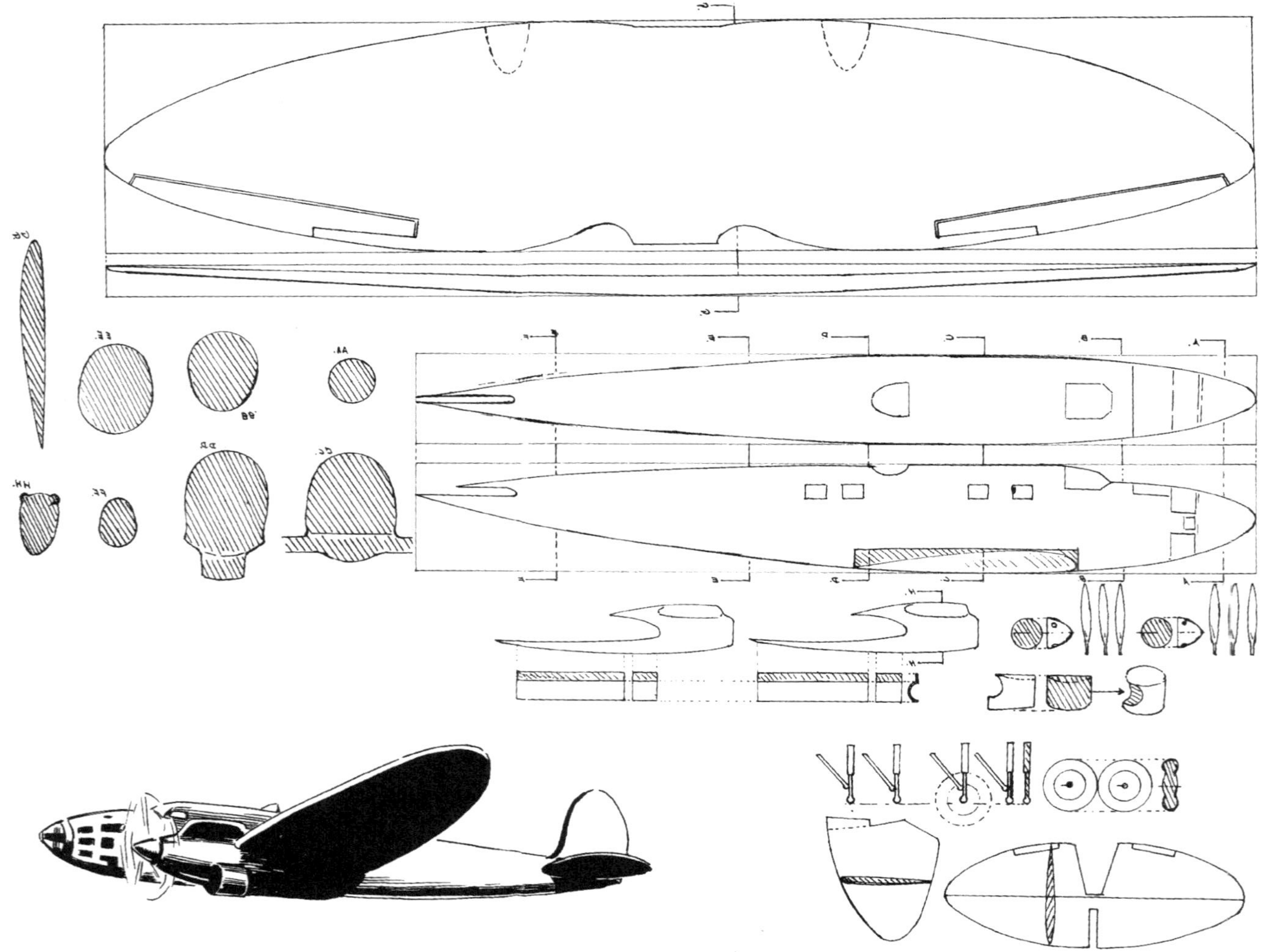

诺斯罗浦NORTHROP 2E轻轰炸机三面图及参考图

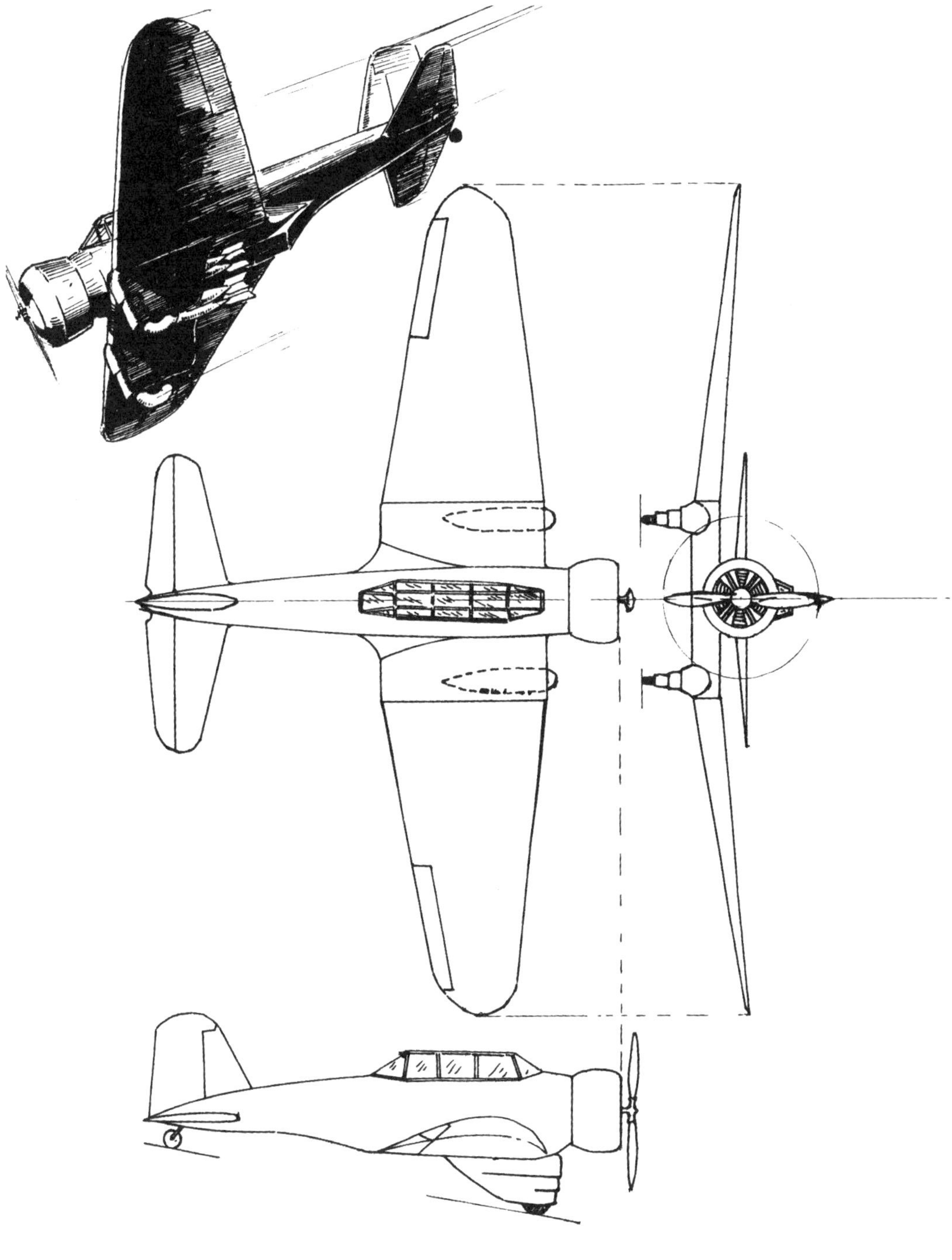

## 諾斯羅浦 NORTHROP 2E 轟炸机模型材料图

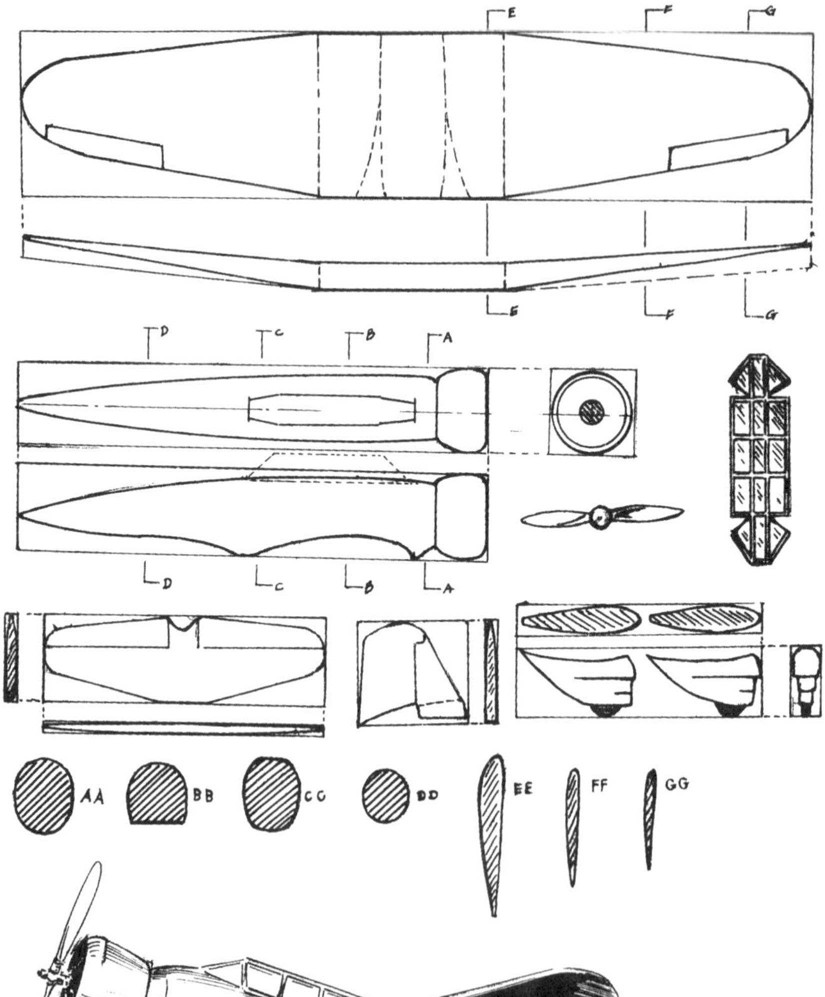

诺斯罗浦NORTHROP 2E轰炸机模型参考图

馬丁 MARTIN 139W 轟炸機三面圖

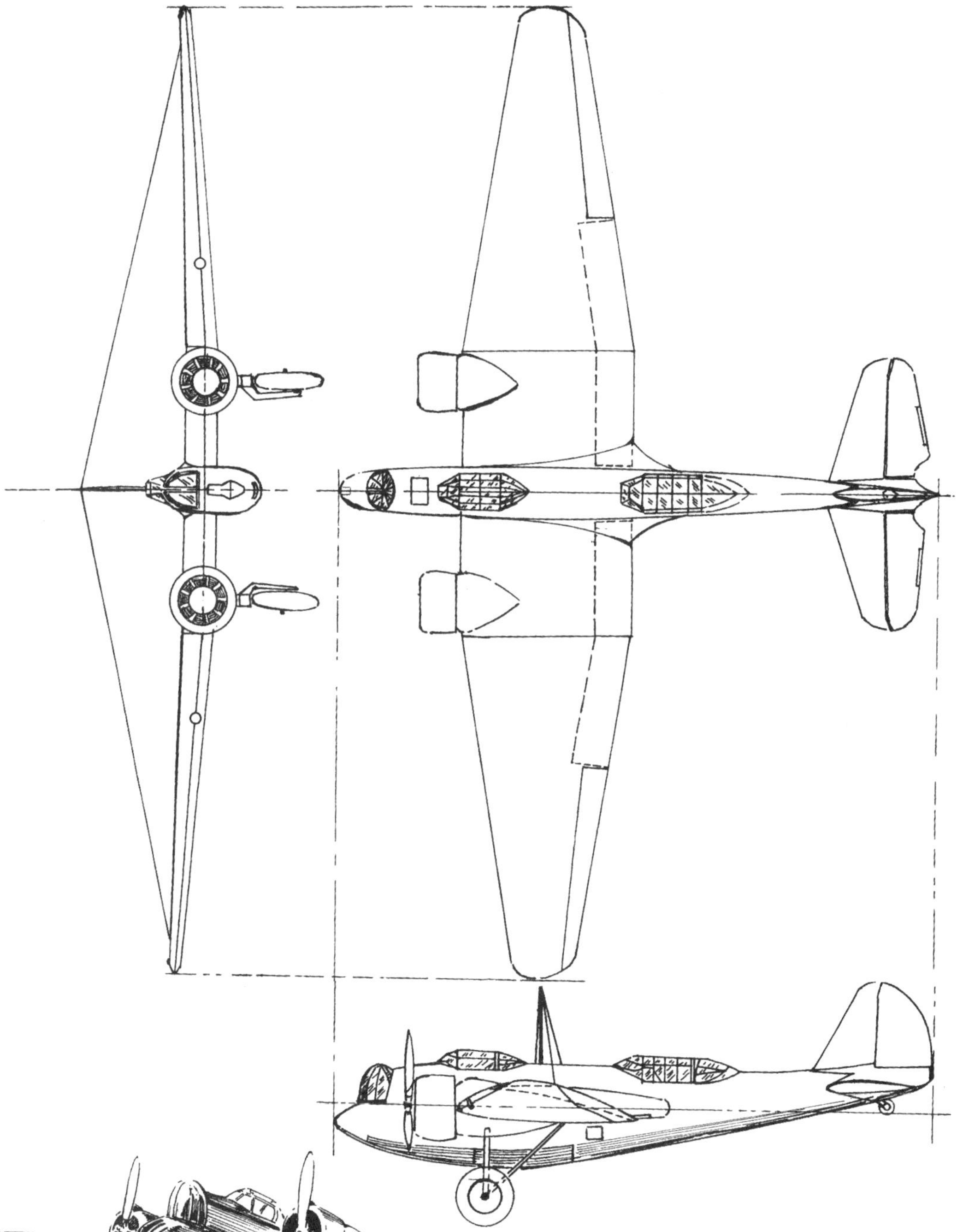

马丁MARTIN 139W轰炸机参考图

## 马丁MARTIN 139W轰炸机模型材料图及参考图

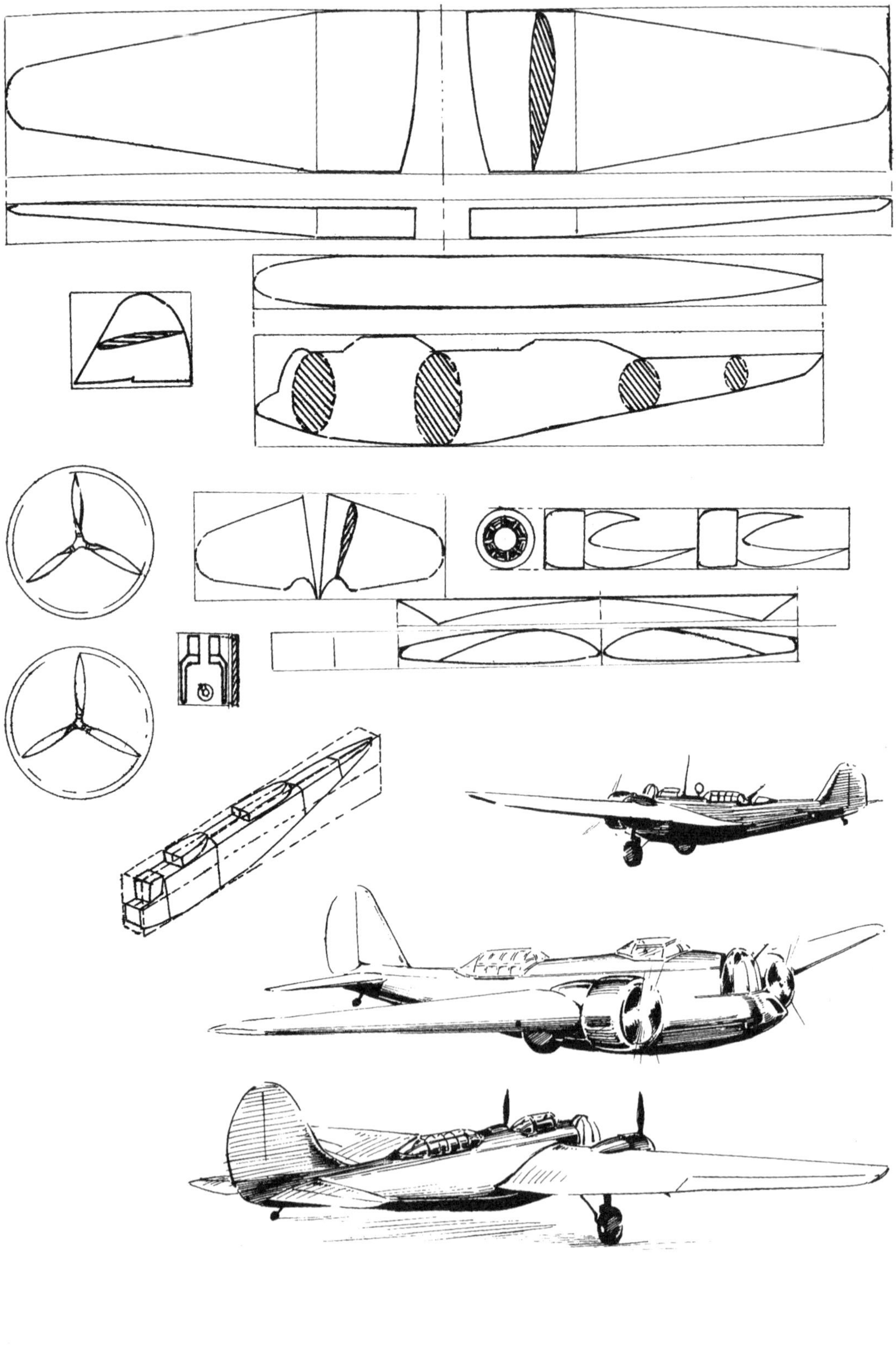

伏爾梯 VULTTEE N39 輕轟炸機三面圖

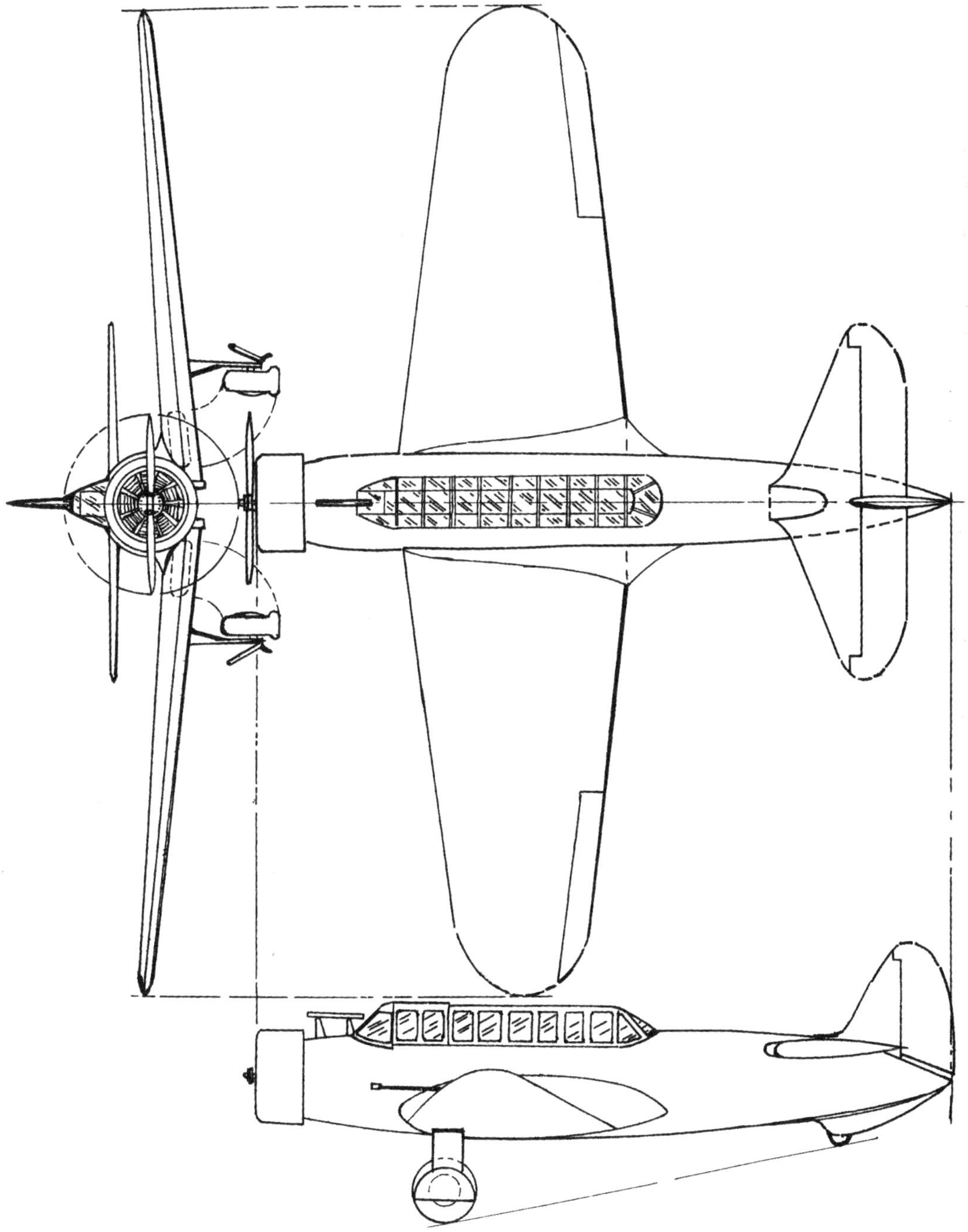

伏爾梯 VULTTEE N39 輕轟炸機模型材料图

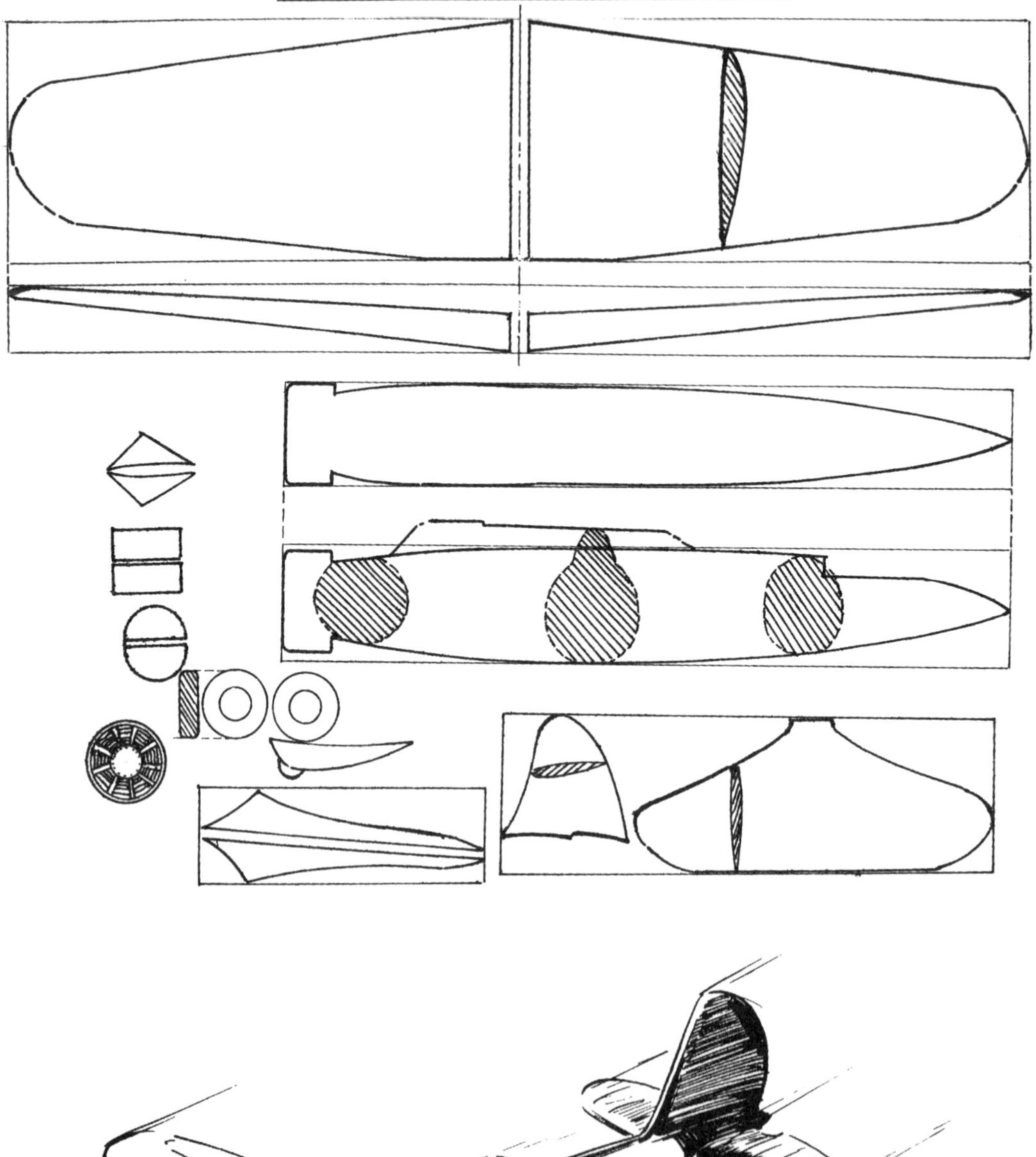

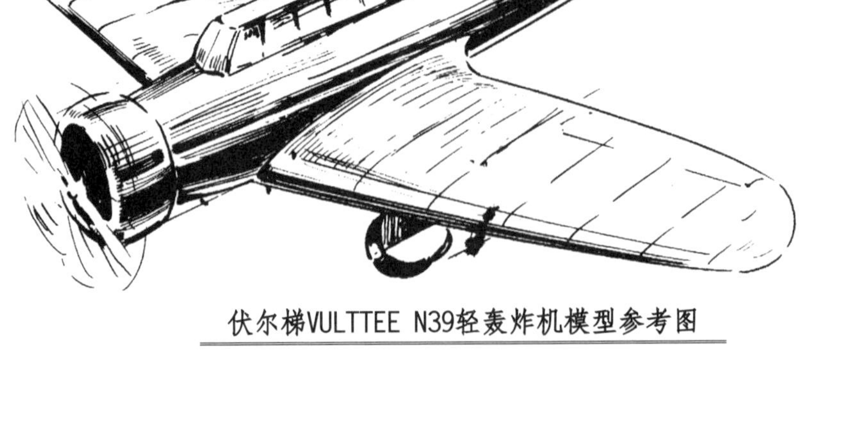

伏尔梯VULTTEE N39轻轰炸机模型参考图

雪策克 SHRIKE A一12 攻擊機三面圖

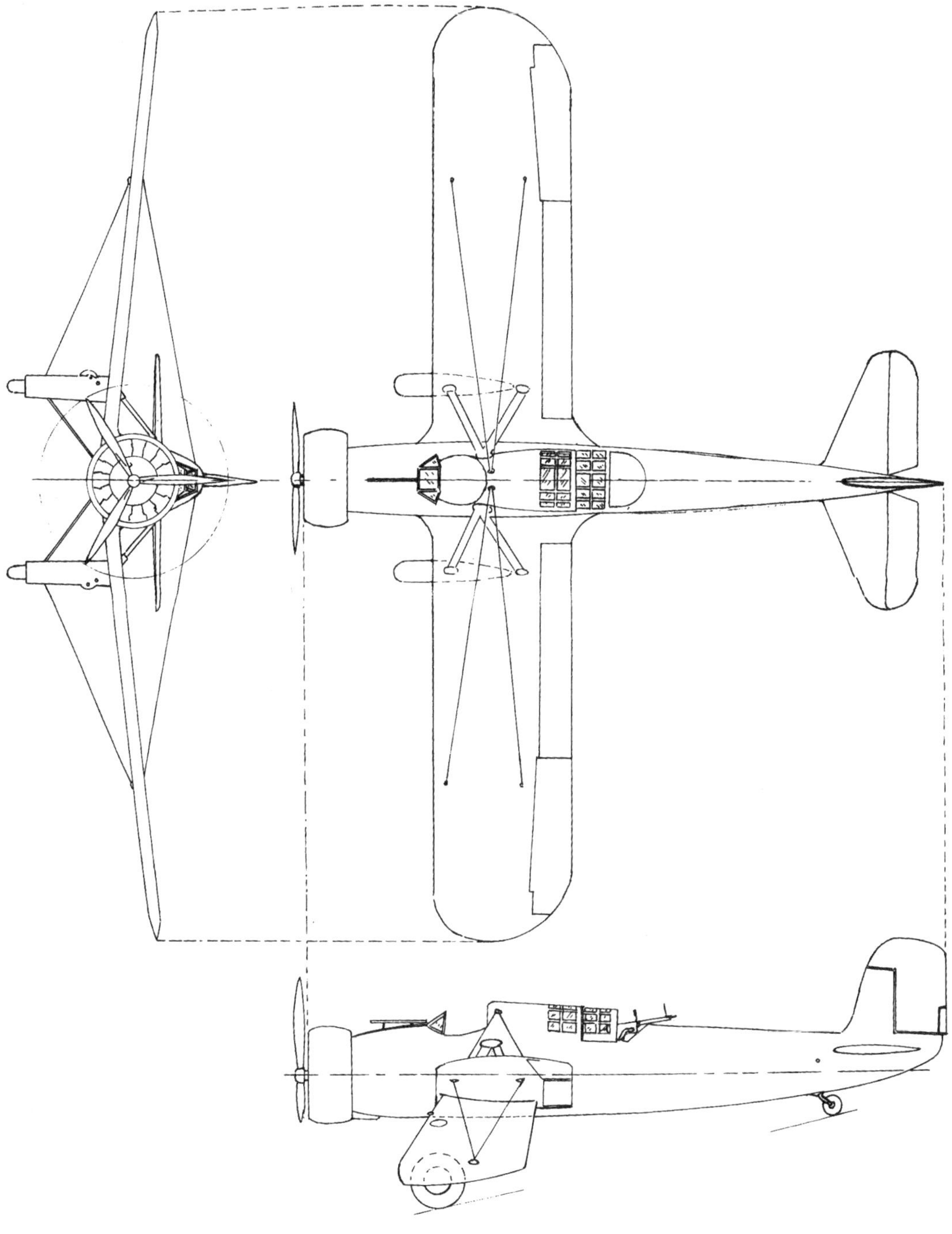

雪萊克 A—12攻擊機模型材料图

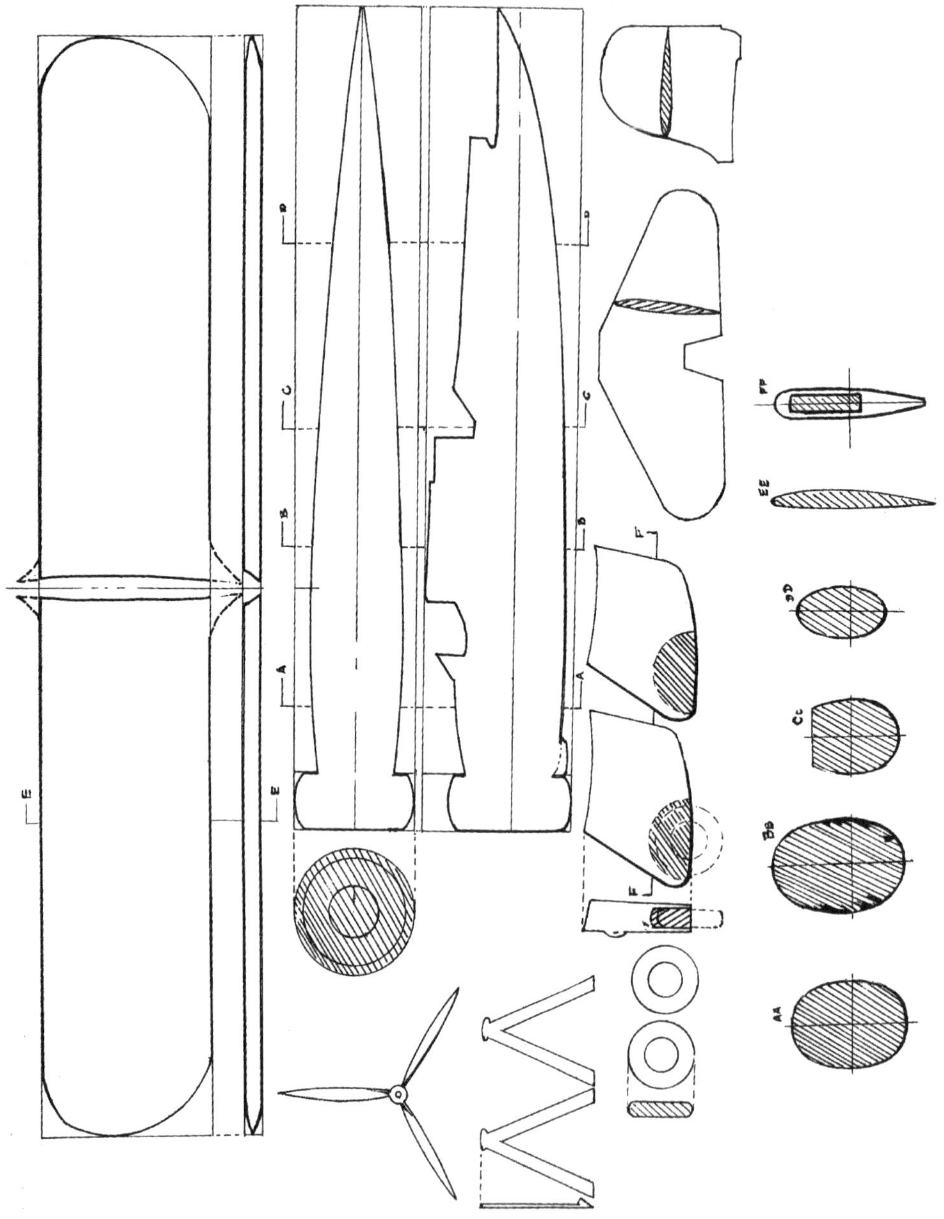

雪莱克A-12攻击机模型参考图

可塞CORSAIR 雙座偵察機三面圖

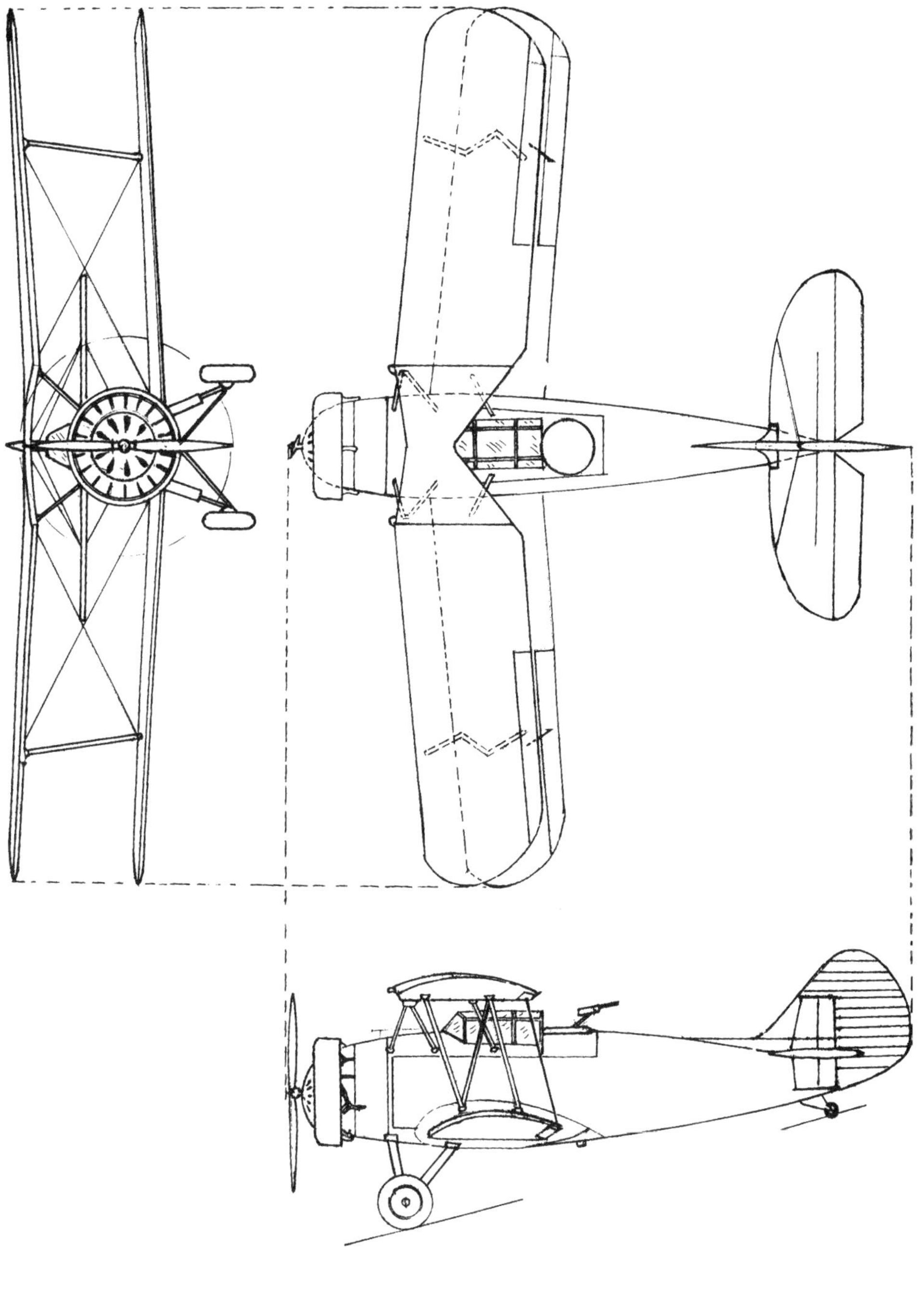

可塞雙座偵察機模型材料图

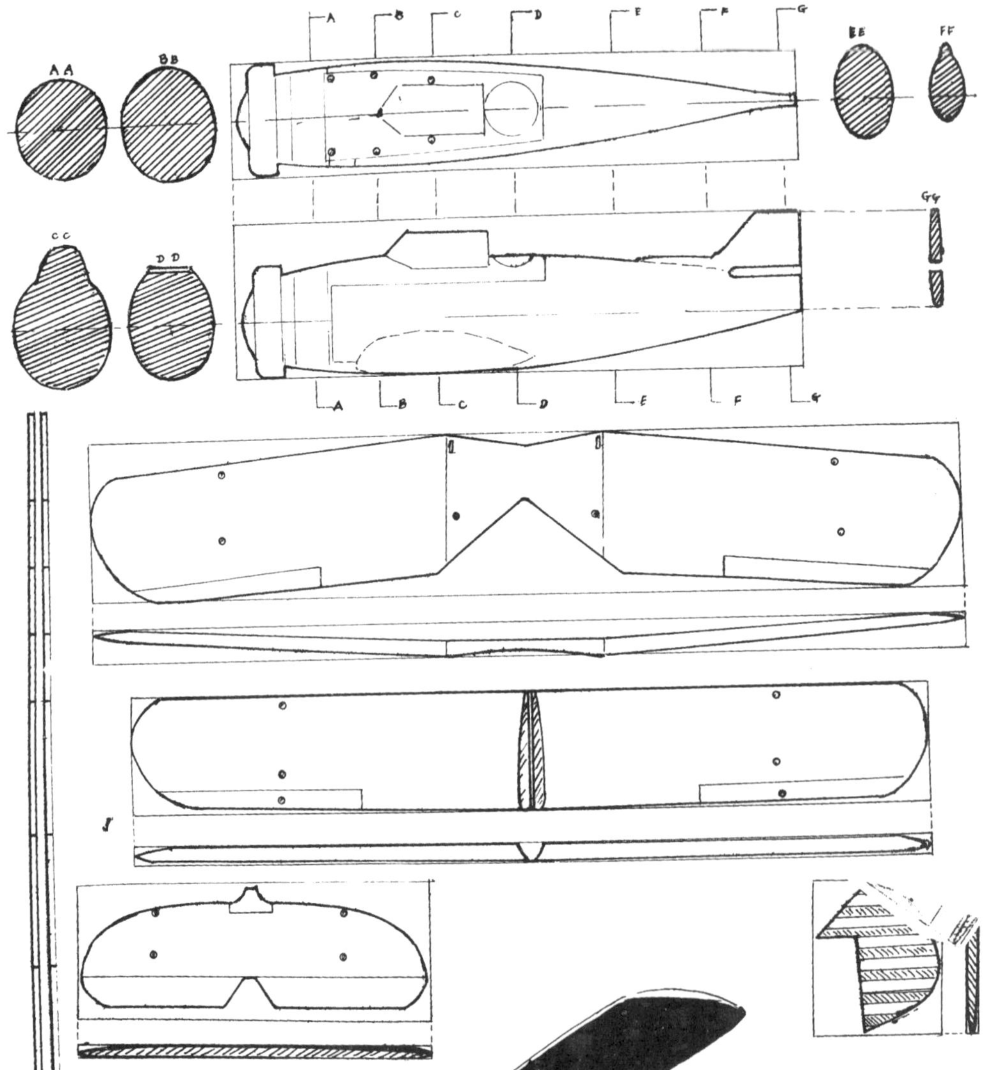

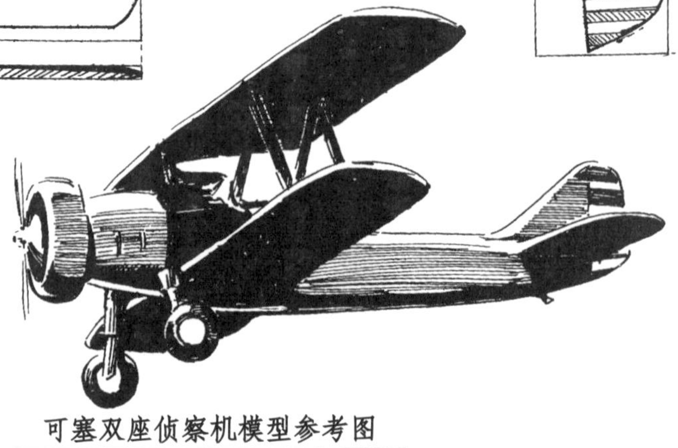

可塞双座侦察机模型参考图

別圖 BEECH CRAFT 18D六座運輸機三面圖

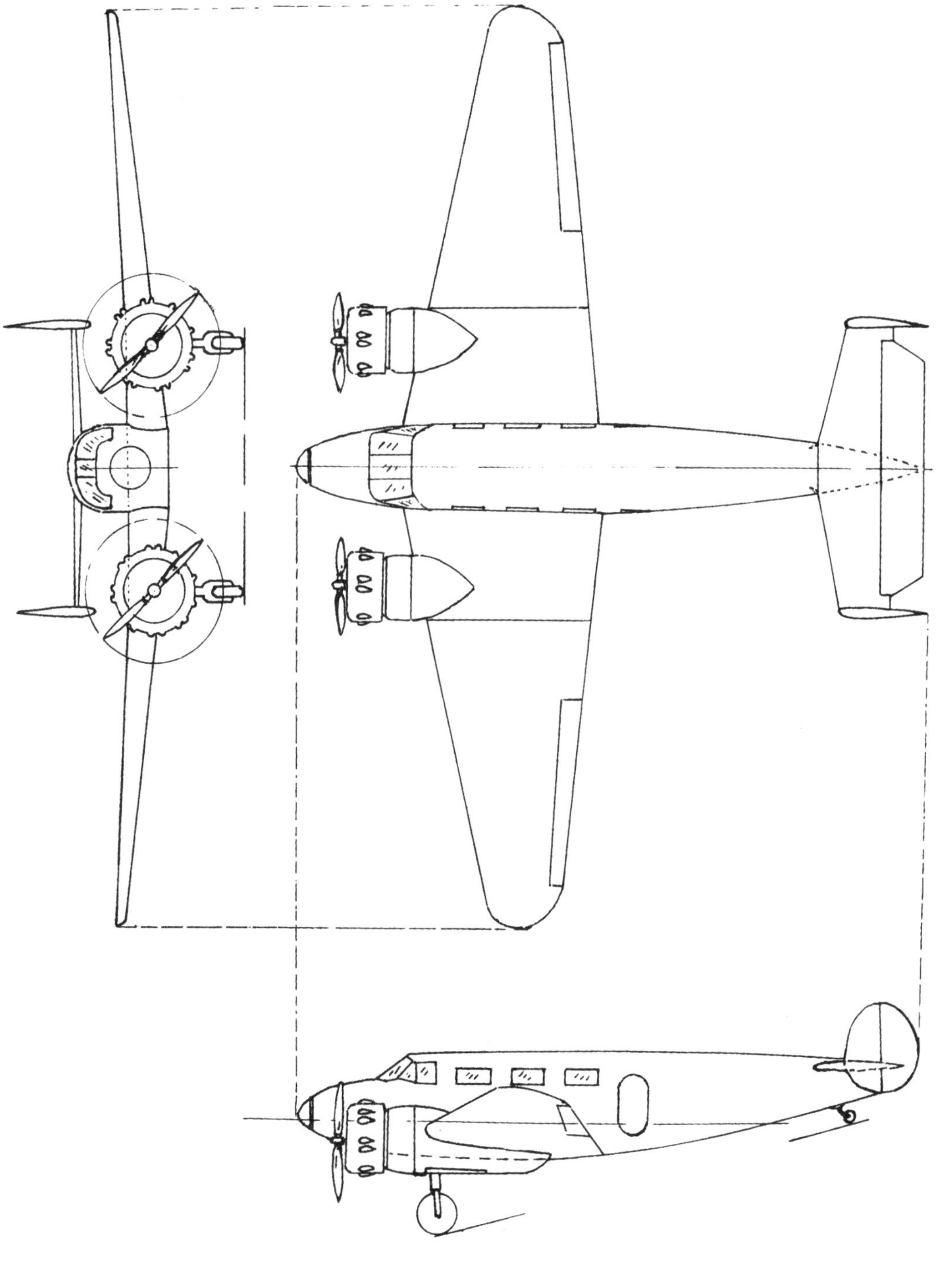

## 别趣六座運輸機模型材料图

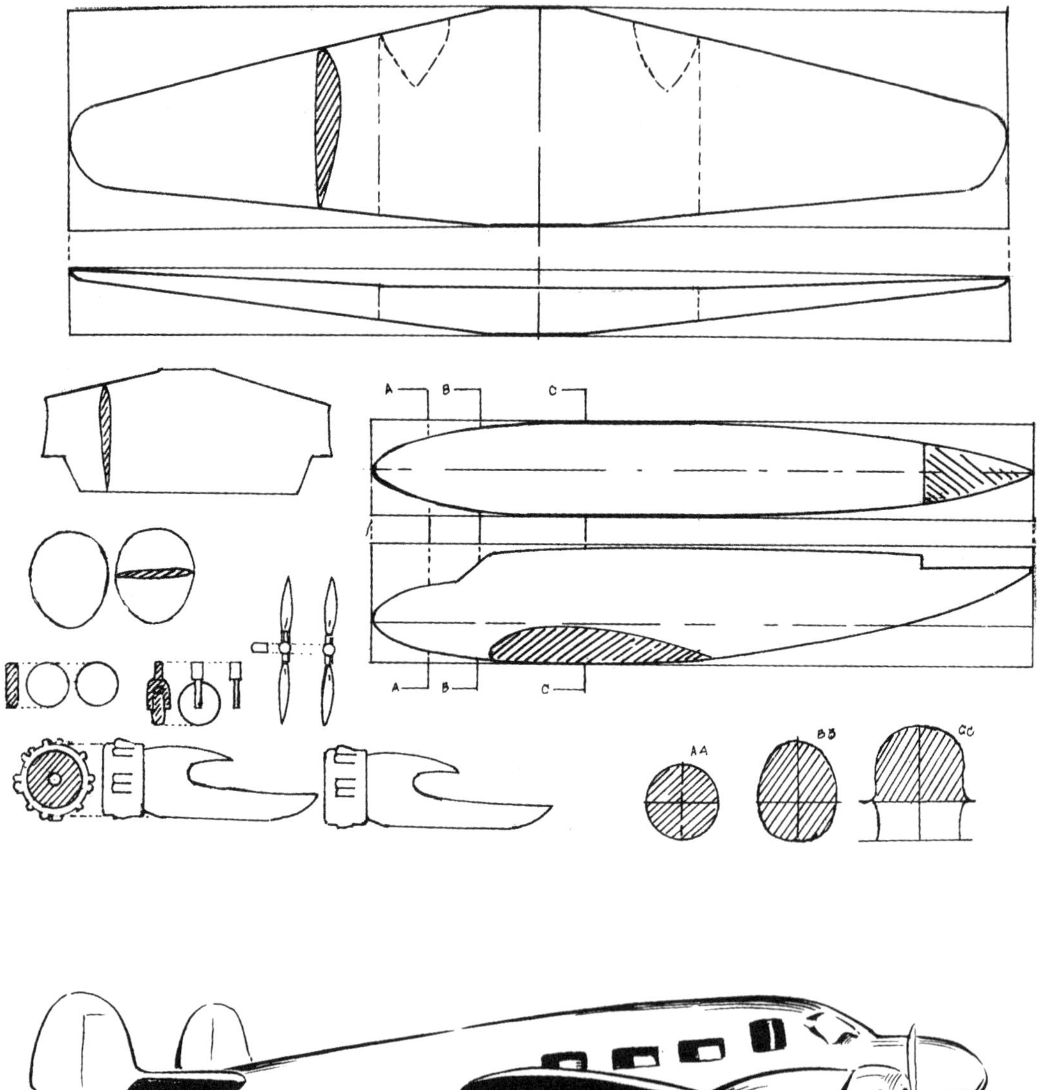


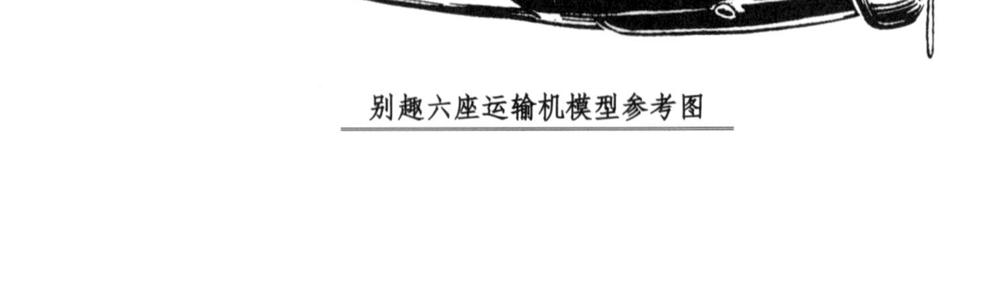

别趣六座运输机模型参考图

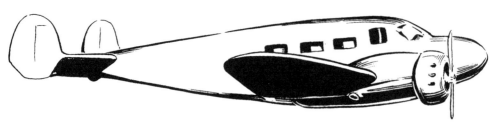

別圖 BEECH CRAFT D17R四座運輸機三面圖

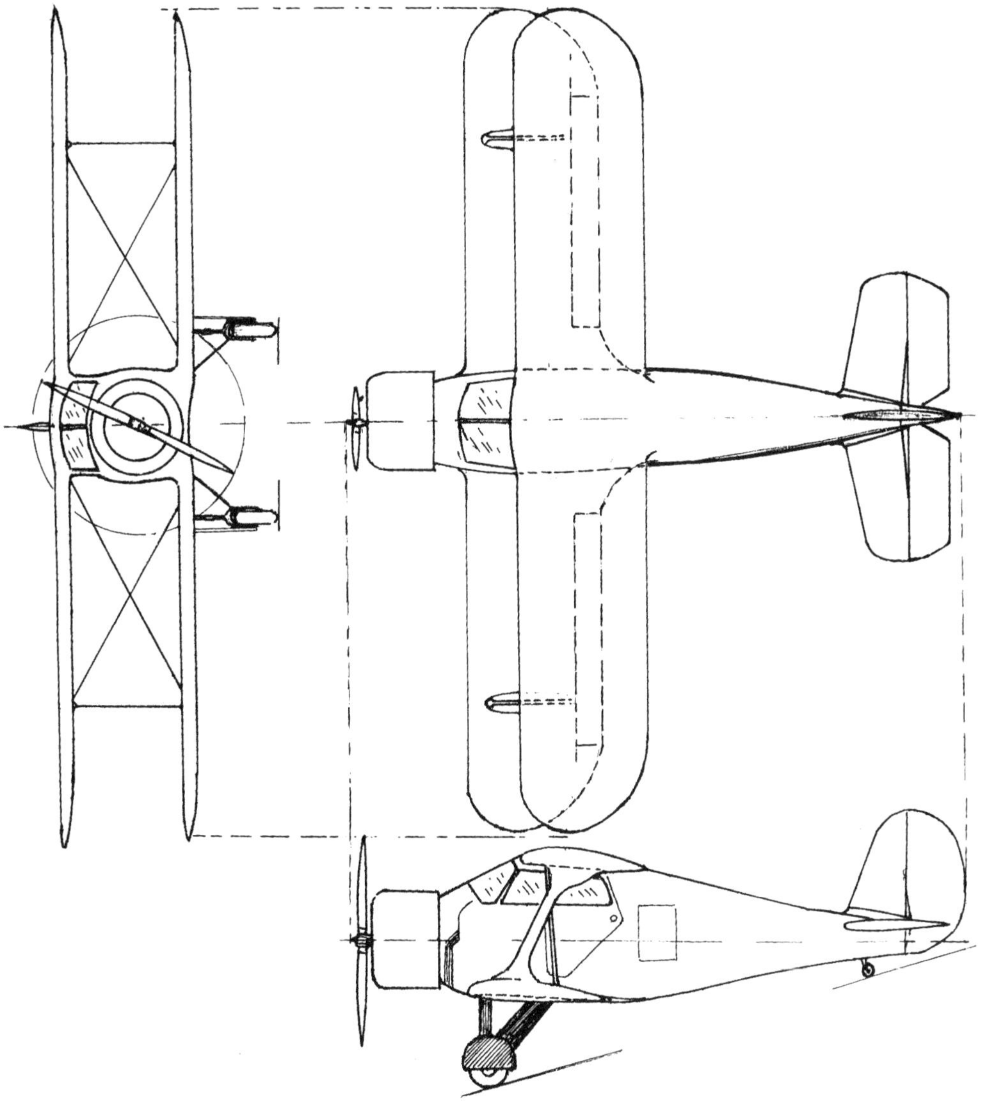

## 别趣BEECH CRAFT D17R四座运输机模型材料图

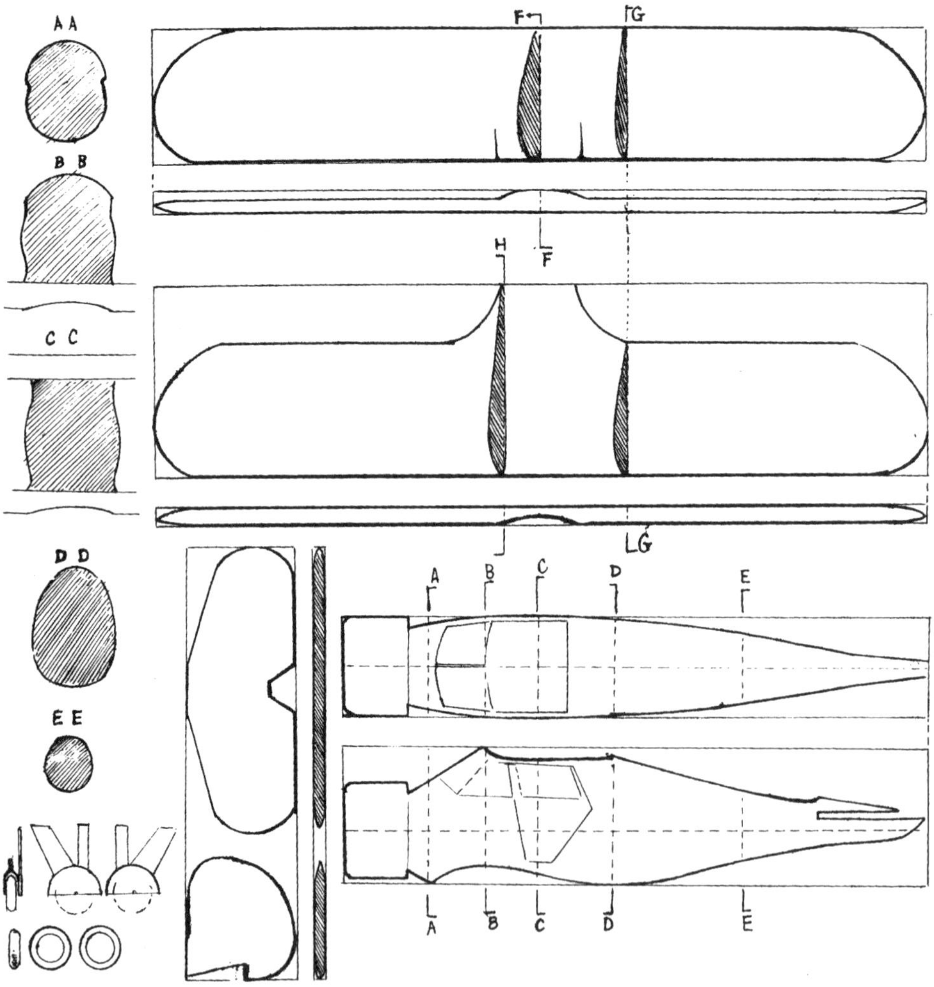

别趣BEECH CRAFT D17R四座运输机模型参考图

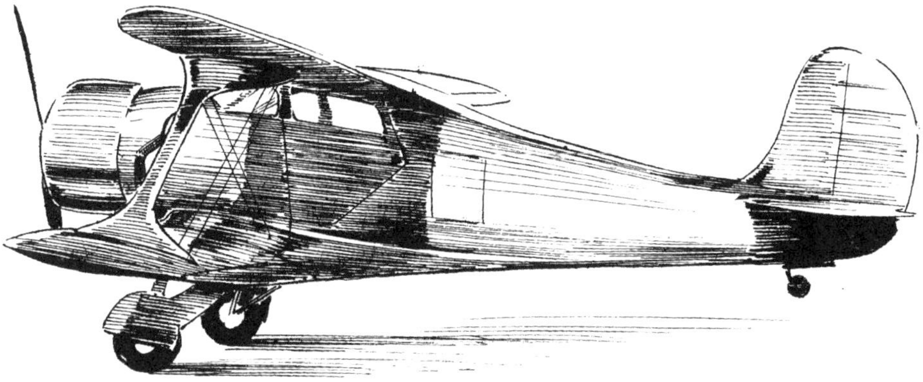

## 达格拉斯DO-2运输机模型三面图

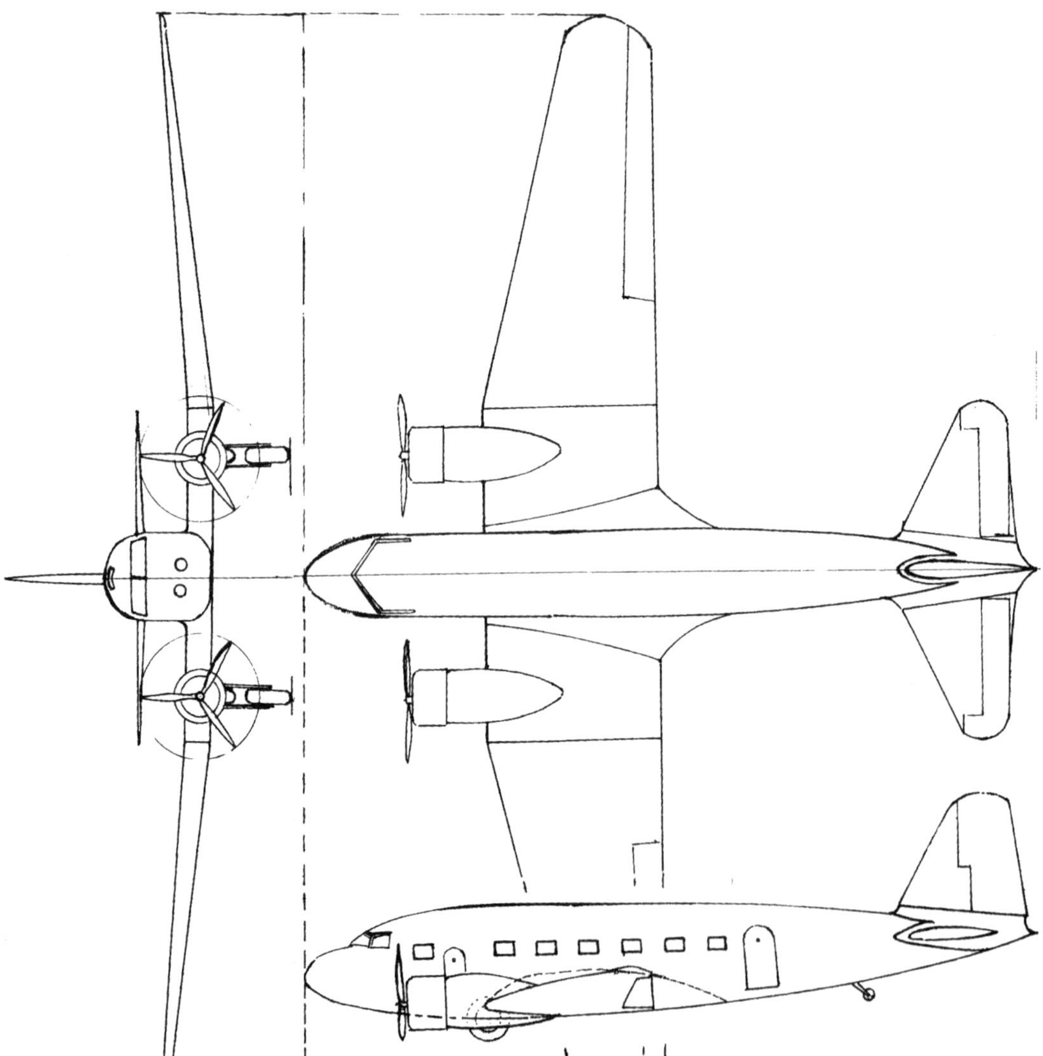

達格拉斯 DC-2 運輸機模型材料图

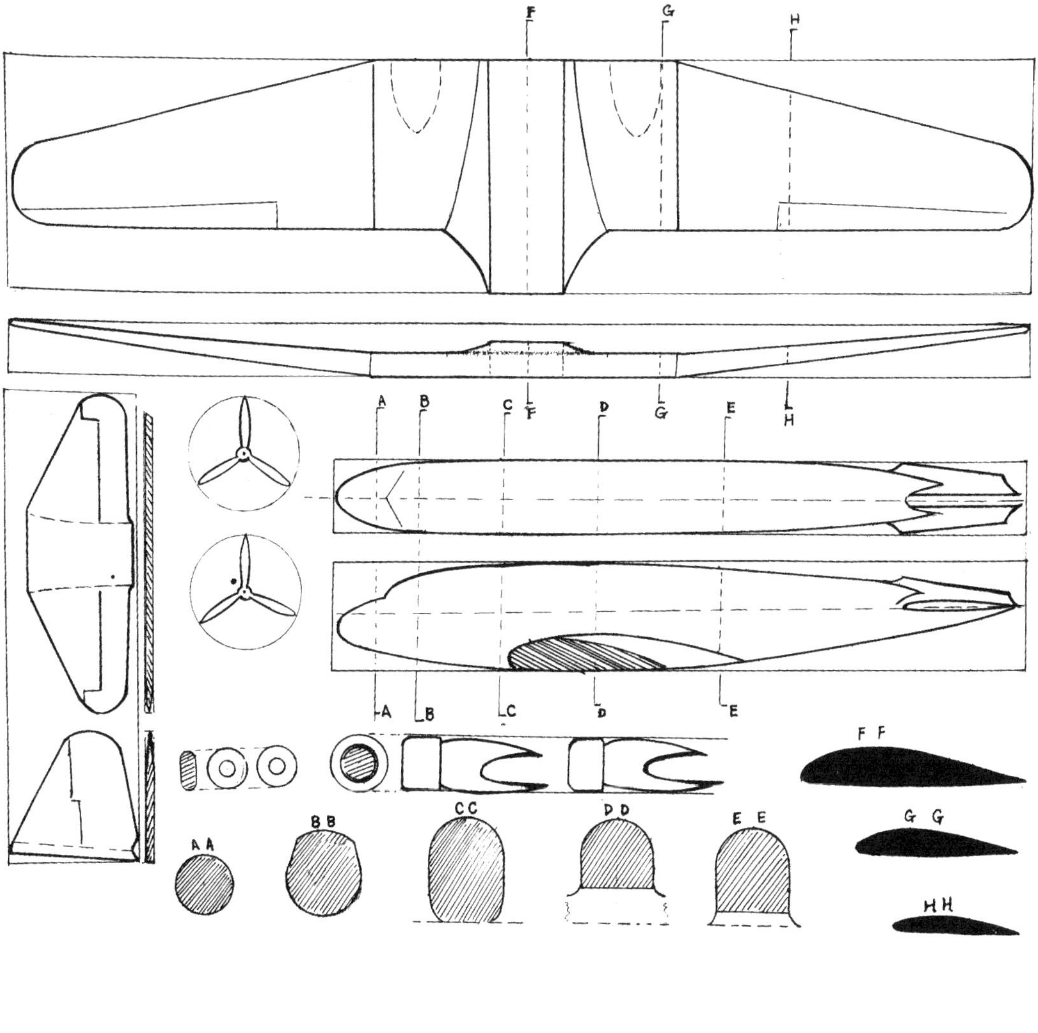

达格拉斯DO-2运输机模型参考图

## 塞可斯基 SIKORSKY S43 水陸兩棲機三面圖

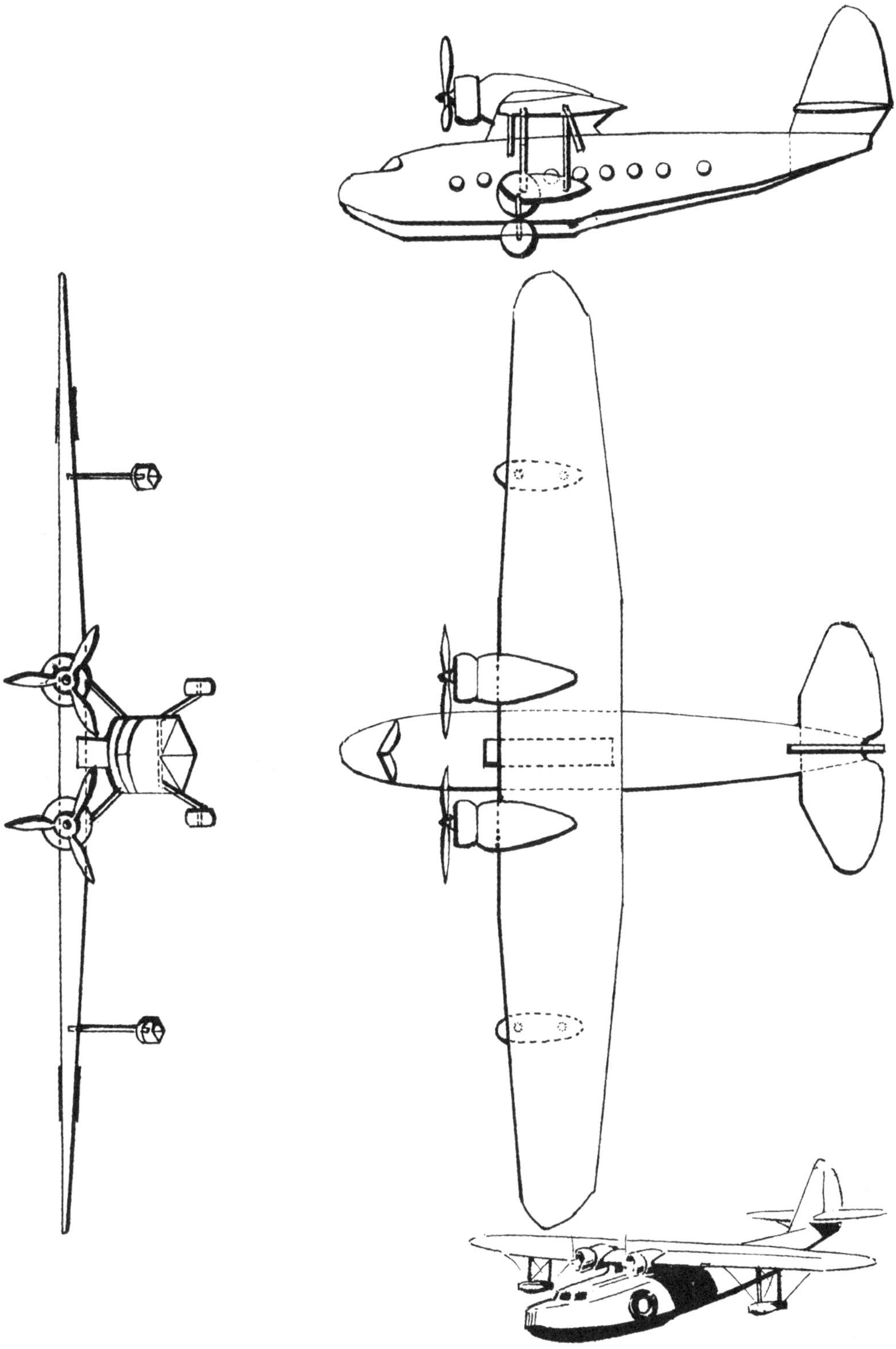

# 塞可斯基SIKORSKY S43水陆两栖机材料图

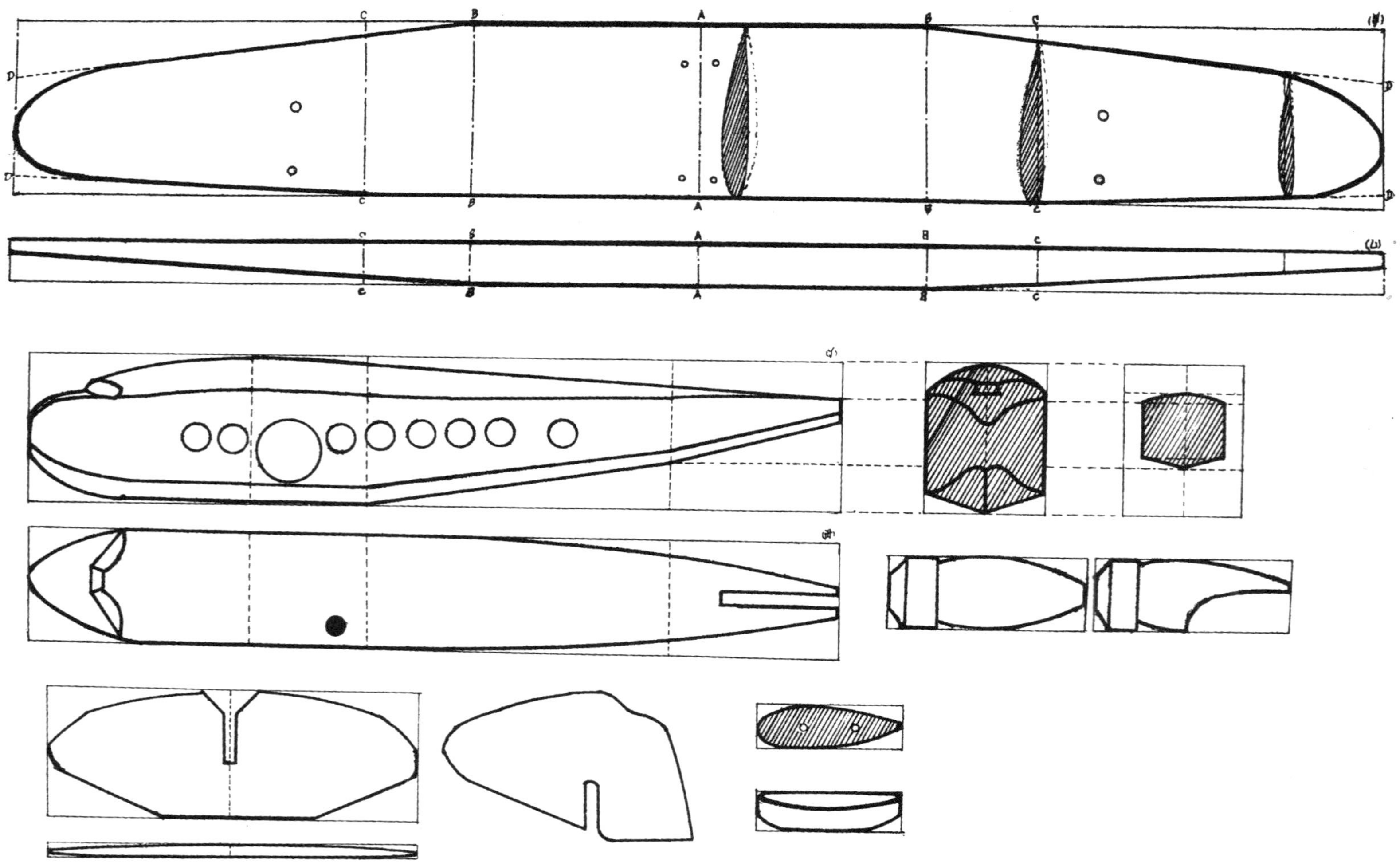

塞可斯基SIKORSKY S43水陆两栖机参考图

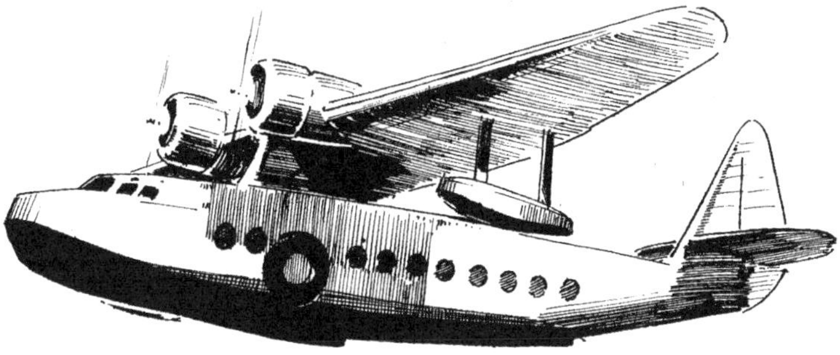

康多双发动机双翼轰炸机模型三面图

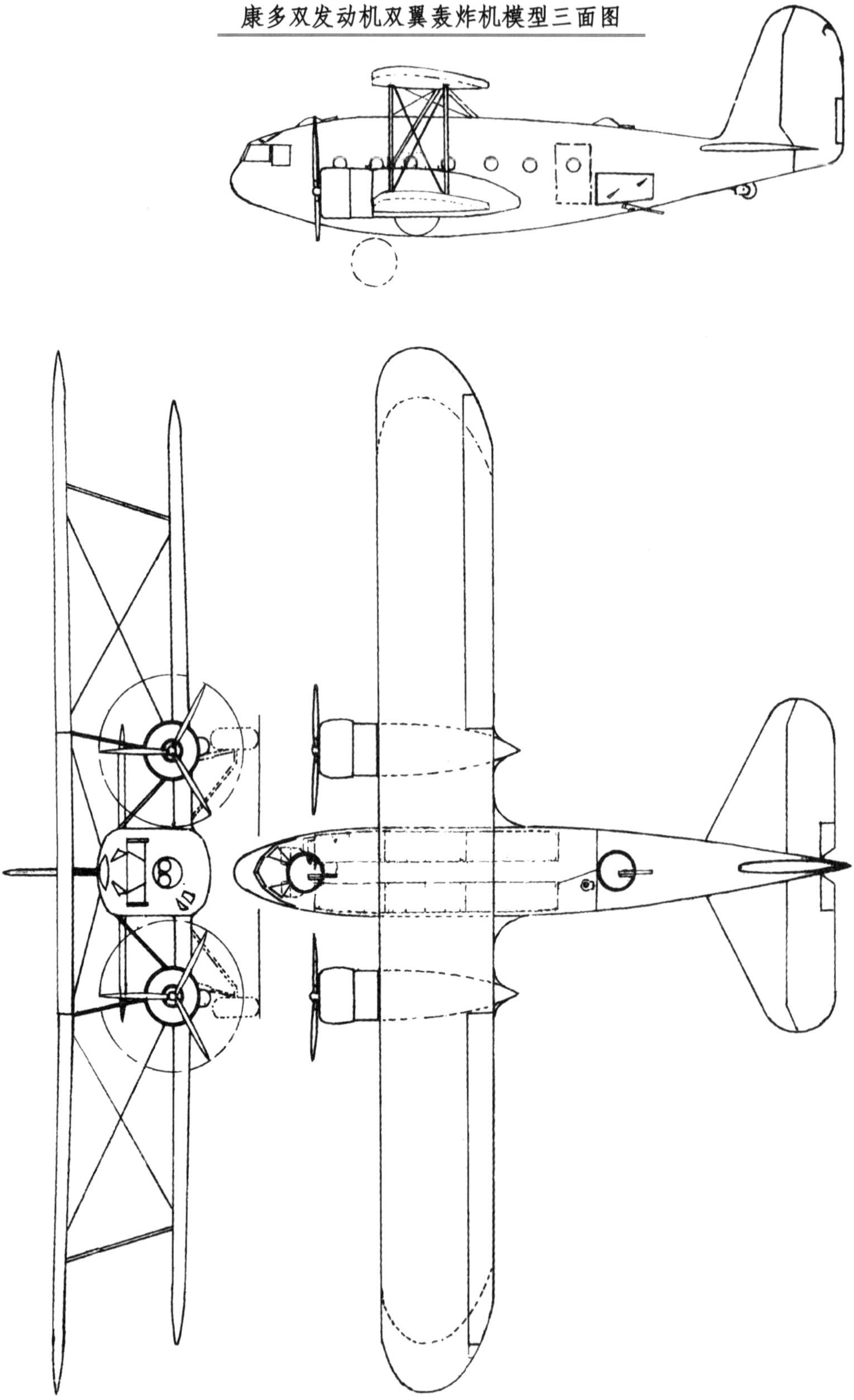

康多雙發動機雙翼轟炸機模型材料图

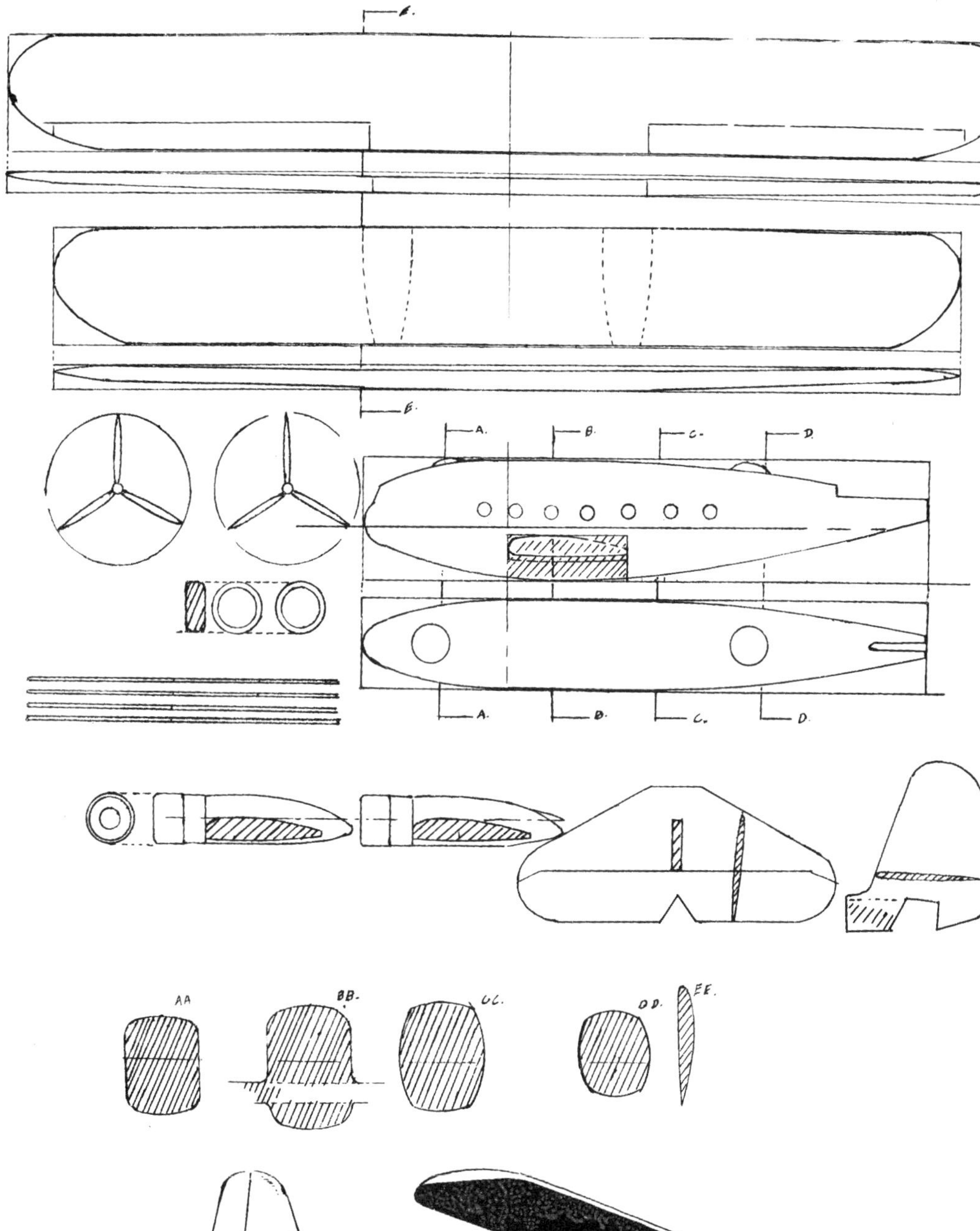

康多双发动机双翼轰炸模型参考图

弗列脱初級飛行教練機模型材料圖

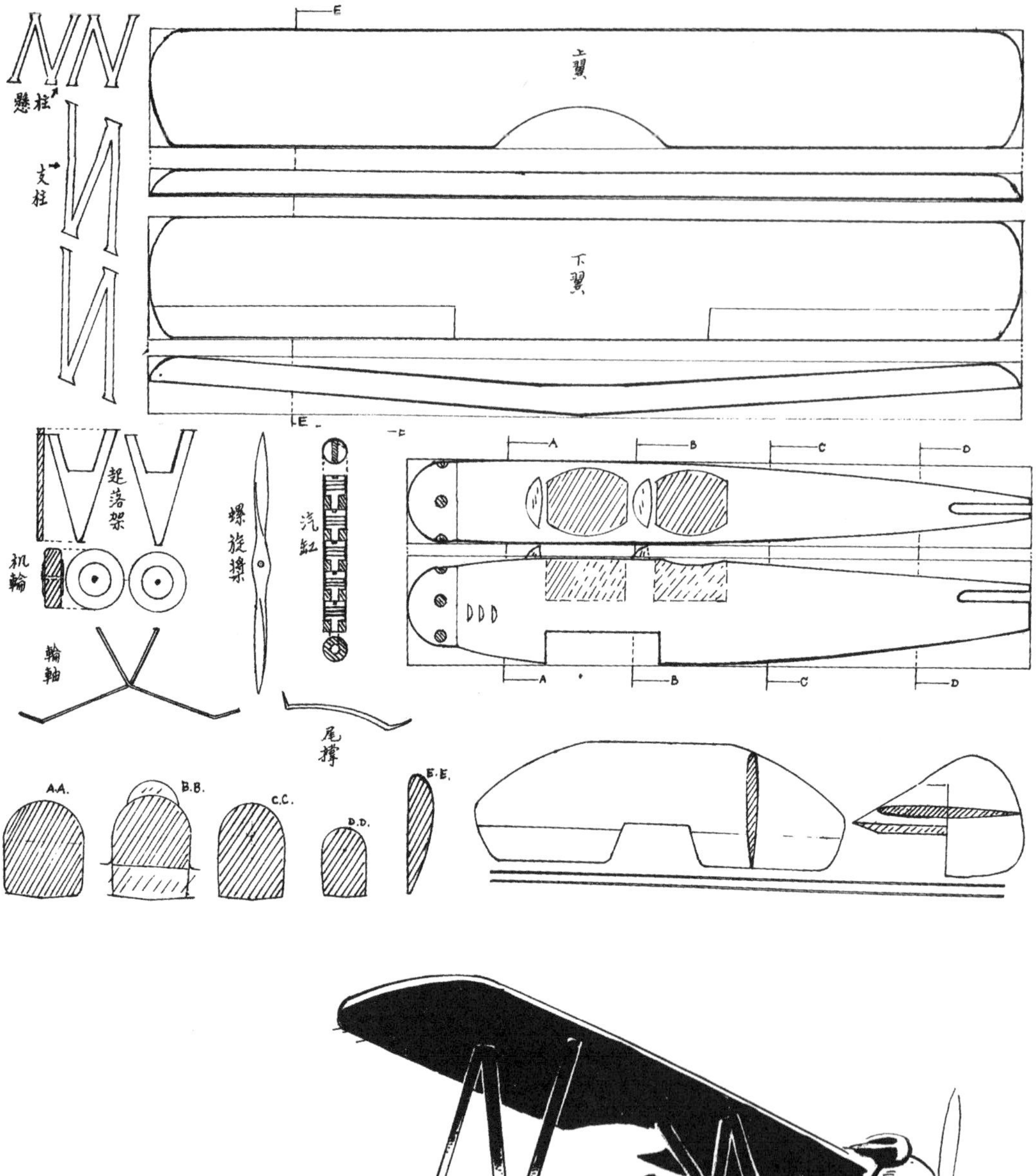

弗列脱初级飞行教练机模型参考图

來安 RYAN 軍用教練機(輕飛行機)三面圖

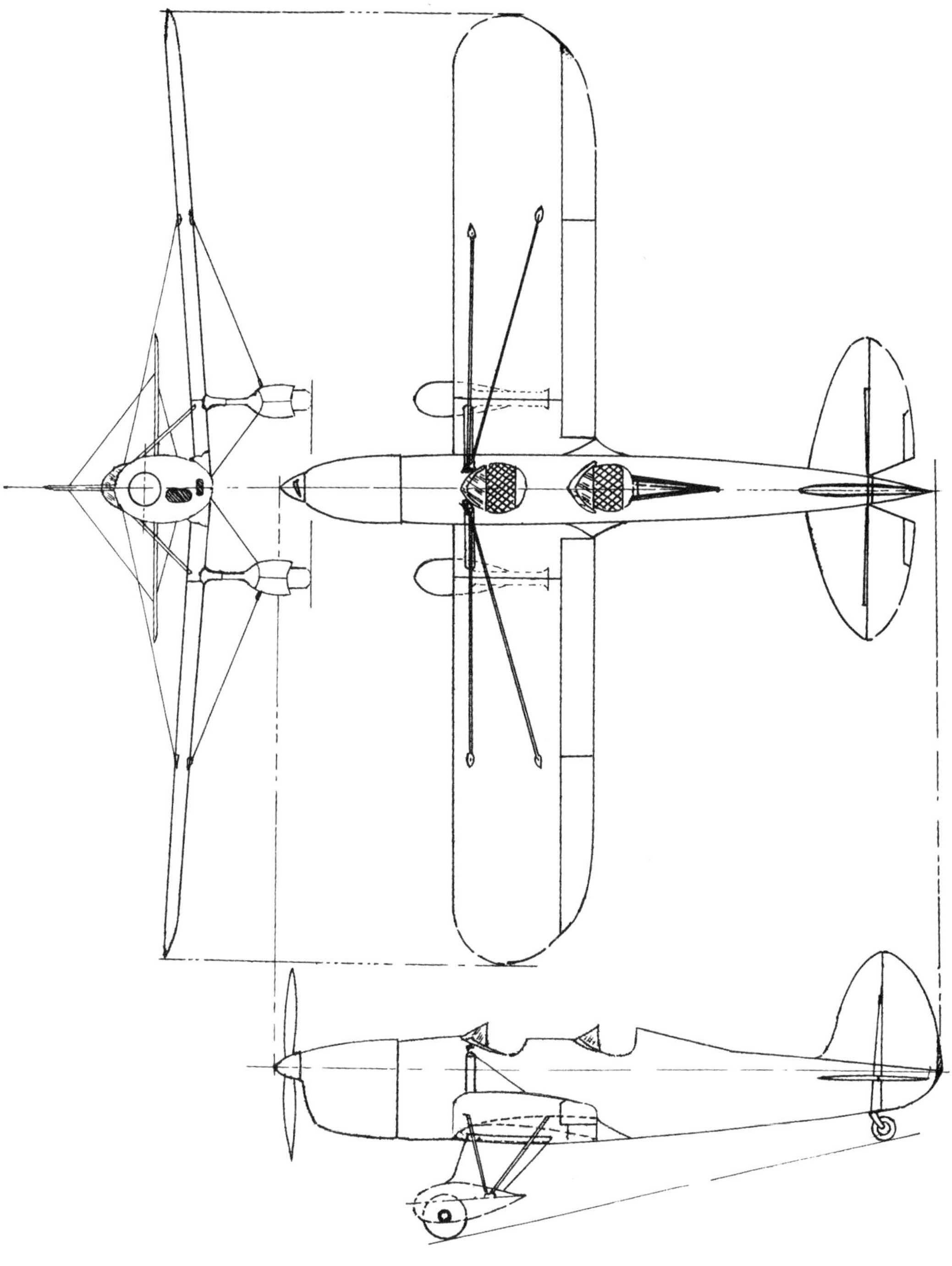

來安軍用教練機(輕飛行機)模型材料图

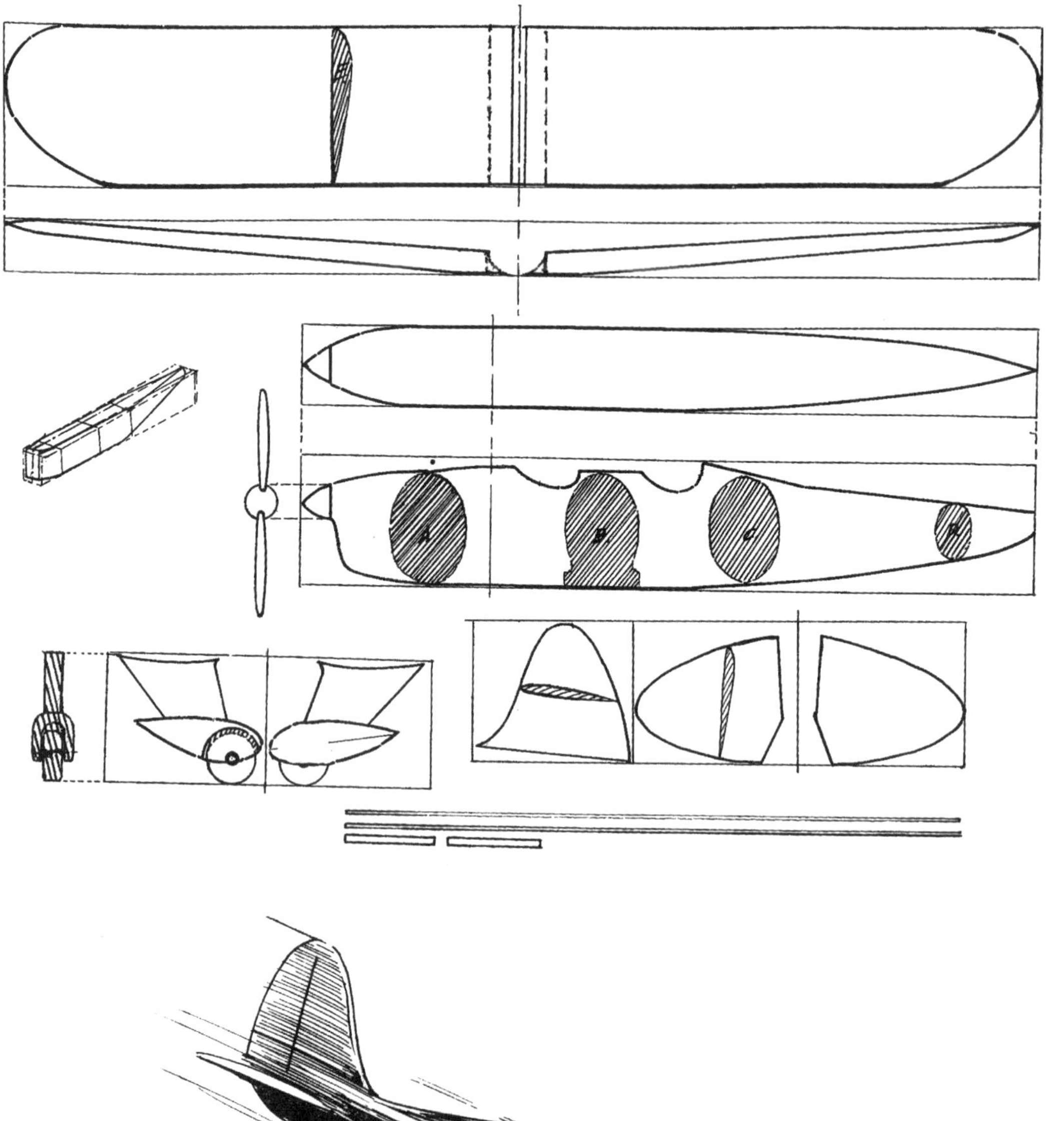


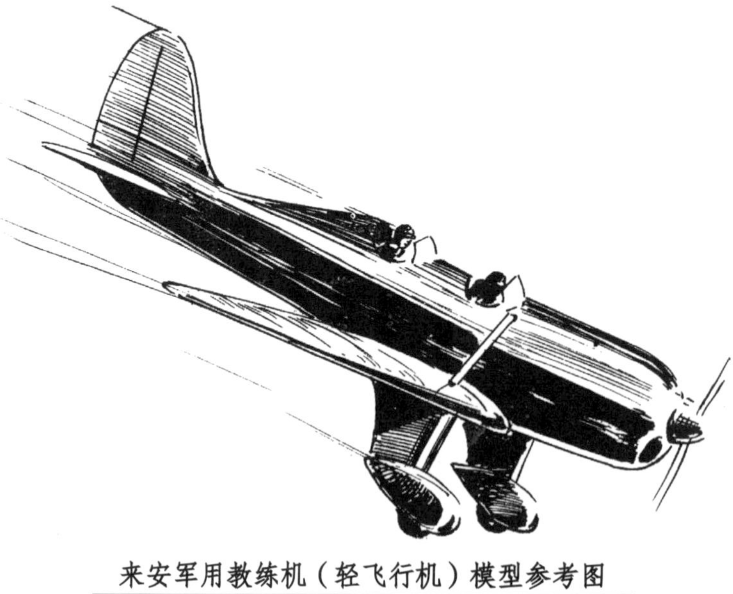

来安军用教练机（轻飞行机）模型参考图

北美 NORTH AMERICA 轟炸教練機三面圖

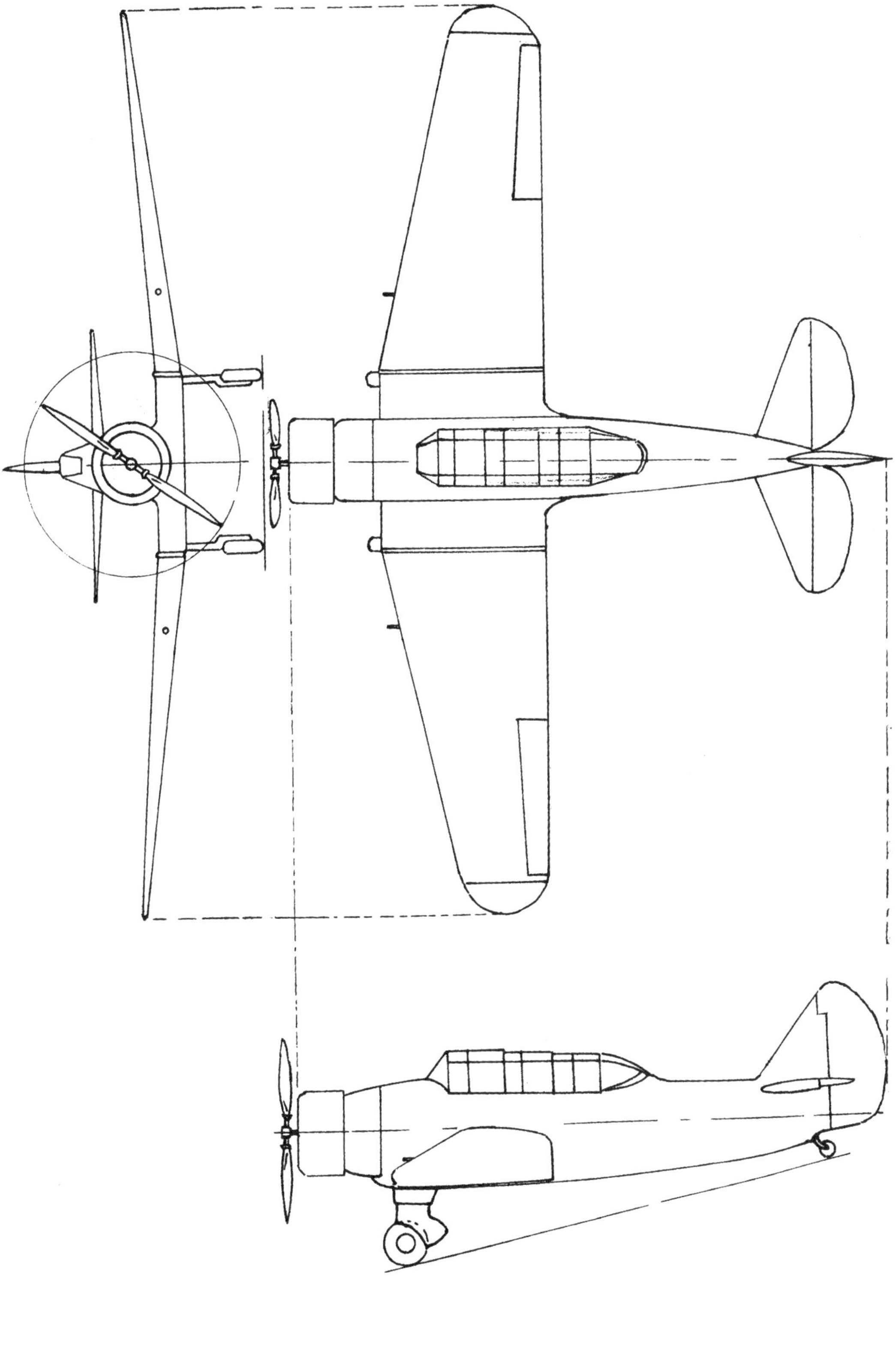

## 北美轟炸教練機模型材料图

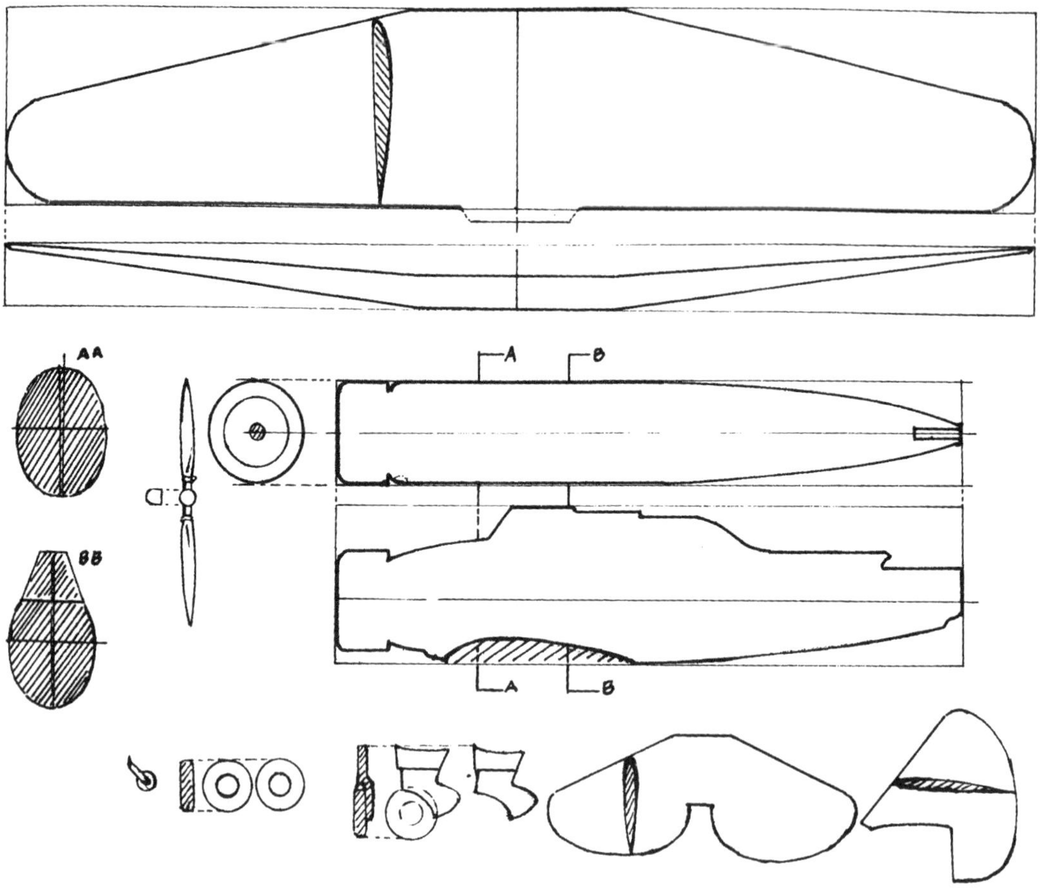

北美NQRTH AMERICA轰炸教练机参考图

日夲九六式驅逐機模型材料圖

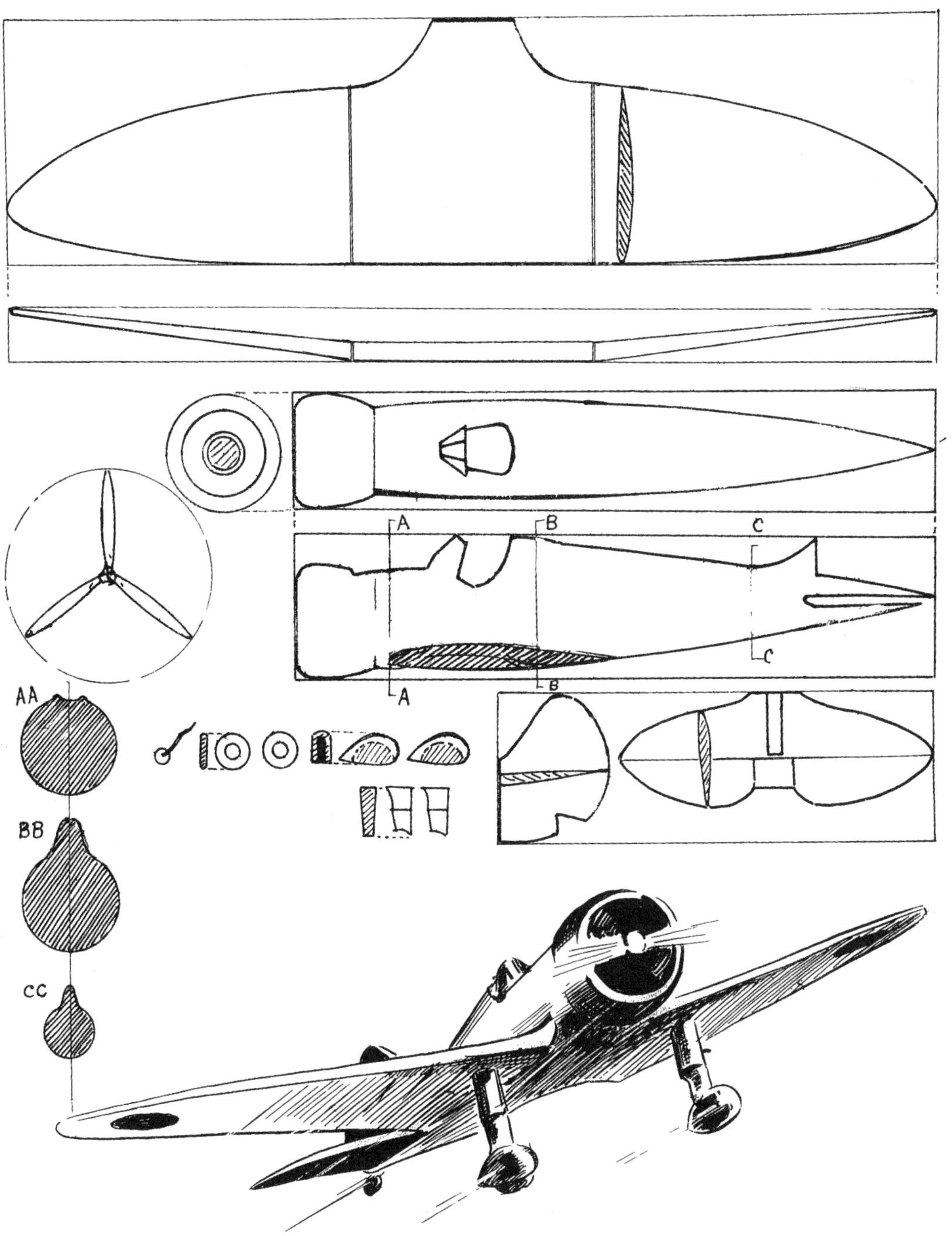


日本九六式驱逐机模型参考图

日本九六式驱逐機三面图

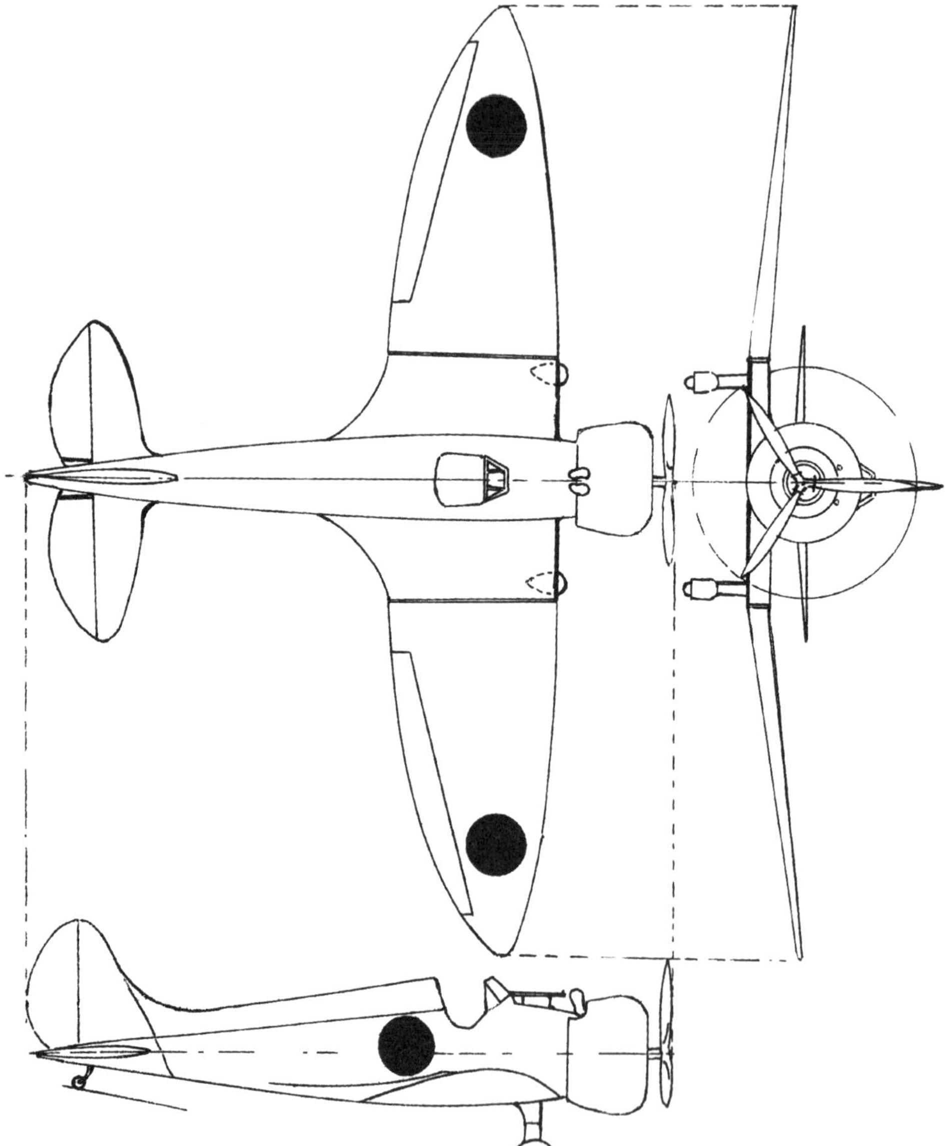

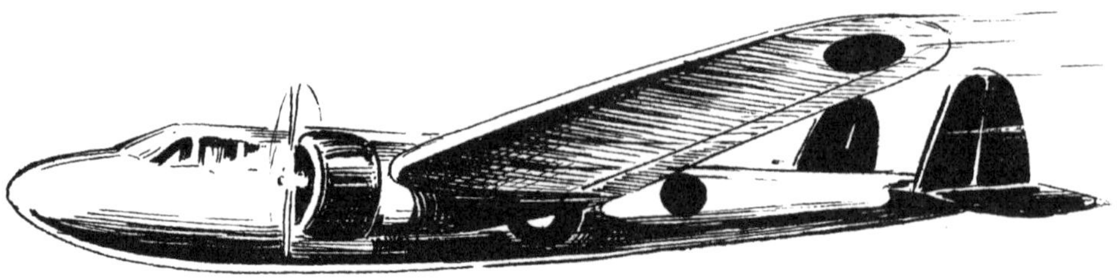

日本九六式驱逐机参考图

## 九六式重轟炸機模型材料図

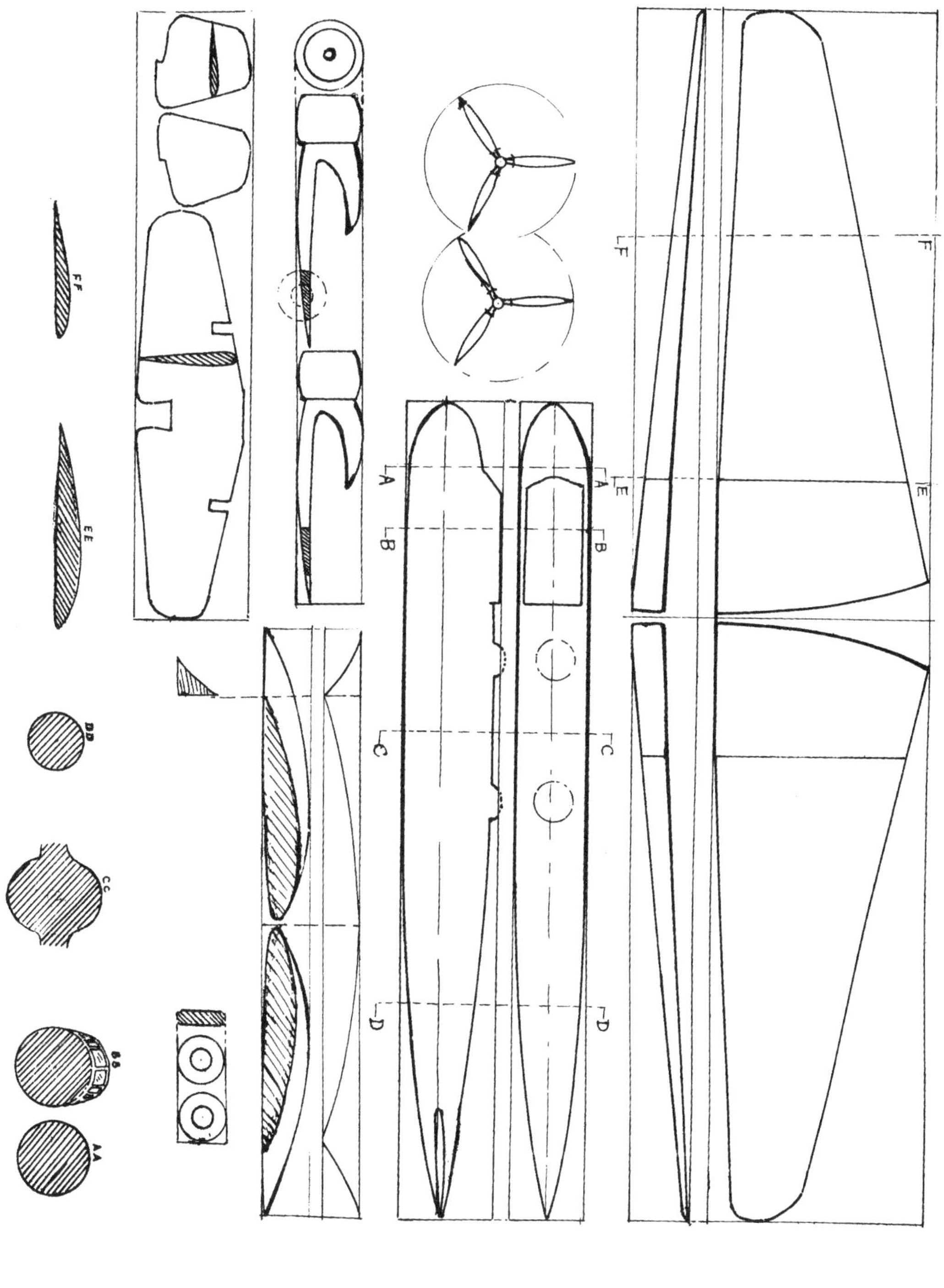

天皇號轟炸机三面圖(即意大利FIAT-BR-20型)

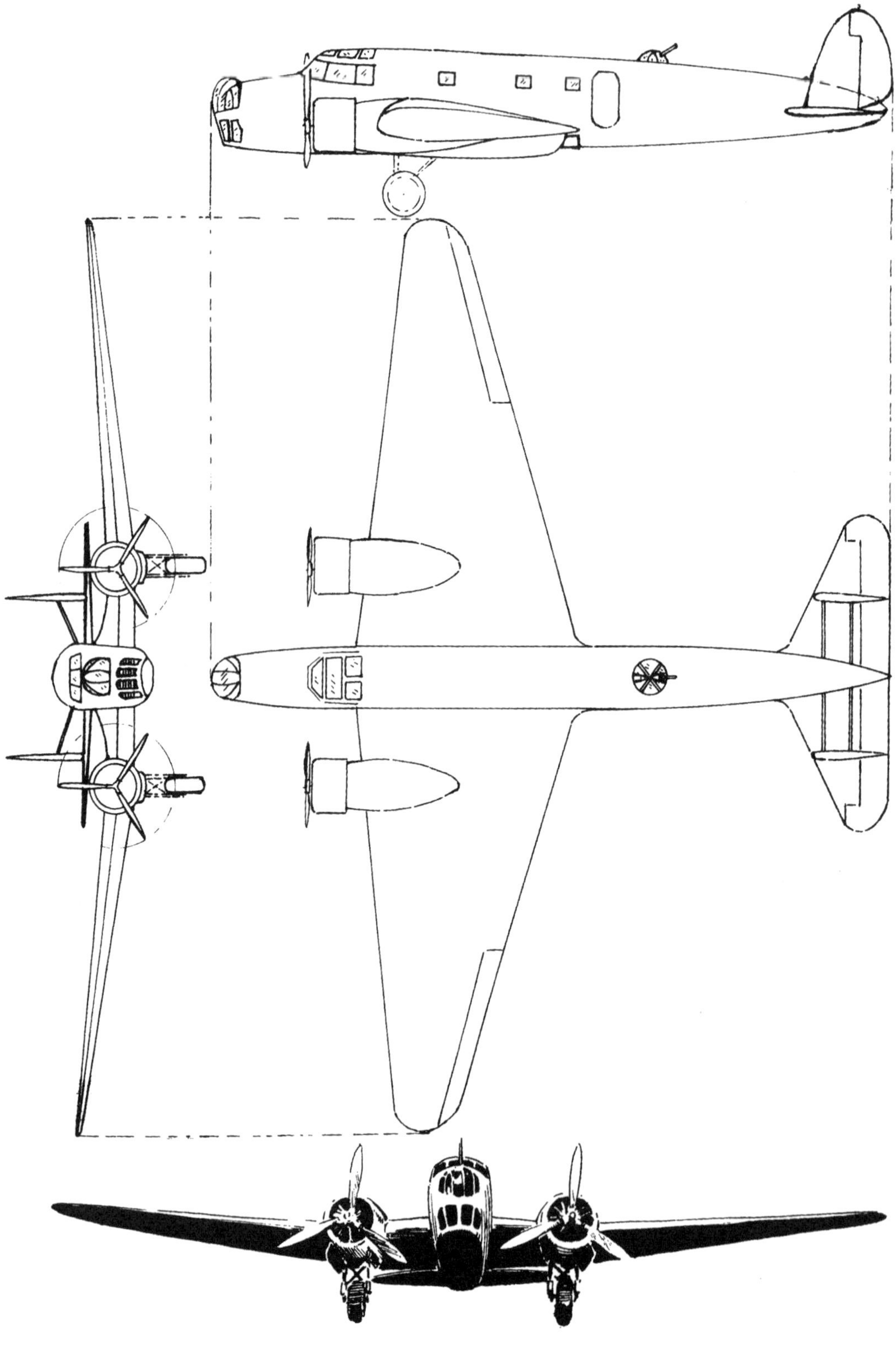

## 機天皇號模型材料圖

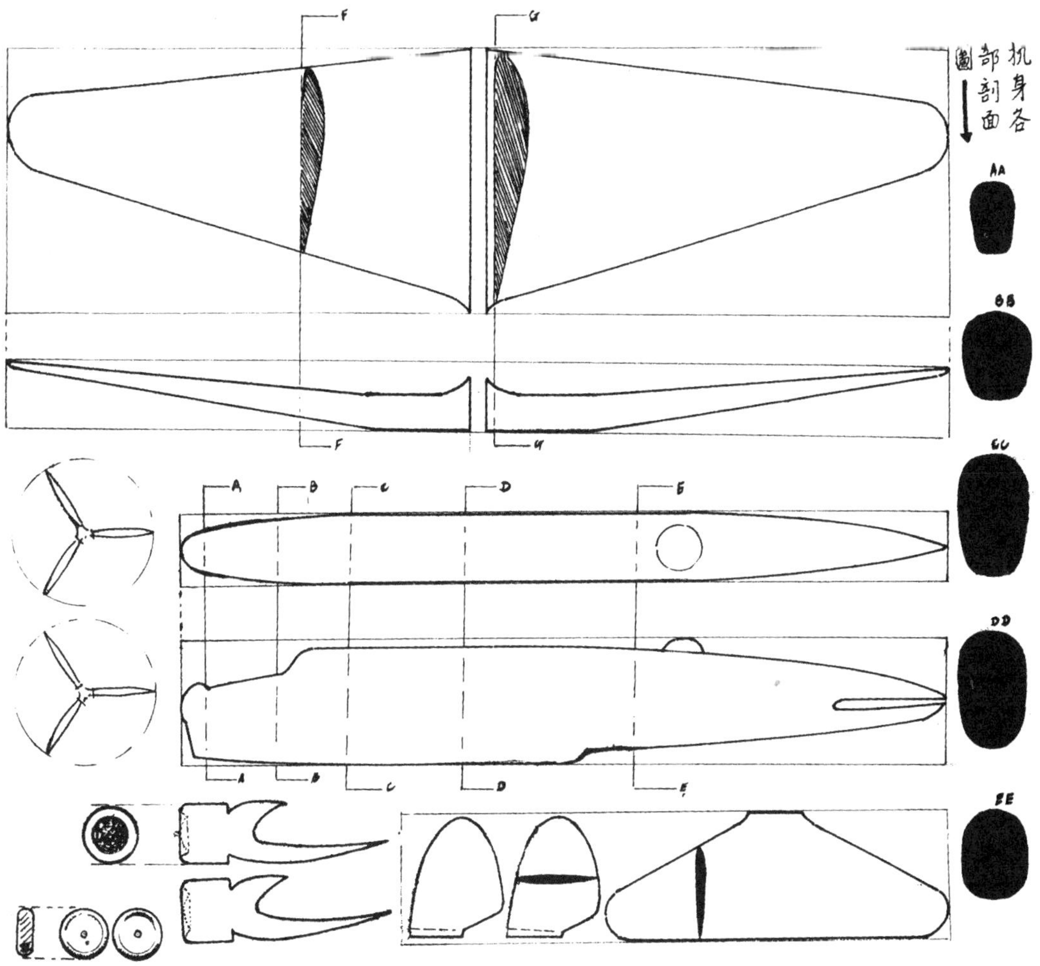

HEINKEL HE 112德國亨克爾戰鬥機三面图

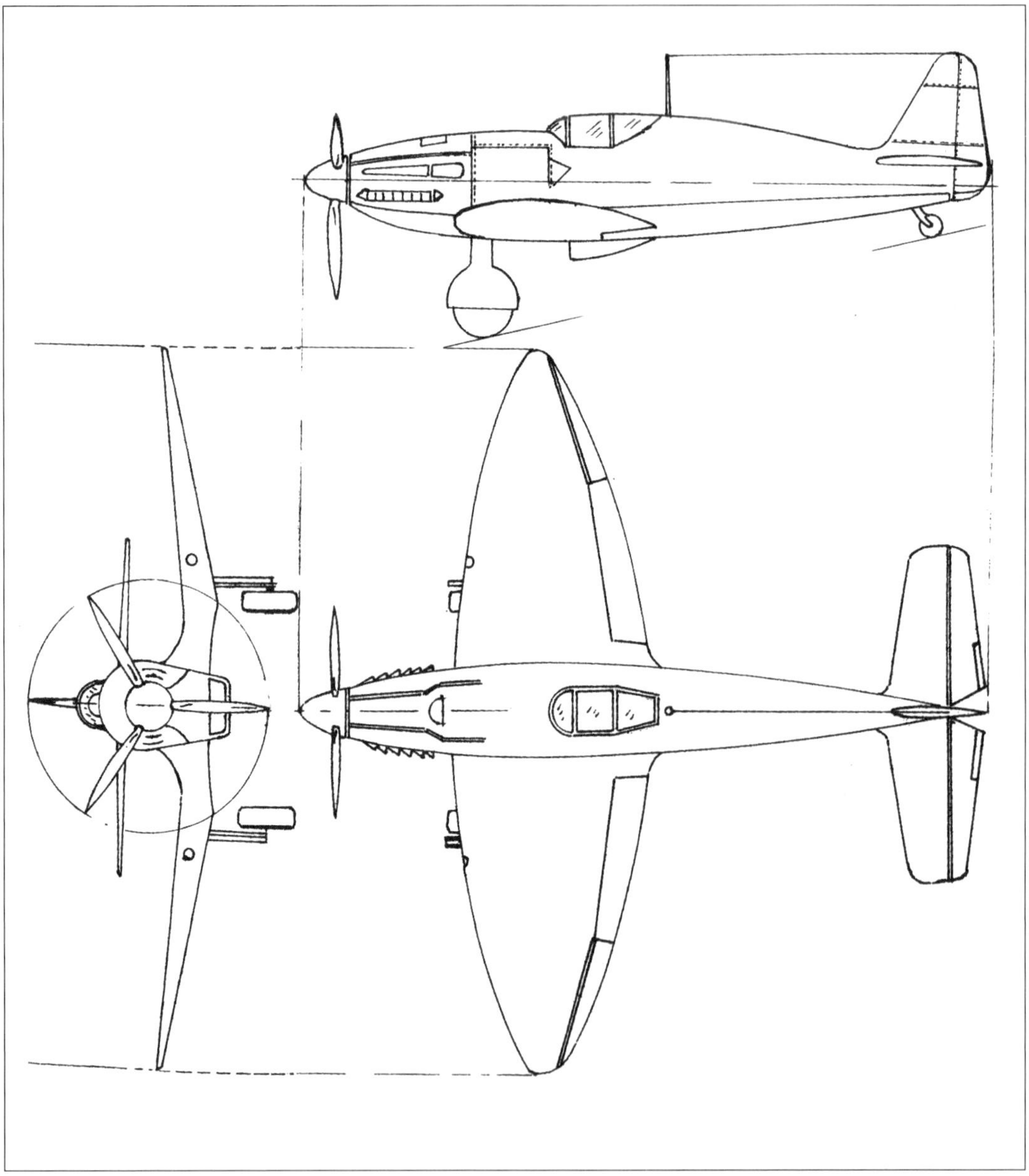

## 德國亨克爾戰鬥機模型材圖

(HE 112)

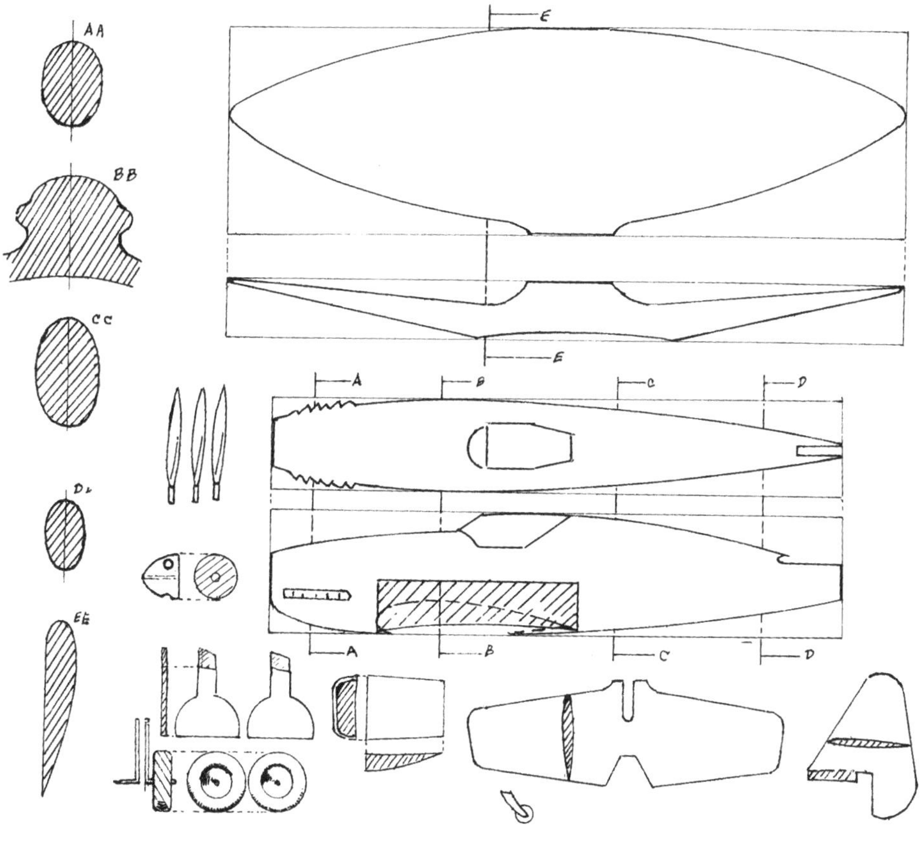

中國飛剪號 CHINA CLIPPER 水上民航機三面圖★

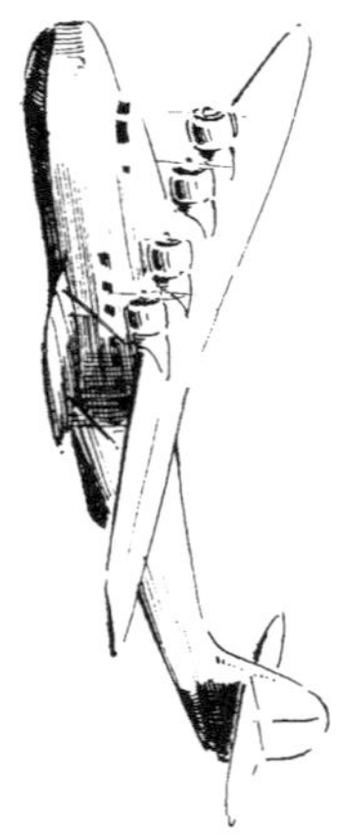

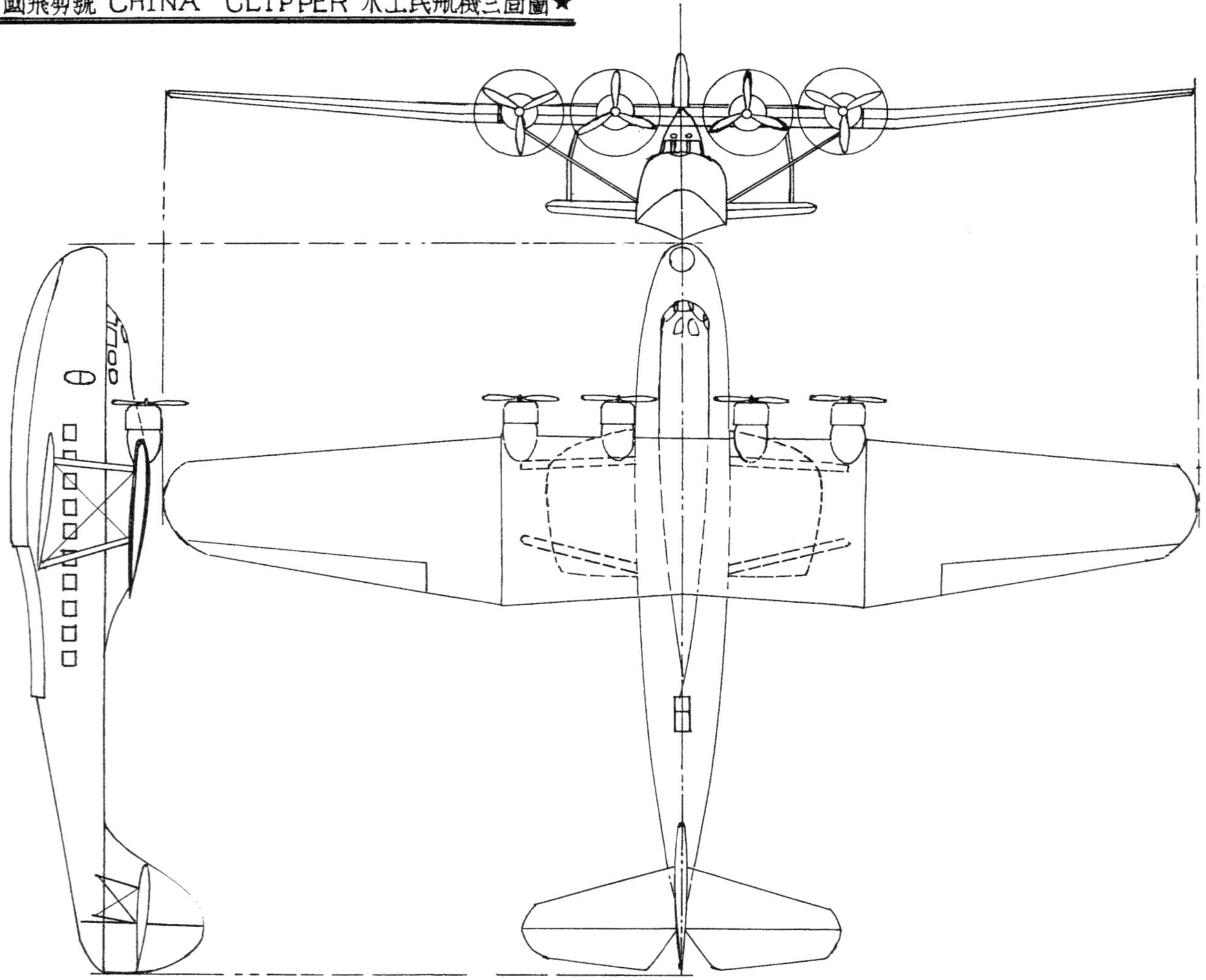

## 中国飞剪号水上民航机材料图、模型参考图

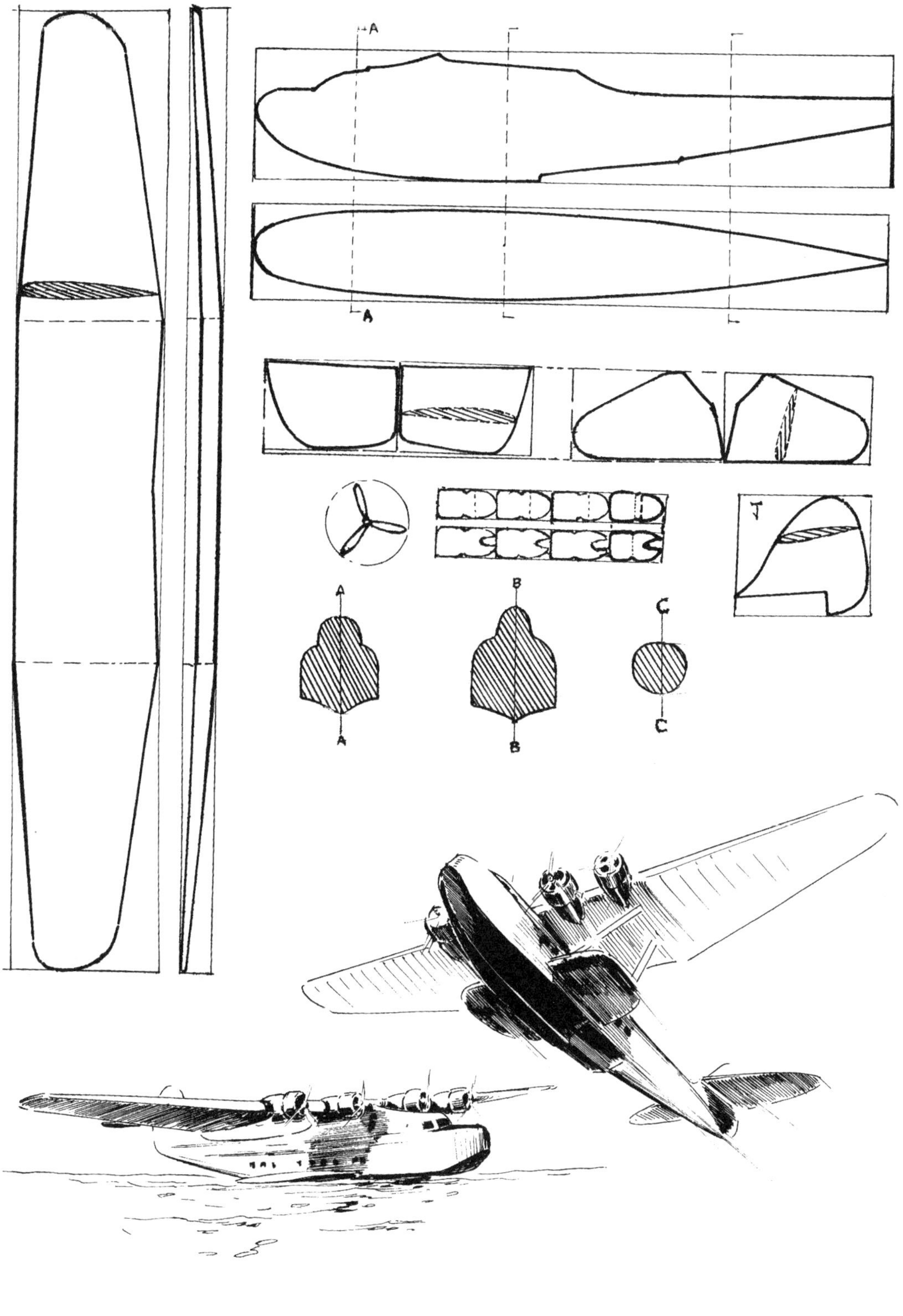

寇蒂斯 CURTISS P40戰鬥機三面圖

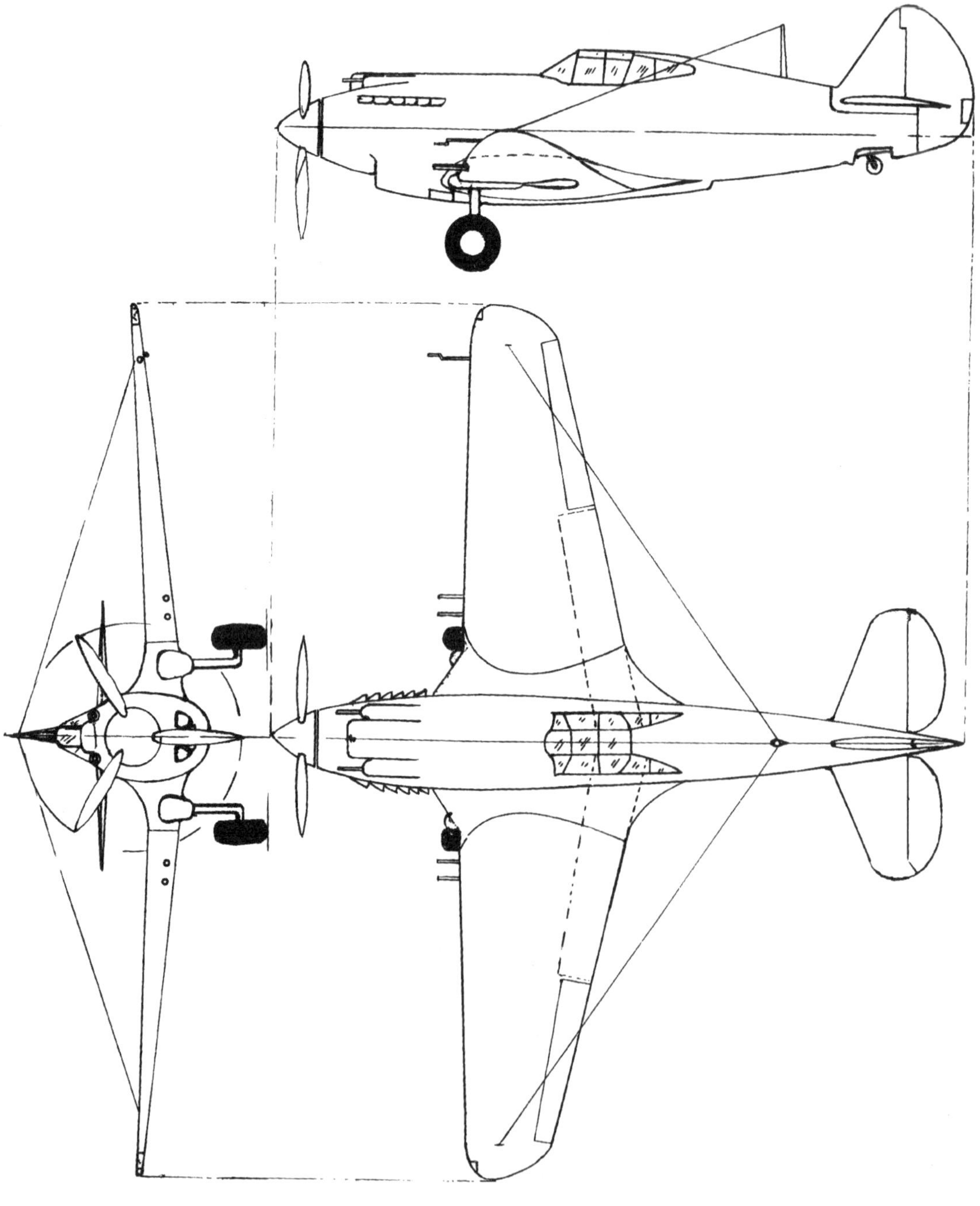

冠蒂斯 P40 戰鬥機模型材料圖

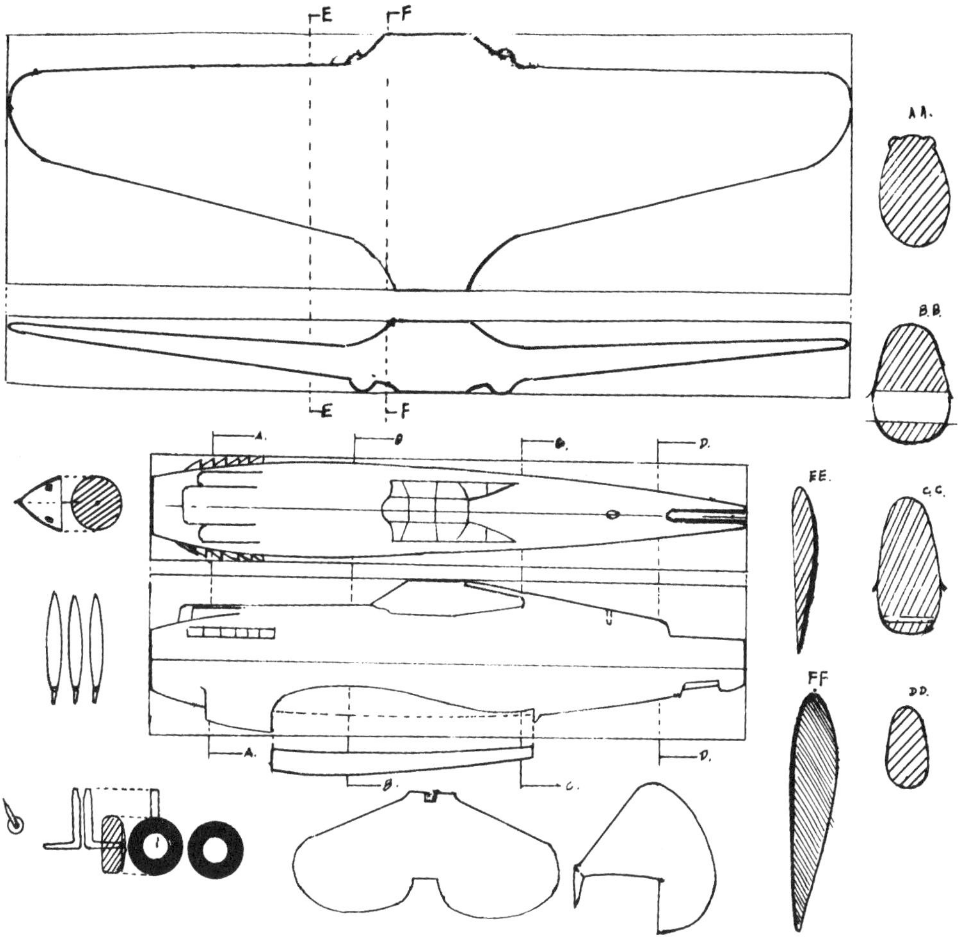


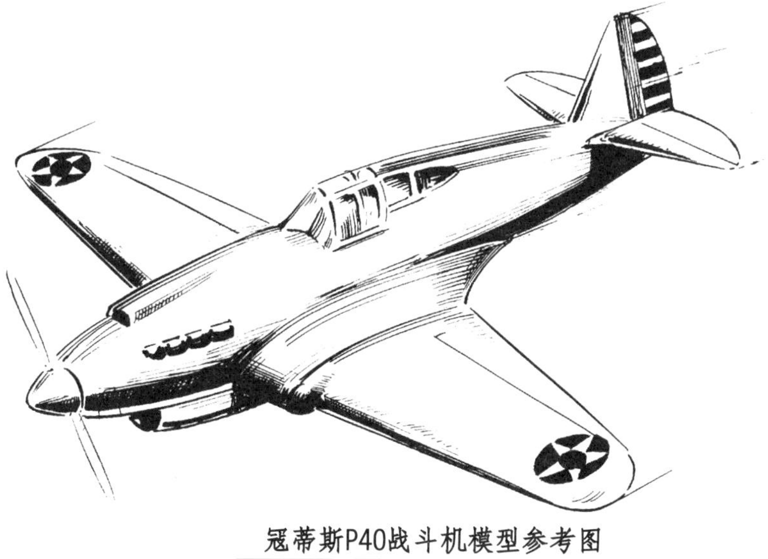

冠蒂斯P40战斗机模型参考图

美國飛行堡壘 BOEING YB-17 三面圖

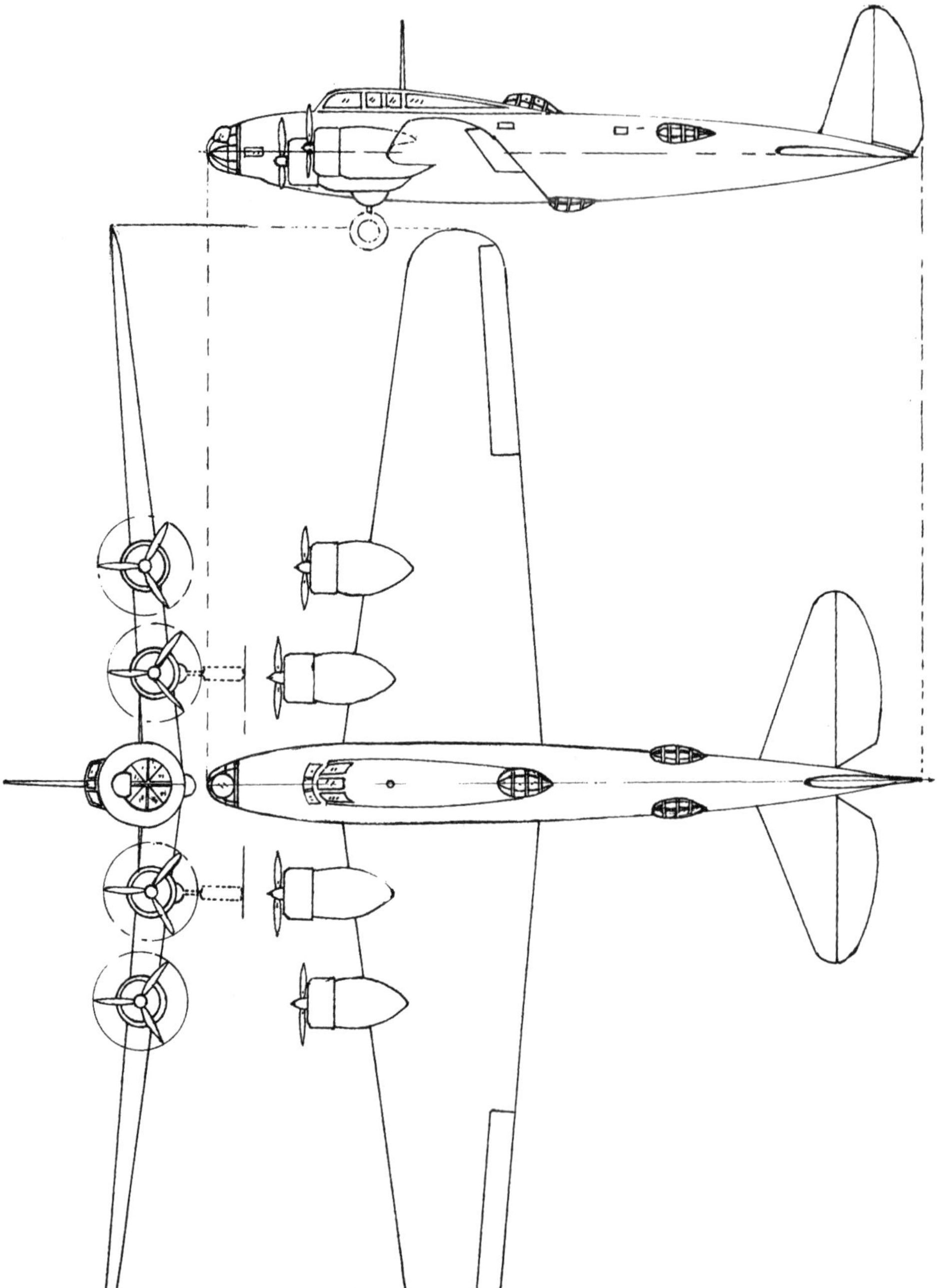

## 美国飞行堡垒YB-17模型材料图参考图

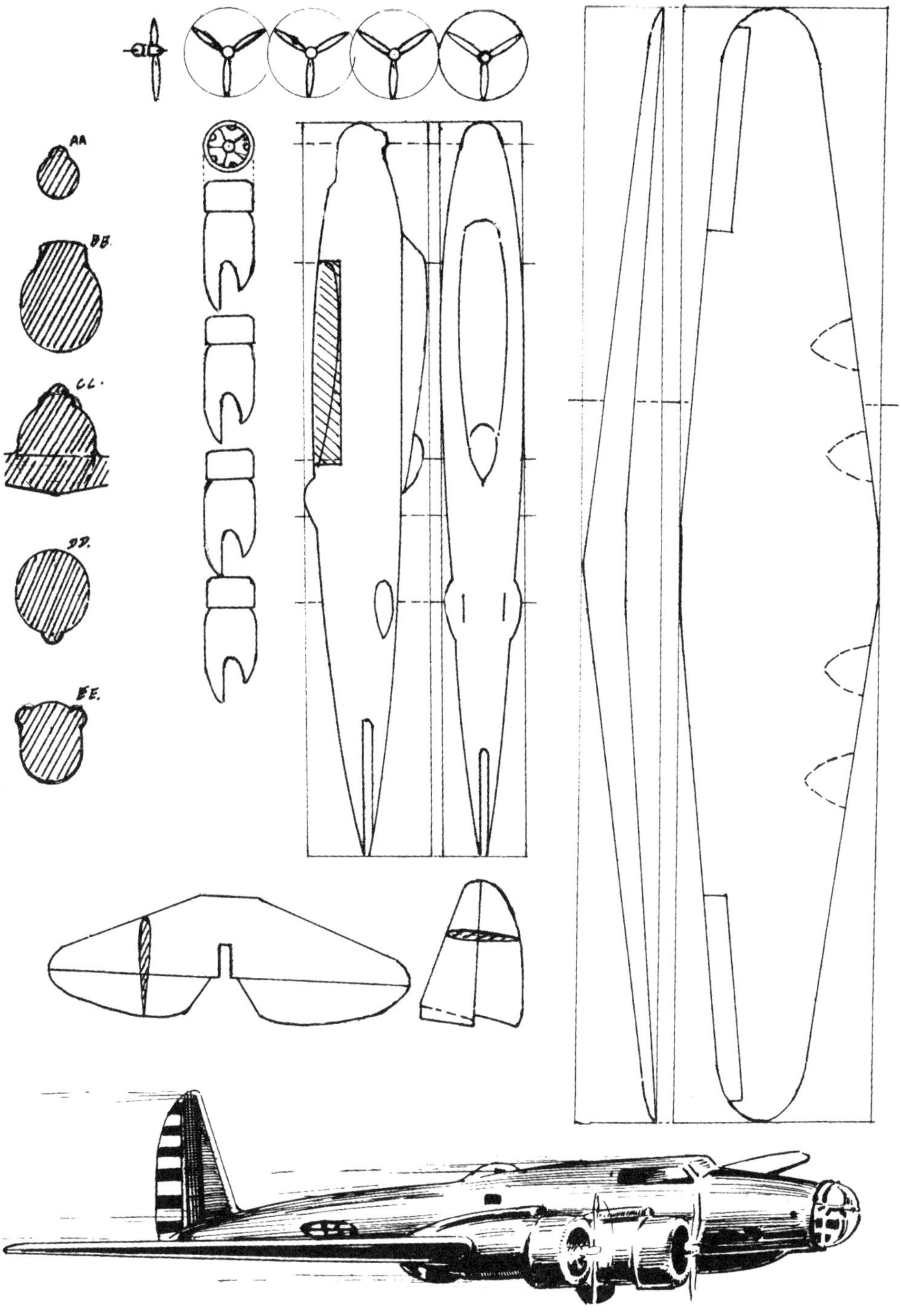

BOULTON PAUL DEFINT 英國挑戰式雙座戰鬥機三面图

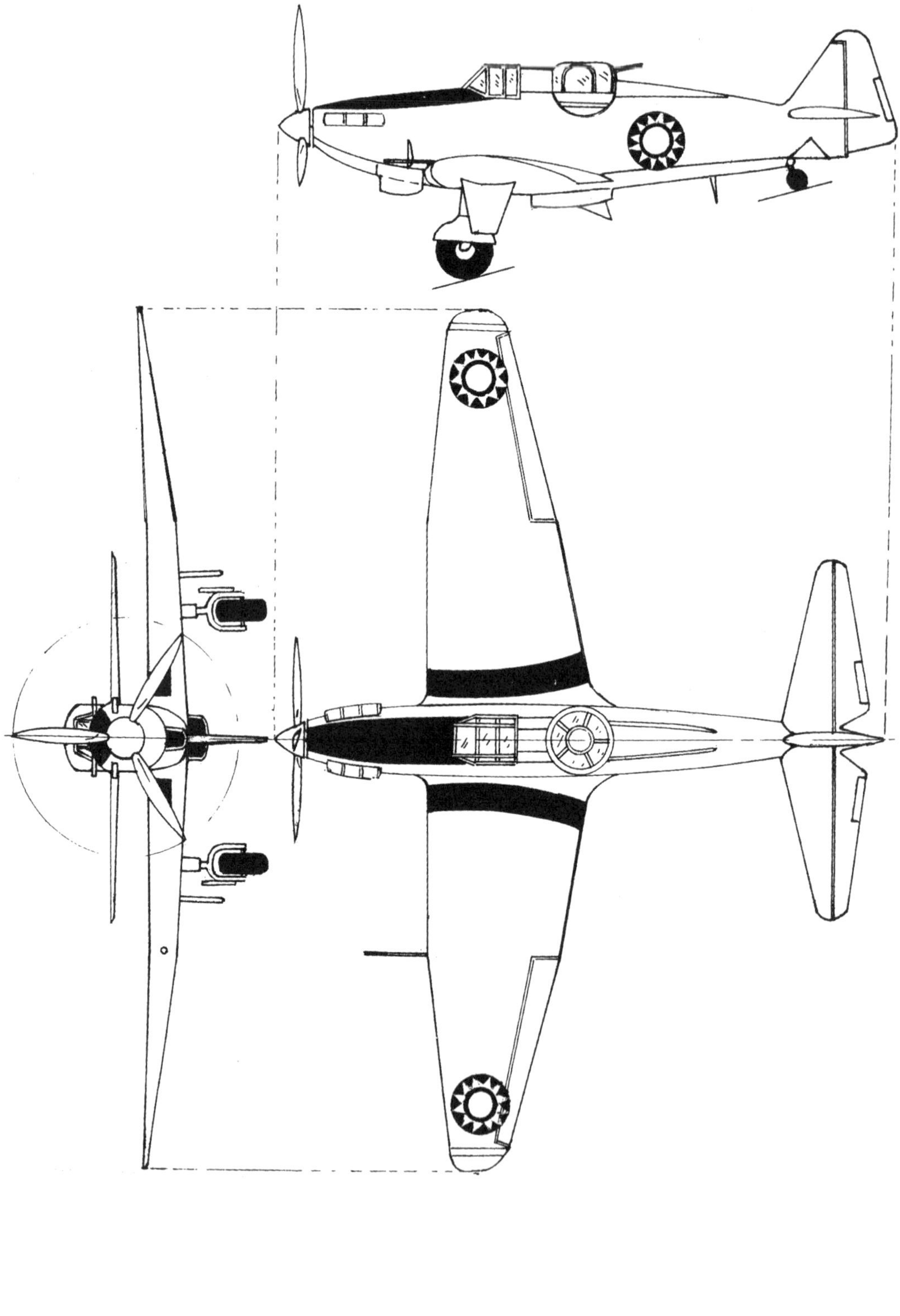

英國"挑戰式"雙座戰鬥機模型材料图

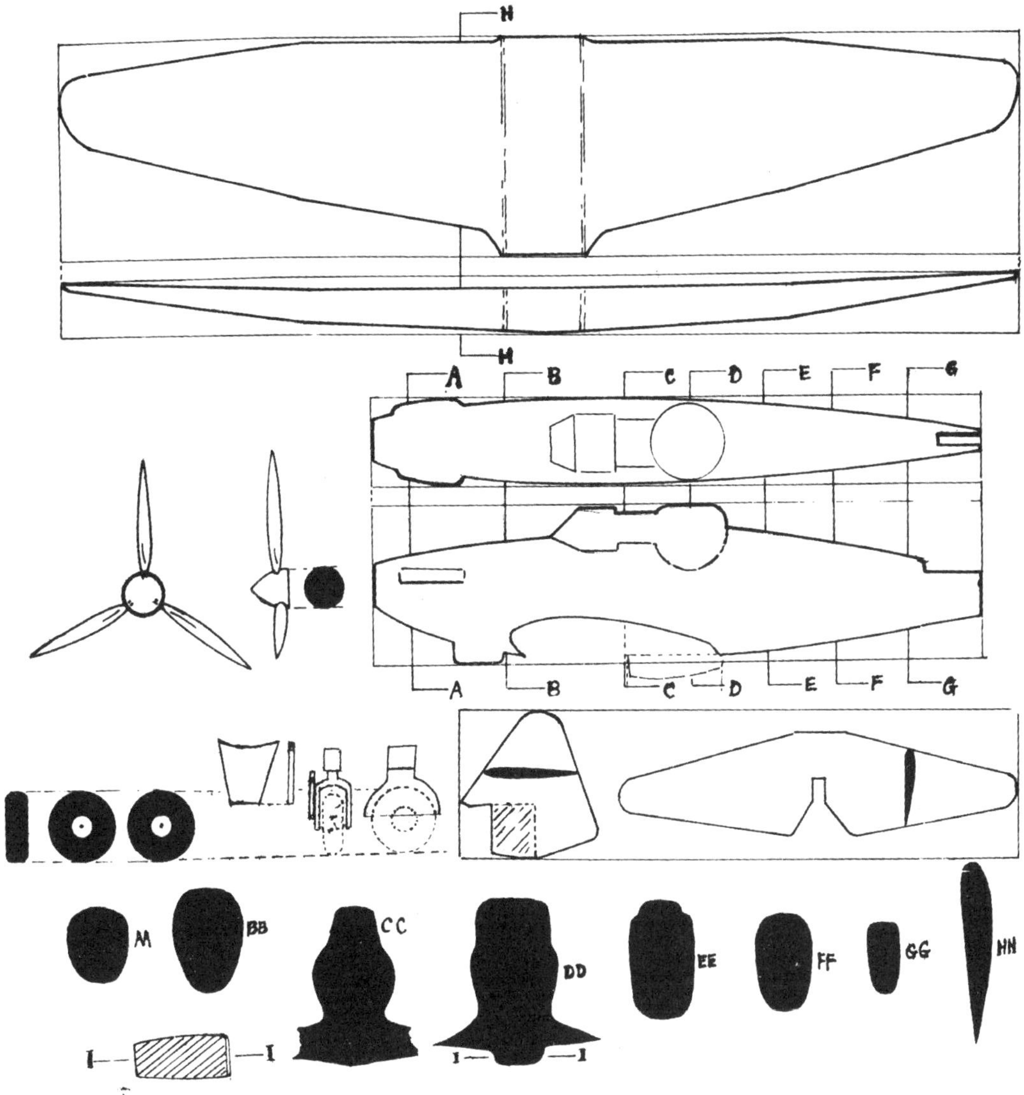

英国“挑战式”双座战斗机模型参考图

英國暴風式驅逐機三面圖

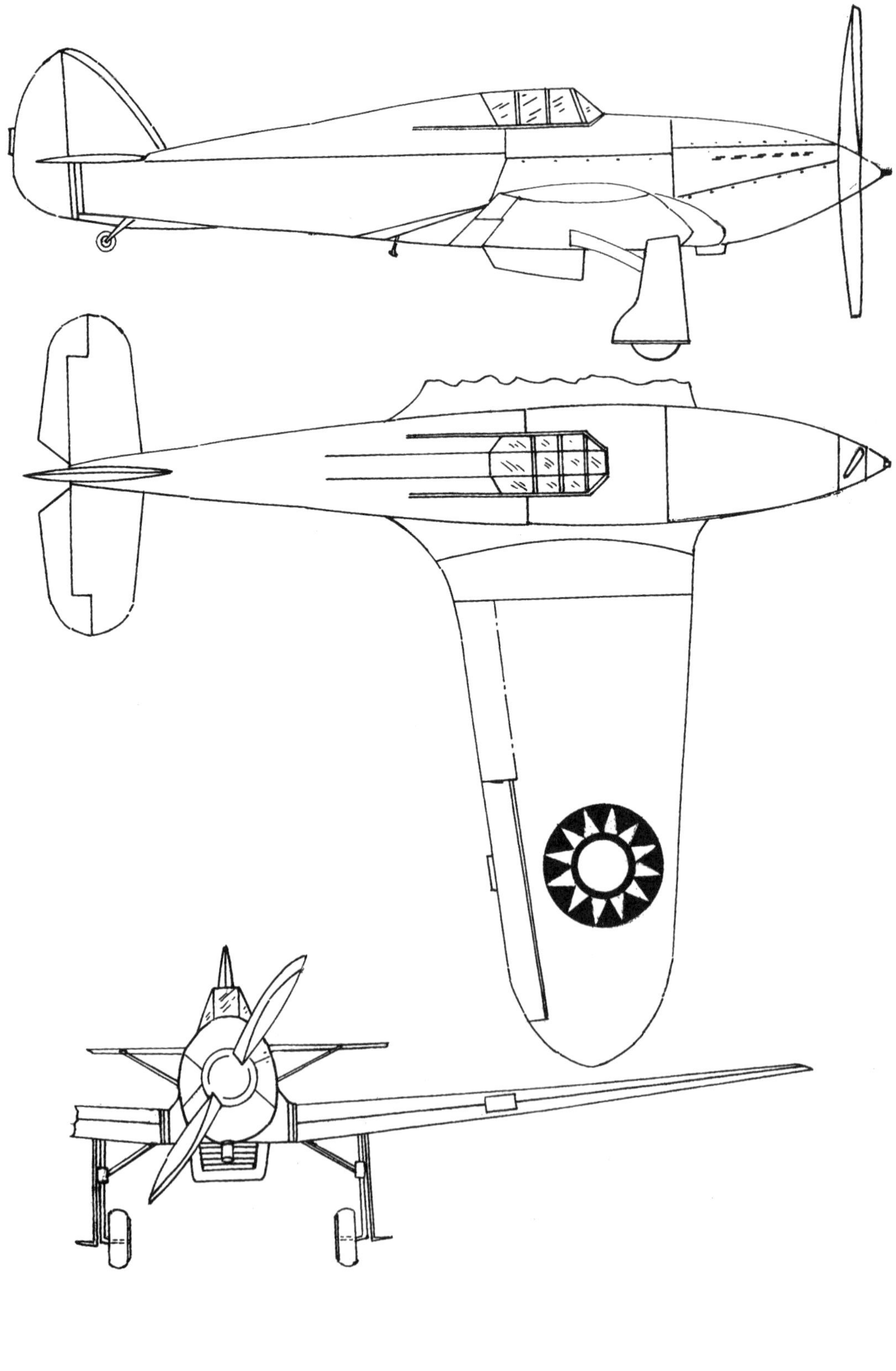

## 英国暴风式驱逐机参考图、材料部位图、机身粘接图

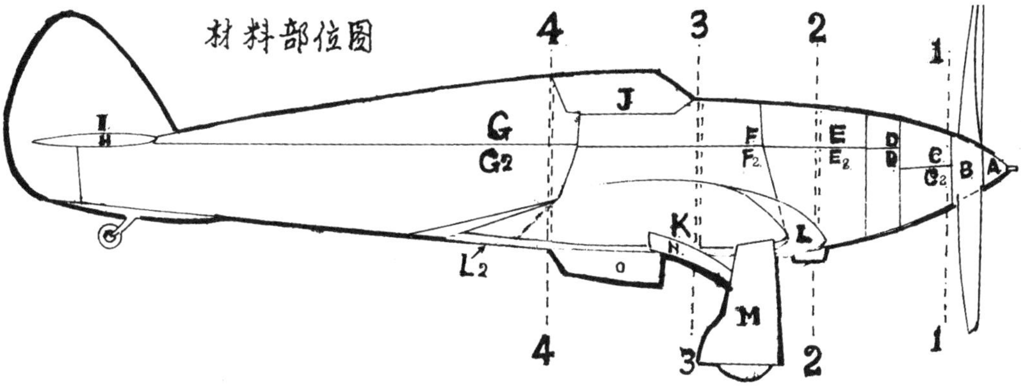


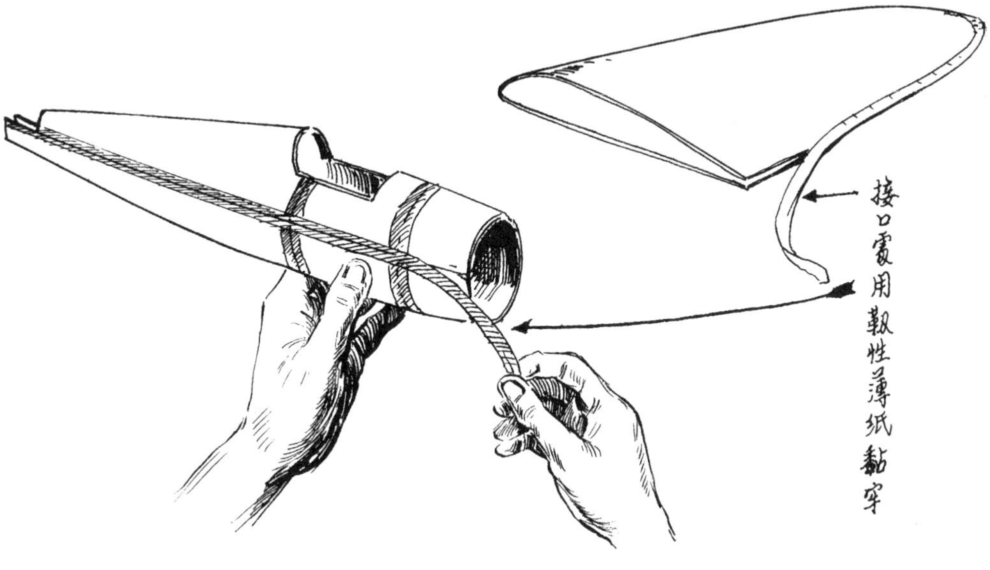

# 英国暴风式驱逐机模型材料图

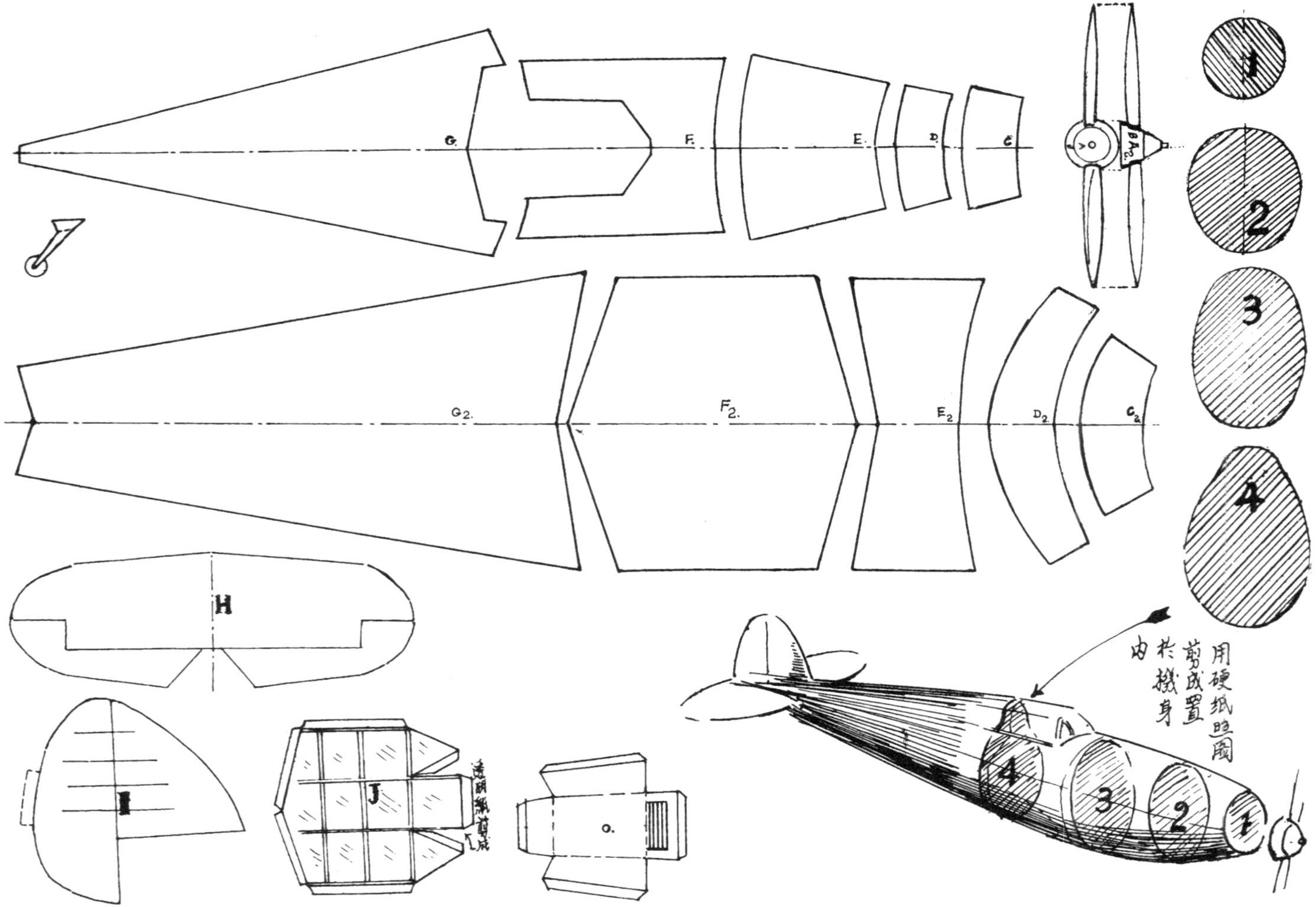

## 英国暴风式驱逐机模型机翼材料图

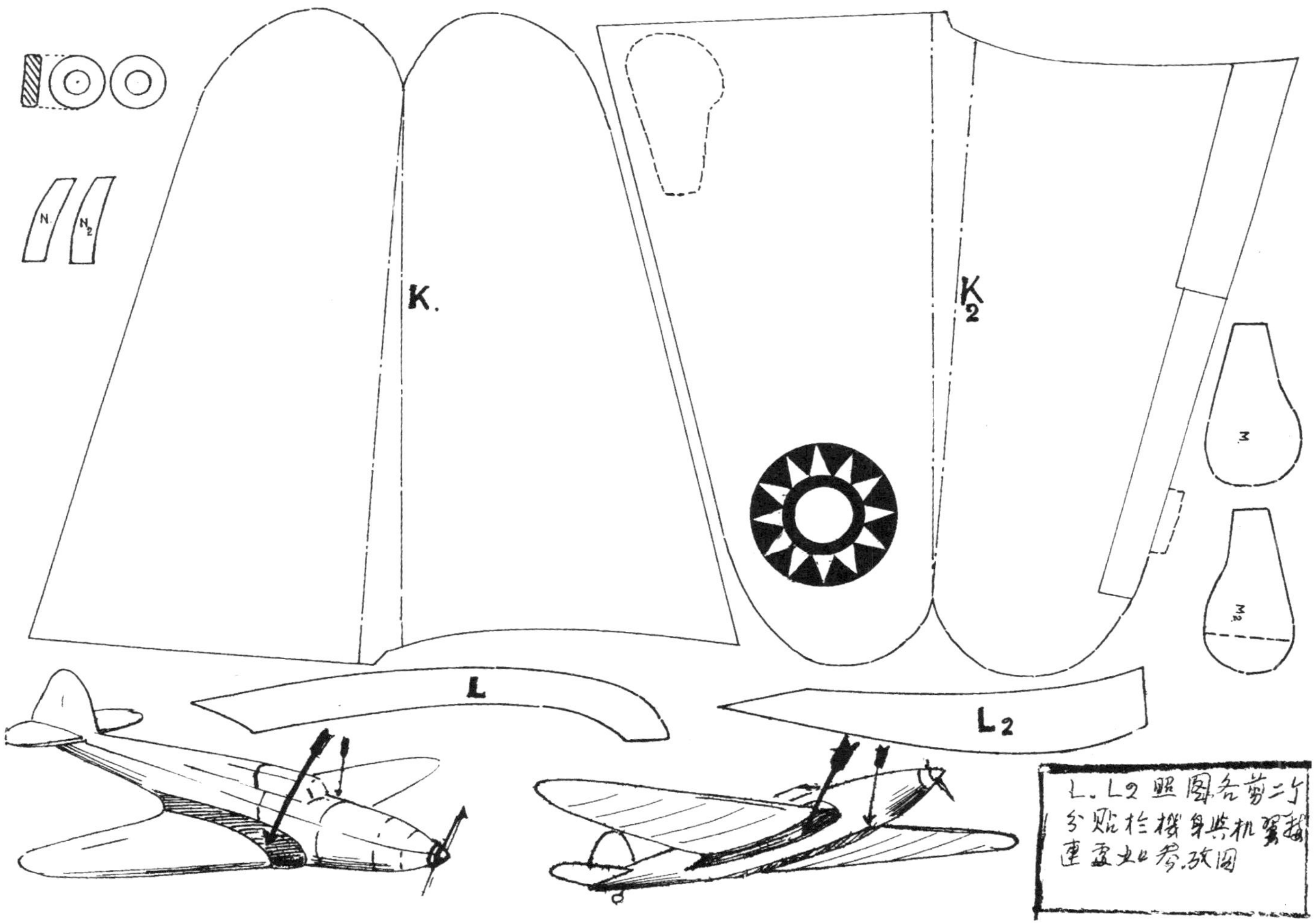

德國密塞斯米 MESSERSCHMITT ME.109 單座戰鬥機三面圖

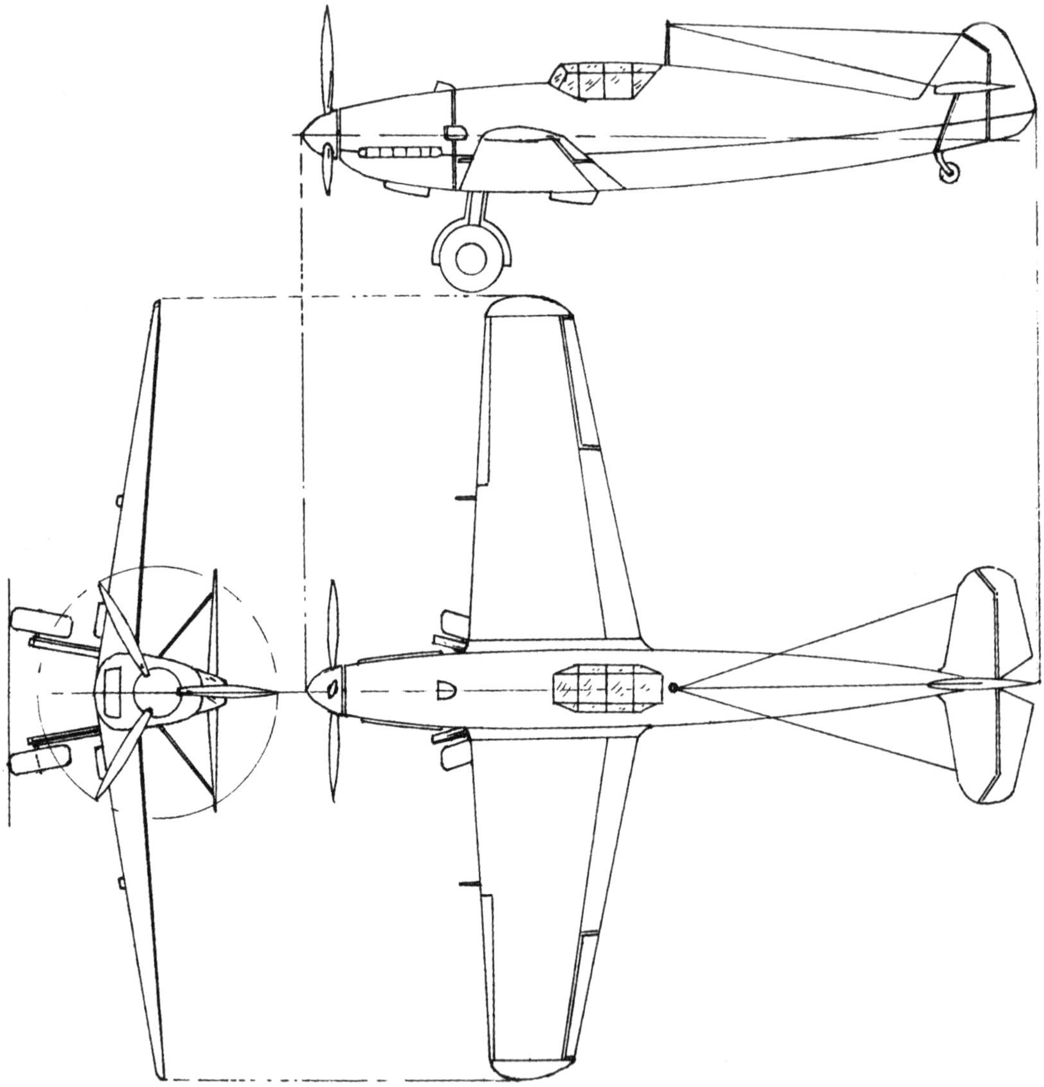

德國密斯米 ME.109單座戰鬥機模型材料圖

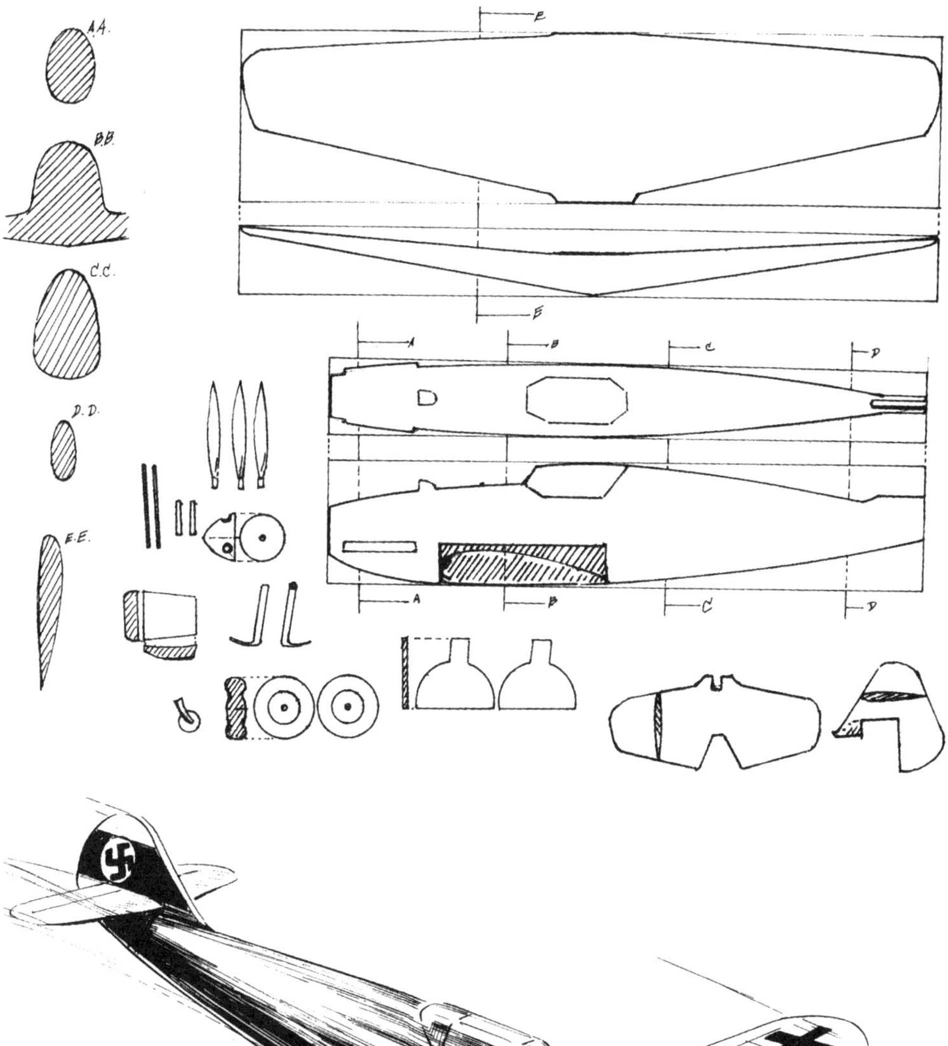

德国密塞斯米110双发动机战斗机三面图

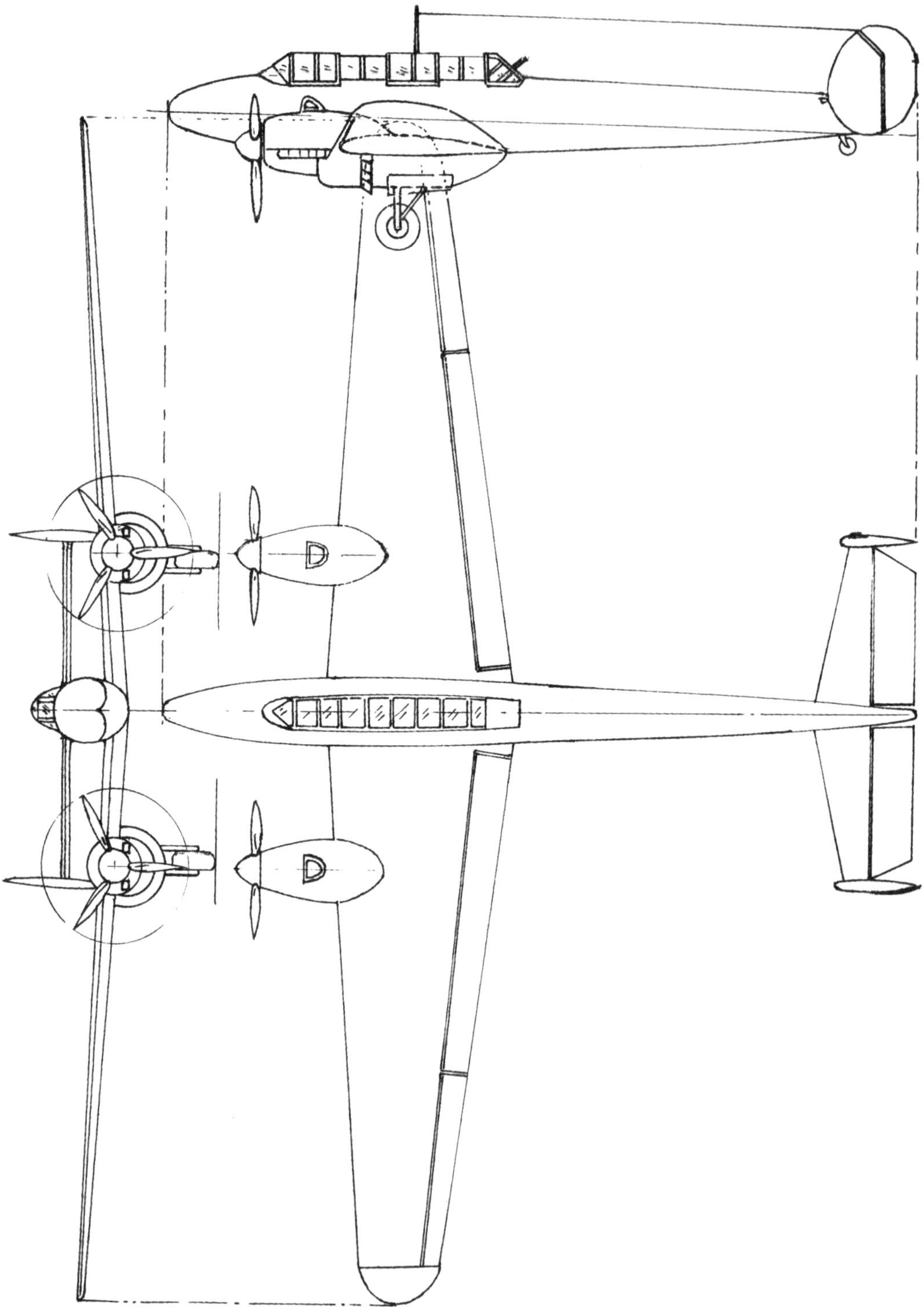

德國密塞斯米110材料圖

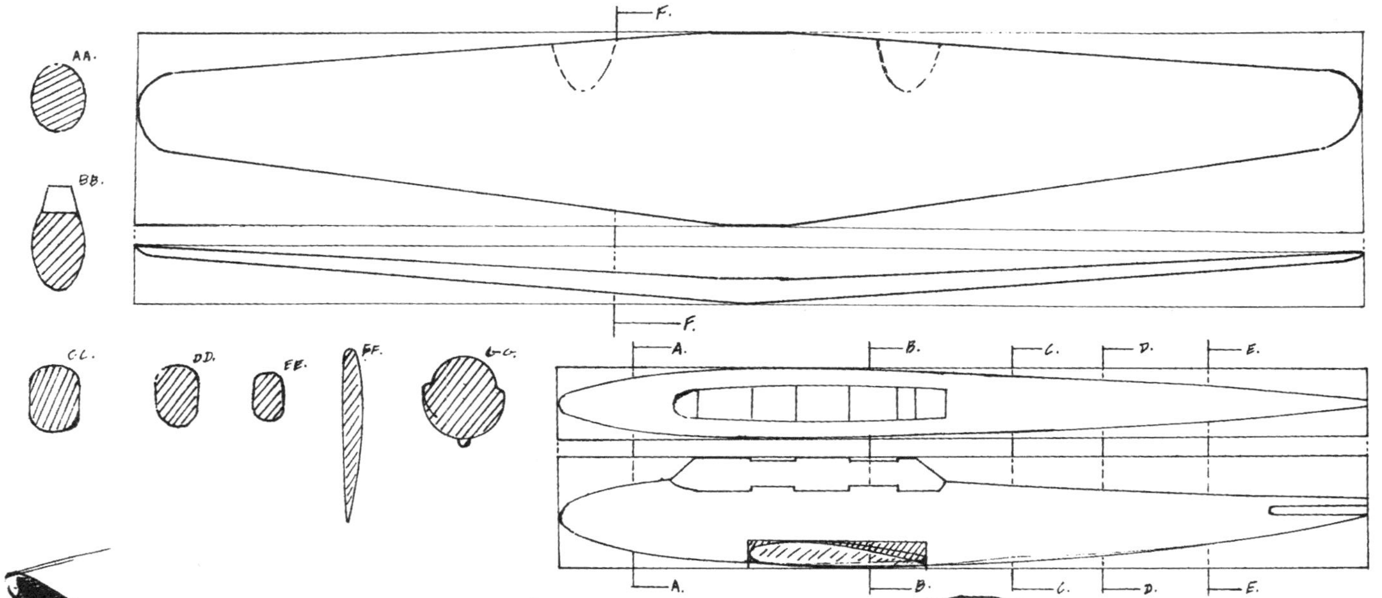


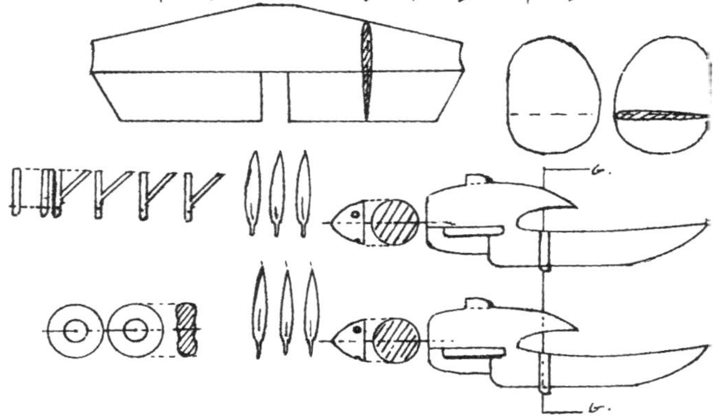

德国密塞斯米110模型参考图

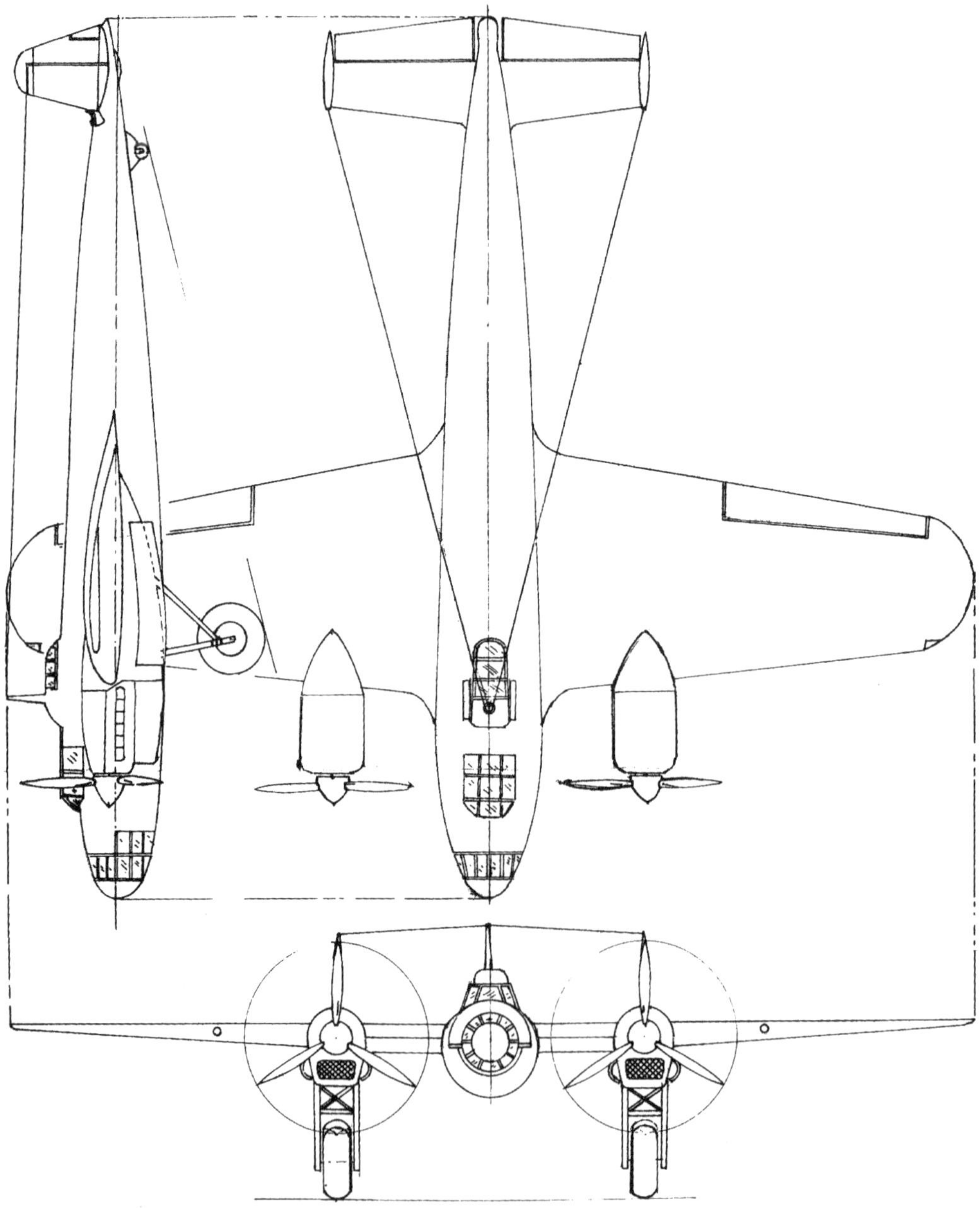

國杜尼爾 DORNIER DO.17 轟炸機三面圖

德國杜尼爾 DO. 17 轟炸機模型材料图

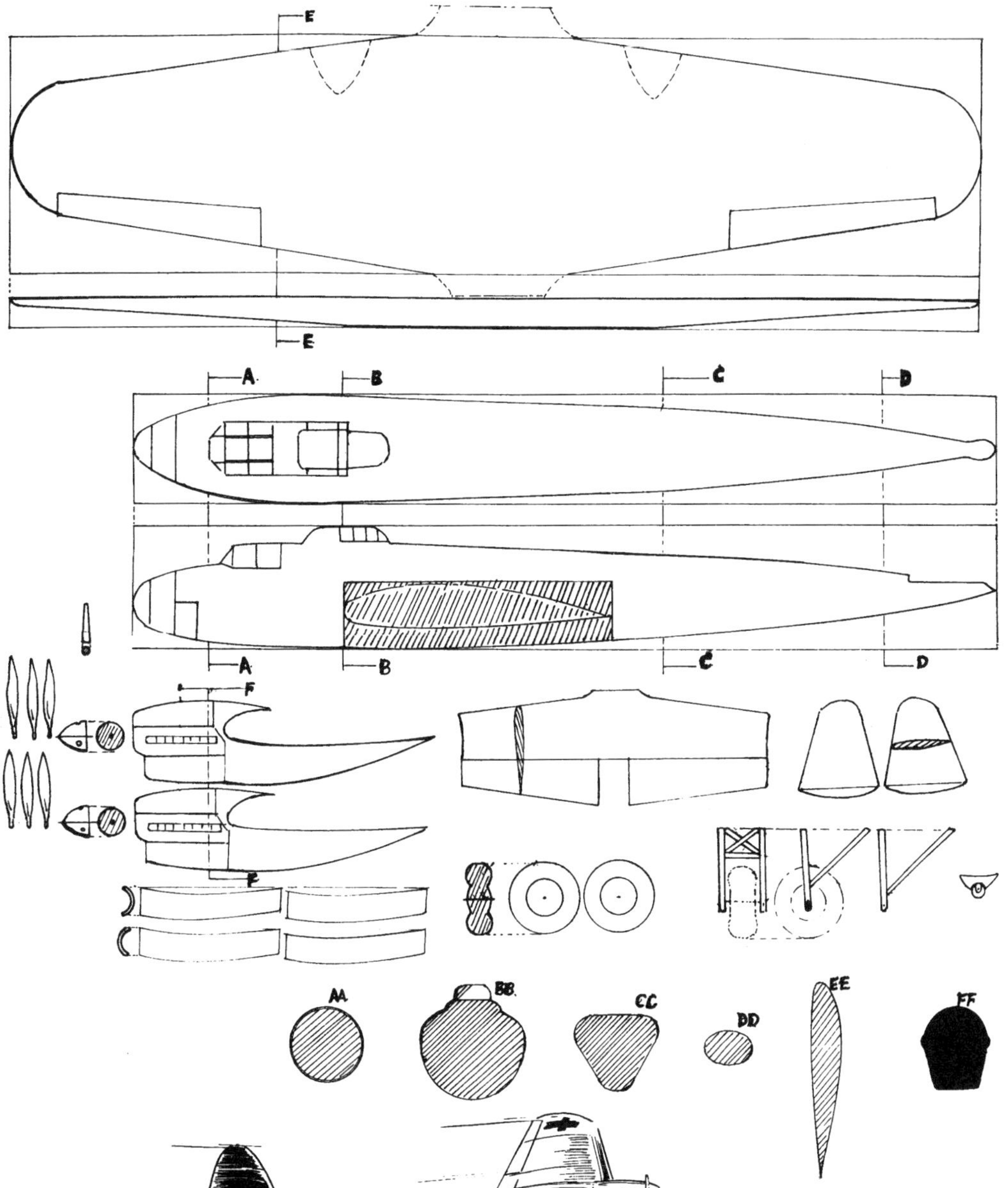


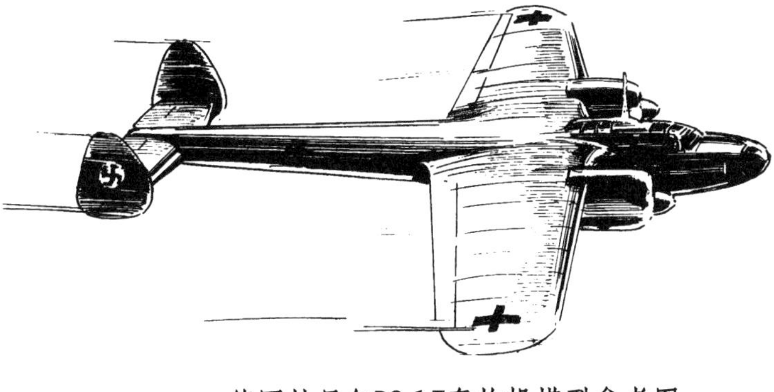

德国杜尼尔DO.17轰炸机模型参考图

美國 PA22—旋翼機三面圖……

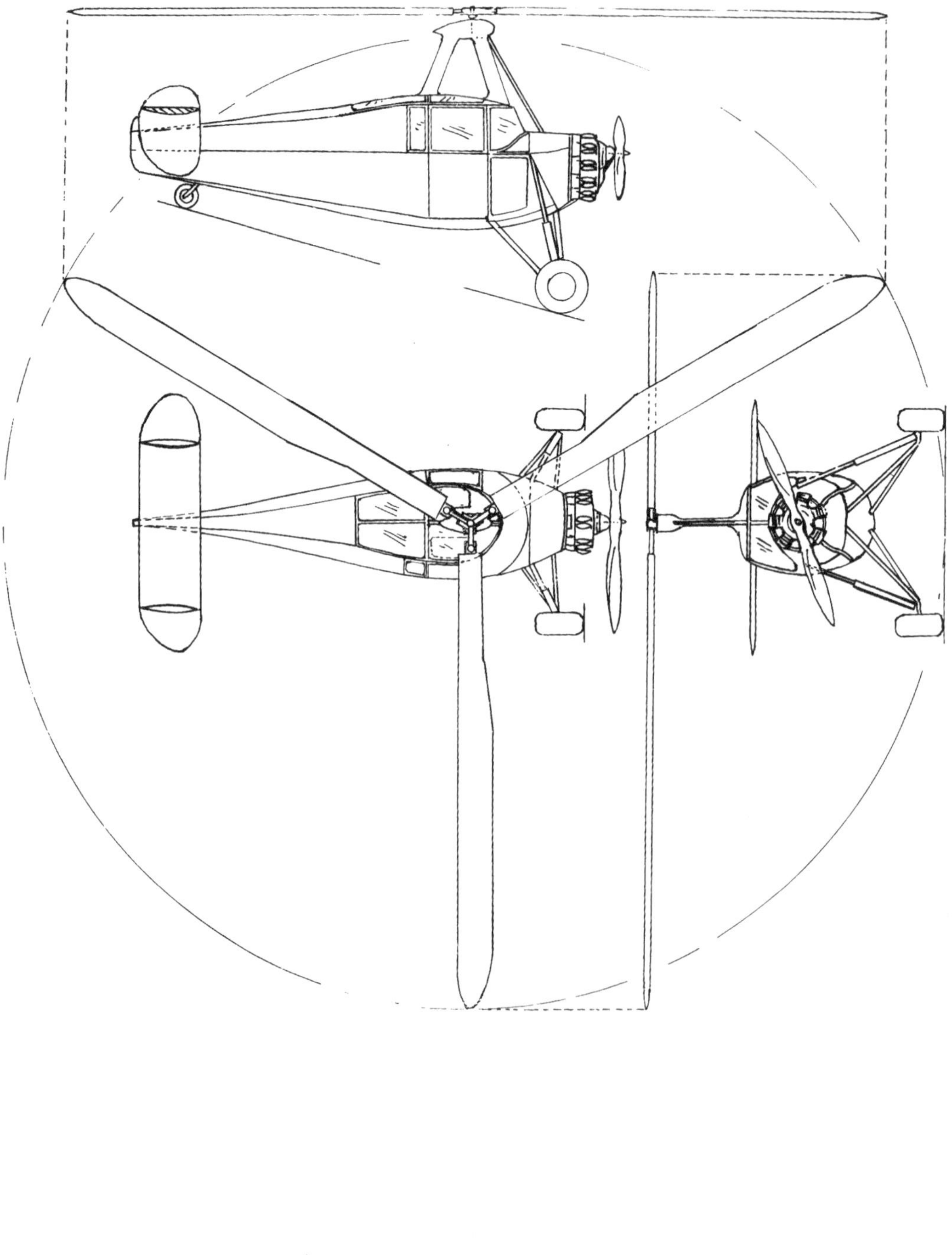

美國PA 22—旋翼機模型材料图

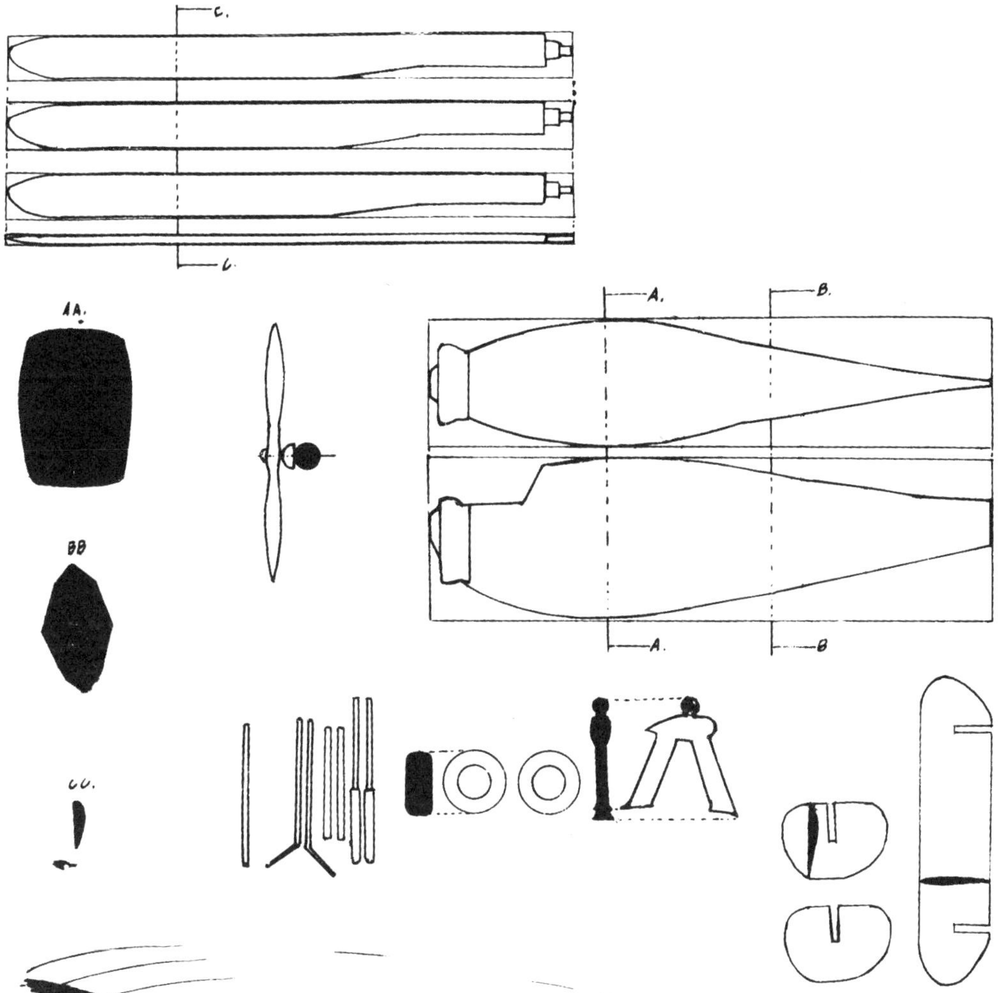

美国PA22旋翼机模型参考图

中级滑翔机三面图

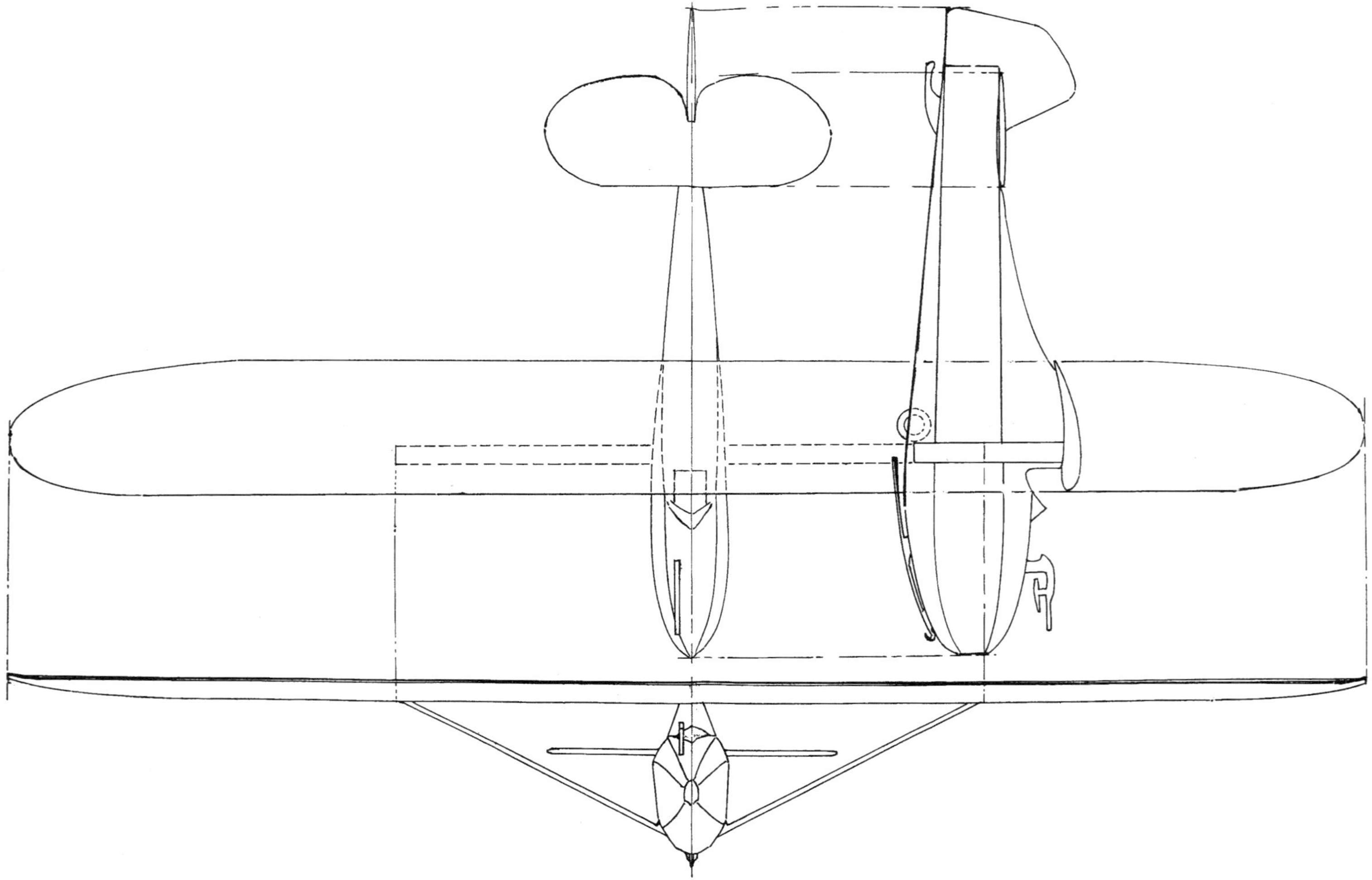

## 中级滑翔机材料图及模型参考图

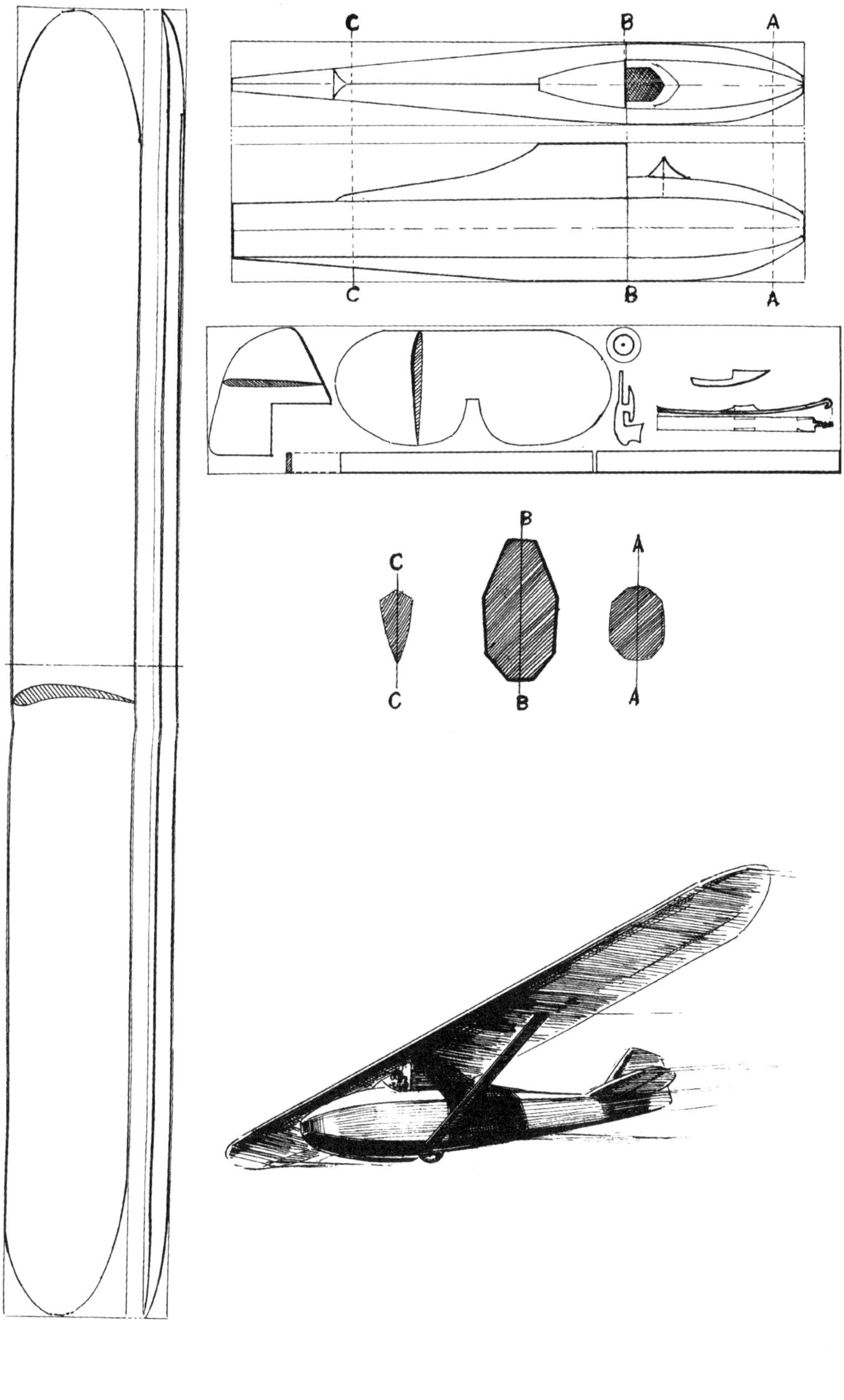

高級滑翔機三面圖

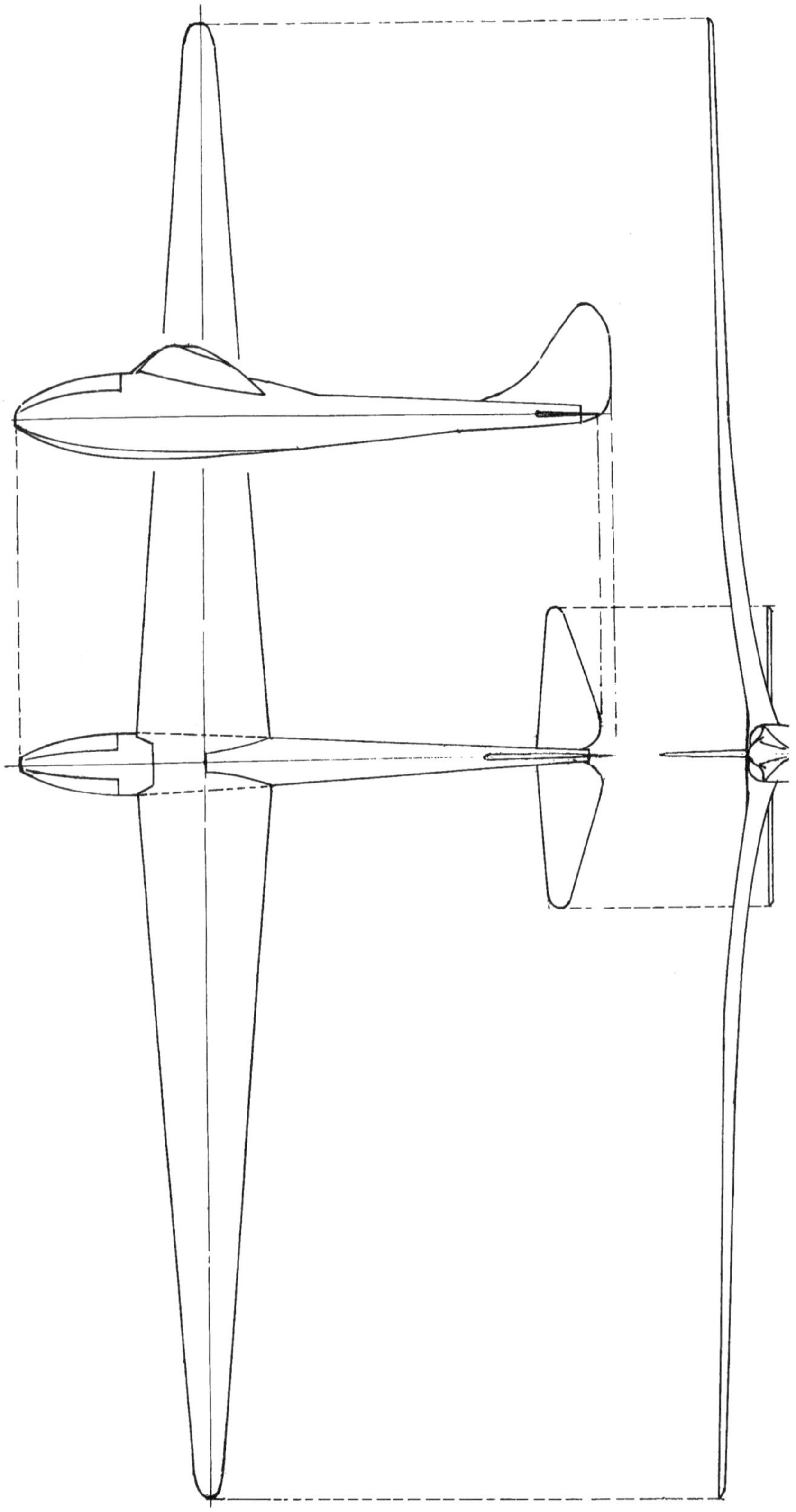

## 高级滑翔机材料图及模型参考图

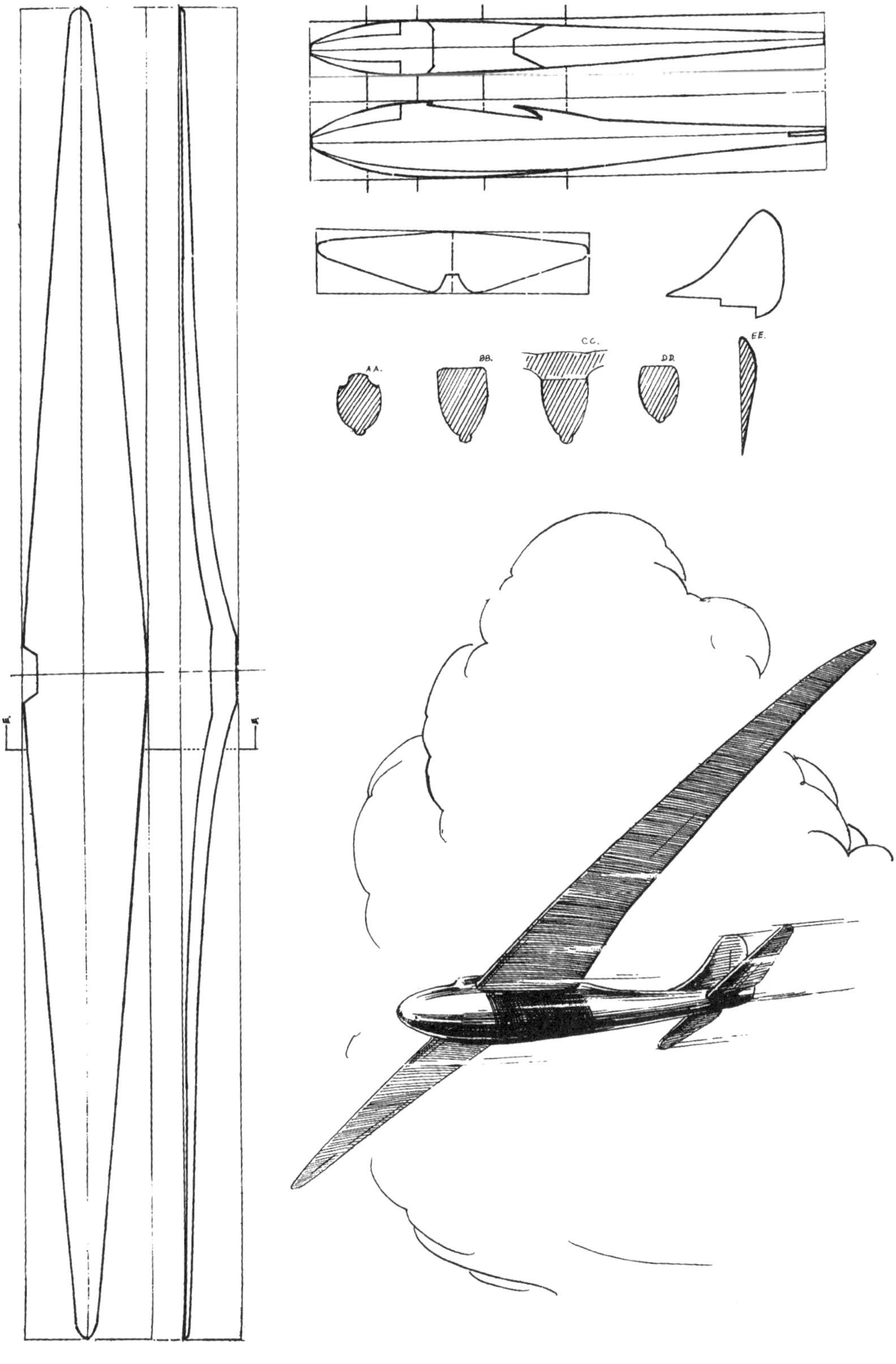

炸弹与炸弹形盒材料图

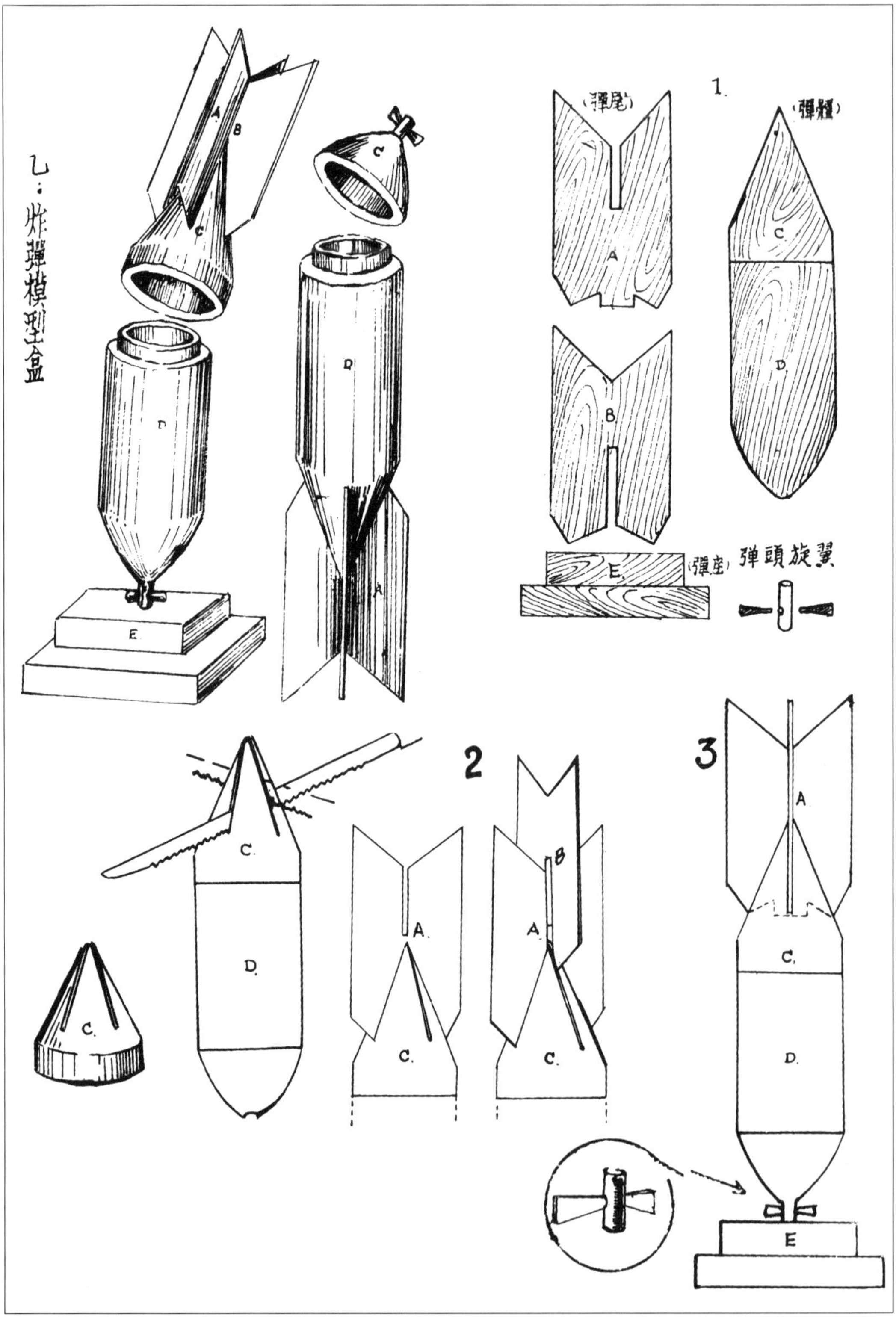

纸制炸弹制作模型图、参考图

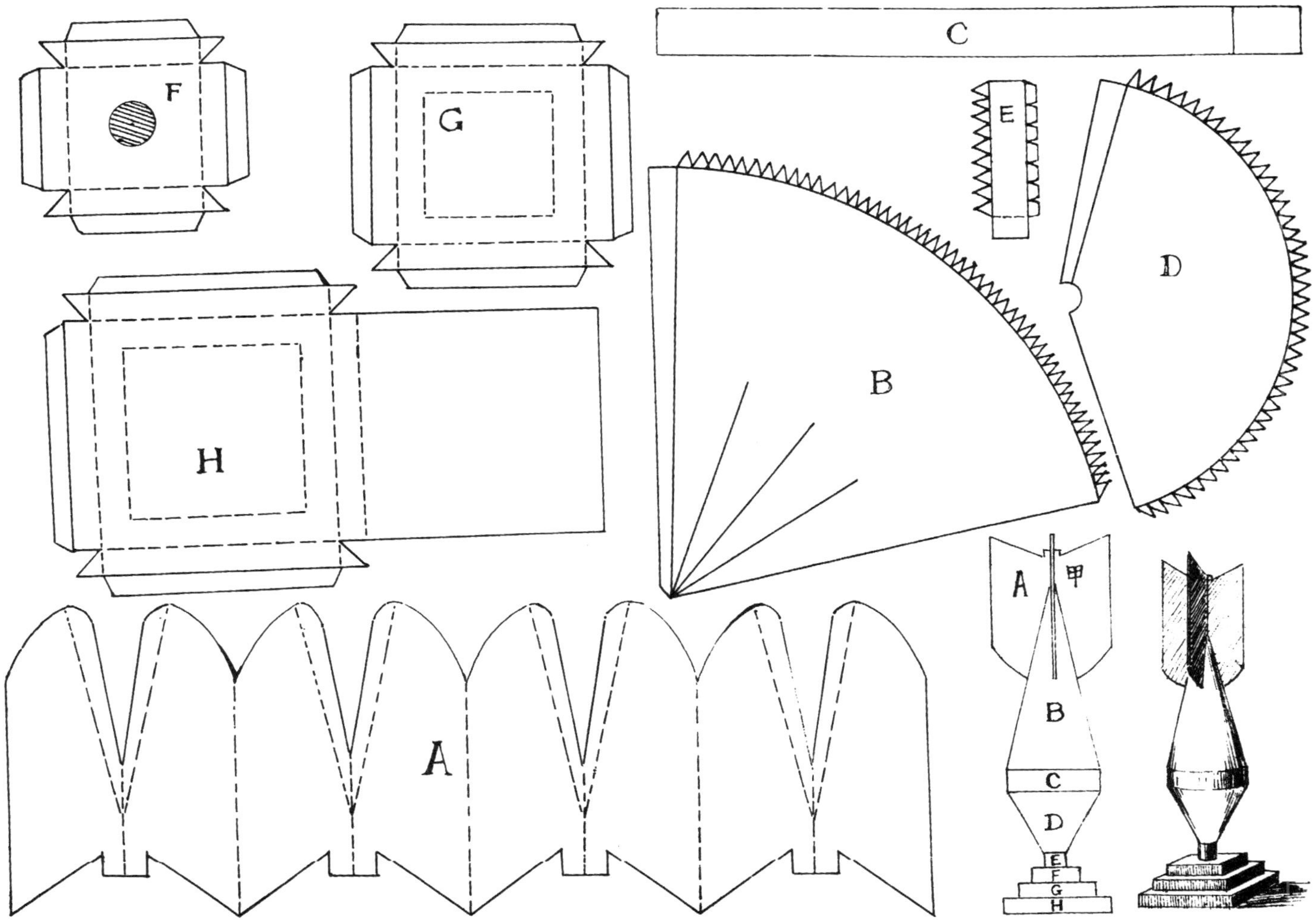

照三七高射炮放大二倍竹材製作模型图

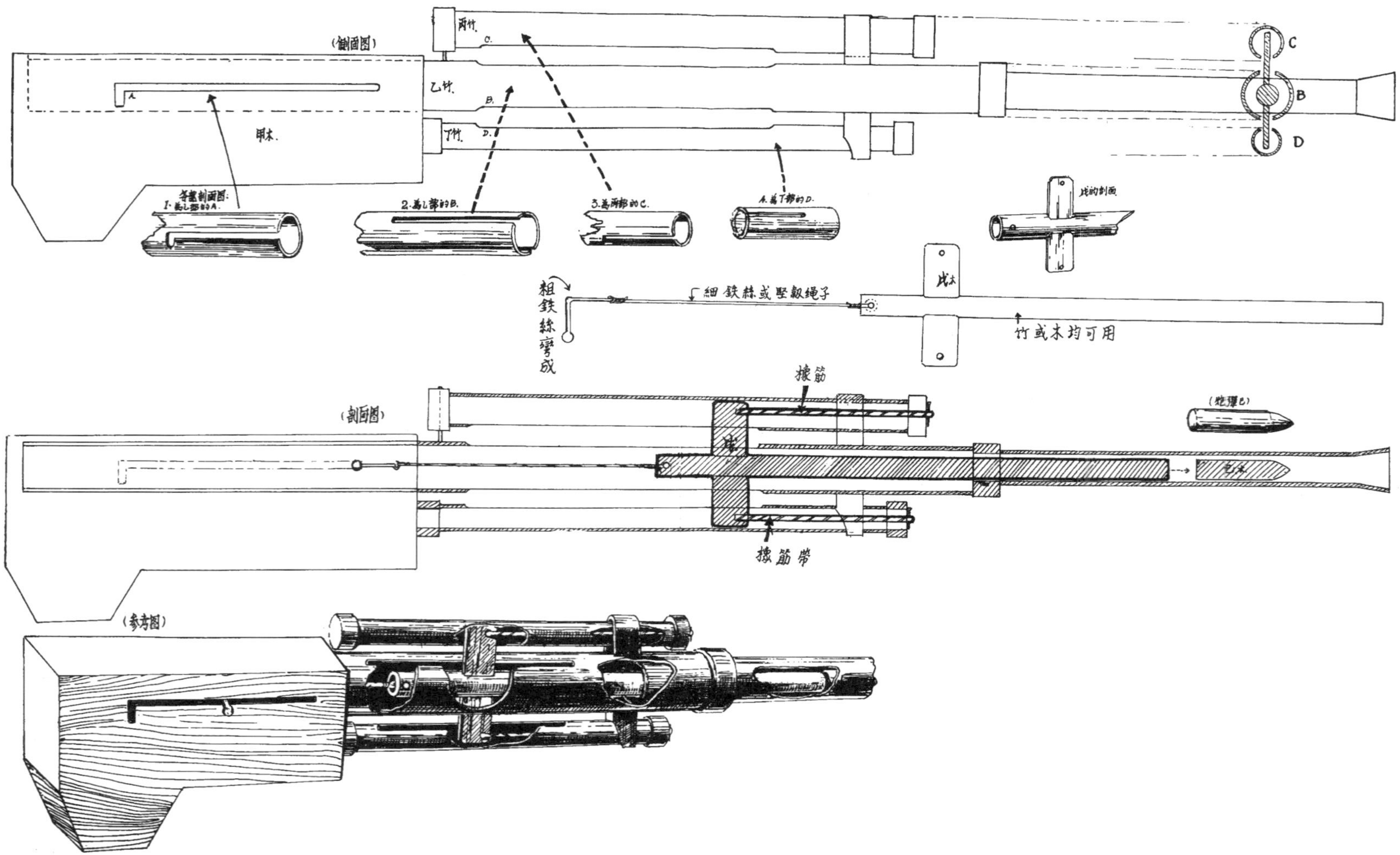

简易高射炮三面图、模型参考图

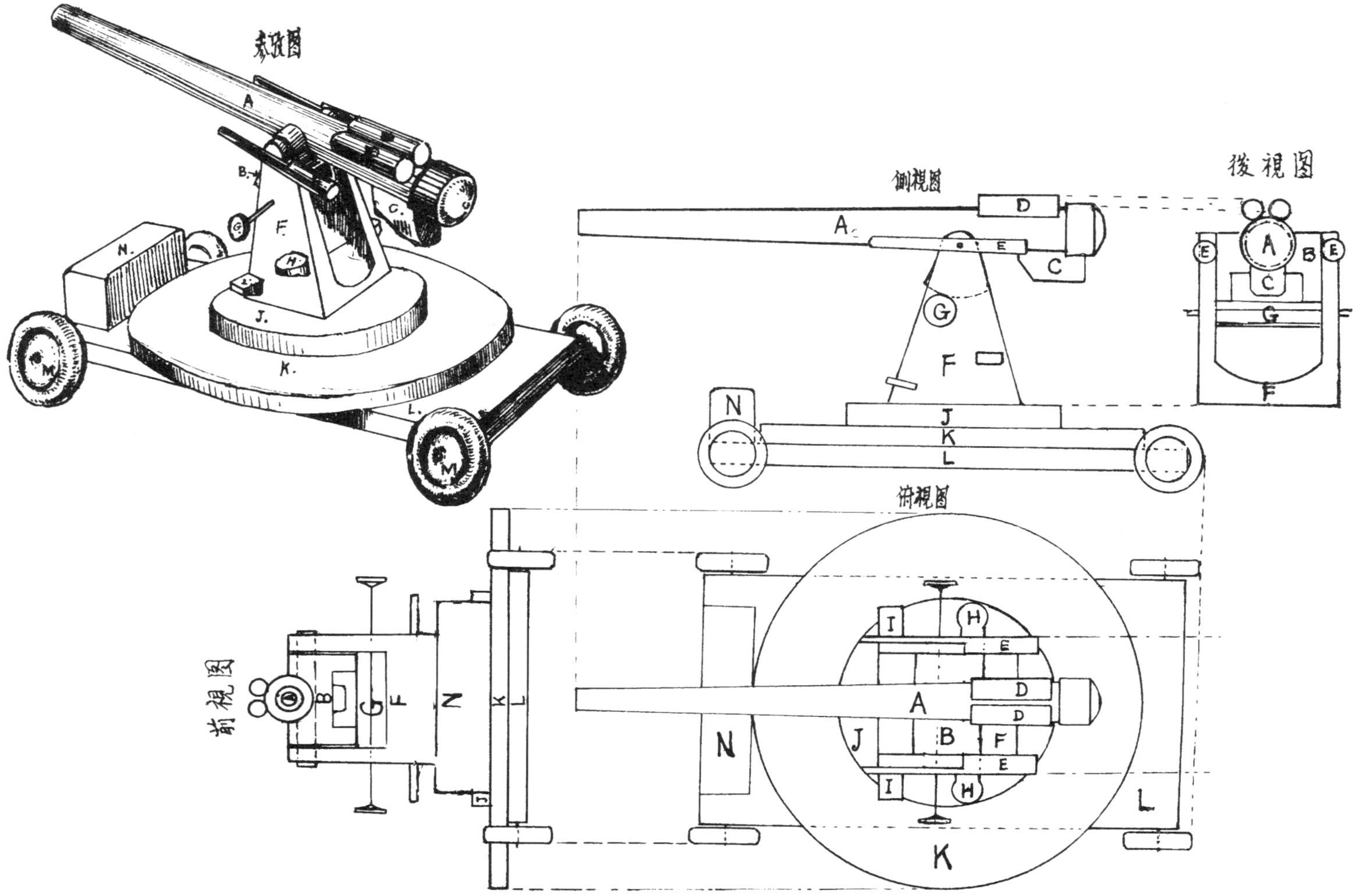

## 简易高射炮竹材制作模型图

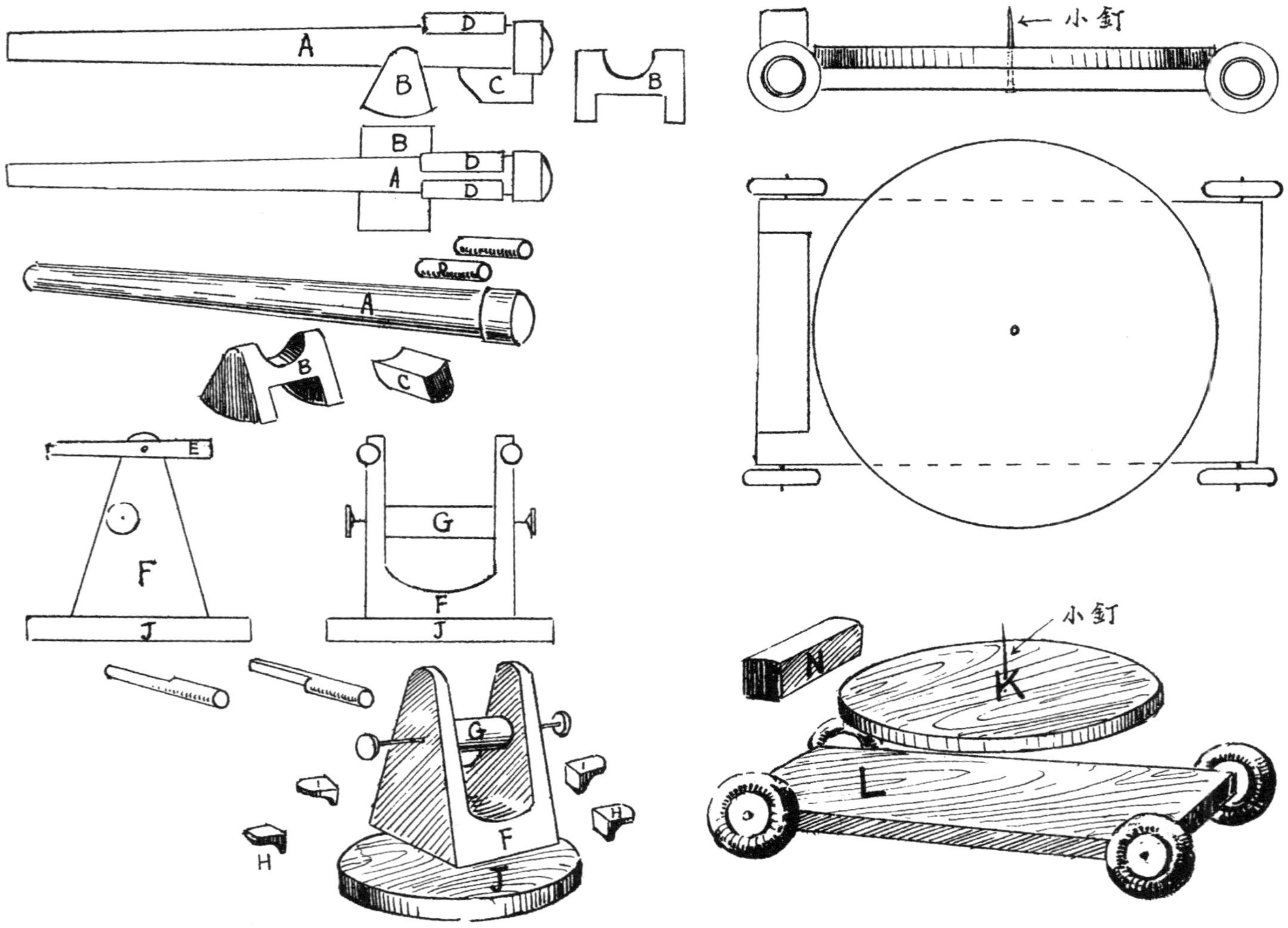

## 纸制高射炮制作模型图

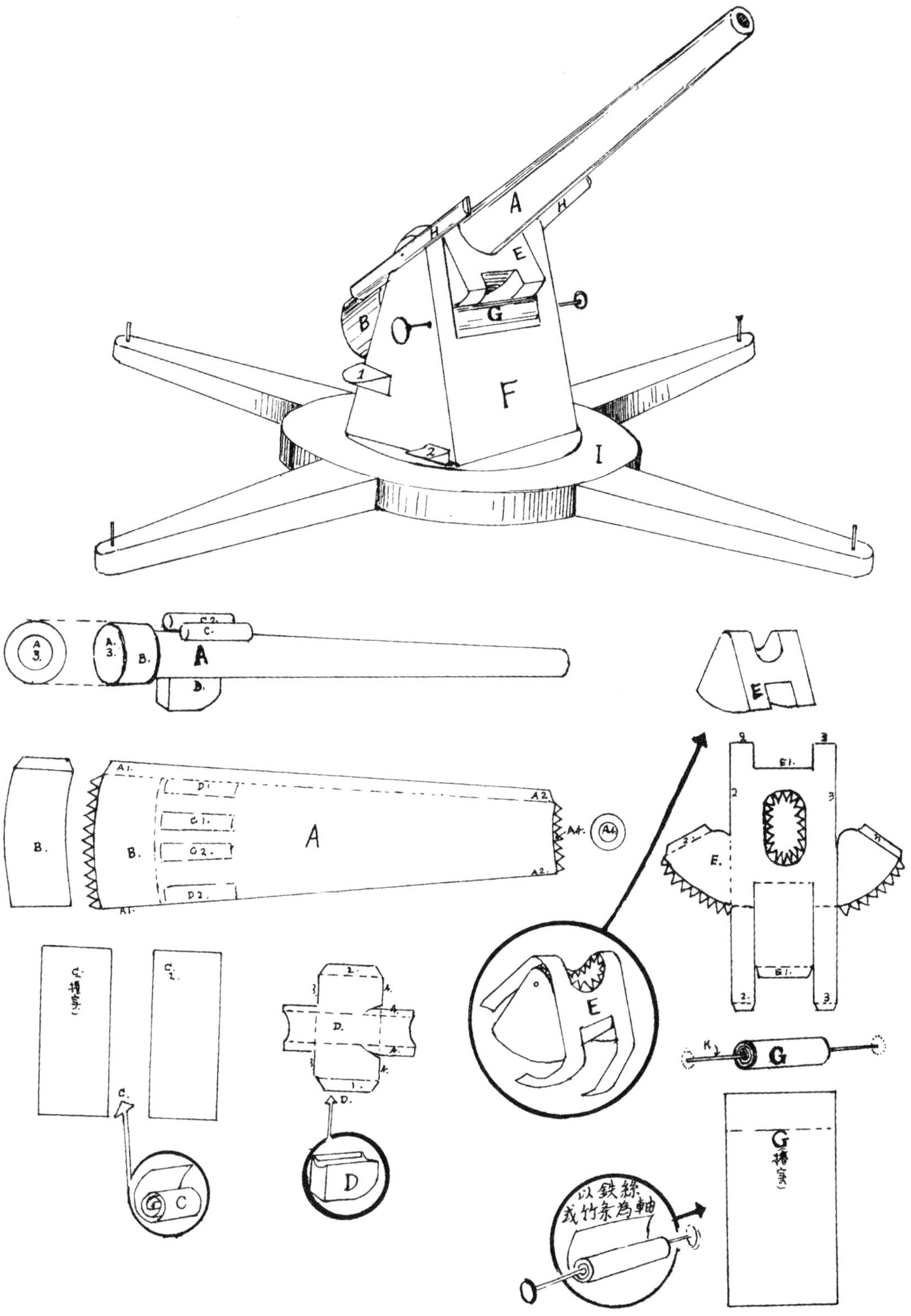

## 纸制高射炮制作材料图

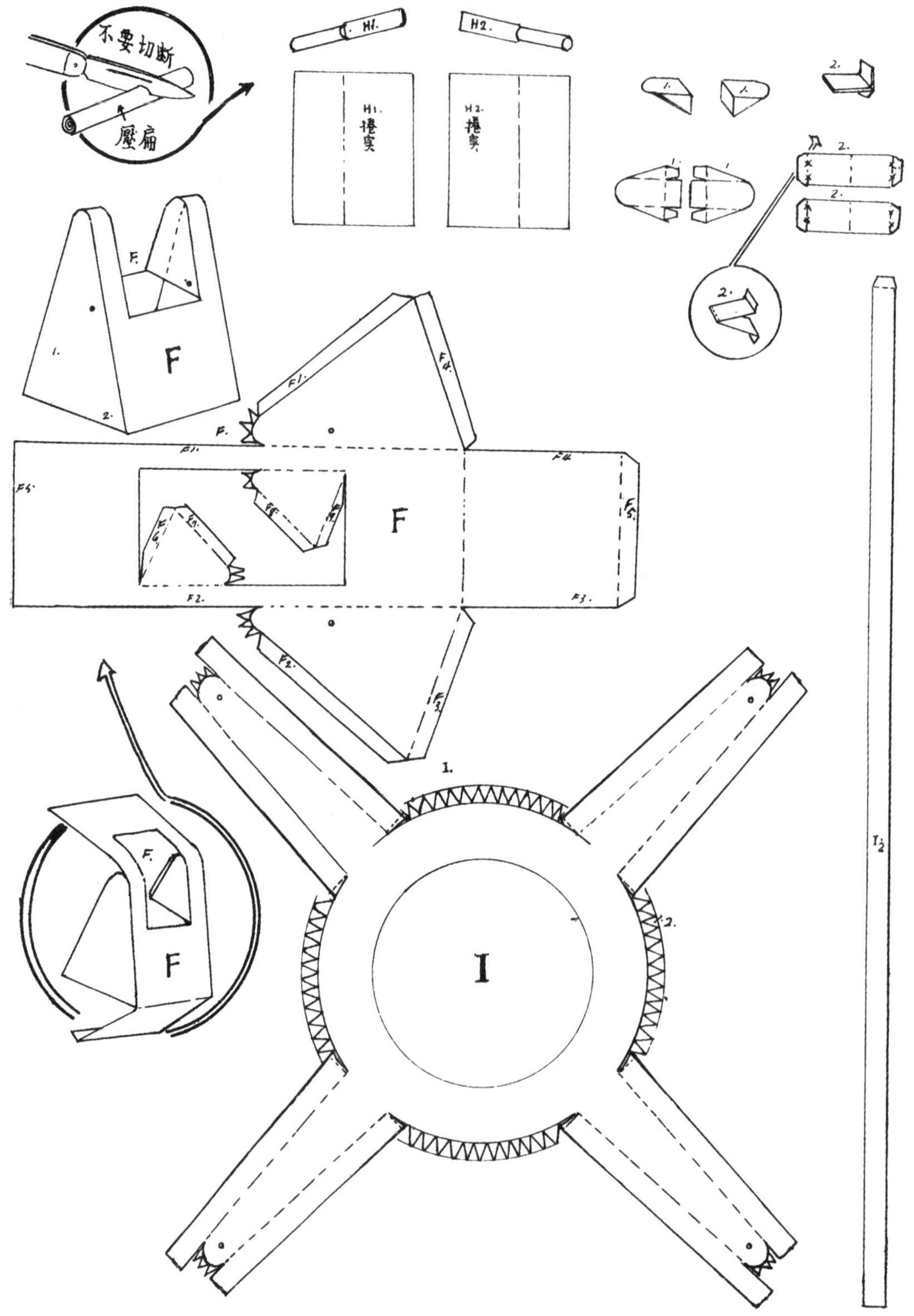

## 马克沁高射机关枪制作模型图

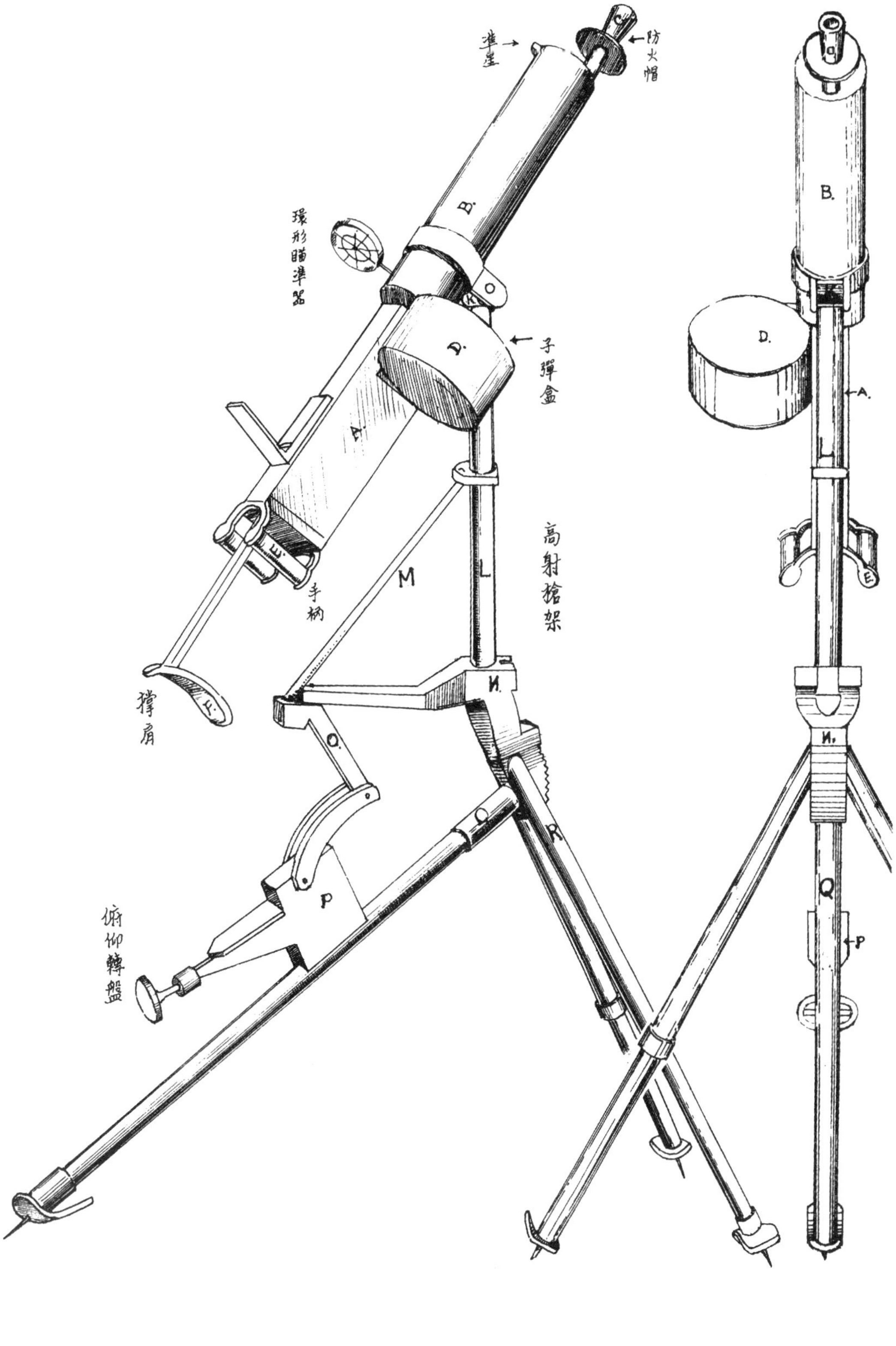

## 马克沁高射机关枪制作材料图

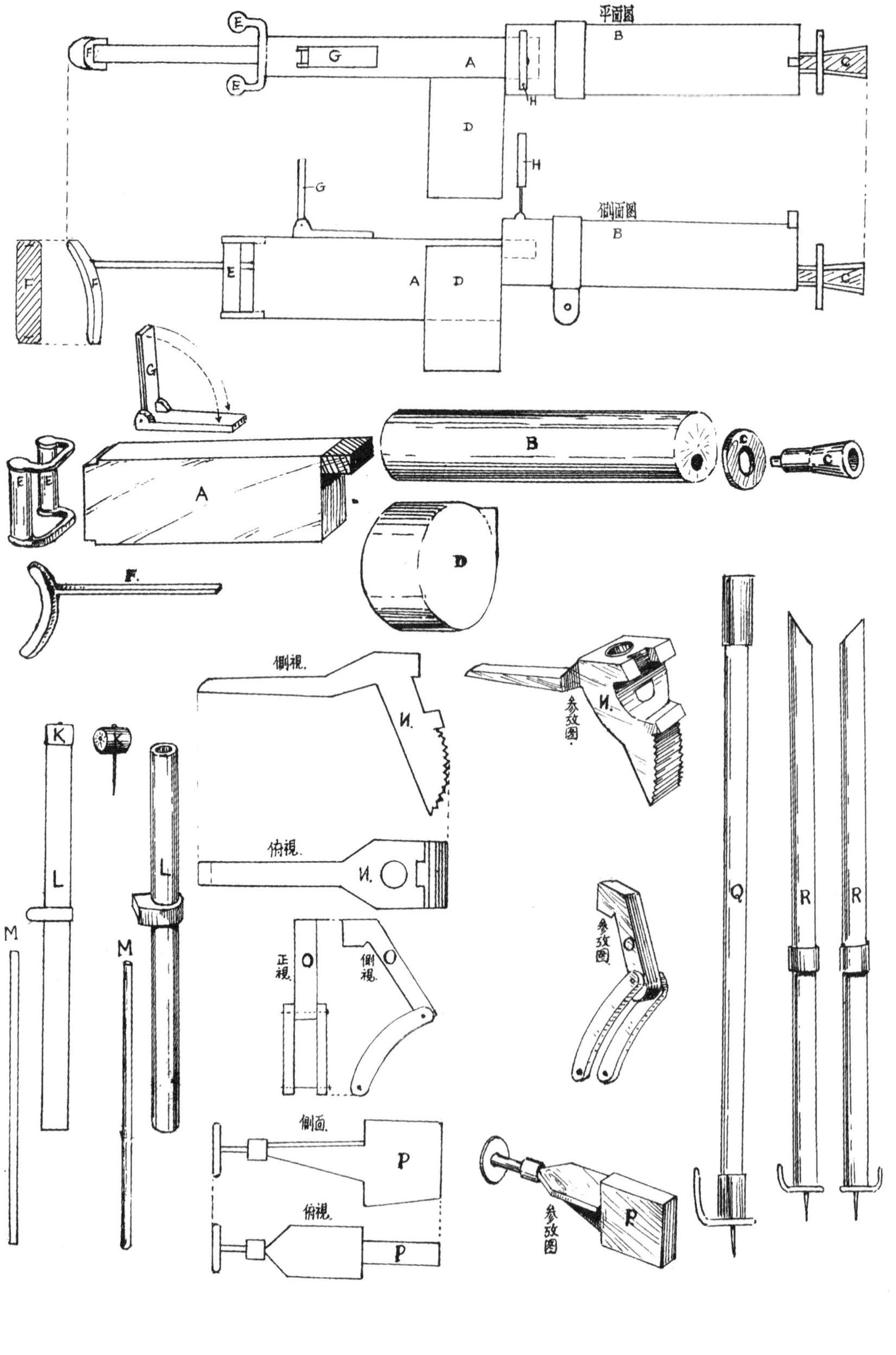

## 照空灯三面图及模型参考图

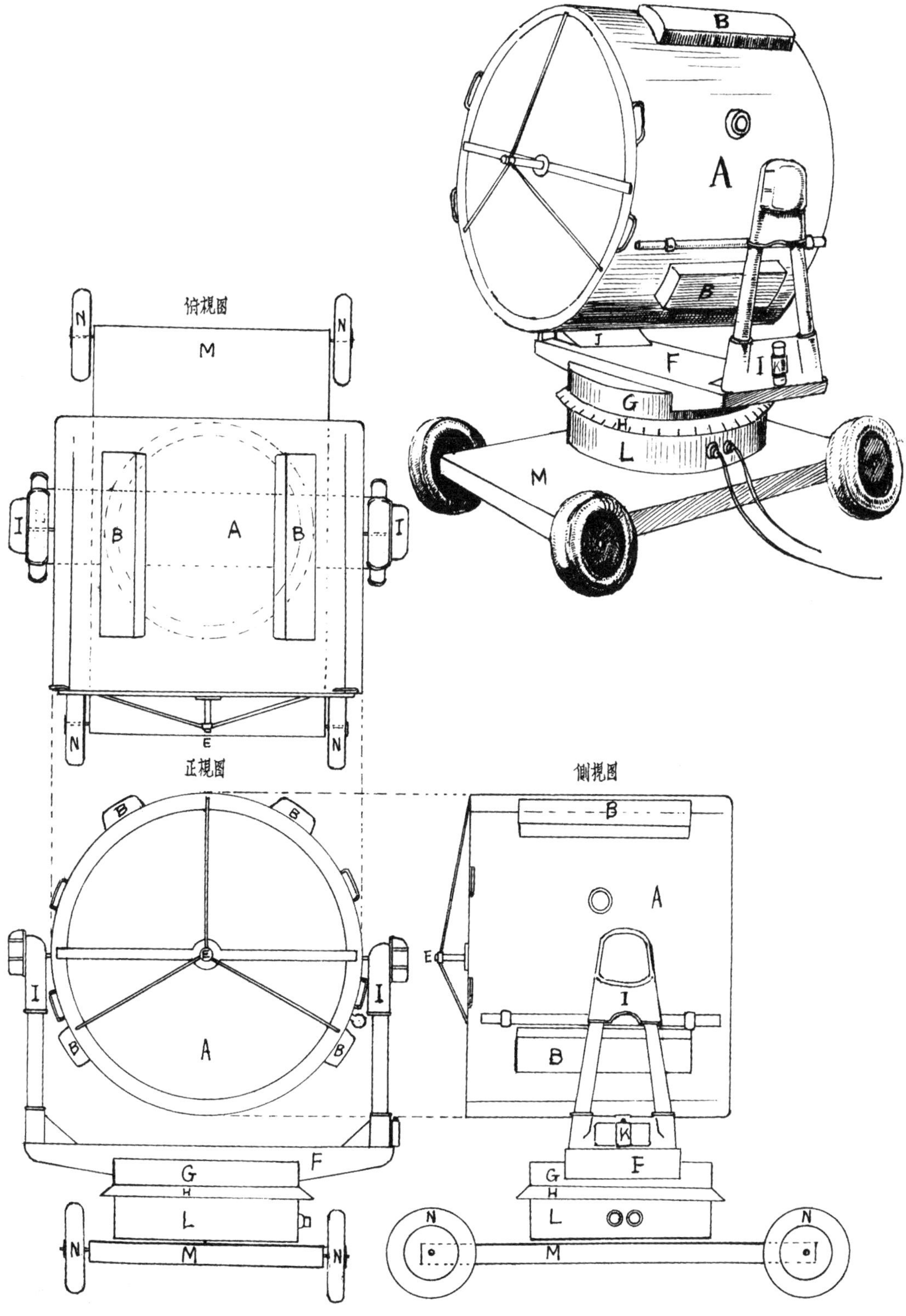

## 照空灯制作模型材料图（一）

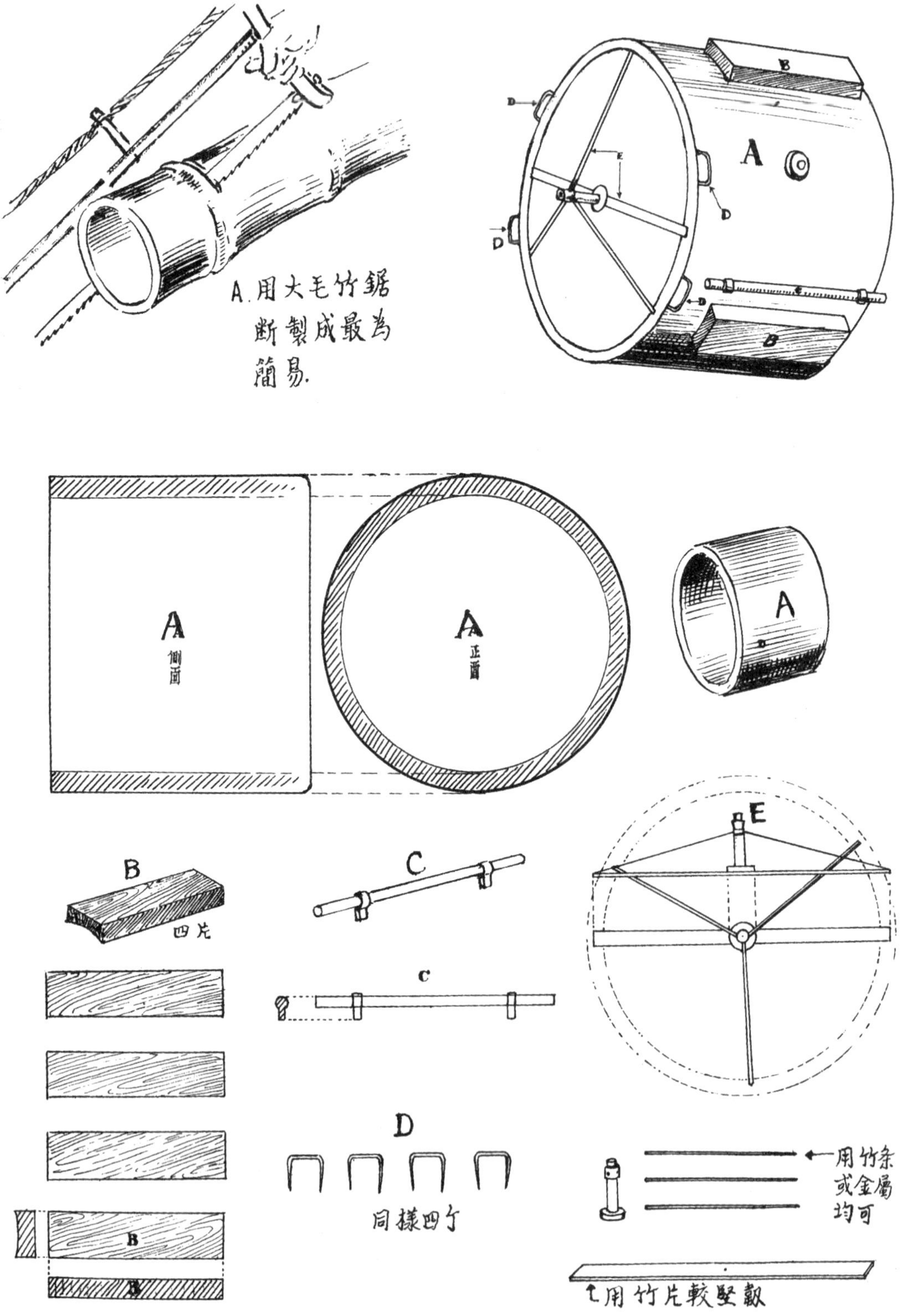

## 照空灯制作模型材料图（二）

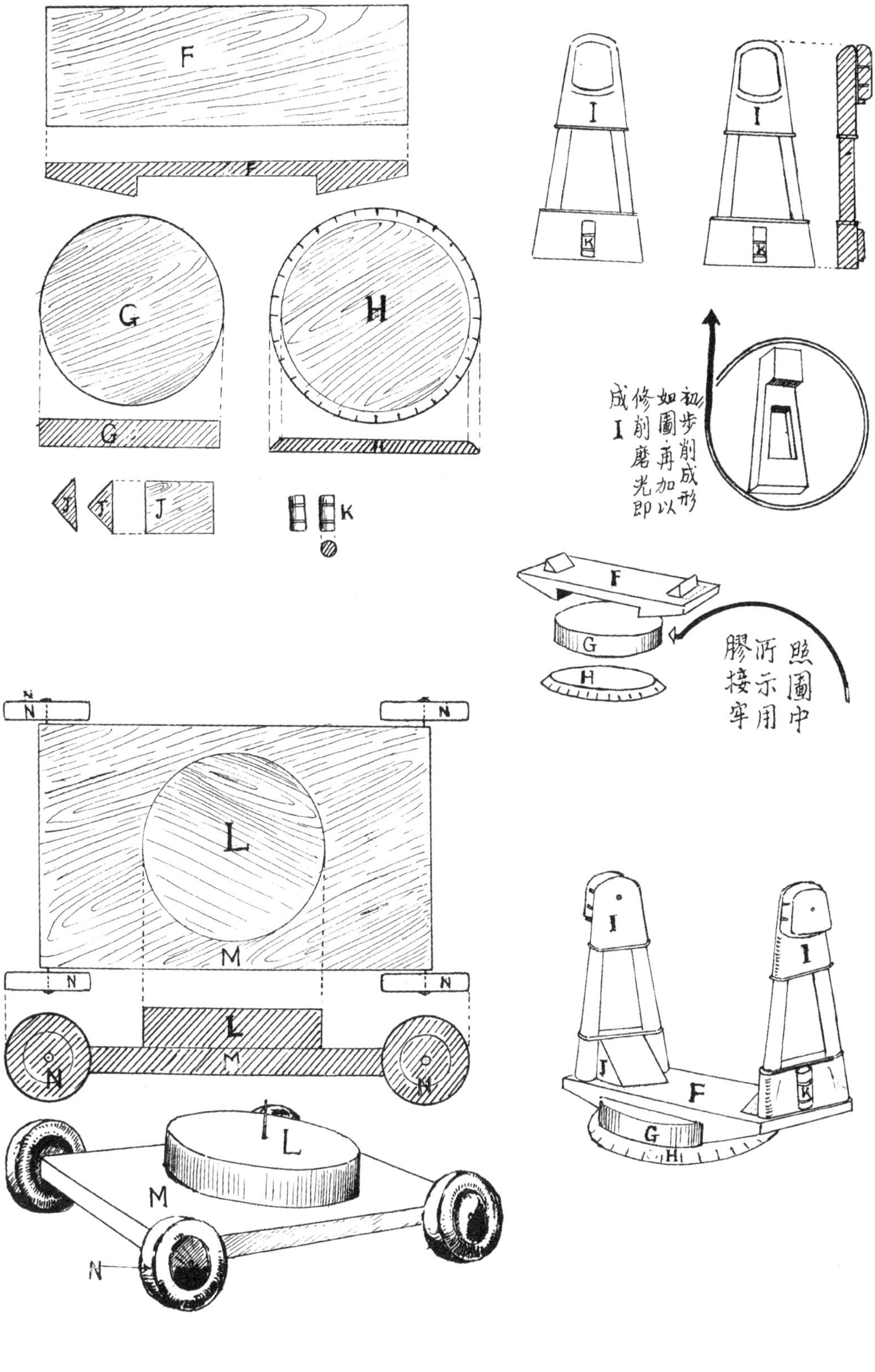

## 简易照空灯制作模型三面图、材料图及模型参考图

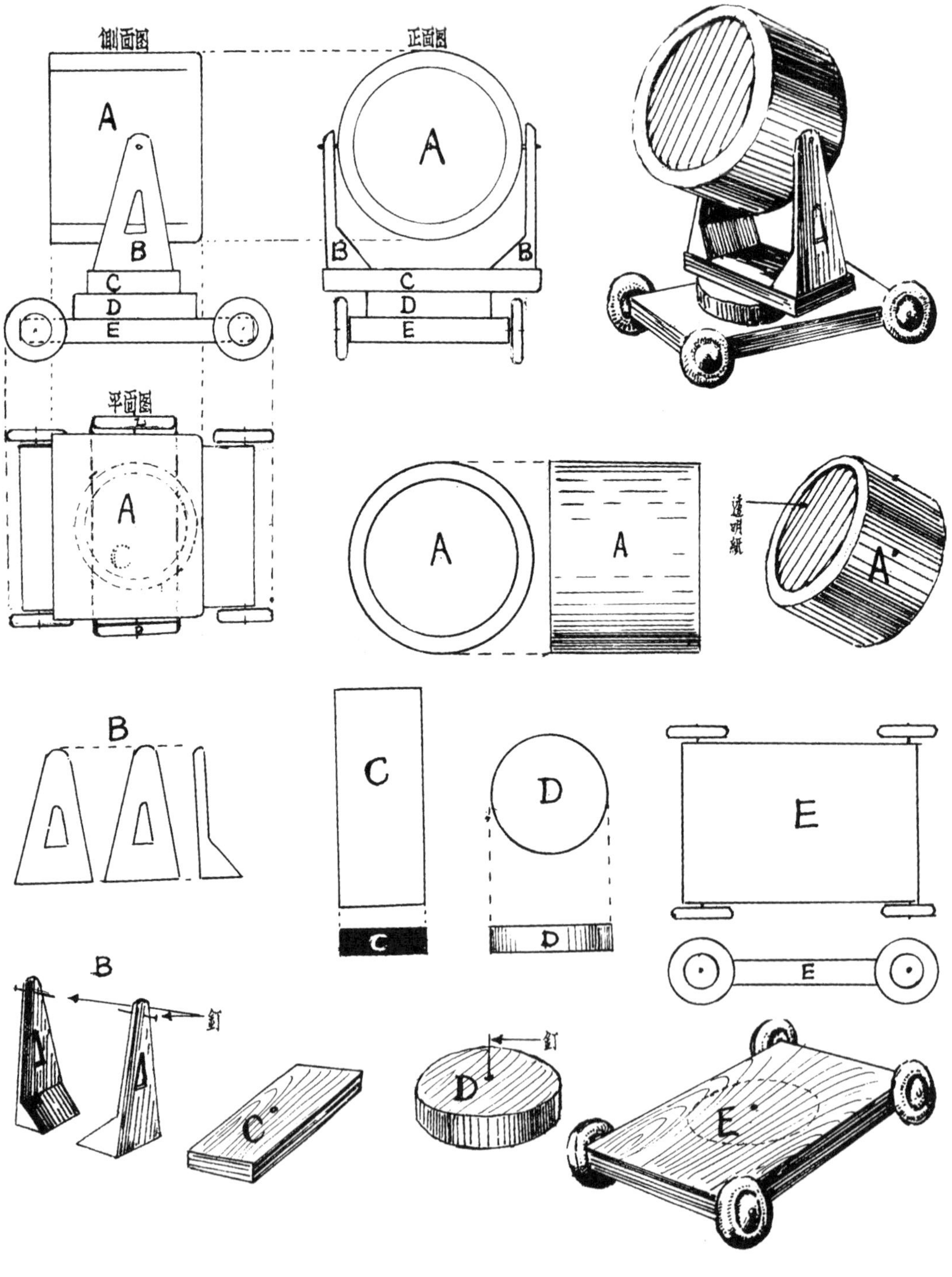

听音机三面图、材料图及模型参考图

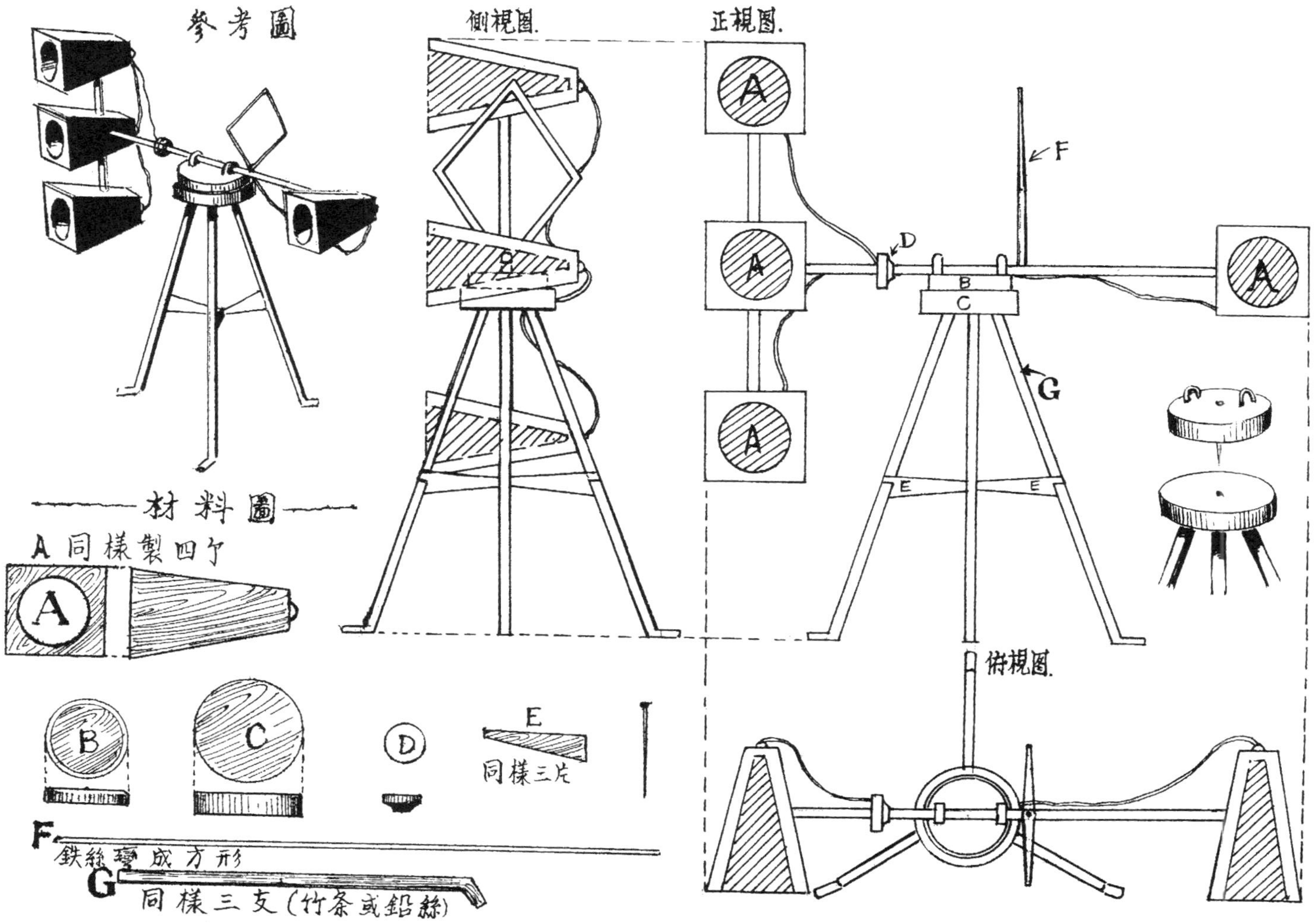

纸制飞机厂棚三面图及材料图

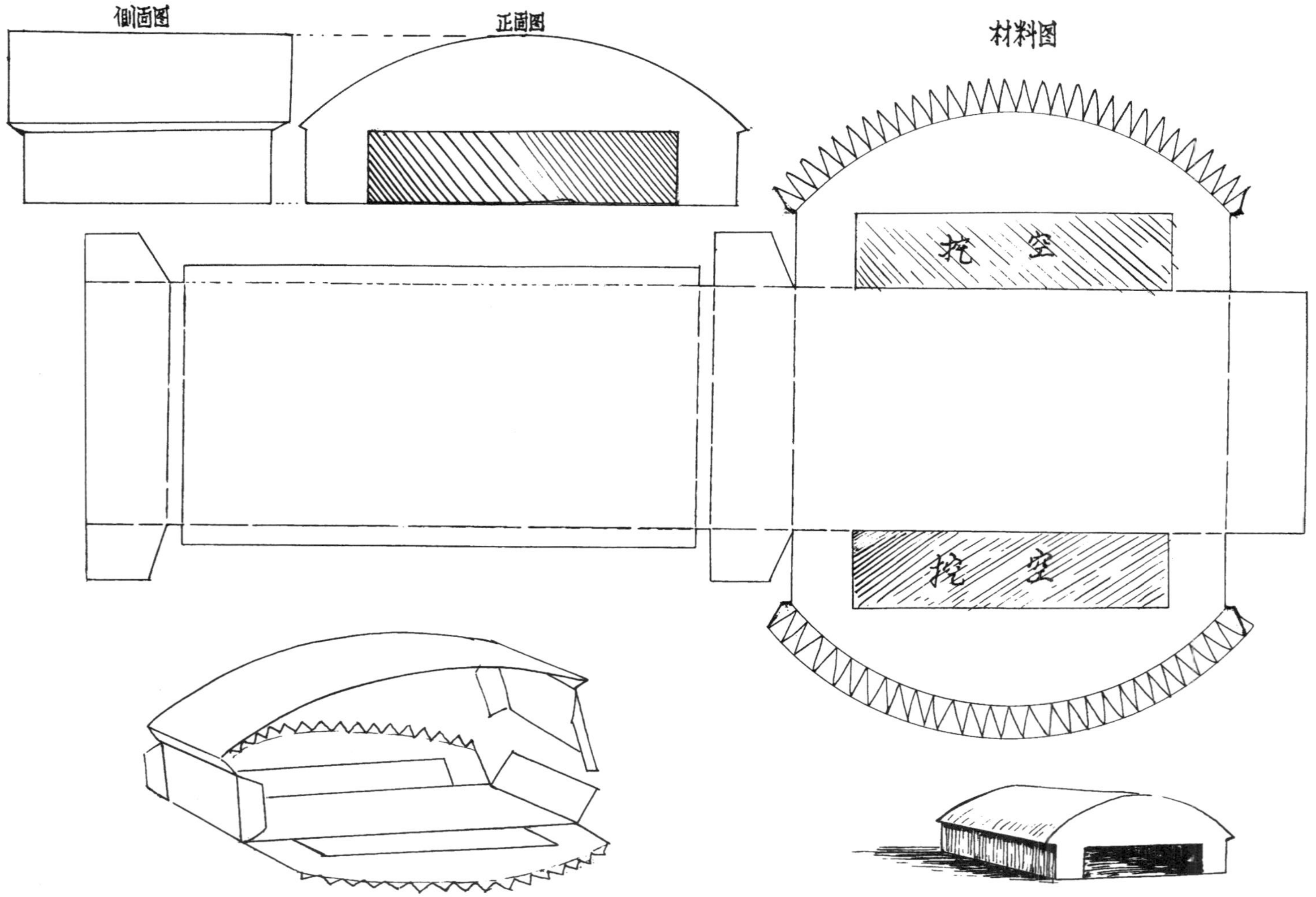

纸制空军总站部三面图、材料图及模型参考图

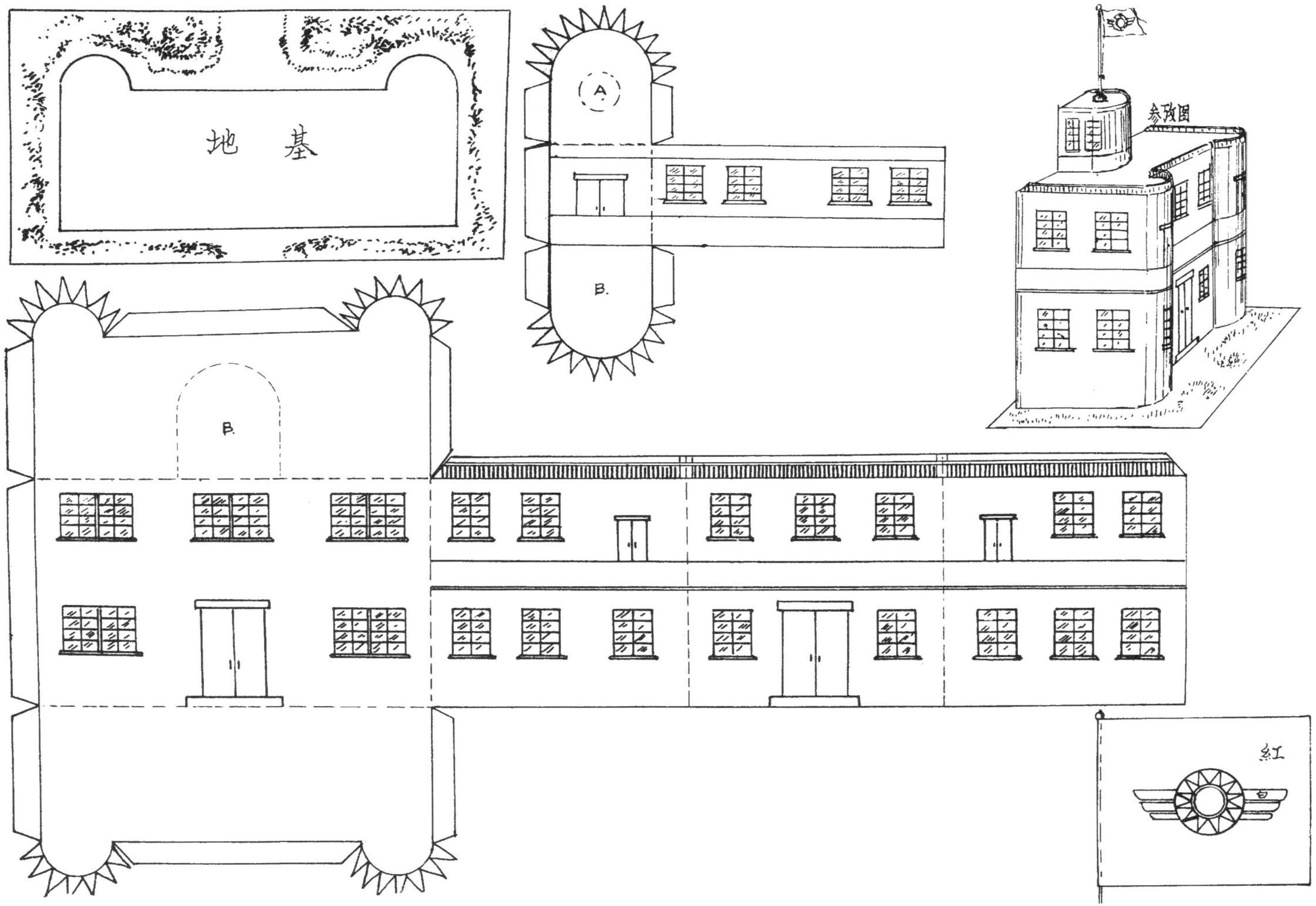

# 坐式降落伞制作模型图

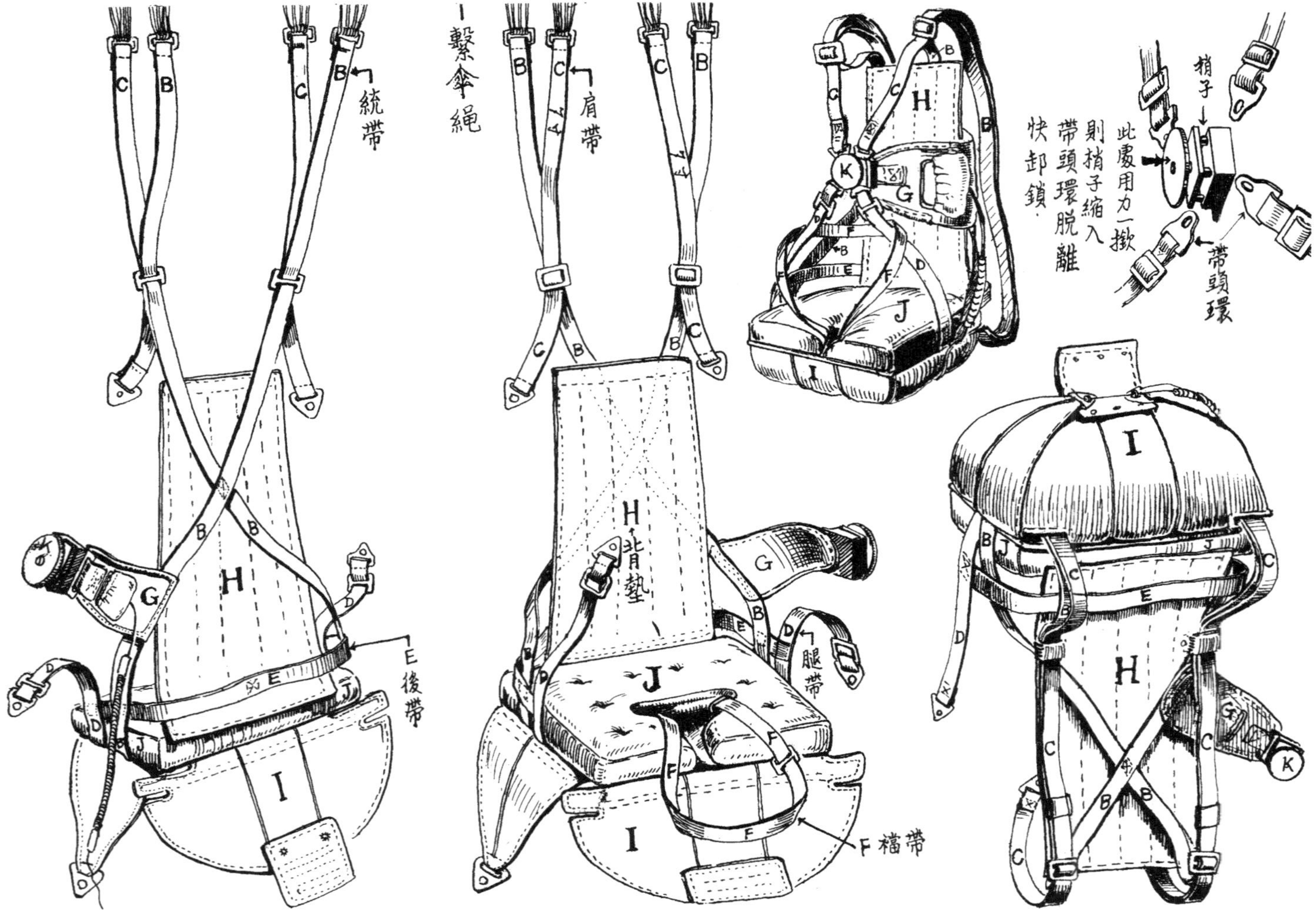

## 坐式降落伞制作材料图

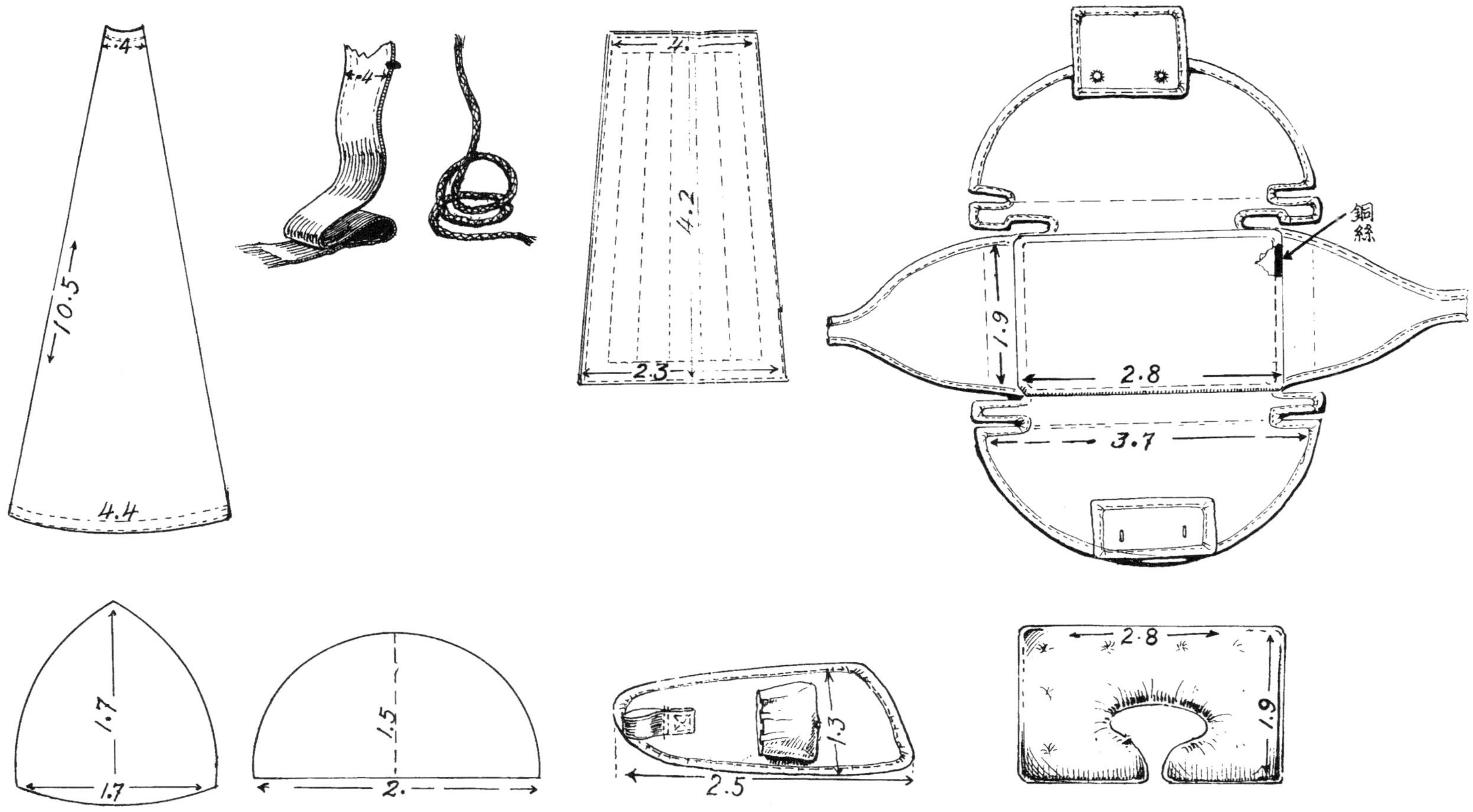

坐式降落伞模型参考图

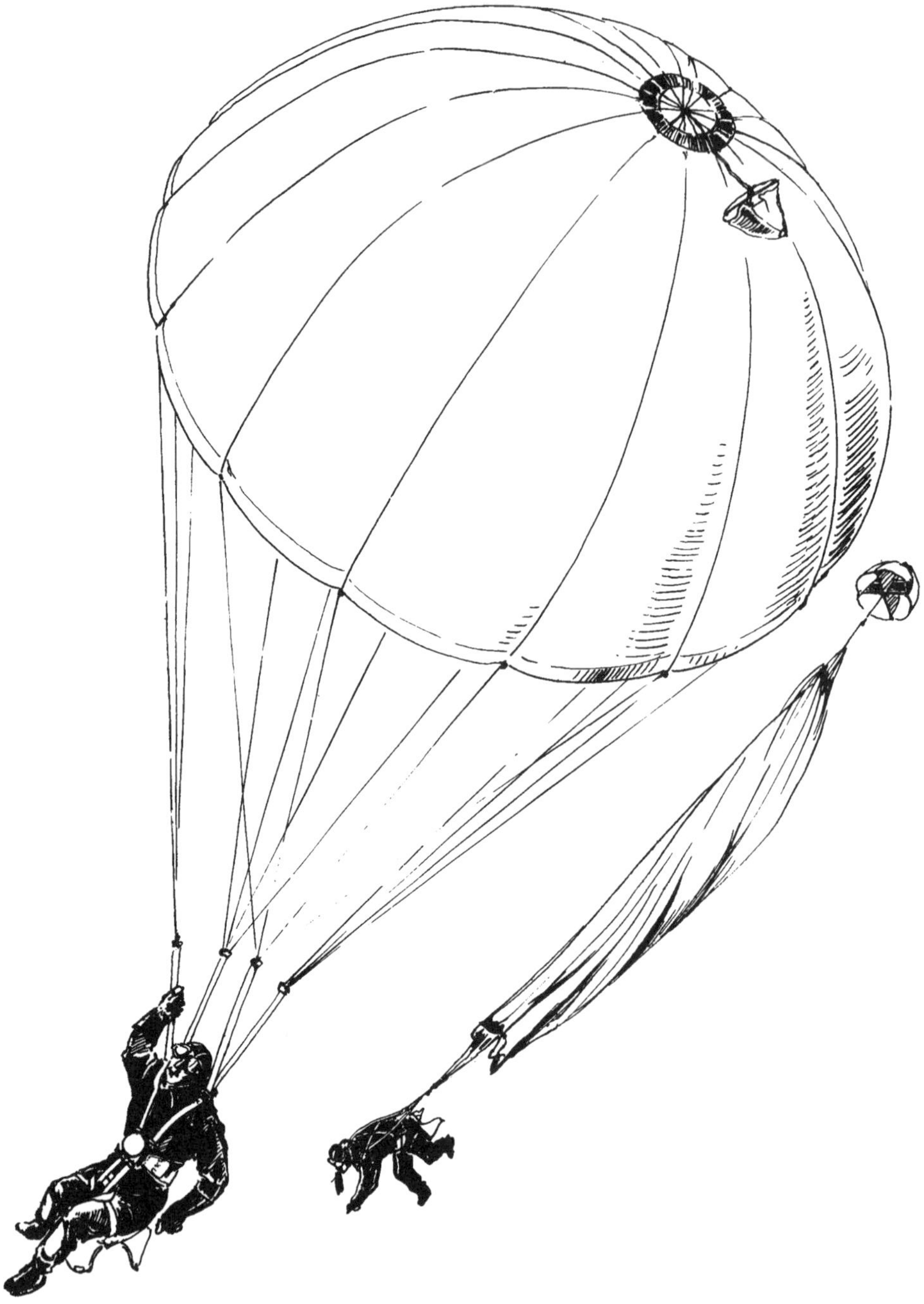

坐式降落伞快卸锁模型制作图

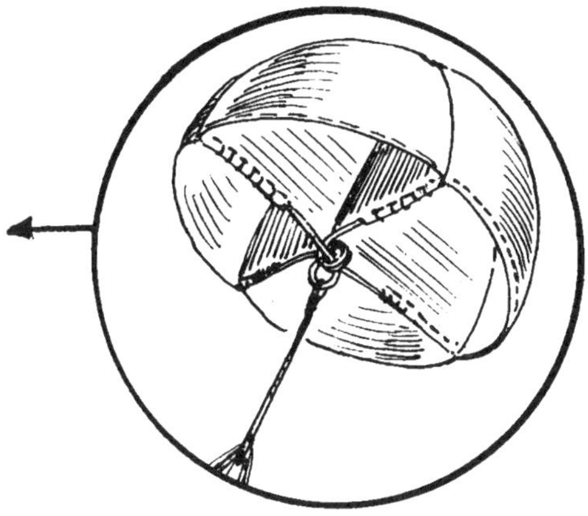

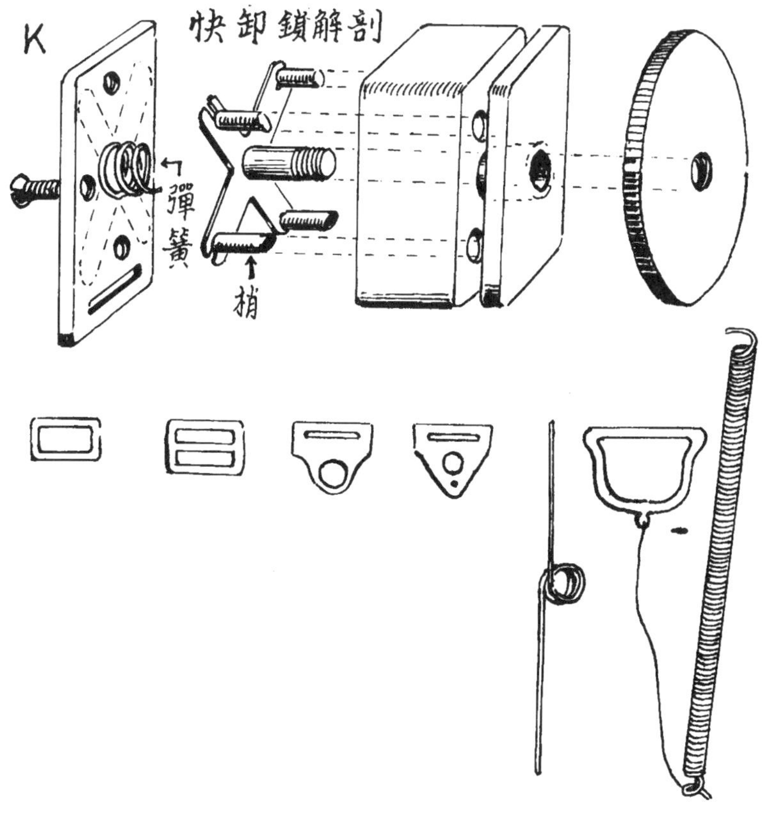

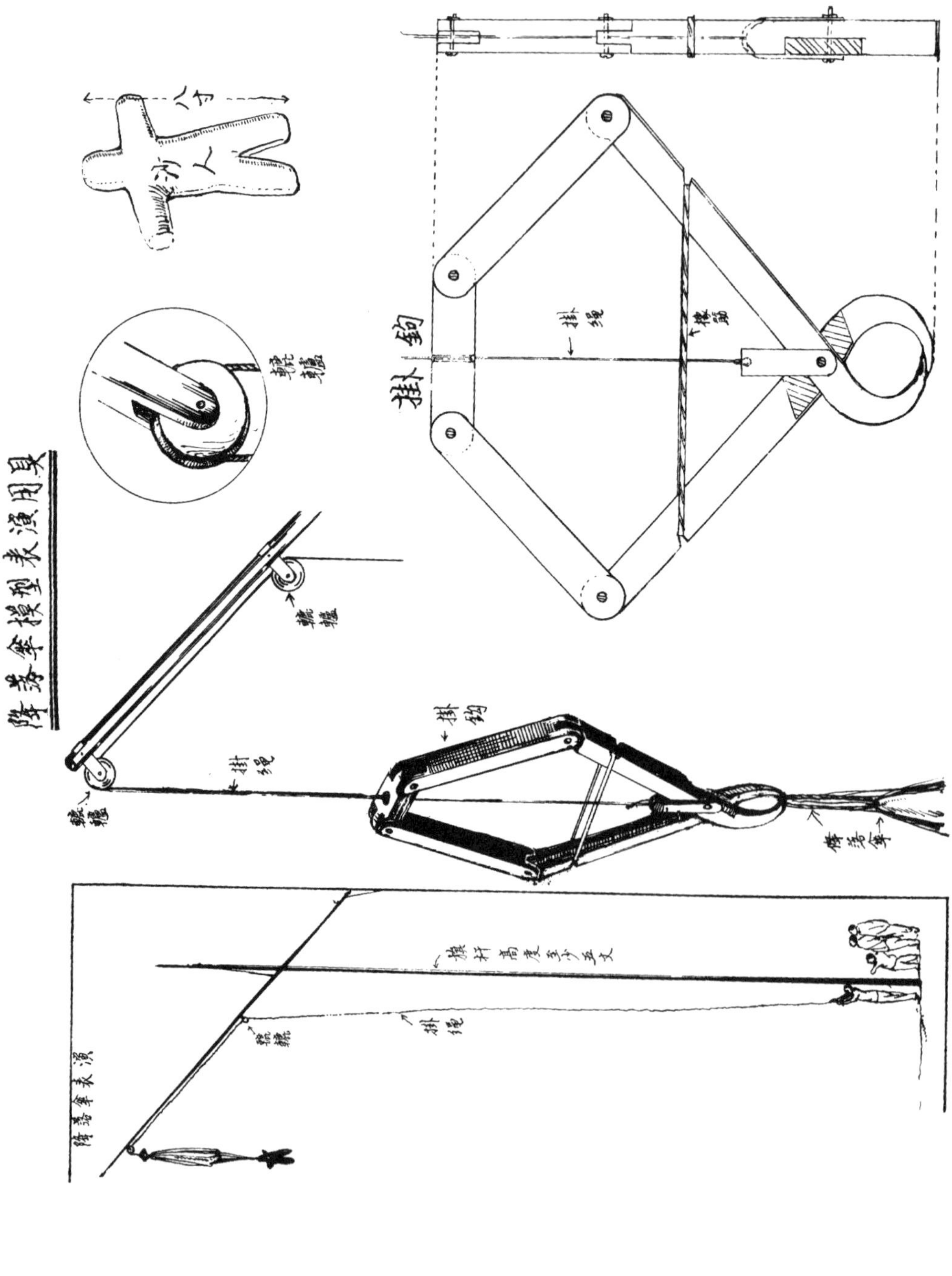
降落傘模型表演用具
轆轤
掛繩
掛鈎
降落傘
沙人
八寸
掛鈎
掛繩
橡筋
掛鈎
降落傘表演
撐杆高度至少五丈
掛繩
轆轤

飞行员服装裁制法图（一）

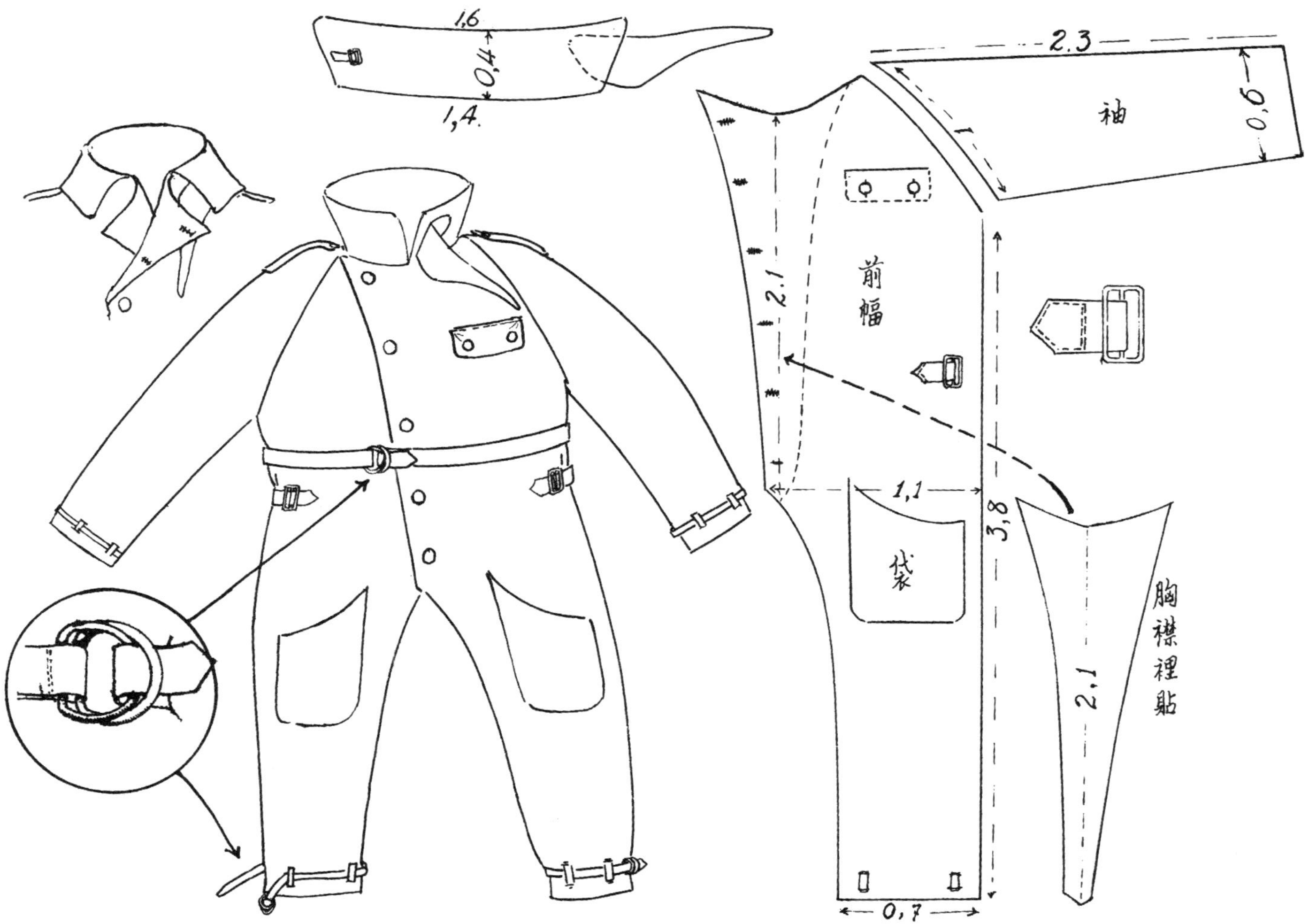

## 飞行员服裁制法图（二）

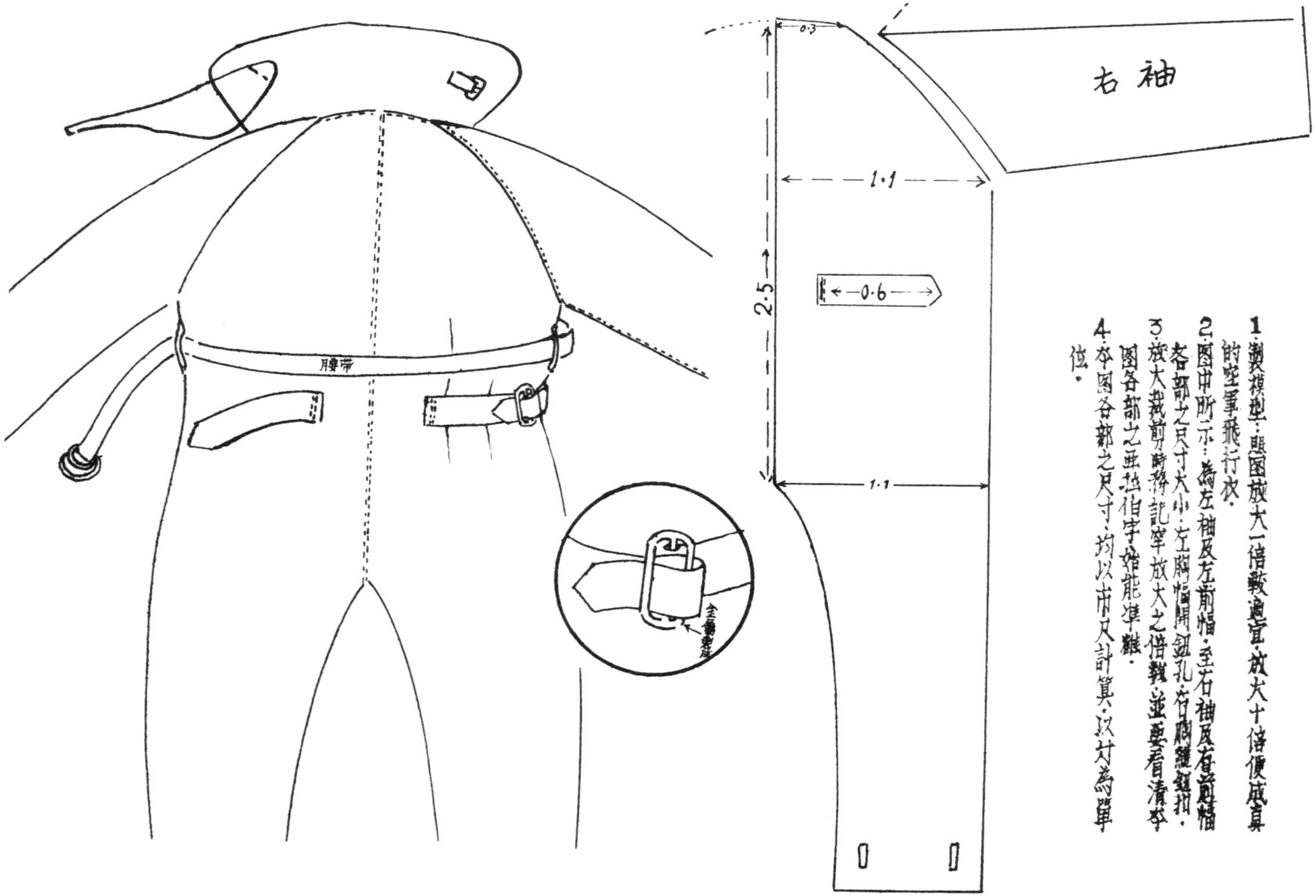


1. 製模型：照图放大一倍較適宜。放大十倍便成真的空軍飛行衣。
2. 图中所示：為左袖及左前幅。至右袖及右前幅各部之尺寸大小，左胸幅開鈕孔，右胸縫鈕扣。
3. 放大裁剪時務記牢放大之倍數，並要看清本图各部之亜拉伯字始能準確。
4. 本图各部之尺寸，均以市尺計算，以寸為單位。

## 飞行员帽制作模型图

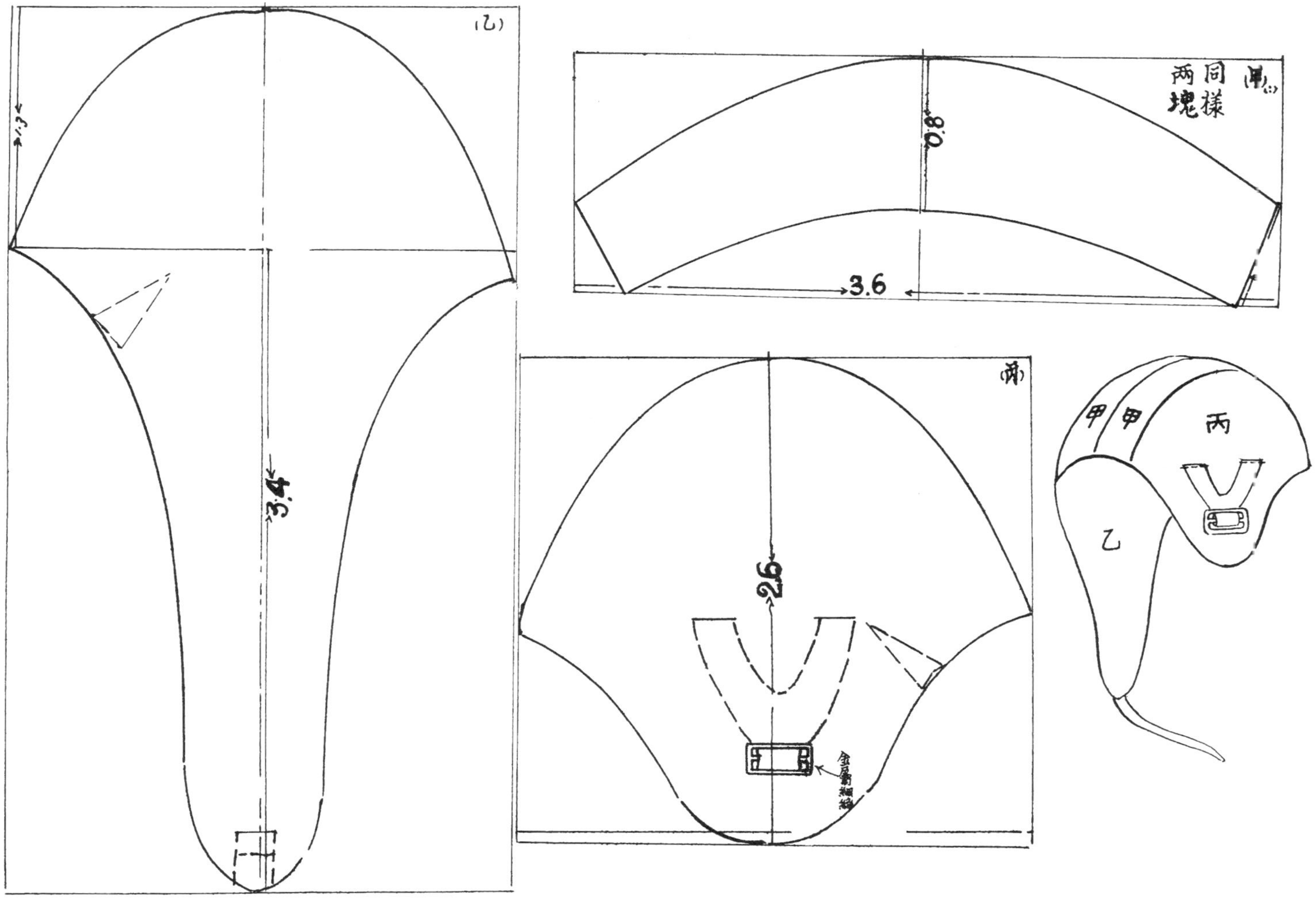

## 机械士服裁制法图

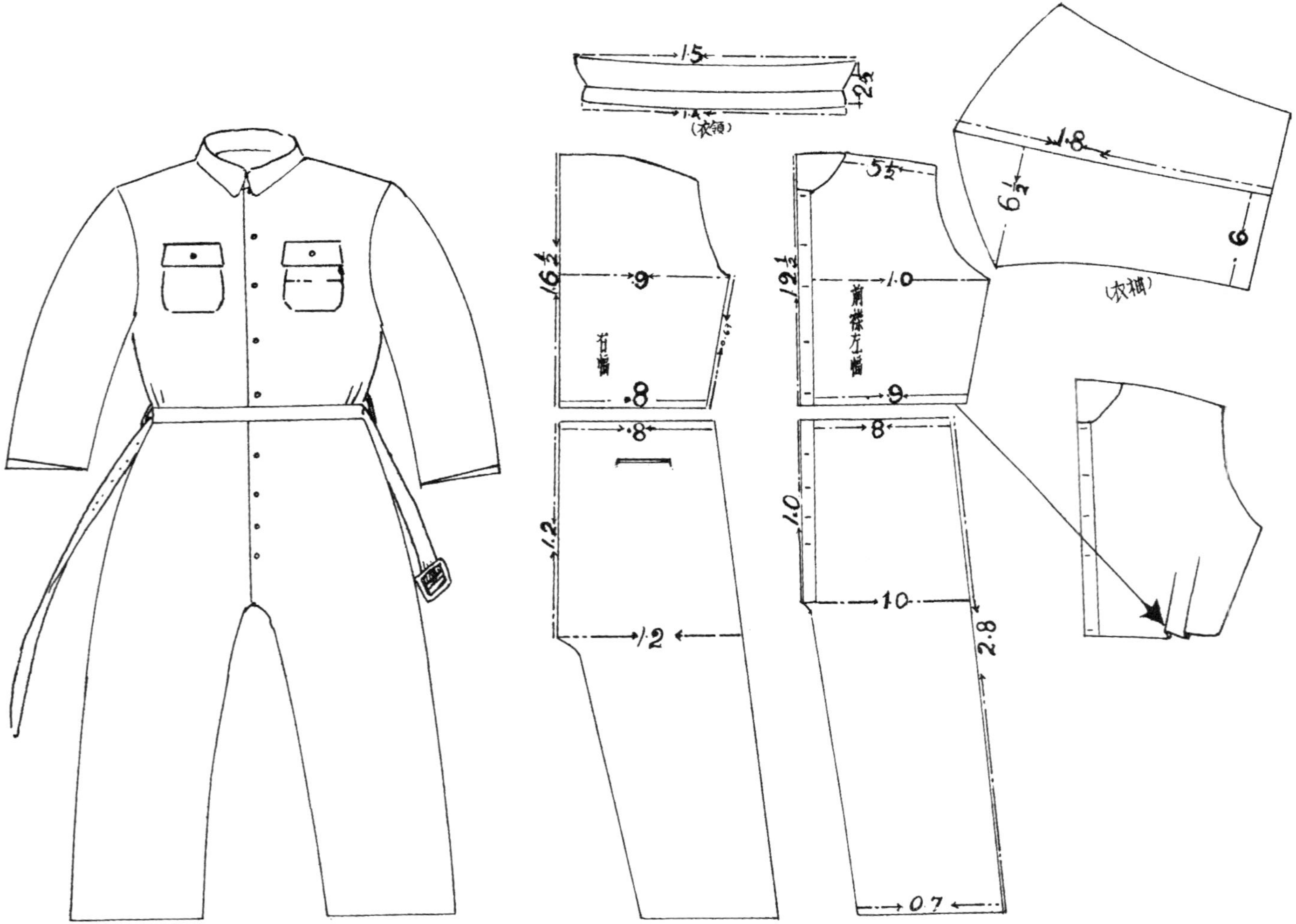

# ★機械工帽★
（裁製法）

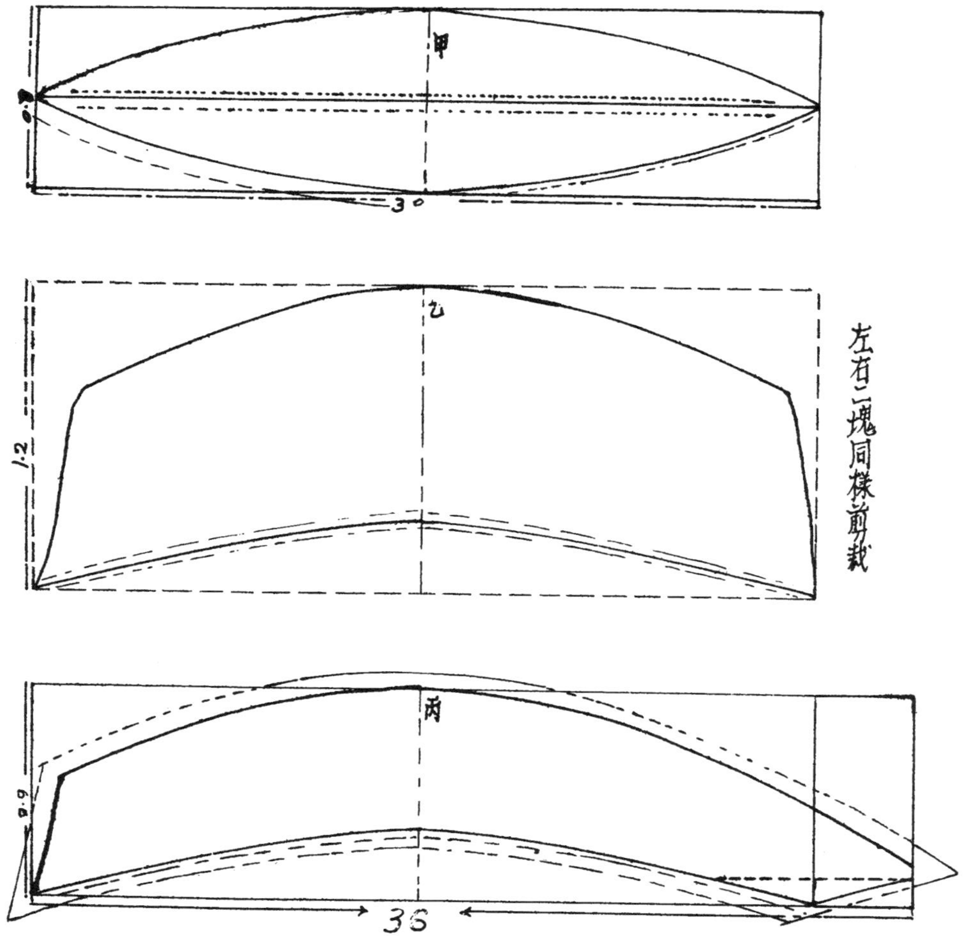


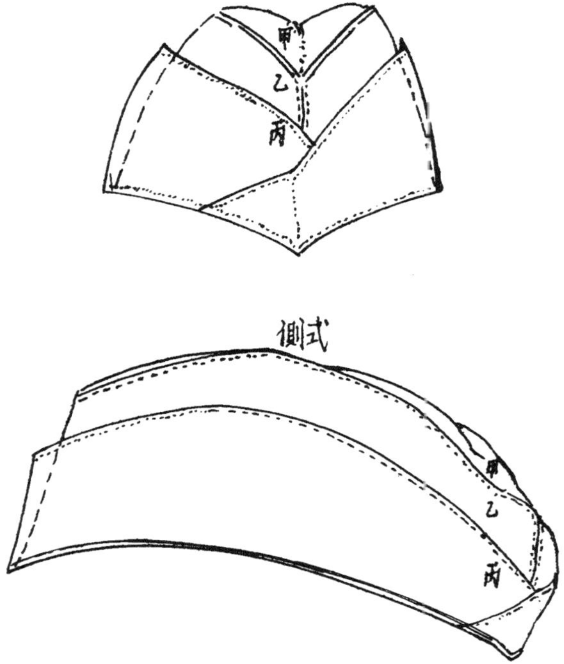

# 怎樣剪摺五氣缸發動機

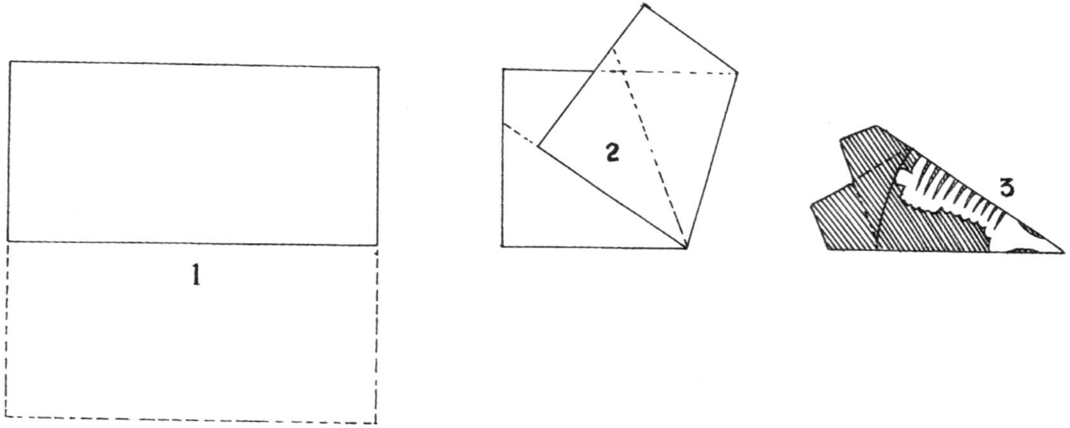


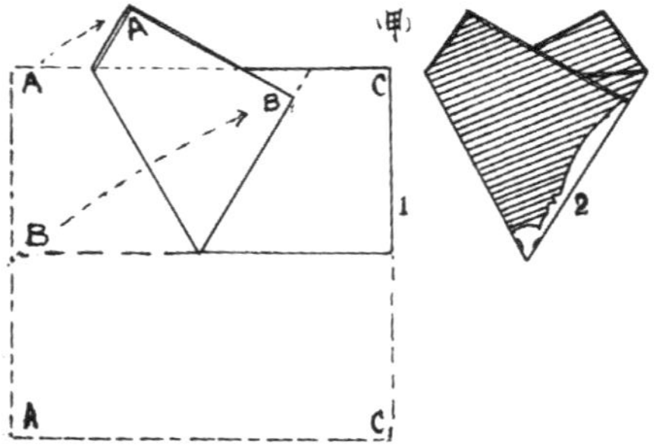


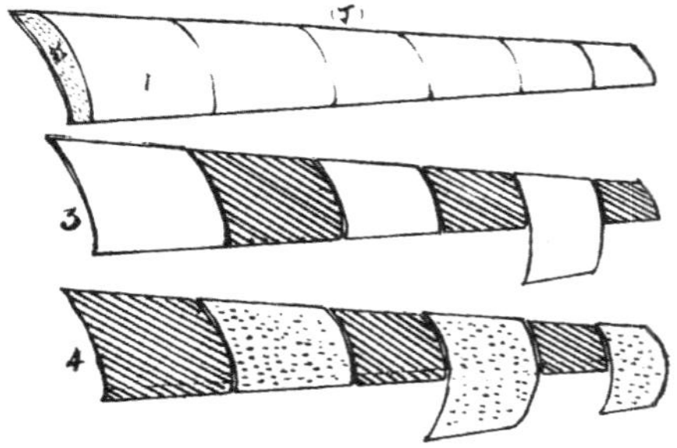


這幅中有風向帶.擊振球.以及天空等.看來很復雜.貼法很容易:先用白紙
畫好這幅全圖.再分別合色各剪下來.貼於各色的工彩紙上剪出它.
1.把藍色的天空貼上如圖甲.2.貼上灰色的雲.3.再添上黑的建築物.
4.風向帶剪的方法:看圖丁的1至4.用紅白紙各一長方.畫上圖丁的1.
圖形.再去掉各一成圖3.擊振球剪摺看圖戊.用紅紙二方.綠紙一方.
摺成圖戊(对摺)再求一半因剪出即成.

## 降落部队剪贴法

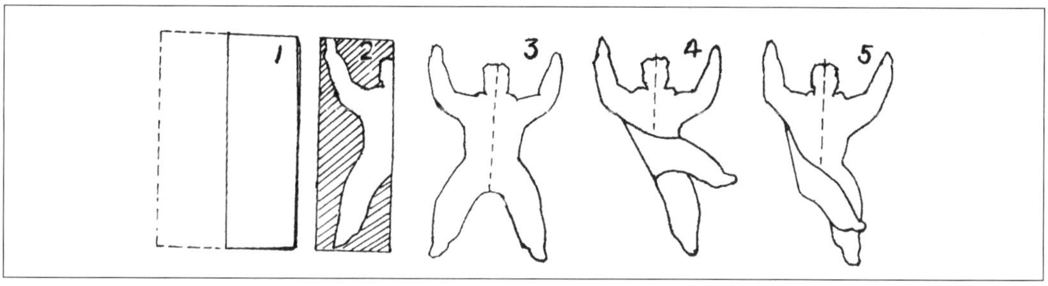


## 降落伞剪贴方法

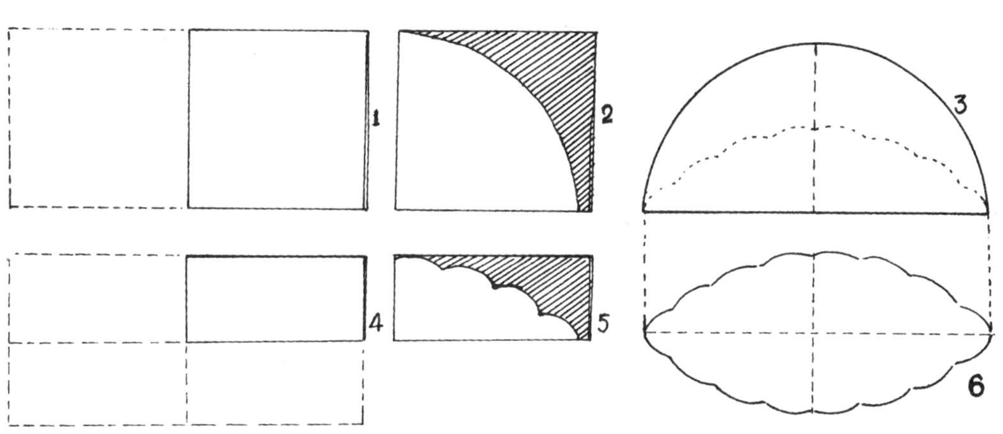


## 飞机场棚厂剪贴方法

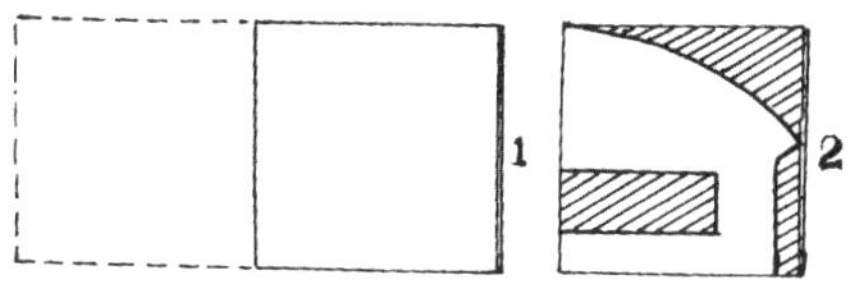


說明：

三葉螺旋剪法看图甲的一至二就可明白.
1.摺對後分三畫上螺旋槳一面图如2.再剪去斜橫直線則成前頁五號發動機上的螺旋槳。

蓬廠將長方形的紙對摺如乚的1.後畫上蓬廠壹半的圓將乚2斜直線剪去取成.

降落傘也是用長方形的紙、摺法剪法看丙的一至四圖再將图4貼於图3的上面.图2的紙用亮明的紙剪出,图4的紙用較暗的紙剪出.亮色紙表示降落傘的受光部,暗色紙表示未受光處.

空軍的剪摺如前.但是我們取出他降落在空中許多姿態.看图丁的二至三圖即成.降落傘降落在空中空軍手中握的十六根繩.這繩用很細的線條把它画出.或剪以細紙條線濾上均可.

# 航空劳作
# 航空美术
# 教材编辑大纲

航空勞作教材編輯大綱

甲 作業種類

按照教育部二十五年修正頒行中小學課程標準勞作作業項目中選擇下列數項設計

1、沙箱裝排 利用沙箱沙盤設計飛機場 防空壕高射砲陣地等模型

2、積木 利用大小積木堆砌多種航空建築物模型

3、紙工 利用多色紙張剪貼多種飛機及航空建築物與人物

4.泥工及紙類

設計各種防空掩蔽部 防空洞 塑製各種型式炸彈及各種飛機（高級包括水泥及石膏研究

5.縫紉

設計保險傘模型 飛行衣 飛行帽之製法 飛機蒙布之縫補法 降落部隊模型玩具等

6.木工

設計各種飛機模型製造 滑翔機之模型製造 炸彈模型製造 機場棚廠模型製造 機翼及螺旋槳之局部仿造 航空化之各種用具（包括油漆膠

按樣按練習）

7. 金工

金屬器械模型之鑄造　炸彈模型之鑄造

8. 竹工

活動器械之製造與設計　彈射滑翔機之試製　器械攔敵之設計

以上八項作業中　小學低年級宜以沙箱裝排　綫工　積木紙工及綫縣為主要作業　中年級視其程度試增木工竹工等工作

中學高年級宜以木工及簡易金工及竹工為主要作業　女生兼習縫紉

中學生宜以木工、金工、竹工為主要作業，女生宜以縫紉為主要作業

乙、作業之目的

小學低年中年級學生

在常識方面使其認識飛機場之各種設備及其名稱（如風向袋、格納庫、跑道等）各種航空器名稱與形式（如飛机、飛艇、滑翔機、氣球等）及防空各種常識

在技術方面使其於剪摺、塑製、堆積、搓捻、黏貼各種簡單航空玩具模型防空壕等

中學高年級學生

在常識方面使其明瞭飛機之以簡單構造及飛機各部份

之作用

在技術方面使其能製造種種複雜之飛機模型炸彈模型

等

初中學生

在常識方面使學生明瞭飛機內部各種構造（發動

機部份除外）及飛翔原理

女生明瞭保險傘及飛行衣帽之作用

在技術方面使學生能設計製造各種活動飛機模

型（如橡皮筋活動飛机）彈射滑翔机模型

女生能製造保險傘及飛行衣帽

最終目的　使普通男學生有航空機械常識飛行及滑翔常識將來可以更進而加入樸單滑翔班之訓練或機械研究其服務

使女生均有製造保險傘及飛行衣帽之常識其經驗隨時可應徵服役於保險傘製造廠

丙　時間之支配

查教育部勞作課程作業除各種工業外包括有園藝畜牧

等項設施與工藝之作業祇能佔其一部，本書作業時間支配擬遵照教育部頒佈勞作時間三分之一為標準，例如：

小學低年級每週二小時半　辦航空作業約佔五十分鐘

小學中年級　一小時半　約　三十分鐘

小學高年級　一小時半　約　三十分鐘

初中　二小時　約　四十分鐘

附註：上列之時間支配猶有假定之標準，然於實習時不能固定，不須視學校環境及學生興趣而伸縮也

本書編輯之步驟

第一期 計劃與徵集 兩個半月

1、編輯教材綱要

2、向機械學校及各工廠保險傘製造廠航空研究所接洽請其協助並交換意見及徵集各種模型與比例圖

3、向香港飛機模型協會接洽徵集模型、並研究其製造法因時徵購各國航空模型書籍

第二期 製圖與實驗 兩個月

設計製圖實行試製各種模型製造及活動飛

機之製造

第三期　整理與編輯　一个半月

將試驗成功之圖樣整理後按各年級程度標

準編輯成書

總計是書編成需時六个月

附註：本書印行後為引起學生航空模型之仿製及創

造興趣與實現航空大眾化起見將舉行下列各

種運動

1、全國各地組織航空模型研究會　各學校設分

會支會

2、举行航空模型比賽會

初级以形式准確為比賽標準

中級以精巧為比賽標準

高級以飛翔為比賽標準

女生以保險傘模型降落為比賽

上列兩種運動詳細辦法另定之

航空圖画綱要大綱

小學低年級

（一）目標　順應兒童對航空器好奇心理引起其研究的興趣

（二）內容　1、毛筆或鉛筆之飛機局部簡單繪法

2、飛機之簡單着色

3、機場風景之簡單着色

4、航空人物之簡單着色

（三）時間支配　每週一小時半

小學中高年級

(一) 目標

使學生對飛機種類形式及色彩分別之認識暨創作簡單艦隻圖畫

(二) 內容

1. 各種飛機分別圖
2. 各種飛機設色
3. 艦隻各種人物畫
4. 機場風景建築水彩畫
5. 空戰畫之設計
6. 防空畫之設計(或宣傳畫)
7. 飛機之明暗畫法(鉛筆或木炭、墨墨)
8. 以簡單周器畫

9. 設計日用品之航空美術圖案

(三) 時間支配　每週一小時

## 初級中學

(一) 目標　使學生練習對於航空圖畫之設計

(二) 內容

1. 飛機色彩與遠近
2. 飛機之光線明暗及遠近
3. 飛機飛翔空中之設色
4. 高速飛機之表現法
5. 飛機模型水彩寫生
6. 空軍人物動作

7、用器畫

8、航空美術圖案之設計

(三)時間支配　每週一小時

高級中學

(一)目標　提高學生對航空繪畫之研究興趣及培養其繪作能力與培養其創作能力

(二)內容　1、複雜航空圖案畫

2、用具之航空化設計

3、水彩空戰畫

4、航空宣傳畫之設計

4. 新式飛機偽裝著色

5. 飛機解剖圖（用器畫）

(三) 時間支配 每週一小时

附註：

1. 本書內容圖畫以學生藝術程度標準設計、由淺而深故多年級圖畫內容名稱雖有相同但簡單複雜各異

2. 本書須與航空勞作教材互相參考採用

# 航空勞作教材目錄

一、航空史

世界航空發展年表

飛機鼻祖達文西著名的試驗

插圖：達文西及其設計圖稿

我國古時航空史話

中國空軍光榮抗戰史

二、飛行原理

飛行原理

插圖：空氣動力圖解

飛機各部構造

插圖：飛機各部名稱圖解。

翼的常識

飛機操縱部份

插圖：操縱系詳圖

飛機操縱原理表解

三 飛機的種類

飛機種類表解

軍用的飛機

插圖：轟炸機的內部

四 飛機場

飛機場分類表解

飛機場

航空母艦

水上機與起飛彈射器

五 空軍兵器

飛機機關炮淺説

炸彈淺説

插圖二 炸彈圖解

炸彈積載法

炸彈引信保險裝置

特種炸彈種類一斑

七、滑翔與降落

滑翔機

插圖：滑翔机性能及起飛法

滑翔場

插圖：滑翔場設計圖

降落傘

八、航空服裝

飛行員衣帽

機械士衣帽

六 地面防空武器

空襲表解

防空分類表解

高射火器

照空灯

聽音機

九 敵國空軍

敵國空軍

被我擊落之敵空軍名將表

插圖：日本空軍根據地圖

十　航空模型

飛機模型種類表解

飛機模型製造家的鼻祖——蘭萊略傳

賽幹飛機模型製作法

插圖：圖樣的研究

賽木機的製作程序圖

螺旋槳製作法

整流輪罩製作法

發動機製作法

五角、七角、九角形畫法

昇空飛機模型製作法

插圖：怎樣製螺旋槳

模型機身各部裝置

各種航空模型製作法淺說

十一、各種基本技術的研究

沙盤設計與黏土工的研究

插圖：沙盤設計附圖

廢紙工的研究

插圖：廢紙飛機模型分割法

木工

插圖：刨木機使用法

鋸曲線工具

竹工

插圖：竹木工作圖解

附屬金工

膠接的研究

油漆的研究

插圖：飛机翼尖党徽畫法

党徽剪貼法

黨徽漆塗法

磨刀的研究

掛圖：各種研磨法

十二　航空勞作作業的設備

工作室

工具室

材料室

成績陳列室

掛圖：飛機模型陳列法

實體飛機模型

我國驅逐機

霍克Ⅱ式

霍克Ⅲ式

霍克75式

的瓦丁

伊十五式

伊十六式

九一式

格勒的脫

波　茵P26式

我國轟炸機

達格拉斯輕轟炸机

SB中型轟炸机

亨格爾重轟炸机

諾斯羅浦輕轟炸机

馬丁重轟炸机

伏爾梯輕轟炸机

我國攻擊機

雪萊克

我國偵察機

可塞

我國運輸機

別趣十八式

別趣十七式

達格拉斯DC—2

塞可斯基S四十三

康多

我國教練機

弗列脫

來安

北阿美利加

敵軍用飛機

九六式重轟炸機

九六式驅逐機

天皇號重轟炸機

亨格爾一一二戰鬥机

世界著名飛機

中國飛剪號旅客機

美國寇提斯P四〇戰鬥機

美國「飛行堡壘」超重轟炸機

英國挑戰式雙座戰鬪機

英國暴風式戰鬪機

德國密塞斯米一〇九戰鬪机

德國密塞斯米一一〇双發動戰鬪机

德國杜尼爾一七式轟炸机

旋翼機

美國PA二二旋翼機

滑翔機

中級滑翔机

高級滑翔机

各種航空模型

水上飛机及弹射器模型

倫寧〇L一九水陸兩用機

水上機起飛弹射器

航空母艦模型

木製島型甲板式航空母艦

木製活動航空母艦玩具

鐵製航空母艦

空軍兵器模型

機(扒)而脱旋轉机槍

魯易斯旋轉機槍

一九一七—一九一八年步兵用機槍

飛機後座活動槍架

炸彈與炸彈形盒

紙製炸彈

仿步武器模型

英式三七高射砲

活動彈射三七高射砲玩具

簡易高射砲

紙製高射砲

馬克沁高射機關槍

照空灯

簡易照空灯

聽音機

飛机場模型

紙製飛機場棚廠

紙製空軍總站部

滑翔場模型設計

降落傘模型

坐式降落傘

降落傘模型表演用掛鉤工具

昇空飛機模型

手擲滑翔机

遠東式

中華式

彈射滑翔機

YC—四式

牽引式滑翔机

中華鳶型

YC—A二式

中華艦身式

桿身式橡筋飛機

中華天真式

中華雀型

中華鵬型

艙身橡筋飛機

高級長時間飛機

像真式橡筋飛機

利爾文快速機

英國噴火式驅逐機

航空服裝

飛行員衣帽

機械士衣帽

剪貼圖案

發動機及螺旋槳 二圖

降落傘 一圖

飛機場 六圖

俯衝投彈 一圖

平飛投彈 一圖

飛機與炸彈 一圖

航空母艦　一圈
高射砲　一圈
照空灯　一圈
机械士　一圈